战·略·性
新兴领域
"十四五"高等教育教材

储能材料概论

Introduction to
Energy Storage Materials

樊栓狮 王燕鸿 郎雪梅 主编

化学工业出版社
·北京·

内容简介

《储能材料概论》是战略性新兴领域“十四五”高等教育教材体系——“先进功能材料与技术”系列教材之一，全面而深入地探讨了储能材料的最新进展与应用。内容覆盖电化学储能材料、热能储能材料、氢能储能材料、水合物储能材料等，详细解析了各类储能材料的储能原理、性能要求、评价方法、性能优化及在能源存储系统中的实际应用。本书结合理论基础与前沿技术，深入剖析了储能材料的科学机理，既介绍了发展较为成熟、已工业化的储能材料，又探讨了具有发展潜力的新兴储能材料。

本书可作为材料、化工、能源等专业研究生及高年级本科生教材，也可供相关领域科研人员、工程师等参考，旨在为读者提供一个全面了解储能材料及其应用的参考指南。

图书在版编目（CIP）数据

储能材料概论 / 樊栓狮，王燕鸿，郎雪梅主编. 北京 ：化学工业出版社，2025. 9. --（战略性新兴领域“十四五”高等教育教材）. -- ISBN 978-7-122-48879-4

Ⅰ. TB34

中国国家版本馆 CIP 数据核字第 2025GE2370 号

责任编辑：吕 尤 王 婧　　加工编辑：王晓露

责任校对：李雨函　　装帧设计：刘丽华

出版发行：化学工业出版社

（北京市东城区青年湖南街 13 号　邮政编码 100011）

印　　装：天津千鹤文化传播有限公司

787mm×1092mm　1/16　印张 16½　字数 376 千字

2025 年 10 月北京第 1 版第 1 次印刷

购书咨询：010-64518888　　售后服务：010-64518899

网　　址：http://www.cip.com.cn

凡购买本书，如有缺损质量问题，本社销售中心负责调换。

定　　价：49.00 元

序 FOREWORD

战略性新兴产业是引领未来发展的新支柱、新赛道，是发展新质生产力的核心抓手。功能材料作为新兴领域的重要组成部分，在推动科技进步和产业升级中发挥着至关重要的作用。在新能源、电子信息、航空航天、海洋工程、轨道交通、人工智能和生物医药等前沿领域，功能材料都为新技术的研究开发和应用提供着坚实的基础。随着社会对高性能、多功能、高可靠、智能化和可持续材料的需求不断增加，新材料新兴领域的人才培养显得尤为重要。国家需要既具有扎实理论基础，又具备创新能力和实践技能的高端复合型人才，以满足未来科技和产业发展的需求。

教材体系高质量建设是推进实施科教兴国战略、人才强国战略、创新驱动发展战略的基础性工程，也是支撑教育科技人才一体化发展的关键。华南理工大学、北京化工大学、南京航空航天大学、化学工业出版社共同承担了战略性新兴领域“十四五”高等教育教材体系——“先进功能材料与技术”系列教材的编写工作。该项目针对我国战略性新兴领域先进功能材料人才培养中存在的教学资源不足、学科交叉融合不够等问题，依托材料类一流学科建设平台与优质师资队伍，系统总结国内外学术和产业发展的最新成果，立足我国材料产业的现状，以问题为导向，建设国家级虚拟教研室平台，以知识图谱为基础，打造体现时代精神、融汇产学共识、凸显数字赋能、具有战略性新兴领域特色的系列教材。系列教材涵盖了新型高分子材料、新型无机材料、特种发光材料、生物材料、天然材料、电子信息材料、储能材料、储热材料、涂层材料、磁性材料、薄膜材料、复合材料及现代测试技术、光谱原理、材料物理、材料科学与工程基础等，既可作为材料科学与工程类本科生和研究生的专业基础教材，同时也可作为行业技术人员的参考书。

值得一提的是，系列教材汇集了多所国内知名高校的专家学者，各分册的主编均为材料科学相关领域的领军人才，他们不仅在各自的研究领域中取得了卓越的成就，还具有丰富的教学经验，确保了教材内容的时代性、示范性、引领性和实用性。希望“先进功能材料与技术”系列教材的出版为我国功能材料领域的教育和科研注入新的活力，推动我国材料科技创新和产业发展迈上新的台阶。

中国工程院院士

前言 PREFACE

随着全球工业化的迅猛发展，化石能源的过度消耗已引发严峻的环境挑战，尤其是全球气候变化问题日益凸显。为实现碳达峰、碳中和的“双碳”目标，节能减排和减少对化石能源的依赖已成为全球共识。在此背景下，储能技术和可再生能源技术受到了广泛关注，成为能源领域研究和发展的重点。

能源的供给与需求通常在时间和空间上存在不匹配，尤其是可再生能源由于其间歇性和波动性，更加剧了这一矛盾。为了解决这一问题，储能技术应运而生，在时间和空间上实现能源的转移和平衡，确保能源的高效利用。在储能技术的发展中，储能材料起着核心作用，不仅直接参与能量的存储和释放过程，还在能源转换、传输和储存中发挥着关键的辅助作用。

近年来，储能科学技术研究和教育在国内外蓬勃开展、方兴未艾，储能产业和新技术推广不断取得重大突破。与之相关的储能新材料在不同的储能技术中扮演着关键角色，决定了储能系统的性能、效率和可靠性，也如雨后春笋，不断成熟和壮大，向高性能、低成本、长寿命方向迈进。为介绍国内外最新进展，丰富和完善材料科学与技术教材体系，作者团队结合课题组近二十年来的研究成果，特编撰此教材。同时也应战略性新兴领域高等教育教材体系——“先进功能材料与技术”系列教材牵头人张立群院士的要求，弥补国内储能材料专著与教材缺乏之不足。

本书将系统地介绍储能材料的基本原理、性能要求以及在实际应用中的发展现状和前景。在阐述储能技术原理的过程中，将同步介绍对应的储能材料，深入探讨它们在能量转换、存储和释放过程中的作用和影响。通过对储能材料在不同储能方式中的应用和特性的全面分析，帮助读者深入理解储能材料在能源领域的重要性，掌握各类储能材料的特性、选择原则和应用方法。这将为从事能源、材料科学以及相关领域的研究人员和工程师提供有价值的参考，也为培养新一代能源领域的专业人才奠定坚实的基础。

第 1 章概述了储能技术的发展，讨论储能技术的重要性，以及它们在全球能源结构转型中的关键作用。此外，本章还将介绍储能材料的分类和未来面临的挑战。

第 2 章介绍了目前常见储能技术的储能原理，包括能量的存储和释放机制。分析不同类型的储能技术，如机械能储能技术、化学能储能技术、电能储能技术、热能储能技术、氢能储能技术以及水合物储能技术的工作原理和关键参数。

第 3 章详细介绍储能材料的性能要求，包括能量密度、功率密度、循环稳定性和安全性等。同时，还介绍了如何通过实验方法来评价这些性能指标，为材料的选择和优化提供科学依据。

第 4 章聚焦于电化学储能材料，特别是电池中使用的材料。概述了不同类型电池的正极材料、负极材料、电解质和隔膜材料的化学和物理特性、优缺点以及它们在便携式电子设备、电动汽车和电网储能等领域的应用。

第 5 章讨论了热（冷）能储能材料，包括显热储存材料、潜热储存材料、水合物蓄冷材料及水合盐等，这些材料在太阳能热利用、建筑节能和工业余热回收等领域有着广泛的应用。我们将分析这些材料的热物理性能，并讨论它们在实际应用中的性能优化。

第 6 章专注于氢能储能材料，这是实现氢能经济的关键技术之一。本章将介绍储氢材料的种类、储氢机制、物理化学特性、优缺点、改进方法以及它们在燃料电池、氢能汽车和能源存储系统中的应用。

第 7 章聚焦于水合物储能材料，这是一类具有广阔应用前景的新能源功能材料。本章将介绍气体水合物的基本特性、水合物在储氢与蓄冷领域的研究进展、关键影响因素、性能优化方法，以及其在能源存储与低碳技术中的实际应用与发展潜力。

本书由樊栓狮、王燕鸿和郎雪梅撰写。博士生陈思远、李常乐，硕士生叶晨禹、吕文奎、范忠明参与了本书的资料整理等工作，在此对他们表示感谢。感谢国家自然科学基金项目、广州市项目、中国-澳大利亚天然气合作项目的支持。感谢华南理工大学的出版资助。

为保持全书的完整性和可读性，引用了他人的一些研究成果，对于引用文章和成果已尽可能标注，若有遗漏，敬请谅解。

由于作者水平有限，本书介绍的观点和认识如有不当之处，恳请读者批评指正。

樊栓狮

2025 年 3 月

目录 CONTENTS

1 绪论

1.1 “双碳”目标与可再生能源利用

自工业革命以来，因化石燃料的大量使用，二氧化碳（CO_2）等温室气体排放急剧增加，导致全球气温上升，极端天气频发，海平面上升，对人类社会和自然生态系统造成了深远影响。根据联合国政府间气候变化专门委员会（IPCC）发布的报告，如果不采取有效措施控制温室气体排放，未来气温进一步上升将带来不可逆转的环境后果。为此，全球多个国家纷纷制定碳达峰和碳中和目标，希望通过减少温室气体排放来减缓气候变化。例如，欧盟提出在2050年前实现碳中和，美国、日本等国也相继设定了类似目标，通过政策干预和技术创新加速能源结构向低碳化转型。

中国于2020年宣布“双碳”目标，即2030年前实现碳达峰、2060年前实现碳中和。为实现这一目标，中国采取了一系列政策措施，包括大力发展可再生能源、优化产业结构、推动高耗能行业的低碳化升级以及建立全国碳市场。特别是在能源转型方面，中国不断加速对风能、太阳能等可再生能源的投资，以提高非化石能源的比重，降低对煤炭等化石燃料的依赖。中国的能源政策明确指出，未来的能源发展将以清洁能源和可再生能源为核心，进一步减少化石能源的比重。通过大规模部署风电、光伏发电等清洁能源项目，中国不仅助力实现“双碳”目标，也在为构建可持续、清洁的能源结构奠定基础。这一趋势为可再生能源的进一步发展和利用提供了广阔空间，为全球能源转型提供了有力的示范。

根据国际可再生能源机构（IRENA）的数据，截至2024年底，全球可再生能源总装机容量已达到4448GW，其中太阳能装机容量为1865GW，在全球总装机容量中所占份额最大。水电和风电占剩余装机容量的大部分，总容量分别为1283GW和1133GW。其他可再生能源容量包括150GW的生物质能和16GW的地热能，以及0.5GW的海洋能源。全球可再生能源装机容量占比如图1-1所示。

技术进步和成本下降是推动可再生能源快速发展的关键因素。过去十年，太阳能光伏技术的效率显著提升，成本大幅下降。根据国际能源署（IEA）的数据，2010—2020年间，太阳能光伏发电的平准化度电成本下降了约85%，风力发电的成本也下降了约50%。这些技术进步使得风能和太阳能在全球范围内成为具有竞争力的能源选择，保持着高速的增长趋势，图1-2为2018—2023年可再生能源装机容量情况。

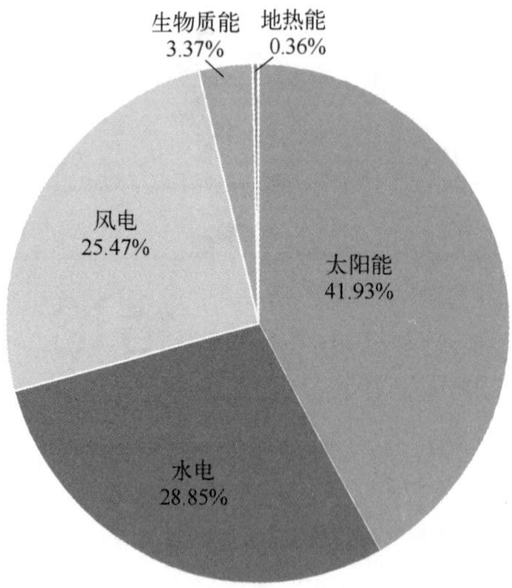

图 1-1 全球可再生能源装机容量占比（2024 年）

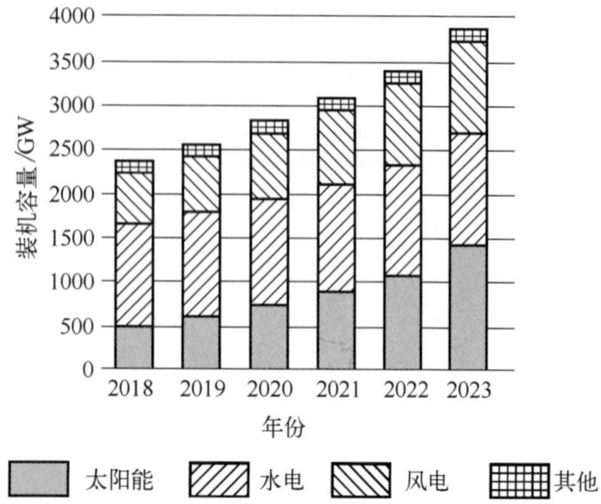

图 1-2 2018—2023 年可再生能源装机容量变化趋势

然而，可再生能源的间歇性和波动性给电力系统的稳定性带来了挑战。风能和太阳能的发电量受天气和时间影响，存在不确定性，可能导致电力供应的不稳定。这种波动性要求电力系统具备更高的灵活性，以平衡供需。为应对这些挑战，电力系统需要引入储能技术、智能电网和需求侧管理等措施，以提高对可再生能源波动的适应能力。此外，电力系统的规划和运行方法也需要进行调整，以适应高比例可再生能源并网的需求。

总的来说，全球在可再生能源领域取得了显著进展，装机容量持续增长，技术不断进步，成本逐步下降。尽管面临间歇性和波动性带来的挑战，但通过储能技术创新和系统优化，可再生能源将在未来能源结构中发挥更重要的作用。

1.2 储能技术及其应用

储能技术作为现代能源系统的重要支撑手段，已成为应对可再生能源波动性、提升电力系统灵活性以及推动能源低碳转型的关键工具。面对全球“双碳”目标的要求，各国纷纷加速能源结构转型，以应对气候变化带来的严峻挑战。储能技术不仅在稳定电力供应、平衡供需方面发挥重要作用，还为可再生能源的高效消纳提供了可靠的解决方案。近年来，储能技术种类日益丰富，包括电化学储能、机械储能、热储能等多种形式，应用场景从发电侧、电网侧到用户侧逐步扩展，在各个环节中均展现出重要价值。与此同时，储能技术在新材料研发、系统成本优化和效率提升方面取得显著进展，为实现可持续、稳定和高效的能源系统奠定了坚实基础。

储能技术是指通过特定方法将能量存储以备后续使用的技术，包含能量的充入、存储和释放过程。根据能量存储的形式，储能技术通常可分为四大类：机械储能、化学储能、电储能、热储能，每种技术在原理、应用领域及发展状况上各具特色。

机械储能通过机械方式存储和释放能量，包括抽水蓄能、压缩空气储能和飞轮储能等。压缩空气储能利用低电价时段的电力压缩空气，再于高电价时段释放能量支持电网，已在德国和美国取得商业化应用。

化学储能利用化学反应（如氢的电解和重组）来存储能量，以氢能为代表。氢气作为二次能源，可通过电解水制氢的方式存储能量，在燃料电池中实现高效能量释放，且排放仅为水，对环境友好。化学储能在生物质燃料领域中的应用也是一个重要的研究方向。

电储能主要指通过电池或超级电容器的电化学反应实现能量存储。锂离子电池在电化学储能中应用广泛，因其高能量密度和较长的循环寿命，成为电动汽车和电网备用电源的核心技术。此外，液流电池和钠离子电池等新型电化学储能技术在大规模储能领域具有良好的前景。表 1-1 统计了各种电化学储能技术的能量密度、成本等参数。

热储能通过相变材料或热化学反应等方式存储热能或冷能。在太阳能利用系统和风能系统中，热储能可用于调节发电波动，改善能源利用效率。例如，相变储能材料能够在温度变化时吸收或释放能量，是热储能的核心材料之一，广泛应用于太阳能和建筑领域。

表 1-1 不同电化学储能技术参数汇总

项目	磷酸铁锂电池	钠离子电池	全钒液流电池	铅蓄电池	钠硫电池
能量密度/(W·h/kg)	120～200	120～160	12～40	50～80	150～300
功率密度/(W/kg)	1500～2500	未统计	50～100	150～500	约 22
循环次数	5000～8000	1500～4000	10000～15000	1000～3000	约 4500
循环寿命/a	10	8	15	5	15
度电成本/[元/(kW·h)]	0.6634	未统计	0.8762	0.9552	1.1985
特点	产业化成熟，综合性能较好；锂储量有限，全球分布不均	材料成本低，高低温性能较好；负极材料稳定性、循环寿命仍待提升	安全性好，寿命长，功率与容量独立，适用大容量、长时储能；能量密度和能量效率较低	技术成熟，成本低；充电速度较慢，深度充放电寿命较短	能量密度高，寿命长，适用长时储能；成本较高，存在消防隐患

储能技术在现代能源系统中的作用至关重要，成为支撑新能源并网、提高电力系统稳定性和灵活性的核心技术，尤其是在可再生能源快速发展的背景下。首先，平衡供需、优化电力资源配置是储能技术在能源系统中的关键功能之一。在传统电力系统中，发电和用电之间的平衡主要依靠发电厂的实时调节，而储能技术的引入为系统增加了一个能够灵活调配的"缓冲层"。储能技术能够在电力需求低谷时储存多余的电力，在用电高峰时释放储存的电能，起到"削峰填谷"的作用。这种供需平衡功能不仅提高了电力资源的利用效率，还减少了电力浪费。

其次，储能技术在提高电网的灵活性和稳定性方面发挥着重要作用。风能、太阳能等可再生能源发电具有波动性和间歇性的特点，发电量受天气、时间等因素影响较大，容易引发电力系统的不稳定性。储能系统可以在电力供过于求时将多余电能存储起来，在供电不足时将其释放，从而对冲可再生能源波动带来的影响，保障电网的平稳运行。此外，促进可再生能源的消纳也是储能技术的重要作用之一。在高比例可再生能源的系统中，太阳能和风能等资源的时变性和不可控性，有时会导致发电量超过负荷需求的情况，进而导致弃风、弃光等现象。而储能技术的应用可以在可再生能源发电高峰时将多余的电能存储起来，在低谷或需求增加时释放出来，从而提高可再生能源的利用效率，减少对化石能源的依赖，进一步促进碳减排目标的实现。

储能技术在发电侧、电网侧和用户侧的应用各具特色，涵盖了从大规模电力系统到小规模分布式能源的多种场景。在发电侧，储能系统常用于调峰调频、保障电网安全性。大规模储能技术，如抽水蓄能和压缩空气储能（CAES），能够在发电高峰时储存多余的电能，在低谷时释放电能以平衡发电和负荷需求。例如，压缩空气储能在低电价时段使用电力压缩空气存储，再于高电价时段释放压缩空气驱动发电，既减轻了高峰期的供电压力，又保障了电力系统的稳定性。

电网侧储能系统的应用主要集中在缓冲输配电系统的波动，维护电力质量，并提供应急备用。电网侧的储能系统可以通过电压支撑和无功补偿，减少由电压波动带来的系统不稳定问题。同时，电网侧储能系统还可以在电力系统发生故障时作为应急电源，保障关键负荷的持续供电。例如，在智能电网中，储能系统与智能调度系统结合，可以有效实现负荷平衡和波动调节，提高电网的整体适应性和灵活性。此外，超级电容器和飞轮储能等高功率短时储能技术可用于电网的频率调节，通过提供快速响应来应对负荷的快速变化，维持电力系统的频率稳定。

用户侧储能技术的应用范围较为广泛，主要包括应急备用、削峰填谷、电能质量管理等。例如，用户侧的储能系统能够用于负荷管理，提高用电设备的稳定性，避免突发性负载变化引发的设备损坏。在偏远地区或离网系统中，储能技术尤为重要，能够与分布式可再生能源（如太阳能和风能）结合，形成独立电力系统，满足区域的用电需求。

储能技术在现代能源系统的各个环节中均发挥着重要作用。通过广泛的应用场景，储能系统不仅能够提升能源利用效率和系统的灵活性，还为未来能源系统的绿色低碳转型提供了坚实的支撑。随着技术的发展，储能系统的成本逐步降低、性能不断提高，其在不同场景下的应用前景愈加广阔，将进一步推动能源系统向更稳定、更高效和更可持续的方向发展。

1.3 储能材料简介

材料在储能技术中具有关键地位，直接影响系统的性能、成本和安全性。其性能和效率显著影响储能装置的能量密度、功率输出和整体稳定性。例如，在电化学储能中，电极材料的改进可以提升电池和超级电容器的充放电效率和循环寿命，锂离子电池中的高性能正负极材料为高效的电能存储提供了支撑。同时，低成本材料的研发，如生物质衍生碳材料，不仅减少了系统成本，还提升了其经济性和推广潜力。储能材料的安全性也至关重要。例如，水合盐相变材料在热储能中表现出优良的化学稳定性，不腐蚀容器，无毒；电池材料在确保电池性能的同时还要具有高温稳定性，避免热失控的发生。总体而言，储能材料在实现高效、经济和可持续的储能系统中不可或缺，持续的材料创新将为未来低碳、清洁的能源系统提供强有力的支持。

1.3.1 储能材料分类

根据能量存储方式的不同，储能技术主要包括机械储能、化学储能、电储能、热储能、水合物储能等，每种技术所需的材料特性各异，对储能系统的性能、成本和应用场景起到决定性影响。

机械储能主要有飞轮储能、压缩空气储能和抽水蓄能，主要以高比强度合金钢、碳纤维、高气压密封钢材及高密度配重混凝土为核心，依赖质量或形变储存势能与动能。例如，先进飞轮采用磁悬浮轴承与碳纤维转子，材料需兼顾极限拉伸强度与疲劳裂纹扩展阻力。抽水蓄能电站则需面对万吨级配重水体，需要高抗压、高致密、低渗透的混凝土。这部分涉及的材料主要体现在机械强度等性能上，与储能特性关系不大，故在本书不作讨论。

化学储能则是通过可逆化学反应实现能量载体的合成与分解，化学储能的范围很广，包括生物质储能、光化学储能、电化学储能、储氢等。本书根据储能原理和材料的特性，后面将化学储能中的电化学储能并入电储能材料，储氢材料则单独讨论。

在电储能材料中，又可以分为电化学储能和电磁储能材料。电化学储能如锂离子电池、钠离子电池、液流电池和燃料电池，能量以化学能形式存储和释放。关键储能材料包括正极材料（如磷酸铁锂、镍钴锰酸锂）和负极材料（如石墨、硅基材料），它们的电化学活性和循环稳定性对电池的能量密度和功率密度起决定性作用。此外，电解质材料（包括有机、无机、液态和固态电解质）与隔膜材料也至关重要，分别负责离子传导和电子隔离，并直接影响电池的安全性和寿命。同时，导电剂、黏结剂和集流体等辅助材料进一步提升了电池的导电性、稳定性和充放电效率，使得电池的整体性能更加优化。电磁储能技术包括超导磁能储存和超级电容器，能量以电磁场形式存储和释放。超导磁能储存依赖于零电阻特性的超导材料，如金属基低温超导体和陶瓷基高温超导体，这些材料决定了系统的储能效率和能量密度。超级电容器则利用双电层电容或法拉第赝电容效应来储能，其关键材料是高比表面积的电极材料（如活性炭、碳纳米管和石墨烯）以及性能优异的电解质溶液，这些材料的特性直接影响超级电容器的功率密度、能量密度和循环寿命。

在热能储存技术中，分为显热储存、潜热储存和热化学储存。显热储存依赖于材料的比热容，典型材料包括水、岩石、混凝土和熔融盐，主要用于温度调控应用。潜热储存利用相变材料的相变潜热以高效存储热能，常用相变材料包括石蜡、水合盐和金属合金。热化学储存通过可逆化学反应实现能量的储存和释放，通常涉及化学反应物和催化剂，适用于高温环境和工业余热回收。在这些技术中，储能材料的热物性（如相变温度、潜热值）、化学稳定性和循环性能是关键参数。此外，保温材料和传热介质等辅助材料对能量保持和传递的效率也起到关键作用。

水合物储能技术中，以水合物为主要介质储存氢气、甲烷以及蓄冷。氢气、甲烷的储存依赖于水合物的晶体结构、相平衡条件等。水合物的平衡温压、水合速率、循环性能等都是影响储能的关键参数。

1.3.2 储能材料研究面临的挑战

当前，储能材料的研究聚焦于提升能量密度、功率密度、循环寿命和安全性等关键性能，然而依然面临诸多挑战。在电化学储能领域，锂离子电池的正负极材料（如磷酸铁锂、镍钴锰酸锂、石墨和硅基材料）尽管具有较高的能量密度和优异的循环性能，但价格昂贵、资源有限和环境影响显著。近年来，钠离子电池和液流电池等低成本替代技术受到关注，钠离子电池因资源丰富和化学稳定性较好，被视为有前景的储能技术，但其能量密度较低且仍需进一步提高。同时，固态电解质的发展为提高电池安全性带来了希望，但其离子导电性仍难以与液态电解质媲美，界面问题也限制了其广泛应用。

电磁储能领域，超级电容器和超导材料取得了一定进展。超级电容器使用的电极材料（如碳纳米管和石墨烯）能够提供高功率密度和较长的循环寿命，但其能量密度较低，难以与电池媲美。为了提高能量密度，研究者尝试开发非对称超级电容器和赝电容材料，然而其成本较高且生产工艺复杂。对于超导磁能储存，虽然超导材料具备高效储能能力，但高温超导体的制造成本和冷却需求带来了不小的技术挑战。

在热储能领域，相变材料（如水合盐和金属合金）因其相变潜热高、温度稳定性好而备受关注，尤其在建筑和工业余热回收中具有应用前景。然而，相变材料存在热导率低、易过冷、相分离等问题。为了提高其热导率，研究人员尝试通过掺杂高导热材料（如石墨和纳米颗粒）进行改性，虽然在实验中取得了一定成效，但成本和规模化生产问题仍需解决。热化学储能材料方面，尽管其具有高储能密度和长效储存的优势，但高温环境要求以及化学反应的可逆性和稳定性问题仍限制了其实际应用。

在水合物储能方面，如何降低水合物的形成压力，提高水合物的形成速率以及储氢密度是工业应用的前提。向水合物中加入热力学和动力学促进剂，引入金属导热材料等都可以改善水合物生成热力学和动力学，但仍未实现工业化应用。

储能材料的研究将更关注于材料的资源友好性、成本效益和环境影响。例如，生物质衍生的碳材料因其资源丰富、成本低、环境友好而成为炙手可热的研究方向。此外，随着人工智能和机器学习的发展，材料研发正朝着智能筛选和结构优化的方向迈进，有望加速高性能储能材料的发现与应用。总体来看，储能材料的未来发展将依赖于多学科协同创新，既要解决材料的性能瓶颈，又要实现生产的规模化和可持续性，从而推动低碳能源系统的实现。

参考文献

[1] Asadnabizadeh M. Critical findings of the sixth assessment report (AR6) of working Group I of the intergovernmental panel on climate change (IPCC) for global climate change policymaking a summary for policymakers (SPM) analysis [J]. International Journal of Climate Change Strategies and Management, 2023, 15 (5): 652-670.

[2] Dong H, Liu Y, Zhao Z, et al. Carbon neutrality commitment for China: from vision to action [J]. Sustainability Science, 2022, 17 (5): 1741-1755.

[3] 温源远，蓝艳，于晓龙，等. 可再生能源的发展现状及趋势 [J]. 环境保护，2024，52 (5): 68-72.

[4] 周凡宇，曾晋珏，王学斌. 碳中和目标下电化学储能技术进展及展望 [J]. 动力工程学报，2024，44 (3): 396-405.

[5] Liang Y, Li P, Xing L, et al. Current status of thermodynamic electricity storage: principle,

structure, storage device and demonstration [J]. Journal of Energy Storage, 2024, 80: 110347.

[6] Wu T, Wang J W, Qu S, et al. Frontiers of energy storage technologies [J]. International Journal of Energy Research, 2023, 2023: 7138669.

[7] 巨星，徐超，郝俊红，等. 新型储能技术进展与挑战Ⅱ：物理储能与储热技术 [J]. 太阳能，2024 (8): 48-58.

[8] 陈海生，李泓，徐玉杰，等. 2023 年中国储能技术研究进展 [J]. 储能科学与技术，2024，13 (5): 1359-1397.

[9] 王磊，胡清. 储能技术在新能源电力系统中的应用 [J]. 通讯世界，2024，31 (10): 88-90.

[10] Jankowski M, Palac A, Sornek K, et al. Status and development perspectives of the compressed air energy storage (CAES) technologies-A literature review [J]. Energies, 2024, 17 (9): 2064.

[11] Wu Q, Zhang X, Wu H. Research progress on cold store technology in the context of dual carbon [J]. Journal of Energy Storage, 2024, 86: 111291.

[12] Ahmed M M S, Hasan M J, Chowdhury M S, et al. Prospects and challenges of energy storage materials: a comprehensive review [J]. Chemical Engineering Journal Advances, 2024, 20: 100657.

[13] Ajmal Z, Ali H, Ullah S, et al. Use of carbon-based advanced materials for energy conversion and storage applications: recent development and future outlook [J]. Fuel, 2024, 367: 131295.

[14] 孙世平，李翔，申月，等. 无机水合盐相变储能材料研究进展 [J]. 化工新型材料，2023，51 (4): 26-39.

[15] Xie Y, Liu J, Ma W, et al. Review of the heat transfer enhancement for phase change heat storage devices [J]. Journal of Energy Storage, 2024, 86: 111336.

[16] Sadavar S V, Lee S Y, Park S J. Advancements in asymmetric supercapacitors: from historical milestones to challenges and future directions [J]. Advanced Science, 2024, 11 (34): e2403172.

[17] 黄家辉，邝祝芳. 人工智能与储能技术融合的前沿发展 [J]. 储能科学与技术，2024，13 (9): 3161-3181.

[18] 陈思远，王燕鸿，郎雪梅，等. 动力学强化水合物储氢技术研究进展 [J]. 储能科学与技术，2022，11 (12): 3787-3799.

2 储能技术原理

在现代社会，能量不仅是推动所有物质运动的基本动力，也是人类社会赖以生存和发展的关键物质条件之一。随着全球能源需求的日益增长以及对环境保护的重视，如何高效、安全地储存和使用能量成为了一个重要议题。

储能系统涵盖了多种多样的能源分配和供应技术，这些技术致力于更高效地利用和管理能源。在储能系统中，能量的储存和输送技术不仅是系统不可或缺的组成部分，而且是整个能源系统能否有效运作的关键。这些技术使得在能量过剩时将其储存，在需求增加时迅速释放成为可能，从而提高了能源利用的灵活性和经济性。

全球能源结构正在逐渐从依赖化石燃料向多元化能源转变，特别是对自然能源的大规模利用，进一步推动了储能技术的发展。例如，太阳能和风能这类可再生能源虽然清洁但不稳定，依赖于天气和地理条件，这使得储能技术成为确保这些能源稳定供应的关键技术。在多种储能技术中，电能储存是最为人熟知的形式，包括电池、超级电容器和电磁储能系统等。除此之外，热能储存技术包括显热、潜热以及化学热储能，可以在工业生产和建筑节能中发挥重要作用。机械能储能，如飞轮和压缩空气储能，以及化学能储能，如氢能和生物质能等，同样是储能领域的重要组成部分。尽管储能技术的潜力巨大，其发展仍面临技术成熟度不一、高昂的成本、能效损失以及材料可持续性等多种挑战。为应对这些挑战，科研人员和工程师们正在努力进行技术创新，以推动储能技术向更高效、更经济、更环保的方向发展。

本章旨在介绍储能技术原理，探讨各类储能技术的当前状态和未来发展趋势。通过深入分析这些技术的工作原理和应用场景，读者将能更好地理解储能技术如何支持现代能源系统的转型，并为实现全球能源可持续发展目标作出贡献。

2.1 能量转换与储存

能量作为物质运动的一种表现，反映了物质本身的运动状态以及其相互转换的能力。在自然界中，由于存在多种多样的物质运动形式，相应地也衍生出多样化的能量形态。人类社会利用这些能量形态的相互转换，不仅可以满足日常生活的需求，还能推动工业与科技的进步。

能量的基本形式包括机械能、热能、电能、化学能、光能以及原子核能等。这些能量形式在适当的条件下可以互相转换，如图 2-1 所示。这种转换在人类的生活和生产活动中发挥着至关重要的作用。例如，在煤的燃烧过程中，化学能不仅可以转化为热能，还能转变为光能。类似地，在原电池工作的过程中，化学变化产生电流，实现了化学能向电能的转换。在进行能量转换时，通常需要满足几个关键要求，以确保转换过程的效率和实用性。

① 高转换效率：转换效率是评价能量转换系统性能的关键指标，高效率的转换意味着能量损失较少，能源利用率更高。

② 快速转换与高能流密度：快的转换速率和高的能流密度确保能量可以迅速而大量地被转换和传输，满足高负载和高强度使用的需求。

③ 良好的负荷调节性：良好的负荷调节性意味着能量系统能够根据需求的变化调整能量输出，增强系统对于变动负载的适应性。

④ 环境友好与经济可行：在考虑能量转换的同时，环境影响和经济效益也是不可或缺的考量因素。环境友好的技术有助于减少污染和资源消耗，而经济可行性则确保技术的广泛应用和持续发展。

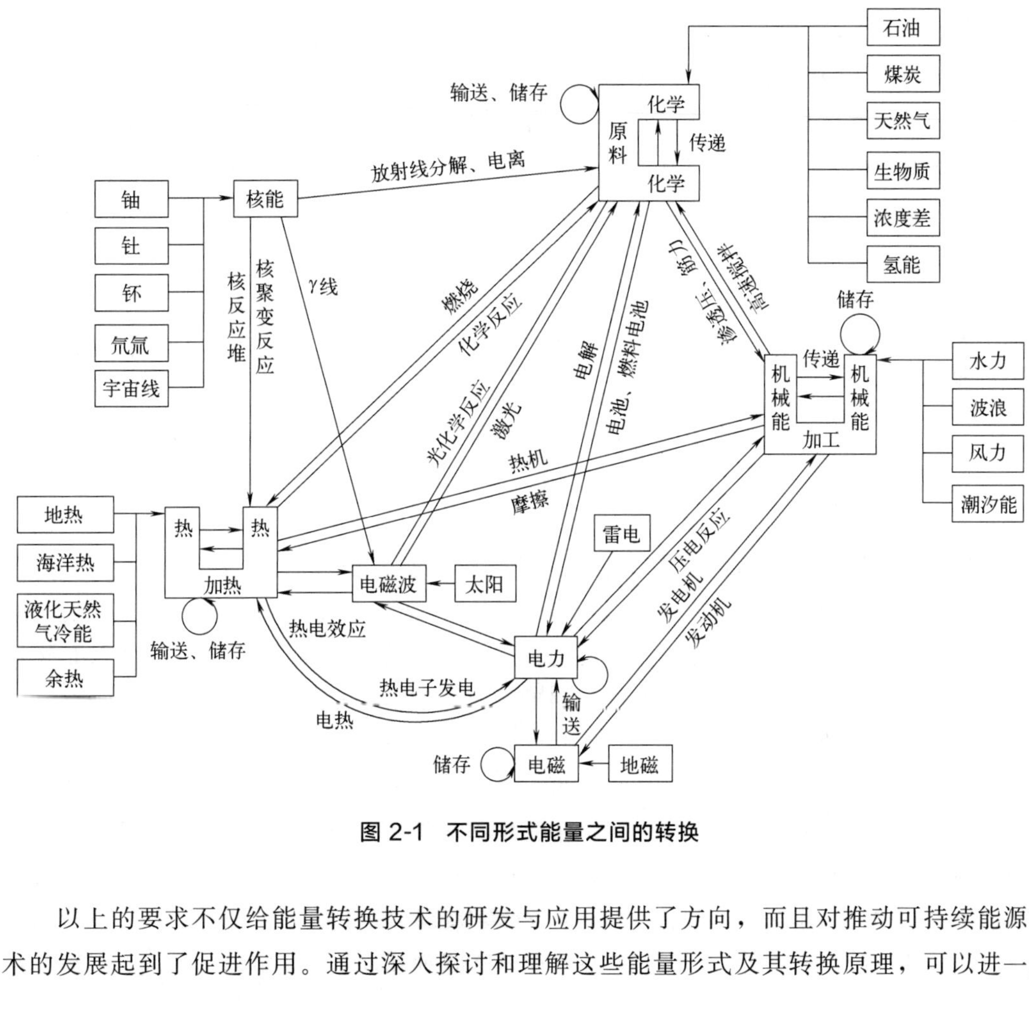

图 2-1 不同形式能量之间的转换

以上的要求不仅给能量转换技术的研发与应用提供了方向，而且对推动可持续能源技术的发展起到了促进作用。通过深入探讨和理解这些能量形式及其转换原理，可以进一步优化能源的配置和利用，实现能源使用的高效与环境友好化。

能量在转化过程中遵循着能量守恒定律，“能量既不能被消灭，也不能凭空创造，只能由一种形式转换为另一种形式”，即热力学第一定律。此外，热力学第二定律给出了能量转换方向的论述，分析了能量质的差异。

在研究热力学时，总是选择空间中的一部分作为热力学研究的对象，被选定的这一部分称为系统（system），其余部分则为环境（surroundings）。一切物体或系统都具有内能，不依赖于外界是否存在或外界是否对系统有影响。内能是物体内部大量分子无规则运动所具有的动能和分子的势能的总和，是物体、系统的一种固有属性，以 U 表示。从宏观角度看，内能的大小与物体的温度、体积有关。温度反映物体内部分子的平均动能，而体积则影响分子间的距离和分子势能。因此，内能是物体内部所有分子做无规则运动的动能和分子势能的总和，一切物体都具有内能。在热力学中使用的温度称为热力学温度 T(K)，它与日常生活中所说的摄氏温度 t(℃）之间的关系如下：

$$T=273.15+t \tag{2-1}$$

温度可用温度计测量，两个系统温度相等的状态表示为热平衡状态。由此推理，如果系统 A 和系统 B 处于热平衡状态，系统 B 和 C 处于热平衡状态，那么，系统 A 和 C 也处于热平衡状态。热力学第一定律则很容易理解。

热力学第一定律，表述为“在孤立系统内，能量的总量保持不变”，就是至今人们公认的“能量守恒定律在热力学中的表现”，它确定了热力学过程中系统与环境进行能量交换时，各种形态能量数量上的守恒关系。不仅包括人们熟悉的“势能和动能之和不变”这一热力学能量守恒定律，还包括其他形式的能量如热能、化学能、电磁能、原子能等，物体运动或系统做功时也要满足“虽然能量的形式发生了变化，但总能量保持不变”这一能量守恒定律。

另外，热力学第一定律还可以表示为：热和功都是能量的一种表现形式，相互间可以转换。这一定律否定了第一类永动机，意味着“不消耗能量，连续产生动力的机械是不存在的”。

热力学第一定律用公式表示如下，设由外部加到某一系统的热量为 $\mathrm{d}Q$，内能的增加量为 $\mathrm{d}U$，此时所做的机械功为 $\mathrm{d}W$，若用能量守恒定律表示，则下面的公式成立：

$$\mathrm{d}Q=\mathrm{d}U+\mathrm{d}W \tag{2-2}$$

这是热力学第一定律的数学表现形式。设热的交换为 $\mathrm{d}Q$，功的交换为 $\mathrm{d}W=p\mathrm{d}V$，内能的增减为 $\mathrm{d}U$，利用上式，可以分别用正负号表示能量系统转换的方向。

热力学第二定律与热力学第一定律的能量守恒同样重要。热力学第二定律不仅是物理学中的一个基本原理，而且对于理解能量转换的实际效率和方向具有决定性意义。这一定律揭示了能量转换的不可逆性，特别是在热能转换为其他形式的能量时的效率问题。根据第二定律，尽管功（例如机械能或电能）可以完全转换成热能，但是热能却不能完全转换为功。这种转换的不完全性是热能在转换过程中部分地散失为环境中不可利用的热，从而导致总的可用能量减少。

这个原理广泛应用于我们的日常生活和各种机械设备的运作中。比如，在发电厂，燃烧化石燃料或核反应产生的热能被用来生成蒸汽，进而驱动涡轮机旋转以发电。然而，在这一转换过程中，只有部分热能转化为电能，剩余的热能大多以废热的形式释放到环境中，因此，即便是现代最先进的热电联产发电厂，其效率也只能达到 60%左右。

汤姆森（Thomson）提出：热量无法完全（100%）转换为机械功。这一原理解释了为何无法制造出一种机器，能够永久不断地将所有吸收的热量完全转化为机械能，即第二类永动机的概念。这类机器的存在将违背热力学第二定律，因为它暗示着能量可以无损耗地持续转换，这在现实中是不可能的。

在进一步的理论发展中，科学家奥斯特瓦尔德（Ostwald）等进一步强调了能量品质的概念，即并非所有形式的能量都具有相同的价值或品质。热能因其具有较高的熵值（即更高的无序状态），被视为一种品质较低的能量形式。因此，尽管能量在转换过程中总量保持不变，但能量的品质却可能因熵的增加而下降。这正是电能或机械能等高品质能量能够转换为等量的热能，而热能却难以完全逆向转换为高品质电能或机械能的根本原因。要理解热力学第二定律，要先理解卡诺循环和熵增定律。

（1）卡诺循环

一个系统从某一初始状态开始，经过一系列的状态变化后，最终返回到其原始状态，这一过程被称为循环。在热力学中，一个理想的循环模型是卡诺循环（Carnot cycle）。该循环如图 2-2 中的 p-V（压力-体积）曲线所示，它由两个等温过程（温度保持不变的过程）和两个绝热过程（不与外界交换热量的过程）组成。卡诺循环是完全可逆的，即可以按照原路逆向进行，是可逆循环的典型实例。

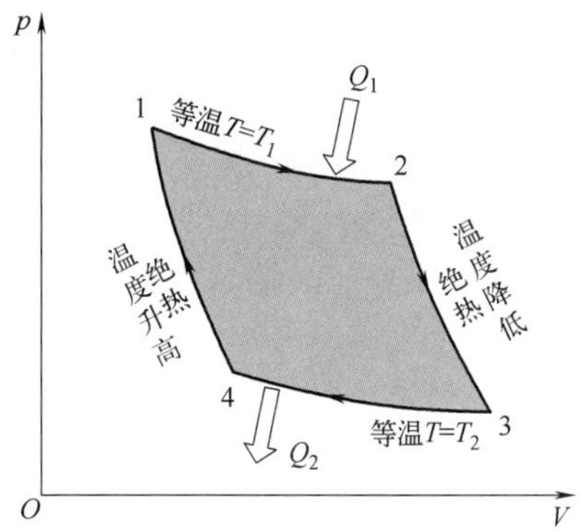

图 2-2 卡诺循环

在顺向卡诺循环中，系统从高温热源吸收热量 Q_1，并在低温热源释放热量 Q_2，同时对外做功 W，其大小等于吸收的热量 Q_1 与释放的热量 Q_2 之差，即 $W=Q_1-Q_2$。因此，卡诺循环的效率 η 可以表示为：

$$\eta=\frac{W}{Q_1}=\frac{Q_1-Q_2}{Q_1} \tag{2-3}$$

若用热力学温度 T 来表示，η 也可表示为：

$$\eta=\frac{W}{Q_1}=\frac{Q_1-Q_2}{Q_1}=1-\frac{Q_2}{Q_1}=1-\frac{T_2}{T_1} \tag{2-4}$$

由上式可知，卡诺循环的效率仅取决于高温热源与低温热源的热力学温度之比，且卡诺循环的效率总是小于 1。基于这一点，式（2-4）可以改写为：

$$\frac{Q_1}{T_1}-\frac{Q_2}{T_2}=0 \tag{2-5}$$

由此可知，在可逆循环中克劳修斯公式是成立的。

另一方面，由于现实中的循环是不可逆循环，其热效率一定比卡诺循环低，即：

$$\frac{Q_1}{T_1}-\frac{Q_2}{T_2}<0 \tag{2-6}$$

式（2-6）称为不可逆循环中的克劳修斯不等式。

（2）熵

将上述结果扩展，考虑用一条闭合曲线表示可逆循环，此时克劳修斯的积分为零：

$$\oint \frac{\mathrm{d}Q}{T}=0 \tag{2-7}$$

若循环中包括不可逆过程，则有下式成立

$$\oint \frac{\mathrm{d}Q}{T}<0 \tag{2-8}$$

考虑理想气体绝热膨胀的情况，如图 2-3 所示，假设在容器内充入一半的理想气体 V_1，在容器间隔板上开个孔。此时气体就会扩散，充满整个容器。

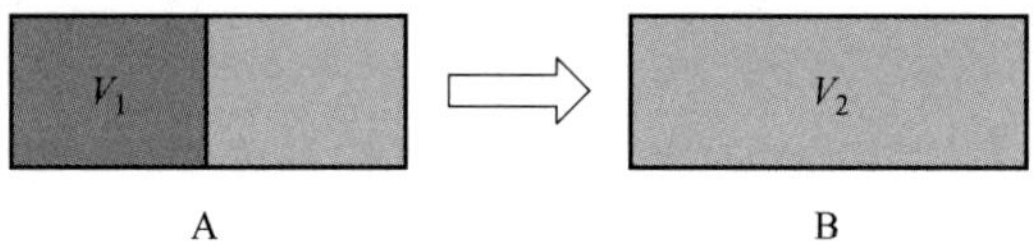

图 2-3　理想气体绝热膨胀

这种现象称为自由膨胀。自由膨胀时气体不做功，也没有热量进出，内部能量不变，因此温度也保持不变。

由此定义状态矢量 S 为

$$S=\oint \frac{\mathrm{d}Q}{T} \tag{2-9}$$

克劳修斯将这一新的状态矢量命名为熵（entropy），即

$$\mathrm{d}S=\frac{\mathrm{d}Q}{T} \tag{2-10}$$

设开始状态和最后状态的熵分别为 S_1、S_2，存在如下关系

$$S_2-S_1=\int_1^2 \frac{\mathrm{d}Q}{T}=nR\lg\frac{V_2}{V_1} \tag{2-11}$$

式中，$V_1>V_2$，所以有

$$S_2-S_1=nR\lg\frac{V_2}{V_1}>0 \tag{2-12}$$

由此可知在自由膨胀的过程中气体的熵增大了。

同样，热量扩散，即温度不同的两个物体接触产生热传导时，熵也会增大。也就是说，热从高温到低温流动，使系统的熵增大。即如果一个孤立的系统产生不可逆变化，系统的熵一定会增大。

严格地说，自然界中的变化都是不可逆的，所以说“宇宙这个孤立系统的熵也在增大”。也可以这样说“宇宙最终会达到平衡状态，宇宙各部分的温度会趋于均一化”。这就是由热力学第二定律导出的结论。

克劳修斯不等式表明“若在孤立系统中发生不可逆变化，则熵就会增大”。即

$$dS>0 \tag{2-13}$$

这就是熵增定律，式（2-13）也是热力学第二定律的数学表现形式。熵是只取决于系统状态的函数和状态量。所以，从 A 状态到 B 状态的熵的变化与路径无关。

热力学第三定律是对绝对零度状态下物质行为的重要阐述，它完善了能量转换与熵变理论框架。普朗克（Max Planck）和能斯特（Walther Hermann Nernst）的表述明确指出，当一个系统的温度无限趋近于绝对零度（0K）时，其熵也将无限趋近于一个常数（而非绝对的零，但在理想情况下可视为零）。这表明，在理论上，绝对零度代表了一个极端有序的状态，此时物质的微观粒子几乎停止了所有热运动。

根据能斯特的阐述“无法将物体冷却至绝对零度”。这一原理揭示了，无论科技如何进步，总会存在难以逾越的物理界限，无法触及极端低温。热力学第三定律消除了熵值计算中的不确定性，确立了所有物质在绝对零度时熵的绝对基准为零。

在统计物理学的范畴内，第三定律揭示了微观粒子运动的量子化本质。这意味着，在极低温度条件下，物质的量子特性变得尤为显著，微观粒子的行为必须借助量子力学理论方能准确描述。实际上，第三定律在量子计算和超低温实验领域发挥着关键作用，因为在这些前沿探索中，接近绝对零度的环境能极大程度地降低热噪声干扰，进而提升实验精度或计算准确性。

实际上，第三定律并不像第一、第二定律那样明白地告诫人们放弃制造第一类和第二类永动机，而是鼓励人们尽可能接近绝对零度。现代科学可以使用绝热去磁的方法达到 5×10^{-10}K，但仍然达不到 0K。这种极端低温的实现不仅是科学技术的一大挑战，也是对热力学第三定律的一个实际验证。

在实际应用中，热力学三大定律共同为人们有效进行能量转换提供了指导。通过深入理解这些定律，工程师和科学家能够设计出更为高效的能源系统。这些系统不仅可以将能量转换成便于使用的形式，还能在能量过剩时将其储存起来，以备将来之需。例如，在电网管理中，掌握这些定律有助于更精准地平衡能源的供需关系，通过储能系统来调节负载，从而优化能源的利用效率。因此，热力学定律不仅是物理学理论的基石，也是现代工程与技术实践的核心指导原则，助力我们构建更加可持续且高效的能源解决方案。

2.2 常见的储能技术原理

在全球能源结构迅速转变的背景下，储能技术成为了确保能源供应连续性和可靠性的关键。这些技术不仅帮助平衡电网中的供需关系，提高整个能源系统的响应速度和灵活性，还对抗了风能和太阳能等可再生能源的间歇性和不可预测性，从而增强了能源系统的稳定性。

储能技术涵盖了从机械能、化学能到电能、热能以及其他形式的能量存储，每种技术都有其独特的工作原理和使用的材料。机械储能技术，如飞轮储能、压缩空气储能和抽水蓄能系统，则利用物理运动或压力差异来存储能量。这些技术通过精密的机械设计和材料科学的应用，将机械能转换和存储为电能。在化学能储存领域，氢能储存和生物质能技术通过化学反应来存储和释放能量。氢能储存通常将电能转换为化学能以氢气形式存储，而生物质能则利用有机质的化学转换过程。电能储存技术主要依赖于电池（如锂离子电池和铅酸电池）、超级电容器和电磁储能系统。这些系统通过使用先进的电化学材料和设计来优化能量的快速存储和释放。热能储存技术，包括显热、潜热及化学热储能，利用材料的热容性质或相变特性来存储和释放能量。例如，相变材料在吸收或释放热量时能够在不同物态之间转换，这种特性使它们成为建筑物温度调控中的理想选择。水合物储能技术则是一种新兴的技术，利用水合物的形成和分解来存储和释放能量，尤其是在天然气储存领域显示出巨大的潜力。

这些储能技术和材料为现代能源网络提供了强大的支持，推动了新能源技术的发展，确保了能源系统的高效、稳定和可持续运行。本节将系统介绍这些储能技术的基本原理。

2.2.1 机械能储能技术

机械能储能技术的历史可以追溯到水车和风车的使用，这些设备在农业和工业革命中发挥了至关重要的作用。随着技术的进步，特别是在 20 世纪，机械能储能开始采用更为精细和复杂的系统设计，例如飞轮和抽水蓄能系统。机械能储能技术应用十分广泛，从电网管理、可再生能源融合到交通运输和工业能量管理，其灵活性和高效率使其成为了诸多场合中的首选技术。在电网调节、风能和太阳能系统中，它能帮助平衡供需，增强系统稳定性。在交通工具，尤其是航空航天领域，飞轮储能提供了重要的动力和能量管理解决方案。

机械能储能主要有三种形式：飞轮储能、压缩空气储能和抽水蓄能。飞轮储能技术依赖于旋转飞轮的动能来存储电能，并在需要时将其转换回电能。这种方法以高速旋转的飞轮在真空或低摩擦环境中储存旋转能量为特征，能够快速响应负载变化，特别适用于提供短时高功率输出。压缩空气储能（CAES）将空气压缩到高压状态并储存在地下腔室或容器中。在电力需求上升时，压缩的空气被释放并通过膨胀机发电。抽水蓄能则是目前最成熟和最广泛使用的大规模储能技术。它通过泵将水从低处抽到高处的储水池，在电力需求低时存储能量，在电力需求高时释放水流，通过水轮机发电来供电。这种技术对地形有一定要求，但其储能规模巨大。机械能储能技术，因其高效率、长寿命及可靠性，在现代电力系统中的角色越发重要，不仅支持常规能源的高效利用，也为可再生能源的集成提供了关键的技术支持。

2.2.1.1 飞轮储能

飞轮是最早的储能形式之一，其坚固耐用的特点使其非常适合需要快速响应和高循环的应用。飞轮储能技术具有以下优势。

① 高功率密度：飞轮可以在短时间内释放大量能量，适用于需求瞬间高功率输出的场合。

② 长周期稳定性：与化学电池相比，飞轮不会因循环次数增加而明显衰减。

③ 高效率：现代飞轮储能系统的能量转换效率较高，尤其是在采用先进轴承和真空技术的情况下。

④ 环境友好：飞轮不涉及化学物质的使用，因此没有化学污染的问题。

⑤ 快速响应：飞轮系统可以在毫秒级响应负载变化。

这些优势与特点使得飞轮被广泛应用于多个领域，包括电网调频与稳定、动能回收、可再生能源储存和太空应用。在当前的储能领域，飞轮技术主要面临来自电池和其他储能技术的竞争，但由于其独特的高功率输出和循环稳定性，它在短时高效储能解决方案中占据了一席之地。在电动汽车、城市交通系统、电网管理以及数据中心的不间断电源系统中，飞轮储能技术正逐渐成为一种关键技术。当前飞轮的研究和开发聚焦于提升飞轮的材料性能、降低成本、优化系统集成以及扩大应用范围。

飞轮的核心元件由一个旋转的质量块，即飞轮组成，飞轮通常是轴对称的，它通过旋转储存动能，可用以下公式来表达：

$$E=\frac{1}{2}I\omega^2 \tag{2-14}$$

$$J=\sum_i m_i r_i^2 \tag{2-15}$$

式中，E 为储存在飞轮中的动能，J；I 为飞轮的转动惯量，kg/m^2；ω 为飞轮的角速度，rad/s；r_i 为飞轮半径，m；m_i 为半径 r_i 对应的飞轮质量，kg；J 为飞轮对旋转轴的惯性的量度，它取决于飞轮的质量分布。

因此，设 ω_i 为初期转数，ω_f 为最终转数，则可输出的能量 E' 为：

$$E'=\frac{1}{2}I(\omega_i^2-\omega_f^2) \tag{2-16}$$

飞轮通过转动实现电能和机械能的转换，电能通过一个功率转换器从额定恒压直流（DC）链路传输到电动发电机（MG）或从电动发电机输出。转换器在充电时从直流电源产生三相输入，或在放电时将产生的交流电（AC）转换回直流电。电动发电机要么直接连接到飞轮转子上，要么与飞轮转子集成在一起。与其他储能技术一样，无论充电状态如何，要实现恒定的输出功率 P，就意味着电动发电机扭矩 T_{MG} 与速度成反比关系：

$$T_{MG}=\frac{P}{\omega} \tag{2-17}$$

为了避免高 T_{MG}，转速的最小值一般设置在最大值的 1/3～1/2 之间，而转速的最大值则受到飞轮结构的限制。飞轮产生的可用能量 $E_{useable}$ 可以表示为：

$$\begin{aligned}E_{useable}&=\frac{1}{2}I(\omega_{max}^2-\omega_{min}^2)\\&=\frac{1}{2}I\omega_{max}^2\left(1-\frac{\omega_{min}^2}{\omega_{max}^2}\right)\end{aligned} \tag{2-18}$$

对于均质材料制成的飞轮，可以假设飞轮轴向厚度 h 仅为半径 r 的函数，则质量 m 和转动惯量 J 可表示为：

$$m=2\pi\rho\int_{r_i}^{r_o}h(r)r\,dr \tag{2-19}$$

$$J=2\pi\rho\int_{r_i}^{r_o}h(r)r^3\,dr \tag{2-20}$$

式中，ρ 为飞轮的密度，kg/m^3；r_i 和 r_o 分别为飞轮的内径和外径。定义储能密度

ESD 为飞轮单位质量所储存的能量，则：

$$\mathrm{ESD}=\frac{E}{m}=\frac{1}{2}\times\frac{J}{m}\omega^2=\frac{1}{2}\times\frac{\int_{r_i}^{r_o}h(r)r^3\mathrm{d}r}{\int_{r_i}^{r_o}h(r)r\mathrm{d}r}\omega^2=\frac{1}{2}R^2\omega^2 \tag{2-21}$$

式中，R 为有效半径。由此可以看出，增加飞轮的有效转半径 R 和转速 ω 可以增加储能密度。飞轮的简化受力模型如图 2-4 所示。最大应力发生在圆盘的中心，其值可由下式确定：

$$\sigma_{\mathrm{rmax}}=\sigma_{\theta\mathrm{max}}=\frac{3+\nu}{8}\rho\omega^2 r_0^2 \tag{2-22}$$

式中，$\sigma_{\theta\mathrm{max}}$ 为飞轮上最大的切向应力；ν 为泊松比；r_0 为飞轮外径。

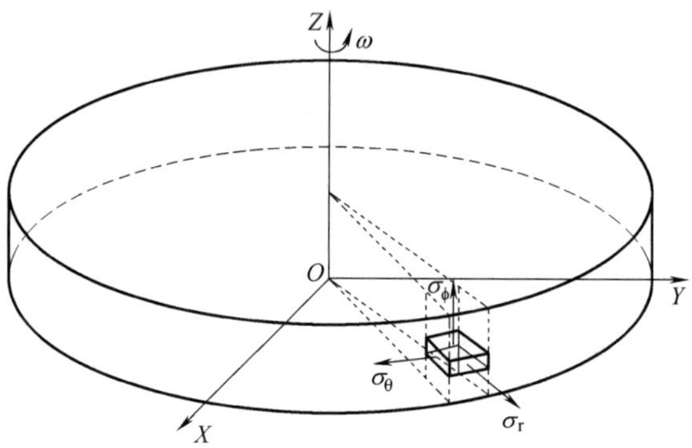

图 2-4　飞轮的应力状态

因此，飞轮的最大转速取决于材料的许用应力。此外，飞轮有四种不同的形状，Laval 圆盘、实心圆盘、厚壁环和薄壁环，每种形状有一个形状特征因子 K，如图 2-5 所示，表示飞轮的效率，设 m 为飞轮质量，$\sigma_{\max}$ 为最大应力，ρ 为飞轮密度，则有

$$\frac{E}{m}=K\frac{\sigma_{\max}}{\rho} \tag{2-23}$$

该式表明了飞轮形状和材料对飞轮储能的影响，K 越接近 1，在特定质量的材料、密度和材料强度中可以储存的能量就越多。通过优化飞轮的结构，可以提高飞轮的形状系数，进一步改善飞轮的应力分布。

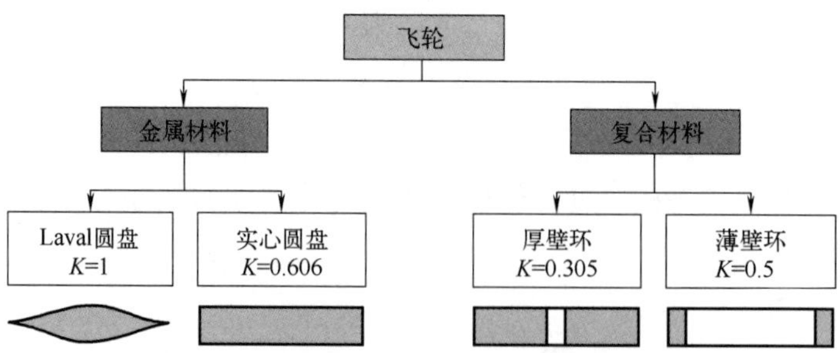

图 2-5　不同飞轮的形状（K 是形状特征因子）

从上述的分析可以得知飞轮储能技术的效率和能量密度很大程度上取决于飞轮使用的材料，在实际应用中还需要更多细致的考虑，理想的飞轮材料通常需要具备以下特征：

① 高强度：飞轮材料需要具有极高的强度以承受高速旋转时产生的巨大离心力；

② 较高密度：通过采用密度更高的材料，可以在相同的体积下存储更多的能量，但需要权衡材料的强度和成本；

③ 转动摩擦小：减少飞轮系统中的摩擦是提高效率的另一关键因素，通过使用磁悬浮轴承和真空环境，可以大大减少能量损失；

④ 耐热材料：飞轮在旋转过程中可能会产生热量，因此需要耐热材料来保持性能并防止材料性质随温度变化而变化。

飞轮材料的选择对其性能有显著影响，飞轮的制备主要使用两种材料：金属材料和复合材料。金属材料加工技术较为成熟，成本较低，但能量存储密度有限。复合材料如碳纤维和玻璃纤维等具有高强度和低密度的特点，能够实现更高的能量存储密度，逐渐成为一些高速飞轮材料的首选。现代飞轮系统越来越多地采用如 T1000 等碳纤维复合材料，这种材料强度高，最大能量存储密度可达 420W・h/kg，相比传统材料提高了数倍。碳纤维复合材料的使用，虽然提高了能量密度，但成本高昂和加工难度大是其主要限制因素。

高速电机和动力电子转换设备的改进对于飞轮储能系统发展十分关键。研究表明，使用永磁电机可以有效提高系统的能效和速度调节范围，特别适合超过 80000 转/分钟的应用场景。磁悬浮轴承技术的采用，能显著减少系统摩擦和能量损失，增强系统的长期运行可靠性。目前永磁电机由于转子损耗低、转速变化范围大、运行效率高的特点，利用率要高于异步电机和磁阻电机。此外，支撑轴承的设计也很重要，主要是减少摩擦造成的能量损耗。传统的机械轴承成本低，但是其有高摩擦和高损耗的不足，只适合低速飞轮系统。目前较好的是使用磁轴承，采用磁力管理，几乎可以无损耗运行，其稳定性也非常高。缺点是结构复杂，造价高。例如，某研究所开发的超导磁轴承为飞轮提供了强磁斥力，以避免机械损失。

此外，多种工艺结合的方式能够有效提升系统整体的效率与稳定性，例如飞轮-电池混合储能系统，该系统能够利用飞轮的高速旋转使电池的充放电过程更加平稳，减少电池损伤并延长电池寿命。系统中的飞轮在充电模式下通过电池电力驱动达到高速旋转，储存动能；在放电模式下，则通过减速释放这些动能，转换为电能供电池使用。这种方式有效地过滤了对电池有害的冲击，增强了整体系统的安全性和可靠性。

总而言之，飞轮储能技术以其高效率、快速响应和长期耐用性，在现代能源管理系统中扮演着越来越重要的角色。然而，飞轮储能技术的应用也面临一些挑战和限制，包括由摩擦和空气阻力导致的能量损失、高昂的初期投资和维护成本、潜在的安全风险、材料疲劳、寿命问题以及相对较低的能量密度等。此外，飞轮系统庞大的重量和体积也可能限制其在移动应用或空间受限环境中的使用。

尽管存在这些挑战，飞轮储能技术在需要高频循环和瞬时能量输出的应用场景中，例如电网调频、动能回收、紧急电力供应以及可再生能源整合等领域仍然展示了不可替代的价值。未来将通过持续的研究和技术创新，进一步提升飞轮系统的性能和经济性，从而扩大其在能源存储领域的影响力。

2.2.1.2 压缩空气储能

压缩空气储能（CAES）是一种将多余的电能转换为压缩空气，并存储在地下或其他容器中，在需要时将压缩空气释放重新转换为电能的技术。压缩空气储能作为一种大规模储能解决方案，其概念最早在 20 世纪 70 年代被提出，尤其在德国和美国，成为电网负载管理和可再生能源整合的关键技术，主要是为了应对石油危机带来的能源存储需求。压缩空气储能商业应用始于 1978 年，德国 Huntorf 投入运行的第一个压缩空气储能系统，其工作原理如图 2-6 所示，这个系统利用低谷电力来压缩空气，储存在一个地下盐穴中，然后在高峰需求期间释放空气通过涡轮机发电，这种储能方式为电网提供了调峰能力，增强了电网的稳定性和可靠性。与其他类型的能量存储技术相比，压缩空气储能在存储容量和成本效率上具有独特的优势，特别适合于长时间、大规模的能量存储。此外，由于其使用的主要介质是空气，环境影响相对较小，这使得压缩空气储能成为一种环境友好的储能技术。

压缩空气储能主要有以下几个显著优势：

① 能量输出快速：能够在需要时迅速响应，快速提供大量电力；

② 高效率：现代压缩空气储能系统的能量转换效率可以达到 70%以上；

③ 环境友好：使用空气作为介质，对环境的影响相对较小；

④ 经济性：尤其在利用现有地质结构作为储气容器时，经济效益显著。

图 2-6 常规压缩空气储能示意图

压缩空气储能系统的关键部件包括压缩机、储存容器以及发电时使用的膨胀机。储存容器通常是利用自然地质结构，如盐穴、废弃的矿井或天然气田。这些容器必须具备良好的密封性能以防止空气泄漏，并能承受长时间的高压状态。材料的选择对压缩空气储能系统的安全性和经济性至关重要。储气容器的材料需要具有高强度、良好的抗腐蚀性和经济效益。同时，压缩机和膨胀机的材料也需耐高温和高压，通常选用特种合金钢或复合材料。

压缩空气储能过程包括两个主要的热力学过程：绝热压缩和绝热膨胀。绝热过程意味着没有热量与外界交换，系统的状态变化仅依赖内部能量的转换。在压缩阶段，电力驱动压缩机将空气压缩至高压状态并存储在密封容器中。在释放阶段，压缩的空气通过膨胀机（通常是涡轮）放出，转换成机械能，然后通过发电机转换为电能。这个过程可以通过以下热力学公式描述：

绝热压缩：

$$p_1V_1^\gamma=p_2V_2^\gamma \tag{2-24}$$

绝热膨胀：

$$p_3V_3^\gamma=p_4V_4^\gamma \tag{2-25}$$

$$\gamma=\frac{C_p}{C_v} \tag{2-26}$$

式中，p 为压力，Pa；V 为系统体积，m^3；γ 为比热比，空气约为 1.4；C_p 为气体的恒压比热容，J/(kg・K)；C_v 为气体的恒容比热容，J/(kg・K)。但是在实际应用中，绝热过程的理想状态很难实现，因此需要考虑实际过程中的能量损失和热交换，能量效率可以表示为：

$$\eta=\frac{\text{有用功}}{\text{总输入能量}} \tag{2-27}$$

在压缩空气储能系统中，有用功是指通过涡轮机释放的机械能或电能，总输入能量是压缩过程中消耗的电能。

当压缩空气储能系统中的压缩过程伴随着热交换，以保持气体温度恒定，该过程能够被视为等温压缩。在这种情况下，使用理想气体状态方程来计算所做的功是比较合适的。在等温条件下，理想气体遵守波义耳定律（Boyle′s law），即在温度不变的情况下，压力和体积成反比。波义耳定律可以表述为：

$$pV=\text{常数} \tag{2-28}$$

从理想气体状态方程 $pV=nRT$ 出发，对体积 V 从 V_1 到 V_2 进行积分，则有：

$$W=\int_{V_1}^{V_2}p\,\mathrm{d}V \tag{2-29}$$

由于 $p=\frac{nRT}{V}$，代入上式可以得到积分结果：

$$\begin{aligned}W&=\int_{V_1}^{V_2}\frac{nRT}{V}\mathrm{d}V=nRT\int_{V_1}^{V_2}\frac{1}{V}\mathrm{d}V\\&=nRT\ln\left(\frac{V_2}{V_1}\right)\end{aligned} \tag{2-30}$$

从上式可以看出，在等温压缩过程中，压缩所做的功 W 直接与气体的初始和最终体积的对数比成正比。

在压缩空气储能系统中，如果能够有效地管理压缩过程中的热量交换（如通过冷却系统保持气体温度恒定），等温压缩模型提供了一种能效更高的压缩方式。与绝热压缩相比，等温压缩通常需要较小的能量输入来达到相同的压力水平，因为系统不需要额外的能量来对抗温度升高所带来的额外压力增加。通过这种方法，压缩空气储能系统能够更有效地利用输入的能量，提高能量储存和回收的总体效率。在实际应用中，这意味着系统设计可以考虑热管理策略，如增加冷却环节或使用特殊材料来提高热交换效率，从而优化整个系统的性能。

随着全球能源需求的增长以及对可持续能源解决方案的追求，压缩空气储能技术仍在不断发展和完善中。压缩空气储能的能量和功率密度低，这就意味着一定体积内存储的能量很小。因此，需要很大的储存容器来实现大量能量的储存。此外，压缩空气储能的效率也较低，在40%～70%之间，在能量转换时会造成相当一部分能量的浪费。现代压缩空气储能系统正朝着更高的能量效率、更低的运营成本以及更广泛的应用场景发展。例如，通过绝热压缩空气储能系统（AA-CAES）的开发，利用热能存储来提高系统的整体效率，以及通过改进机械和材料技术来降低能量损失。有研究者研究了压缩空气储能与其他储能系统的集成应用，例如和固体氧化物燃料电池（SOFC）技术合并成为一个三联供能源系统，该系统优化了通过固体氧化物燃料电池产生的电力，同时利用部分生成的电力运行产生压缩空气流的压缩空气储能系统。此外，与燃煤机组的集成耦合也具有独特优势，将压缩空气蓄能与传统燃煤机组相结合的级间双换热新方法既可以减少压缩空气储能系统的蓄热投资，又可以拓宽燃煤机组的调峰裕度，促进高比例新能源接入电网的稳定性。该系统的储能效率可达到80%，电力输出能够稳定在200兆瓦，储能容量达到了100兆瓦时。技术经济分析表明系统的投资回收周期为5年，年平均收益率达到了10%，具有较高的经济可行性。

综上，压缩空气储能技术的主要优势在于其能够提供大规模的能量存储能力，这对于平衡可再生能源的间歇性和波动性尤为重要。然而，压缩空气储能技术也面临一些挑战和限制。首先，它的能效受限于热力学循环的效率，特别是在压缩和膨胀过程中会有能量损失。现代压缩空气储能系统通过集成热能回收系统来提高效率，例如利用压缩过程中产生的废热预热空气，或通过先进的热交换技术减少能量损失。其次，压缩空气储能的建设和运营很大程度上依赖于地理位置和地质条件，这限制了其应用的普遍性和灵活性。

2.2.1.3 抽水蓄能

抽水蓄能（pumped storage hydroelectricity，PSH）是一种历史悠久的储能技术，其发展可追溯至19世纪末。最初，这种技术是为了满足电力系统中负荷调整的需要而开发的。最早的商业化抽水蓄能电站于1909年在瑞士和意大利建成。此后，随着电力需求的增加和电力市场的发展，抽水蓄能技术在全球范围内得到了广泛的应用和快速的发展。20世纪中叶，随着电网的扩展和电力需求的波动性增加，抽水蓄能技术开始在美国、日本和欧洲等地大规模建设，成为支持电网稳定和调峰需求的重要手段。这一时期，技术进步使得抽水蓄能电站的效率和容量有了显著提升。到了20世纪末和21世纪初，随着可再生能源尤其是风能和太阳能的快速发展，抽水蓄能作为一种能够迅速响应并提供大规模储能的技术，其在新能源整合中的作用变得越发重要。现代抽水蓄能项目不仅关注能量存储和发电效率，还越来越注重环境影响和经济效益，推动了一系列创新设计和优化运营的实践。

抽水蓄能系统的核心是利用水的势能来储存和释放电能。通过将电能转化为势能的简单原理，抽水蓄能系统可以平衡供需并促进可再生能源的整合。图2-7给出了连接到电网的抽水蓄能系统的典型布局。

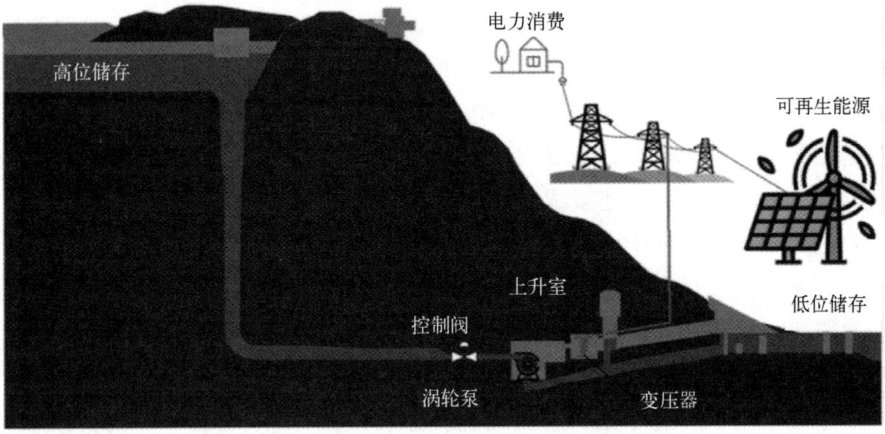

图 2-7 抽水系统布局

抽水蓄能的基本原理是利用重力和水位差来存储和释放能量。这种技术通过在不同高度的两个水库之间输送水来工作，具体包括两个基本过程：抽水上升和水力发电。在电力需求低谷时，电力被用来驱动水泵，将水从低处的水库抽送到较高位置的水库中。此过程将电能转化为水的势能，根据能量守恒定律，所需的能量等于水获得的势能。势能 E_p 为：

$$E_p = mgh \tag{2-31}$$

式中，m 为水的质量，kg；g 为重力加速度，9.81m/s^2；h 为水从下游到上游水库的高度差，m。水的质量可以通过其体积和密度来计算：

$$m = \rho V \tag{2-32}$$

式中，ρ 为水的密度，kg/m^3；V 为水的体积，m^3。则有：

$$E_p = \rho V g h \tag{2-33}$$

除了能量外，在实际操作中，抽水的功率（瞬时能量转换率）也是重要的度量指标，定义为每单位时间内做的功：

$$P = \frac{E_p}{\Delta t} = \frac{\rho V g h}{\Delta t}$$

考虑到水流速 Q（m^3/s），即每秒流动的水体积，可以将体积 V 表示为 $Q\Delta t$，则有：

$$P = \rho g h Q \tag{2-34}$$

这是抽水阶段功率的基本公式，表示为水的流速、水的密度、重力加速度和水提升高度的函数。

在发电阶段，存储的水释放，通过重力作用下落，驱动涡轮机和发电机产生电能。此过程可以看作势能转换为机械能，最后转换为电能。考虑到系统效率 η（包括涡轮机和发电机的机械效率以及其他系统损失），发电功率可以表示为：

$$P_{out} = \eta \rho g h Q \tag{2-35}$$

这里，η 通常在 70%～80% 之间，反映了从势能到电能转换过程中的能量损失。

由上面的公式分析可知，影响抽水蓄能的主要因素有水提升的高度 h、水的体积流速

Q 和系统的效率 η。其中水提升的高度 h 依赖于地理位置的高度差，高度差越大，系统储存的势能就越高。因此，选择有较大高度差的地点对于提高抽水蓄能系统的效率和经济性至关重要。而水流速 Q 决定了单位时间内通过系统的水量，直接影响到系统的功率输出，在抽水阶段，流速越高，所需的抽水功率越大；在发电阶段，流速越高，系统的发电功率越大。因此，优化水流速是提升系统响应能力和调节电网需求的关键因素。而系统效率 η 涵盖了涡轮机、发电机以及其他系统组件的效率。它是影响能量转换效率的关键因素，包括机械损耗、热损失等。采用高效的机械设备和改进设计，可以显著提高系统的总体能效。

抽水蓄能系统有开放式和封闭式两种类型。开放式系统与自然水源相连，使用自然水流来帮助储存和发电，但可能对环境产生影响；封闭式系统则与自然水源隔离，通常通过人工建造水库来存储水。近年来，有人根据抽水蓄能的原理开发了一种海上抽水蓄能技术，被称为"海洋电池"。该技术基于传统抽水蓄能系统的概念，但将系统安装在海底。利用海水的静水压力，系统将电能转换为势能，并在需要时将其释放为电能。该系统包含两个水库：一个刚性水库和一个柔性水库。刚性水库在大气压力下运行，而柔性水库位于海底，受到周围海水的静水压力。在充电阶段，电能将工作液从刚性水库泵入柔性水库。由于柔性水库处于海底，周围的静水压力会压缩工作液，增加其势能。在放电阶段，工作液从柔性水库流回刚性水库，通过涡轮机发电，将势能转换为电能。这个过程类似于传统抽水蓄能系统，但利用的是海水的压力而不是高度差。海上抽水蓄能系统是一个完全封闭的系统，这减少了对环境的影响，并降低了腐蚀和生物污垢的风险，同时该技术还可以与海上风电、浮动太阳能等可再生能源相结合，从而提供大规模的能源储存能力。

综上，抽水蓄能作为全球最广泛使用的大规模储能技术之一，以其独特的高效率和可调度性，在现代电力系统中扮演着关键角色。其不仅为电力系统提供了一种高效的能量管理工具，还支持了全球向更清洁、更可持续能源系统的转型。但抽水蓄能的应用也存在一些显著的缺点。首先，抽水蓄能系统对环境有较大影响，包括生态破坏和水质改变。其次，这种技术需要巨大的初期投资和特定的地理条件，限制了其广泛部署。此外，系统在运行中会有能量损失，并且受限于地形和水源的可用性，影响了其调度灵活性。因此，未来抽水蓄能技术的发展将专注于提高效率、降低环境影响，并增强系统灵活性。通过技术创新，如改进泵和涡轮机效率、探索新材料和设计方法、整合智能电网技术，同时，探索环境友好的建设方案和运营模式，以及开发新的应用领域，使抽水蓄能技术更符合未来可持续能源系统的需求。

综上所述，机械能储能技术，如抽水蓄能、压缩空气储能和飞轮储能，已经相对成熟，对材料方面的需求也较少。因此，本章之后不再对机械能储能进行讨论，而是重点关注对材料具有更大需求和发展潜力的其他储能技术。

2.2.2 化学能储能技术

化学能储能技术，作为能量存储的重要领域之一，该技术利用化学反应将能量储存在高能物质中普遍用于可持续能源系统和提升能源效率。这一技术通过化学反应来存储和释放能量，不仅能实现高效的能量转换，还能提供灵活的能源利用方式。本部分将介绍化学能储能技术中的两个关键领域：生物质能和光化学储能。生物质能通过转化生物质材料为可用能源，如生物燃料或生物气体，不仅有助于减少环境污染，还能通过循环利用有机废弃物降低对化石燃料的依赖。光化学储能技术是指利用光化学反应进行储能的一种技术。

2.2.2.1 生物质储能

生物质储能技术是指通过转化生物质为可储存的能源形式（如生物燃料、生物气体或其他形式）来保存能量的方法。生物质作为一种可再生资源，其能量储存技术发展历史悠久，与人类使用生物资源作为能源的历史几乎同步。在20世纪前，生物质能主要以直接燃烧木材或农作物残留物的形式用于取暖和烹饪。随着工业化进程的加深，人们开始探索更高效的生物质能转化和储存方法。20世纪中叶，随着环保意识的提高和可持续能源需求的增加，生物质能作为替代传统化石燃料的重要选择受到重视。这一时期，生物燃料技术如生物柴油和生物乙醇的研究与开发得到了迅速发展，这些燃料可以被有效储存和运输，用于发电或作为交通燃料。

进入21世纪，生物质能储能技术的研究重点转向更高效的能量转换方法，如厌氧消化产生的生物甲烷或通过气化和热化学过程产生的合成气。这些技术不仅提高了能源的提取效率，还减少了环境影响。同时，先进的生物质转化技术，如催化热解和生物炭技术的开发，进一步扩展了生物质能的应用范围，使其成为多元化能源策略中的关键组成部分。

生物质储能技术将生物质通过化学和生物过程转化为便于储存和运输的能源形式。这些过程可以产生固体、液体或气体燃料，每种转化方式都基于不同的化学和生物学原理。

生物质热化学转化技术包括热解和气化两种方式。热解是在缺氧条件下加热生物质，使其分解成可燃气体、生物油和生物炭的过程。热解过程可以表示为：

$$\text{生物质} \xrightarrow{\text{缺氧}} \text{生物炭} + \text{生物油} + \text{合成气} \tag{2-36}$$

这一过程中，生物质的化学和物理结构被破坏，产生更易于储存和运输的产品。生物油可以作为液体燃料存储，生物炭具有稳定的碳结构，可以长时间储存。生物质气化是在高温条件下，生物质与有限的氧气或蒸汽反应，生成一种称为合成气（主要成分为一氧化碳和氢气）的可燃气体。气化反应可以表示为：

$$\text{生物质} + O_2 \xrightarrow{\text{高温}} CO + H_2 + CO_2 + H_2O + \text{残渣} \tag{2-37}$$

该过程能够产生合成气，是一种高度可用的能源载体，可以进一步转化为液体燃料或直接用于发电。

生物质转化技术包括厌氧消化和酒精发酵。厌氧消化是指在无氧环境下，微生物分解生物质，生成由甲烷和二氧化碳组成的沼气的过程。该反应可以简化表示为：

$$\text{生物质} \xrightarrow{\text{微生物}} CH_4 + CO_2 \tag{2-38}$$

酒精发酵则是一种通过酵母或其他微生物将含糖的生物质转化为乙醇和二氧化碳的生化过程。该过程通常用于生产生物燃料乙醇，其反应方程为：

$$C_6H_{12}O_6 \xrightarrow{\text{酵母}} 2C_2H_5OH + 2CO_2 \tag{2-39}$$

乙醇作为液体燃料，可以直接作为车辆燃料或与汽油混合使用，有望降低石油消耗和尾气污染。生物质储能技术的效率和可行性受到原料类型、转化技术、反应条件等多种因素的影响。技术选择通常基于原料的可获得性、预期用途、经济性以及环境影响。

目前，生物质储能技术与其他能源的集成利用是一个热门的研究方向，如生物质能与地热能的结合，该技术通过多能源互补提高系统的能源利用效率和环境可持续性。一种由混合生物质和地热能驱动的电力和淡水生产热电联产方案如图 2-8 所示。这种混合技术主要是通过集成生物质能系统和地热系统来实现电力和热能的联产，同时在某些应用中还能生产淡水。

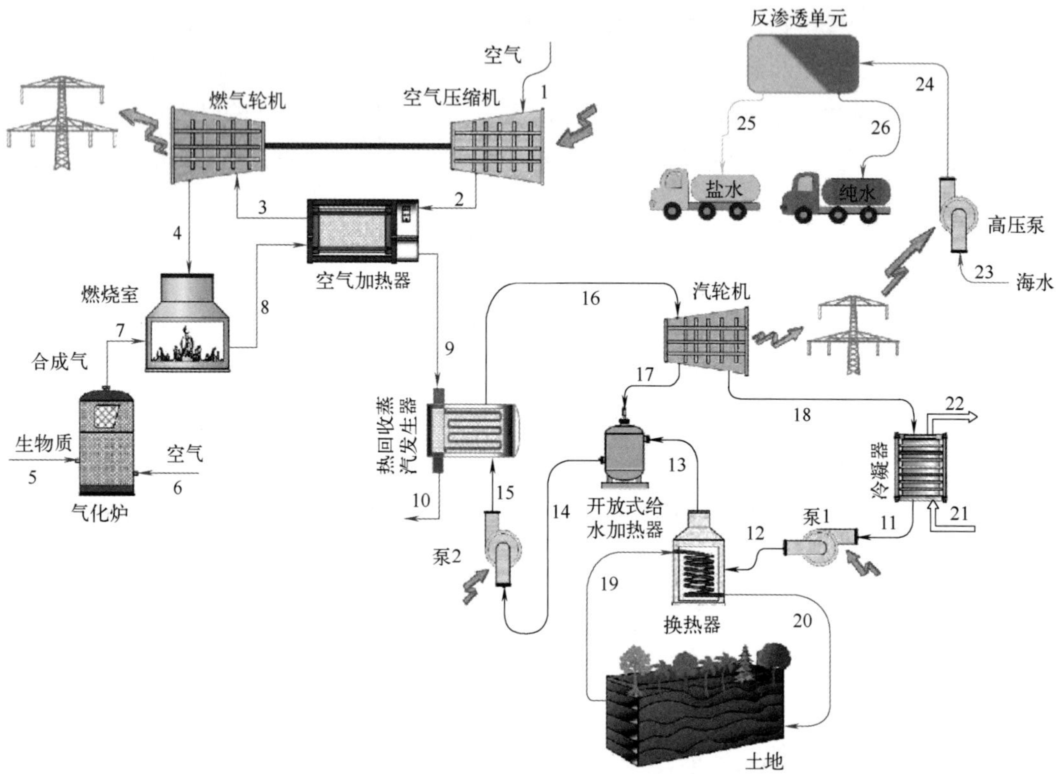

图 2-8 由混合生物质和地热能驱动的电力和淡水生产热电联产方案

该技术中，生物质气化是关键，它将固体生物质转化为高能气体（如合成气），这些气体可以进一步用于燃气轮机或联合循环系统产生电力。而地热能作为一个稳定的热源，可以用来提高气化过程的热效率。可以看出，生物质是该电站的主要燃料，将地热和生物质混合利用则有助于平衡两种能源的供应特性。生物质能虽然是可再生的，但其产能和供应受到季节和气候的影响较大；而地热能提供相对稳定且连续的能量输出。通过结合这两种资源，可以在不增加外部能源依赖的情况下，提供更稳定和可靠的能源输出，特别是在需求高峰期。

综上，生物质储能技术通过转换生物材料为更便于储存和运输的能源形式，有效地解决了可再生能源供应的间歇性问题。该技术不仅提高了能源的利用效率，而且有助于减少废弃物和温室气体排放，促进环境的可持续发展。

2.2.2.2 光化学储能

宇宙中一切物质分子以及化合物的组成，都是基于光能子能量包（电子）的黏合属性，由不同时空系统内对两个及以上原子的黏合（或者说化合）作用形成。光能子能量包（电子）的黏合属性是由它的振动属性引起的。当特定时空系统内两个及以上原子，通过光能子能量包中光子的振幅与原子核外电子云中的光子的振幅相互纠缠时，就形成了分子或者化合物。光能是把一切元素黏合在一起的黏合剂。在元素中子核引力的作用下，光能电子以能量键的形式把气体原子黏合成气体分子，以化学键的形式把不同的元素黏合成不同的化合物。并在还原成不同元素的过程中，释放出气体原子之间的能量键，也就是放热。

光化学储能技术是指利用光化学反应进行储能的一种技术。光化学反应，又称光化作用，是指物质在可见光或紫外线的照射下产生的化学反应。这种反应通常涉及物质分子吸收光子后引发的电子跃迁和随后的化学反应。光化学储能技术正是基于这种反应，通过捕获光能并将其转化为化学能来实现储能。光化学反应的速率和效率取决于多种因素，包括光的波长、强度、物质分子的结构和性质等。在光化学储能过程中，通常使用一种称为光致异构化反应的过程。它是指化合物在光的照射下，其分子结构发生改变，从而得到不同的异构体，这种反应是完全可逆的。在光致异构化反应中，化合物分子吸收光子后，其内部的电子结构发生变化，导致分子结构发生异构化。这个过程中，光能被转化为化学能并存储于异构体的化学键中。当需要释放存储的能量时，可以通过另一特定波长的光照射或加热作用，使异构体恢复到原来的结构，并以热量或光能的形式释放出存储的能量。

光化学储能过程可以概括为以下四个步骤：①光捕获，化合物分子吸收光子并发生电子跃迁；②异构化反应，电子跃迁后引发分子结构的异构化反应，得到异构体；③能量存储，异构化反应中释放的能量以化学能的形式存储于异构体的化学键中；④能量释放，另一特定波长的光照射或加热作用使异构体恢复到原来的结构，并以热量或光能的形式释放出存储的能量。

光化学储能技术能够在同一时刻完成对太阳光的捕获和存储两个环节，无须增添其他能量转换设备，使得储能方式更加便捷。此外，光致异构化反应是完全可逆的，这意味着存储的能量可以在需要时通过适当的触发条件被释放出来。作为一种太阳能存储技术，光化学储能技术具有环保、无污染的优点，符合可持续发展的理念。

综上所述，光化学储能的机理主要基于光致异构化反应。通过选择合适的光化学储能材料和优化反应条件，可以实现高效、稳定的光化学储能技术。这种技术在太阳能存储、能量转换等领域具有广泛的应用前景。

2.2.3 电能储能技术

电能储能技术作为现代能源系统的核心组成部分，能够将能量以电的形式存储起来，使得这些能量实现空间和时间的转移。比如，利用储电装置能够将用电低谷时的电能储存起来，在用电高峰时使用，从而达到平衡电网负荷、提升能源利用效率的目的。这一点对于确保电网的稳定性和可靠性至关重要，特别是在面对越来越复杂的电网管理和运行挑战时。通过高效的电池系统，还可以将可再生能源转换成稳定的电力供应，减少对传统化石燃料的依赖，从而降低环境污染和温室气体排放。

电能储存技术主要通过三种方式实现：电池储能技术、超级电容器以及电磁储能系统。这些技术的基本原理都是将电能转换为某种可储存的形式，再在需要时转换回电能。具体来说，电池储能技术依靠电化学反应储存和释放能量，是最为直观且应用最广泛的电能储存方式。超级电容器则通过电极与电解质间的电荷积累快速存储和释放能量，特别适合于需要快速充放电的应用。电磁储能系统包括超导磁储能和飞轮储能等形式，通过利用电磁场或机械旋转储存能量，提供瞬时的高功率输出，以适应电网等高要求环境的需要。不同的储电系统其能量密度和功率密度有所区别，如图 2-9 所示，值越高表示储能效率越高。从图中可以看出，燃料电池的能量密度最高，能够进行长时间的电能储存，储能时长能达到 10h，但其功率较低；相反电解电容器的能量密度很低，但其能达到的功率极高，能在较短时间内输出大量的能量，因此储能方案需要根据相应的需求和应用系统来确定。

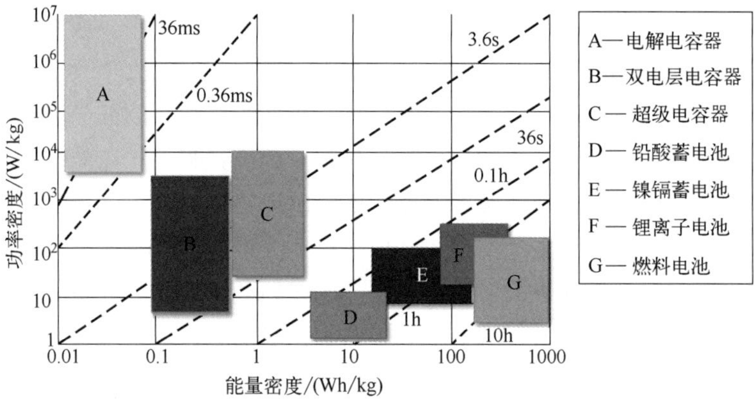

图 2-9 电能储能系统对比图

这些技术的开发和应用不仅提高了能源的利用效率，也促进了能源的可持续利用，为应对日益严峻的能源挑战提供了有效的工具。

2.2.3.1 电池储能技术

电池储能技术是通过电化学反应将电能转化为化学能并存储起来以备后用的一种方式。电池的基本组成包括阳极（负极）、阴极（正极）和电解质。阳极发生氧化反应，是电池放电时释放电子的电极。阴极则是接收电子的电极，发生还原反应。电解质起到传导离子的作用，同时阻止电子直接从阳极到阴极的物理通路，迫使电子必须通过外部电路移动，从而产生电流。以常见的锂离子电池为例，其工作原理如图 2-10 所示，其工作可以通过以下的电化学方程来描述。

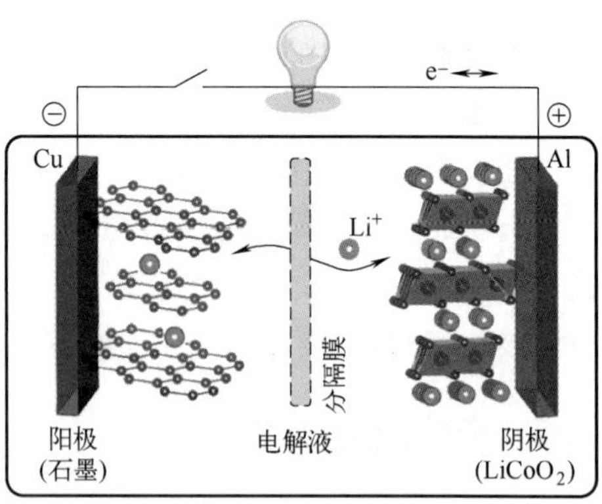

图 2-10 锂离子电池原理示意图

负极（阳极）反应：
$$CLi_x \xrightarrow{放电} C + xLi^+ + xe^- \tag{2-40}$$

正极（阴极）反应：
$$xLi^+ + Li_{1-x}CoO_2 + xe^- \xrightarrow{放电} LiCoO_2 \tag{2-41}$$

总反应：
$$CLi_x + Li_{1-x}CoO_2 \xrightarrow{放电} LiCoO_2 + C \tag{2-42}$$

以碳材料为负极（阳极），以含锂的化合物作正极（阴极）的锂电池，在充放电过程中没有金属锂存在，只有锂离子，这就是锂离子电池。当对电池进行充电时，电池的正极上有锂离子生成，生成的锂离子经过电解质运动到负极。而作为负极的碳呈层状结构，具有很多微孔，到达负极的锂离子就嵌入碳层的微孔中。当进行放电时，在电池工作过程中，锂从锂金属阳极释放出来，并形成锂离子，同时释放电子。这些电子通过外部电路流向阴极，在那里与锰酸锂反应，形成 $LiMnO_2$。电解质在这个过程中为锂离子提供了传输通道。

电池根据正负极和电解质的不同，可以分为铅酸蓄电池、钠离子电池、镍氢电池、磷酸铁锂电池、三元锂电池等。

燃料电池也是电池的一种，但严格意义上来讲，燃料电池不属于储能装置，而是一种发电装置。燃料电池的工作原理是通过电化学反应将燃料的化学能转化为电能。燃料电池的核心部分是正极、负极和电解质，这里以酸性电解质的氢氧燃料电池为例。负极是燃料发生氧化反应的场所，正极是氧化剂发生还原反应的场所。氢气作为燃料被连续地输送到燃料电池的负极，在负极电催化剂的作用下，发生电化学氧化反应（阳极反应），生成质子，同时释放出两个自由电子。其式为：

$$H_2 \longrightarrow 2H^+ + 2e^- \ (E=0V) \tag{2-43}$$

质子通过酸性电解质从负极传递到正极，自由电子则从负极运动到正极。在正极上，氧气发生电化学还原反应（阴极反应）。其式为

$$\frac{1}{2}O_2 + 2H^+ + 2e^- \longrightarrow H_2O \ (E=1.23V) \tag{2-44}$$

总的电池反应为

$$H_2 + \frac{1}{2}O_2 \longrightarrow H_2O \ (E=1.23V) \tag{2-45}$$

这显然与氢气和氧气的燃烧反应是一样的。但是发生燃烧反应时释放的是热能。而在燃料电池中，氢气和氧气并无直接接触，它们的氧化和还原在各自的电极上进行，由于两个电极反应的电势不同，从而在两个电极间产生电势差，其推动电子从电势低的阳极向电势高的阴极流动，并释放电能。这类似于水从高处流往低处时势能转化为动能。从燃料电池的工作原理可以看出，燃料电池是一个能量转化装置，只要外界源源不断地提供燃料和氧化剂，燃料电池就能持续将化学能转换为电能。

电池的效率和容量取决于电极材料的选择、电解质的质量以及电池设计。电池容量通常以安培小时（Ah）或毫安培小时（mAh）为单位，表示电池在一定放电条件下能够提供多少电流的电量。电池的理论容量（C）可以通过下面的公式计算：

$$C = nF\frac{m}{M} \tag{2-46}$$

式中，n 为电子转移数；F 为法拉第常数（96485C/mol）；M 为电极材料的摩尔质量，kg/mol；m 为电极材料质量，kg。由此可以看出，选择具有高电子转移数和低摩尔质量的材料，如采用锂作为阳极材料，可以显著提高电池的能量密度。

电极材料在电池中的作用不仅仅是储存和释放电能，还决定了电池的能量密度、功率密度、循环寿命等关键性能指标。因此，对电极材料的深入理解和优化设计对于发展更高效、更可靠的电池技术至关重要。电极材料的原理基于电化学反应，在充电过程中，阳极（负极）发生氧化反应，释放电子，而阴极（正极）发生还原反应，接收电子。这些电子通过外部电路流动，提供电能。因此，电极材料的选择直接影响了电池的能量密度和功率密度。

为了满足设计要求，研究人员探索了多种方法来改善电极材料的性能，包括掺杂、表面改性、纳米结构设计和复合材料的制备。例如，通过掺杂可以调节电极材料的电子结构和离子传输路径，提高其电化学性能。表面涂层可以改善电极与电解质的界面稳定性，防止材料在循环过程中的结构破坏。纳米结构设计有助于减少离子传输的路径，提高充放电速率。复合材料的制备则可以结合不同材料的优点，提高电极材料的整体性能。

除电极材料外，电解质也是电池的重要组成部分，它不仅作为离子传输的媒介，还影响着电池的安全性、能量密度以及使用寿命等。电解质作为电池中的关键组成部分，其主要功能是传导离子，连接正负极材料，实现电池的充放电过程。良好的电解质需要具备良好的离子传导能力、化学和热稳定性，以及与电极材料的良好兼容性。此外，电解质的性质还直接关系到电池的安全性能，尤其是在高温或者电池受损的情况下，电解质的热稳定性和不易燃特性变得尤为重要。随着电池技术的发展，对电解质的要求越来越高，尤其是在高压、高能量密度的电池体系中，因此出现了高浓度电解质、局部高浓度电解质、含氟电解质、固态电解质等，以适应电池技术新的要求。电解质的离子导电性 σ 影响着电池的内阻和功率输出。其数学表达式为：

$$\sigma = n\mu c \tag{2-47}$$

式中，n 为可移动的离子数；μ 为离子迁移率；c 为离子浓度。通过优化电解质中的离子浓度和使用离子迁移率更高的材料，如使用高性能固态电解质，可以提高电池的功率密度和充放电效率。

此外，对于燃料电池，质子交换膜（proton exchange membrane，PEM）是不可或缺的关键组件之一，如图 2-11 所示。质子交换膜的主要功能相当于电解质，允许质子（H^+）通过，阻止电子直接通过，从而确保电子只能通过外部电路流动，产生电流。此外，质子交换膜还必须对反应物和产物具有足够的阻隔性能，以防止气体的交叉混合。这一功能是通过其特殊的化学结构实现的，通常含有能吸附水分子的离子基团。水分子有助于质子从一个水分子传至另一个水分子，实现连续的质子传导。质子交换膜中的质子传导一般通过“质子跳跃”机制进行，这涉及水分子和膜中离子基团（如磺酸基团—SO_3H）之间的相互作用。质子的传导可以表示为以下方程：

$$H_2O + H^+ \rightleftharpoons H_3O^+ \tag{2-48}$$

质子交换膜的材料选择至关重要，因为它需要满足高质子导电性、化学稳定性、机械强度和热稳定性。目前最常见的材料是全氟磺酸聚合物（PFSA），如 Nafion，其结构包

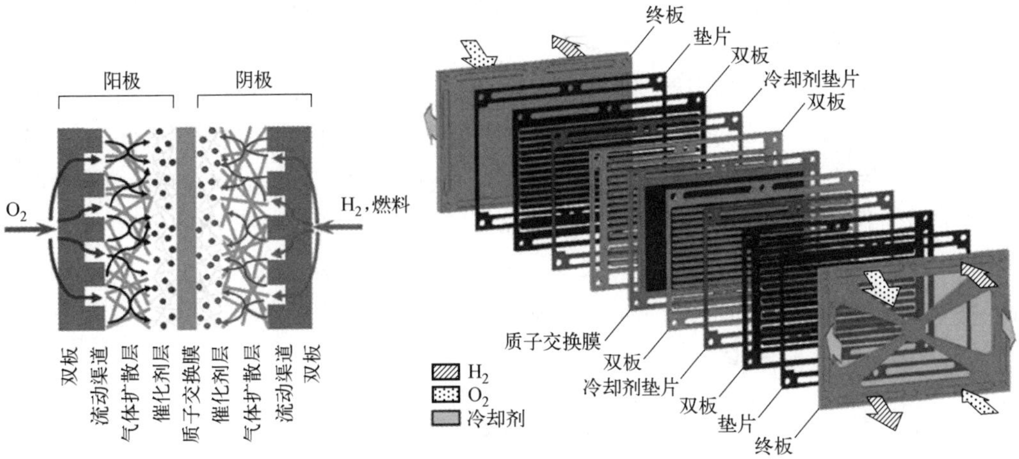

图 2-11 燃料电池中的质子交换膜

含一个疏水性的聚四氟乙烯（PTFE）主链和亲水性的磺化侧链，这种结构设计使得 Nafion 能够在水合作用下形成高效的质子传输通道。除此之外，还有磺化芳香族聚合物，如磺化聚醚醚酮（SPEEK），能够通过调整磺化程度来优化其性能；还可以通过结合无机填料到聚合物基体中得到复合膜，能够改善机械强度、保水性和离子导电性。这些材料的开发和应用是为了解决如成本、稳定性以及环境适应性等问题，以推动质子交换膜技术的商业化和可持续发展。

除了传统的燃料电池、锂离子电池等，最近研究者提出了基于水合物技术的新型电池。与燃料电池等相比，水合物电池既不使用贵金属作为电极，也不使用有毒和易燃化学物质，具有经济、安全、环保的特性。近年，由于全球气候变暖等问题，如何减少温室气体二氧化碳已成为一个全球性问题。由此二氧化碳水合物电池技术得到了人们的重点关注，它通过产生二氧化碳水合物进行充能，在需要能量时，通过水合物的分解产生高压二氧化碳气体进行发电。二氧化碳水合物的能量密度约为 530Wh/m^2，与抽水储能相当，只有燃料电池的 1/1000～1/200，这是限制其应用的一个关键因素。水合物的生成速率一般要慢于其分解速率，因此要提高水合物电池的能量密度就需要加快水合物的生成，加入添加剂如环戊烷、四氢呋喃等，能有效提高水合物电池的能量密度。同时，添加剂的加入也能够调控其相平衡温度与压力，从而扩大其应用范围。水合物的形成温度条件也限制了其应用，当外界温度过高时就需要通过冷却手段来使促使水合物生成，这势必会产生额外的能量消耗，有人提出通过联合压缩液化和水合物技术来实现电池的全年运作，在外界温度不能满足水合物生成条件时，可液化气体储能，气化释放能量。该系统的价格约为 1364 美元/kWh，相较于锂离子电池的 1820 美元/kWh 更低。这样的好处是原料清洁、过程无污染、价格便宜，同时利用二氧化碳也能缓解温室效应，但其所能达到的能量与功率密度仍有待提高。

总而言之，电池储能技术是现代能源解决方案中的关键组成部分，它使可再生能源（如风能和太阳能）得以实时存储和按需使用，从而解决了这些能源的间歇性和不可预测性问题。电池技术通过高效地转换和存储电能，支持了从小型电子设备到大规模电网系统的广泛应用。此外，电池储能技术还对电动汽车的发展和普及起到了推动作用，进一步减少了交通部门的碳排放。

尽管电池储能技术在提高能源利用效率和促进可持续发展方面具有显著优势，但仍存在一些不足。首先，电池的生产和回收过程中可能产生有害物质，对环境造成一定程度的影响。其次，电池的成本、寿命以及能量密度仍有待进一步改进。当前的电池技术在经历长时间充放电循环后会逐渐降低性能，这限制了其在某些高需求应用中的使用。电池储能技术的发展方向将集中在绿色转向、提升能量密度、延长使用寿命和降低成本上。材料创新，如固态电解质的应用，将是提高电池安全性和能量效率的关键。

2.2.3.2 超级电容器储能

超级电容器，作为一种先进的电能储存设备，兼具传统电容器的高功率密度和电池的高能量密度，其在快速充放电场合（如电动车辆能量回收系统及电网负载平衡）中表现出色。这类设备主要通过电极表面的电荷积累机制来存储能量，包括双电层电容和赝电容（法拉第准电容）两种形式。双电层电容依靠电极和电解质界面处的离子形成薄层积累电荷，而赝电容则通过电极材料表面的氧化还原反应实现能量存储。

双电层电容是超级电容器最基本的储能方式，它依赖于电解质中的离子在电极表面形成的电荷分离层，如图 2-12 所示。当电压施加于电容器的两个电极时，一个电极会吸引阳离子，另一个电极会吸引阴离子，从而在电极表面形成一个极薄的双电层结构。这一层可以看作是一个微小的电容器，存储能量的公式可以表述为：

$$C=\epsilon_r\epsilon_0\frac{A}{d} \tag{2-49}$$

式中，C 为电容，F；ϵ_r 为介电常数；ϵ_0 为真空介电常数，约 8.85×10^{-12}F/m；A 为电极的表面积，m^2；d 为离子层厚度，m。从公式中可以看出，增加电极的表面积可以显著增加电容。在实际应用中，通过使用高孔隙率的材料如活性炭、碳纳米管或石墨烯，可以大幅提升表面积，这些材料具有纳米到微米级的孔隙，能够增加电极的有效表面积。此外，离子层的厚度决定了电极表面的充电效率。较薄的离子层可以减少离子迁移的距离，从而提高充放电的速度。使用具有更好离子传输性能的电解质，如有机电解质或离子液体，可以有效减少离子层厚度，从而实现更快的响应速度。

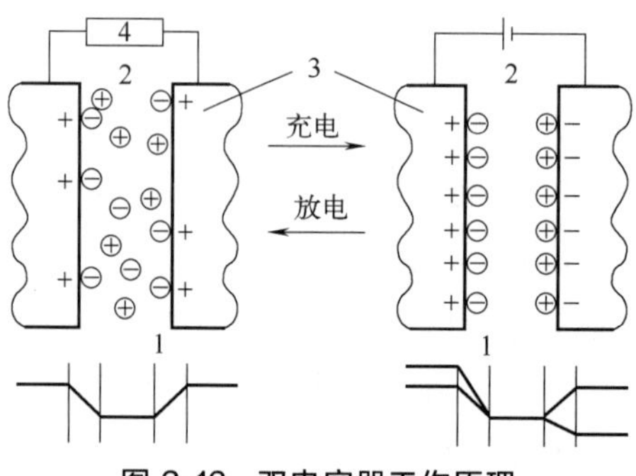

图 2-12 双电容器工作原理

1—双电层；2—电解质；3—电极板；4—负载

赝电容超级电容器是通过电极材料表面的快速、可逆的氧化还原反应来储存能量，这种机制允许超级电容器在相同体积下储存更多的能量。其储能能力可用以下公式表示：

$$C_p=kA \tag{2-50}$$

式中，C_p 为电容，F；k 为单位面积电容，F/m^2；A 为电极有效表面积，m^2。从公式中可以看出提高赝电容的单位面积电容 k 或电极有效表面积 A 均能提升赝电容的电容量。实际上，常使用具有高氧化还原活性的材料，如导电聚合物（聚苯胺、聚吡咯）、过渡金属氧化物（如 RuO_2）等材料作为电极，可以显著提高 k 值，从而提高电容。这些材料在电化学过程中表现出优异的快速充放电能力。

超级电容器的性能很大程度上依赖于电极和电解质的材料性质，因此材料的改进对提高超级电容器的能量密度并拓宽其应用领域具有十分重要的意义。碳基材料（如活性炭、碳纳米管和石墨烯）因其高比表面积和优良的电导性，已被广泛用于电化学双层电容器，能有效增加存储在电极表面的电荷数量，从而提升电容性能。金属有机骨架（MOF）作为一种新兴电极材料，在提升超级电容器性能方面显示出独特优势。MOF 高度可调的孔隙结构和表面功能化使其能够储存更多离子，同时其结构中的金属中心可参与赝电容反应，以增强其储能能力。此外，MXene 材料具有 2D（二维）结构、优异的电导性和可调的化学物理性质，是超级电容器理想的电极材料。MXene 的层状结构为离子提供了快速的传输通道，而其表面的官能团可进一步优化以提高其电化学活性。

总之，通过对传统材料的改良以及新材料的开发，超级电容器的性能正在不断提升。这些进步不仅能增强其在传统应用中的表现，还可能开启超级电容器在新兴领域，如可穿戴设备和集成智能系统中的应用前景。

2.2.3.3 电磁储能

电磁储能通常指超导磁储能，利用超导体在超导态下所表现出的零电阻和完全磁通排斥的性质来存储能量的技术，其工作原理如图 2-13 所示。它通常包括以下四个关键组件。

① 超导体磁体：这是超导磁储能系统的核心部件。超导体在超导态下具有零电阻和完全磁通排斥的特性，因此可以在不损耗能量的情况下产生强磁场。超导体磁体通常由超导线圈、冷却系统和支撑结构组成。

② 电源系统：为了使超导体磁体达到超导态，需要提供适当的电流。电源系统通常包括电源、电流调节器和控制系统，用于提供稳定的电流和确保超导体在恰当的温度下运行。

③ 储能设备：这些设备用于将能量存储在超导体磁体中，并在需要时释放能量。储能设备可以采用不同的形式存储能量，例如超导磁体中的磁场能量或者超导体中的电流能量。

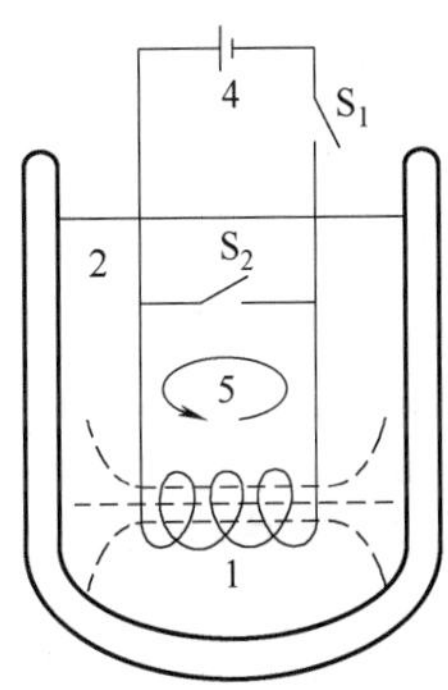

图 2-13 超导磁储能装置工作原理

1—超导线圈；2—制冷剂；3—低温容器；4—电源；5—持续电流回路

④ 冷却系统：为了将超导体冷却到其临界温度以下以实现超导态，需要强大的冷却系统。通常使用液氦或者制冷机来提供足够低的温度。

超导磁储能系统主要依靠超导线圈在低温下实现零电阻状态，使其可以在没有能量损失的情况下长时间存储磁能。能量存储的公式为：

$$E=\frac{1}{2}LI^2 \tag{2-51}$$

式中，E 为储存能量，J；L 为超导线圈的电感，H；I 为流经线圈的电流，A。当电流通过超导线圈时，产生的磁场非常强大，而且由于超导材料的特性，电流可以在没有任何电阻的情况下持续流动，从而维持磁场的存在，实现能量的长时间存储。超导磁储能系统的效率和实用性在很大程度上取决于超导材料的性能，从上式可以看出，提高线圈的电感和电流能够有效提高超导磁储能的储存能量，由此可知，良好的超导材料需要具备以下特性。

① 高临界温度 T_c：超导材料的临界温度是其在无电阻状态下可以达到的最高温度。高临界温度意味着系统可以在较高的操作温度下运行，减少了液氦等低温制冷剂的需要，从而降低维护成本和操作复杂性。

② 高临界磁场 H_c：超导材料必须能够在高磁场下保持其超导性。高临界磁场允许在更强磁场中操作，这直接增加了能量存储的密度和效率。

③ 高临界电流密度 J_c：这是超导材料可以承受的最大电流密度，高于此电流密度将使材料恢复到正常导电状态。更高的临界电流密度允许线圈承载更大的电流，进一步提高能量存储能力。

目前，第二代高温超导材料，如钇钡铜氧化物（YBCO），是实现高效超导磁储能系统较为理想的选择。YBCO 超导材料在液氮温度（约 77K）下工作，相较于传统的低温超导材料，如 NbTi 或 Nb_3Sn（需在液氦温度约 4K）下工作，显著降低了制冷要求和相关成本。未来的研究方向将聚焦于开发新型超导材料，如铁基超导体，这些材料可能具有更高的临界温度和临界磁场。改善超导材料的制造技术、提升其力学性能和长期可靠性也是关键研究领域。此外，将超导磁储能技术与其他储能方式结合也将是未来的重点方向，如将超导磁储能系统与电池技术结合的混合储能系统，利用超导磁储能系统的高功率密度和电池的高能量密度，通过二者的优势互补，提升整体的能量管理效率。混合系统的设计能够提供快速的功率响应和持续的能量供应，使其适用于平衡可再生能源的不稳定输出和应对能量需求的高峰。通过这些技术的发展，超导磁储能系统预期将在能量存储、电网稳定化以及大规模可再生能源集成等领域发挥更大作用。

2.2.4 热能储能技术

热能储存技术是现代能源系统中不可或缺的一部分，它关乎能源的有效管理和可持续利用。随着全球能源需求的增长以及对环境友好型能源解决方案的追求，热能储存技术的重要性日益凸显。该技术主要通过三种方式实现能量的存储：显热储能、潜热储能以及化学热储能，每种方式都有其独特的应用场景和技术特点。

显热储能是通过物质温度的升降来存储和释放能量。这种方法依赖于物质的比热容，常见的储热介质包括水、沙子和石头等。显热储能技术简单、成本低廉，非常适合大规模的储热场景。潜热储能是利用物质相变过程中吸收或释放的能量进行热能储存。这种方式通常涉及固态到液态或逆向变化，如冰的融化或水的凝固。潜热储能可以在相对恒定的温度下提供或释放大量能量，适用于需要温度控制的应用。化学热储能则是通过化学反应的吸热或放热过程来存储能量。这种方式的能量密度通常高于显热或潜热储存方式，能够在较长时间内以较小体积储存大量能量。化学热储能的应用前景广阔，特别是在可再生能源利用和工业余热回收中显示出巨大潜力。

热能虽然是一种低质量的能源，但它在所利用的全部能源中占 60%，显然储热的意义是很重大的。储热技术就是通过加热或冷却储热介质来储存热能的技术。假设在低温 T_1 下 α 相的单位质量的储能物质经加热到高温 T_2 时变成 β 相。如设 C_α、C_β 分别为 α、β 相的比热容，H_t 为相变潜热，T_f 为相变温度，T 为温度，则相变过程中储存起来的热能 Q 可由下列公式求得：

$$Q=\int_{T_2}^{T_1} C_\alpha \mathrm{d}T + H_t + \int_{T_2}^{T_1} C_\beta \mathrm{d}T \tag{2-52}$$

因此，质量为 m 的物质，其储存能量为 Q 的 m 倍。如果 $T_2 > T_1$，设 T_1 为基准温度（常温），则为储热；如设 T_2 为基准温度，则为储冷。

2.2.4.1 显热储能

显热储能材料在历史上一直是利用和存储热能的基本介质。这些材料通过其物质内部的能量存储和释放机制，在能源利用史中扮演了重要角色。显热储能的例子无处不在，从简单的烧水到更为复杂的工业规模热能存储系统。在古代，人们通过加热石头或其他介质来保存火的热量，以便在火熄灭后仍能保持温暖。随着时间的推移，这种原理被应用到更多的日常和工业应用中，如利用热水袋存储热量以供夜间使用，或在工业过程中使用大量的水作为储热介质以稳定温度。

随着可持续发展和绿色能源的重要性日益增长，显热储能材料的发展也迎来了新的挑战和机遇。现代研究集中在发展高性能、高密度的储热材料，这些材料可以在更小的空间内存储更多的能量，并且可以快速响应温度变化。现代显热材料的研发同样关注其环境影响，以及在全生命周期中的可持续性。

显热储能的原理基于物质的热容性质，即物体在吸收或释放热量时其温度发生变化，而不涉及物质状态的改变。显热储能材料有两个显著的优点：一是储热介质经济易得；二是材料无毒，对环境友好。当介质温度从 T_1 升到 T_2 时，吸收的热量为

$$Q=\int_{T_2}^{T_1} Cm\,\mathrm{d}T \tag{2-53}$$

可见，其储热量主要取决于介质的比热容 C、温度变化 $\mathrm{d}T$ 和用量 m。

表 2-1 给出了一些常用的固态储热材料的比热容、热导率和价格等信息。表 2-2 是常见液态储热材料的示例。在这些储热材料中，混凝土、岩石类材料和水一样，价格便宜，并可以在高温下使用。液态金属、铸铁等同其他物质相比，热导率高，热的输入、输出随动性好，但在液态金属的处理上还有着一定的困难，如液态钠的热导率高达 71.0W/(m·K)，但其化学性质极不稳定，因此需要采用额外的安全措施，成本大大增加。此外熔融盐在高温下具有良好的稳定性、低黏度、高导热性等优点，被认为是太阳发电厂的理想储热材料。尤其是多元混合熔盐，价格适中，且高温时蒸气压较小。近年，以三元氯化盐 $MgCl_2$-NaCl-KCl 为代表的高温氯化盐也成为了新的研究趋势，开发低熔点、腐蚀性低、稳定性好、使用温度区间大、价格低廉的熔盐体系是优化太阳能光热发电技术的重要途径。同时，有研究者通过热力学模型预测和实验验证指出了 LiCl-KCl-$ZnCl_2$（摩尔分数：13.86%-40.63%-45.51%）和 LiCl-KCl-$MgCl_2$（摩尔分数：47.29%-44.33%-8.38%）两种比例的混合物表现出较好的热储能性能，这些混合熔融盐具有较低的熔点、

高的比热容以及从室温到超过 823K 的广泛工作温度范围。

表 2-1 固态显热储能材料相关信息

储能材料	工作温度/℃	密度/(kg/m^3)	热导率/[W/(m·K)]	比热容/[kJ/(kg·℃)]	价格/(美元/kg)	储能价格/[美元/(kW·h)]
砂岩矿物	200～300	1700	1	1.3	0.15	4.2
钢筋混凝土	200～400	2200	1.5	0.85	0.05	1
铸铁	200～400	7200	37	0.56	1	32
NaCl	200～500	2160	7	0.85	0.15	1.5
铸钢	200～700	7800	40	0.6	5	60
硅砖	200～700	1820	1.5	1	1	7
镁砖	200～1200	3000	5	1.15	2	6

表 2-2 液态显热储能材料相关信息

储能材料	工作温度/℃	密度/(kg/m^3)	热导率/[W/(m·K)]	比热容/[kJ/(kg·℃)]	价格/(美元/kg)	储能价格/[美元/(kW·h)]
矿物油	200～300	770	0.12	2.6	0.3	4.2
合成油	250～350	900	0.11	2.3	3	43
硅油	300～400	900	0.1	2.1	5	80
亚硝酸盐	250～450	1825	0.57	2.5	1	12
液态钠	270～530	850	71	1.3	2	21
硝酸盐	265～565	1870	0.52	1.6	0.5	3.7
碳酸岩盐	450～850	2100	2	1.8	2.4	11

最近，废汽车机油被用作显热储能介质，有研究者指出它们可以作为经济有效的显热储能介质使用。在真空管集热器系统中，废汽车机油不仅表现出与商用热载体油相媲美的热性能，而且成本大大降低。这不仅降低了储能系统的运营成本，还通过循环利用废弃物质，减少了环境污染，展现了显热储能技术在环境保护和能源可持续利用方面的双重价值。

目前，显热储能材料的研究正在朝着更高效率、更低成本和更好环境适应性方向发展，和其他储能形式相结合也是一种新的趋势。但是由于显热储能材料是依靠储能材料的温度变化来进行热量储存的，放热过程不能恒温，储热密度小，造成储热设备的体积庞大，储热效率不高，而且与周围环境存在温差会造成热量损失，热量不能长期储存，不适合长时间、大容量储热，限制了显热储能材料的进一步发展。

2.2.4.2 潜热储能

潜热储能材料，尤其是相变材料（PCM），在能量存储领域具有长久而丰富的历史。从原始的利用冰雪的自然相变过程到现代高科技应用，相变材料的发展和应用跨越了多个世纪。早在古埃及和罗马时期，人们就已经开始利用大块冰或雪来调节室内温度，这实际上是利用了冰的熔化潜热来吸收热量。在历史的发展中，这一概念被逐步应用于更广泛的场景，例如在中世纪的冰窖中保存食物，以及在现代的热管理系统中调节温度。

潜热储能是一种利用物质在相变过程中吸收或释放热量的储能技术。这种储能方法基于物质在从一种相（如固态）转换到另一种相（如液态）时，温度保持不变的特性。潜热储能系统中储存或释放的热量可用以下公式表示：

$$Q=mL \tag{2-54}$$

式中，Q 为储存或释放的热量，J；m 为潜热储能材料的质量，kg；L 为相变潜热，J/kg。相变潜热是物质在相变时单位质量吸收或释放的热量。不同物质的相变潜热值不同。

物质相变的形式，一般有以下四种情况。

(1) 固体物质的晶体结构发生变化

例如六方晶格的锆，在 871℃ 的温度下，晶格变成体心立方，此时相当于吸收了 53kJ/kg 的热量，为了利用这种潜热，人们开发了以下储能材料，如表 2-3 所示。

表 2-3 利用晶体结构变化的潜热储能材料

储热物质	分子式	比热容/[kJ/(kg·K)]	转移点/℃	潜热/(kJ/kg)
氯化钙	$CaCl_2 \cdot 6H_2O$	2.3(33℃)	30.2	175
磷酸氢二钠	$Na_2HPO_4 \cdot 12H_2O$	1.94(50℃)	34.6	279
硝酸钙	$Ca(NO_3)_2 \cdot 4H_2O$	—	42.5	142
硫酸钙	$Na_2SO_4 \cdot 10H_2O$	—	32.4	239
硫代硫酸钠	$Na_2S_2O_3 \cdot 5H_2O$	1.45(21℃)	48.5	94

(2) 固、液相间的相变

固液相变储热依赖于物质在固态和液态之间转换时的熔化和凝固过程吸收和释放的热来实现储热，广泛应用于温度调节和能量存储系统中。物质熔化过程中吸收热量，其内部分子间的结合力减弱，使其由固态变为液态。凝固过程与熔化相反，物质释放热量，其内部分子间的结合力增强，最终变为固体。水是相变储热最常用的材料。例如，使用冰保持食物或药品在运输过程中的低温。在建筑物中使用具有相变材料的墙体或地板，这些材料在白天吸热并在夜间放热，以稳定室内温度。表 2-4、表 2-5 罗列了一些物质的潜热和相变温度。

表 2-4 利用熔化热的物质

储热物质	迁移点/℃	潜热/(kJ/kg)	储热物质	迁移点/℃	潜热/(kJ/kg)
$BeCl_2$	547	1296	B_2O_3	449	318
NaF	992	702	Al_2Cl_6	190	263
NaCl	803	514	$FeCl_3$	306	259
LiOH	462	431	NaOH	318	167
$LiNO_3$	264	368	H_3PO_4	26	146
KCl	776	343	KNO_3	337	117

表 2-5 共熔混合盐储热物质

共熔混合储热物质	摩尔比	密度/(kg/m^3)	熔化潜热/(kJ/kg)
$KCl \cdot KNO_3$	6∶94	1780	150
$NaCl \cdot NaNO_3$	6.5∶93.5	1930	172
$CaCl_2 \cdot LiNO_3$	40.3∶59.7	1870	191
$BaCl_2 \cdot KCl \cdot LiCl$	5.43∶49.2∶53.65	1600	247
$KF \cdot NaF \cdot KNO_3$	7∶2.5∶90.5	1770	149
$NaCl \cdot NaNO_3 \cdot NaSO_4$	8.4∶86.3∶5.3	1880	168
$KBr \cdot KCl \cdot LiBr \cdot LiCl$	21.3∶37.7∶34.8∶6.1	1950	184

(3) 液、气相间的相变

在液气相变过程中，物质从一种状态转变到另一种状态会吸收或释放一定量的热量，而在这个转变过程中，物质的温度保持恒定。当液体吸收热量并达到沸点，开始转变为气体，这一过程称为汽化或沸腾。汽化时所吸收的热量称为蒸发热或汽化热。相对地，当气体释放热量时，它会转变回液体状态，这个过程称为冷凝。冷凝时释放的热量和汽化时吸收的热量相等，这种热量称为凝结热。工业上最常见的是蒸汽储热器。蒸汽储热器利用水的蒸发和蒸汽的冷凝来储存和释放热能。例如，发电厂的热电联产系统，发电过程中产生的多余蒸汽输送到需求方，通过冷凝释放热量。

（4）固相直接变成气相即升华

自然界中的一个典型升华例子是干冰（固态二氧化碳）的升华。在常压下，干冰直接升华为二氧化碳气体。这个性质使得干冰成为一种常用的冷却剂，尤其在需要低温干燥的环境，如运输易腐物品时。此外，萘和碘等物质也具有这种现象。升华热量约等于熔化热和汽化热的总和。固体碘在室温下，以 0.31mmHg（1mmHg=133.3224Pa）的压力升华时吸收的热量为 245kJ/kg。

如上所述，相变有几种不同形式。但相变时潜热也并非都可以用来储热。因此，对潜热储能技术，利用熔化热是一种较好的形式。在发生液固相变时，体积会有所变化，变化量也会因物质而异，但差异多在 20%以内。无机盐熔化时的体积变化见表 2-6，体积变化值越小越好。盐一般封装在容器内，通过器壁同介质进行热交换。如盐的体积发生变化，盐同容器壁之间形成空隙，造成热阻增大。另外，盐在凝固时产生的孔隙也会降低盐的表面导热性，特别是在容器壁附近形成固相时，就会失去热对流能力。因而当外部传热速度大于由热材料内部通过固相层向外面传导的速度时，器壁温度将会下降，储热性能随之降低。一些非共熔点的盐类相变材料当加热到熔点以上时会分离成液、固两相，由于盐的密度高于溶液，会产生相分离现象。因此在重复循环时，性能变差，热容量减小。

表 2-6 无机盐熔化时的体积变化

盐	体积变化/%	盐	体积变化/%
NaCl	25.6	$LiNO_3$	21.4
KCl	20.2	KNO_3	3.3

目前，新型高效相变材料的开发是一个关键方向。通过使用有机化合物、无机盐类、金属或水合盐等材料，能够提供更高的潜热值并调节相变温度，以适应特定的应用需求。此外，通过将相变材料与石墨烯、金属泡沫或导热纳米颗粒等材料结合形成复合材料，可以显著增强材料的热传导性和机械稳定性，从而提高整体系统的效率和耐用性。有研究者提出利用相变工程策略来克服纯相变材料低热导率和形状稳定性差的问题，例如将固-液相变材料［如聚乙二醇（PEG）］与导电基体［如膨胀石墨（EG）］复合，并通过表面反应形成固-固相变材料外壳。这种核壳复合材料不仅封装了高能量密度的固-液相变核心，还显著提高了其热存储容量，比传统的固-固相变材料高出 52%。通过化学改性或添加稳定剂，可以进一步增强相变材料的热稳定性和循环性能，这对于保证长期应用中的可靠性和持久性至关重要。生物质材料因其广泛的可获得性、低成本和自然多孔结构等优点，被认为是良好的生物复合相变材料的载体。利用生物质材料的天然多孔结构为载体，可以有效地封装有机相变材料，如石蜡或聚乙二醇（PEG），以提高热能存储和释放效率，同时

可以解决传统相变材料在固-液转换过程中的泄漏问题，这类材料通常具有较高的比热容和热稳定性，适合于热能管理和储能应用。

除了改进相变材料本身外，相变材料的封装技术对其储能效果也有着十分重要的影响。微胶囊封装技术通过使用聚合物如聚甲基丙烯酸甲酯或明胶等材料在相变材料周围形成一层聚合物壳体，可以有效防止材料在相变过程中的泄漏。多孔基质吸附技术利用生物质材料如竹炭、木炭等具有的高比表面积和多孔结构，通过物理吸附的方式将相变材料固定在多孔基质中，可以提高相变材料的热传导性和热稳定性，同时也增加了材料的机械强度。接枝共聚物技术则是通过化学方法将相变材料接枝到生物基底材料上，形成稳定的复合材料，可以提高相变材料的热稳定性，减少相变时的体积变化。封装技术不仅能保护相变材料，还能提高储热的效率，确保在循环使用过程中相变材料性能的一致性和安全性。

潜热储能技术提供了一种高效的能量管理解决方案。其高能量密度且能够在几乎恒定的温度下操作的特点，使其在建筑温控、工业废热利用、可再生能源系统以及日常生活中得到了广泛应用。未来，随着新材料的开发和现有材料性能的改进，潜热储能技术将更加普及，为能源系统带来更高的效率和可持续性，有效地促进能源转型。

2.2.4.3 化学热储能

化学热储能，作为一种利用化学反应存储和释放能量的方法，其理念在 20 世纪初便已被提出。然而，由于当时技术限制，它并未得到广泛的商业应用。进入 21 世纪，随着科技的飞速进步以及全球对可再生能源和清洁能源技术需求的急剧增加，化学热储能提供了一种高密度和长期储能解决方案。在过去几十年中，研究者们已经对大量的化学物质进行了系统的评估，探索它们的储能潜力、反应动力学和热力学特性。这些研究大多在实验室层面进行，以期找到最佳的化学反应对。这些反应对应具有高能量密度、良好的循环稳定性和适当的反应温度范围。实验室的研究成功推动了一系列先进材料的开发，这些材料能够在不同的温度和压力条件下安全有效地进行能量转换。随着对化石燃料依赖的逐步减少以及全球对减少温室气体排放的共识达成，化学热储能开始被认为是对传统能源存储技术的有力补充。特别是在工业生产过程中，通过化学热储能技术，可以有效地捕获和利用高温工业废热，减少能源浪费，并提高整体能源效率。与此同时，在可再生能源系统中，尤其是太阳能和风能系统中，化学热储能能够解决能源供应的间歇性问题，通过储存多余的能量并在需求高峰时释放，保障了能源供应的连续性和稳定性。

当前，化学热储能技术已经开始大规模应用于工业，成为集成能源系统不可或缺的组成部分。这些系统不仅包括热泵和太阳能集热器，还包括高度复杂的能源回收和转换系统，如废热回收系统和热电联产系统。

化学热储能是一种通过化学反应的热效应进行能量存储和释放的技术。这种储热方式不同于传统的储热技术，如显热储能或潜热储能，它依赖于物质发生化学反应时伴随的热量吸收和释放。这一点与化学能储能十分类似，但两者在服务的能源需求和技术实现方式上存在着不同。化学能储存技术和化学热储能技术虽然都基于化学反应来存储和释放能量，但它们在应用目的、能量形态及实施方式上存在显著差异。化学能储存技术主要关注于将电能或机械能转换为化学能，并将其存储在化学物质中，如氢气或生物质能，这些能源可以用作运输燃料或电网储能。相比之下，化学热储能技术专注于高效存储和释放热能，通常应用于工业废热回收或太阳能热利用，适合需要温度调控的场景。化学能储存技术提供了能量的多样化使用方式，而化学热储能则更多地服务于热管理和效率提升。因此这里特意将两种储能方式进行了区分介绍。

化学热储能技术基于可逆化学反应，通过吸热反应将外界能量存储于化学物质中，此时能量以化学键的形式被保存。在需要使用这些能量时，通过相应的放热反应来释放能量，这种能量的转换过程是通过化学反应的焓变（ΔH）来实现的。

化学热储能的一个常见例子是水的分解和合成，它利用水分子分解为氢气和氧气以及这两种气体重新结合成水时的能量变化。其基本原理如下：

水的电解（储存热能）：

$$2H_2O(l) \longrightarrow 2H_2(g) + O_2(g) \quad \Delta H = 286\text{kJ/mol} \tag{2-55}$$

氢气和氧气反应（释放热能）：

$$2H_2(g) + O_2(g) \longrightarrow 2H_2O(l) \quad \Delta H = -286\text{kJ/mol} \tag{2-56}$$

在水电解过程中，电能被用来分解水分子，生成氢气和氧气。这个过程需要吸收大量能量，通常通过电解反应实现，这种能量在化学键中以氢气和氧气的形式被储存。在需要能量时，储存的氢气和氧气可以通过燃烧或在燃料电池中重新结合产生水，同时释放能量。这个放热过程释放的能量可以用于发电或提供热能。

综上，化学热储能作为一种革新的能量存储方式，利用化学反应中的焓变来存储和释放热能，展现了对于未来能源系统的巨大潜力。与传统的显热和潜热储能相比，它能在不同的温度和时间尺度上更高效地储存更多能量。其核心在于可逆的化学反应，这些过程在吸收外部能量时形成稳定的化学中间体，并在有需求时快速释放这些能量，在能量供应时具有可调节性和稳定性。然而，化学热储能的商业化和大规模应用仍面临诸如提高反应物稳定性、降低成本、优化系统集成等挑战。随着研究的深入，特别是在催化剂的开发、反应物质的设计以及系统工程的优化方面，化学热储能有望在迈向更加可持续和高效的能源未来中发挥核心作用。

2.2.5 氢能储能技术

氢能作为一种清洁能源的概念，其发展历史可以追溯到19世纪，当时科学家们已经开始探索氢气作为一种能源载体的可能性。在1839年，英国科学家威廉·格罗夫发明了第一个氢氧燃料电池，这是氢能作为能量来源的早期实验。然而，氢能的实际应用和广泛研究直到20世纪70年代的能源危机时期才真正开始受到重视。在此期间，由于石油价格的剧烈波动，各国政府和研究机构开始寻求替代能源，氢能因其潜在的清洁性和高能量密度被视为一种有前景的替代能源。进入21世纪，随着全球对可持续能源和减少碳排放的关注日益增加，氢能技术得到了快速发展。特别是在储能、运输和工业用能方面，氢气被广泛研究和使用。现代氢能技术包括高效的电解水技术、氢气储存解决方案以及燃料电池的开发，这些技术的进步推动了氢能向更广泛的商业和公共领域的拓展。

目前，多个国家已经开始实施国家层面的氢能战略，旨在通过氢能来减少对化石燃料的依赖，推动能源结构的转型和经济的绿色增长。氢能被认为是未来能源体系中不可或缺的一部分，其发展前景广阔，利用氢气的高能量密度和环境友好特性，为人类提供了一种高效和可持续的能源解决方案。本章节将深入探讨氢气储能的基本原理、氢气的生成方法以及氢气的存储技术。

2.2.5.1 氢气储能原理

首先从原理上介绍一下氢气储能。最直接释放氢能的方式就是燃烧，该过程涉及的化学方程为：

$$H_2(g)+\frac{1}{2}O_2(g)\longrightarrow H_2O(l) \tag{2-57}$$

这个过程的能量释放是因为在反应过程中发生了化学键的重排和形成，从而释放出储存在原子和分子之间的能量。这个反应的能量变化可以通过燃烧热来计算。燃烧热是在恒定压力下，一定量的燃料完全燃烧时放出的能量。对于氢气的燃烧反应，其燃烧热可以通过下面的公式计算：

$$\Delta H=n\Delta H_f^{\ominus} \tag{2-58}$$

式中，ΔH 为燃烧热；n 为物质的量；$\Delta H_f^{\ominus}$ 为标准生成焓，$\Delta H_f^{\ominus}=-285.8\text{kJ/mol}$。

除了直接燃烧外，氢气还能用于燃料电池。此外，氢气还能和其他的化学物质反应进行储能，例如，通过与二氧化碳反应生成甲烷的过程，称为甲烷化反应，这是一种潜在的化学储能方法，不仅可以储存氢能，还有助于二氧化碳的利用和减排。其中涉及的化学方程式为：

$$4H_2+CO_2\longrightarrow CH_4+2H_2O \tag{2-59}$$

2.2.5.2 氢气的制备

氢气作为一种清洁的能源载体，其生产方式的选择对氢能系统的效率、成本以及环境影响具有深远的意义。化石燃料产氢，特别是从天然气中产氢，是目前最常用的商业化氢气生产方法之一。此过程主要通过甲烷蒸汽重整（steam methane reforming，SMR）技术实现，涉及天然气（主要是甲烷）与蒸汽的反应，产生氢气，该过程包括两个过程：甲烷的蒸汽重整反应和水煤气变换反应。

甲烷的蒸汽重整反应：

$$CH_4(g)+H_2O(g)\longrightarrow CO(g)+3H_2(g) \tag{2-60}$$

此反应在高温（800～1000℃）和催化剂（通常是镍基催化剂）的存在下进行。这是一个吸热反应，需要提供热量来维持反应进行。

水煤气变换反应：

$$CO(g)+H_2O(g)\longrightarrow CO_2(g)+H_2(g) \tag{2-61}$$

此反应通常在甲烷蒸汽重整反应之后，以进一步提高氢气的产量。这是一个放热反应，有助于部分补偿前一步的热量需求。化石燃料产氢尤其是使用甲烷蒸汽重整技术路线，虽然成本效益较高，但面临环保和可持续性的挑战，特别是与 CO_2 排放相关的问题。未来需要寻找更有效的碳捕捉和利用技术，以减少这一过程对环境的影响，或探索更可持续的原料替代天然气的方案。

此外，太阳能制氢也受到极大的关注。太阳能制氢是一种将太阳能直接转换为化学能的创新技术，主要通过光电化学分解水或利用太阳能热化学过程制取氢气。该技术利用太阳能来驱动水的分解，生成氢气，提供一种可持续和环保的氢能生产方法。

光电化学（PEC）水分解是一种利用光能直接将水分解为氢气和氧气的过程。这个过程通常在一个光电化学池中进行，其中包含一个光敏电极、一个对电极，以及电解质溶液。在光电化学装置中，光敏电极（通常为半导体材料）吸收太阳光，激发电子从价带跃迁至导带，产生电子-空穴对。电子在导带中获得足够的能量，移动至电极表面，还原水分子产生氢气。同时，空穴在价带接受电子，氧化水分子生成氧气，该过程可以表示为：

$$2H_2O(l)\xrightarrow{\text{光}}2H_2(g)+O_2(g) \tag{2-62}$$

太阳能热化学水分解是利用太阳能提供的高温热能来驱动化学反应，这些反应能够分解水或其他化学物质产生氢气。在热化学过程中，通常涉及多个步骤的反应周期，包括至少一个吸热步骤和一个放热步骤。例如，使用金属氧化物循环过程，金属氧化物在高温下被还原（释放氧气），然后在较低温度下与水蒸气反应再次形成氧化物，并释放出氢气。一个典型的热化学循环如下：

氧化物分解（高温）：

$$MO_x \longrightarrow M+\frac{x}{2}O_2 \tag{2-63}$$

水分解（较低温）：

$$M+xH_2O \longrightarrow MO_x+xH_2 \tag{2-64}$$

太阳能制氢技术面临多个挑战，包括光电化学系统的光电转换效率提升、半导体材料的稳定性和耐久性以及热化学循环的效率和可操作性。目前，研究集中在发现更高效和经济的光敏材料、优化系统设计以及开发能够在更广泛温度和环境条件下稳定运行的热化学循环。

随着绿色环保要求更加严格，对于绿氢的需求也在不断增加，因此，生物制氢技术受到广泛关注。生物制氢是一种利用微生物或生物化学过程从有机物中产生氢气的技术。这种方法是可再生能源技术的一部分，具有环保、可持续和碳排放低等特点。生物制氢主要通过几种不同的生物途径进行，包括发酵、光合生物制氢和电生物技术。

发酵制氢是在无氧条件下，利用微生物将有机废弃物（如农业副产品、食品废料等）转化为氢气。这个过程主要有暗发酵和光发酵两种类型。在暗发酵过程中，多种微生物能够将碳水化合物分解产生氢气和其他有机酸。这种方式不需要光照，常见的反应路径如下：

$$C_6H_{12}O_6 \longrightarrow 2CH_3COOH+CO_2+2H_2 \tag{2-65}$$

光发酵是指光合细菌在有限氧气条件下，使用光能将有机物分解成氢气。这种方法效率较高，但需要光照条件：

$$C_6H_{12}O_6+6H_2O\xrightarrow{\text{光照}}12H_2+6CO_2 \tag{2-66}$$

光合生物制氢是通过绿藻或蓝藻等光合作用的微生物直接使用水和太阳光来产生氢

气。这种过程通过生物体内的酶，如氢酶或氮酶，催化水分子产生氢气：

$$H_2O \xrightarrow{\text{光合微生物}} H_2 + \frac{1}{2}O_2 \tag{2-67}$$

此外，电生物技术是一种新兴的生物制氢方法，它结合了微生物燃料电池技术。在这种系统中，特定的电化学活性微生物能够在阳极上氧化有机物质，同时在阴极上还原质子产生氢气：

$$\begin{aligned} \text{有机物质} + H_2O &\longrightarrow CO_2 + 4H^+ + 4e^- \\ 4H^+ + 4e^- &\longrightarrow 2H_2 \end{aligned} \tag{2-68}$$

目前，由于需要减少传统能源的碳足迹，绿氢成为能源转型的一个潜力解决方案。最环保的生产氢气的方法是使用可再生能源的水基生产，用废水代替淡水是解决这一问题的关键。研究者提出了一种生物制氢与废水处理相结合的生产工艺，即微生物燃料电池，其工作原理如图 2-14 所示。

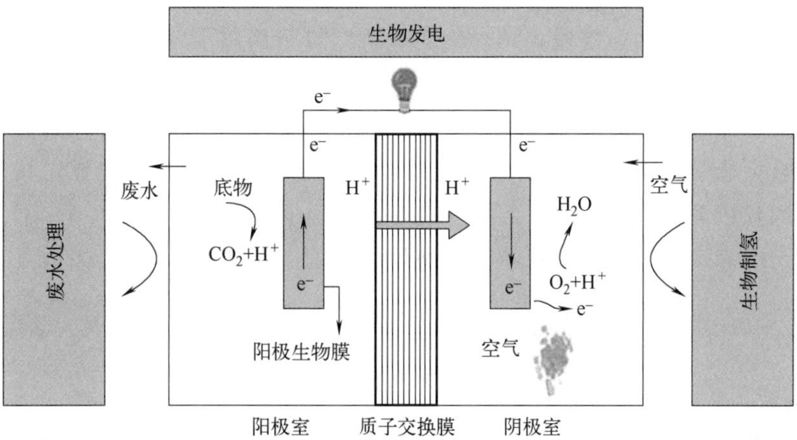

图 2-14 微生物燃料电池同时处理废水、生物制氢和生物发电的工作机理

微生物燃料电池具有高能效、舒适的操作条件等优势，在生物修复中采用联合发电系统使其在生成生物电力的各种方法中具有最高的容量。微生物燃料电池介导的氧化还原反应利用生物质将化学能转化为电能。电活性微生物在代谢过程中发挥作用，将过程中释放的电子传递到阳极电极上，驱动电子传递机制。这些电子通过外部电路从阳极部分移动到阴极，从而产生电力。

2.2.5.3 氢气的储存

除了氢气的生产外，氢气储存的研究也十分重要，在将氢能转化为实用、可靠能源方面扮演着至关重要的角色。尽管氢气作为能源具有高能量密度和环保优势，但由于其物理和化学性质，氢气的有效储存呈现出独特的挑战，同时也是实现其广泛应用的关键。最简单的氢气储存方式是压缩储氢和液氢储氢。

压缩储氢是通过物理压缩氢气至高压状态来储存能量的方法。常见的压力级别从 3.5×10^7 Pa 到 7.0×10^7 Pa 不等。压缩储氢的原理可以通过理想气体定律来简化描述：

$$pV = nRT \tag{2-69}$$

式中，p 为压力，Pa；V 为气体体积，m^3；n 为气体的物质的量，mol；R 为摩尔气体常数，8.314J/(mol·K)；T 为热力学温度，K。对于给定质量的氢气，在一定温度下，压缩到更高压力可以显著减少其体积。压缩储氢的能量效率受压缩过程中热能损失的影响，因为压缩气体会产生热量，这部分热量通常需要通过散热来移除，以避免气体温度升高影响储存效率。

液氢储存需要将氢气冷却至其液化点以下（大约−253℃或20K），并在低温下以液态形式储存。液态氢的储存密度约为 $70.8kg/m^3$，远高于常压下气态氢的密度（约 $0.08988kg/m^3$），因此提供了更高的能量存储能力，储能密度大大提高。液化过程需要从氢气中移除热量，其液化热 q_L 大约为445.8kJ/kg。氢气从气态转变为液态的能量变化通过以下能量守恒公式表达：

$$Q=mq_L \tag{2-70}$$

式中，Q 为总的移除的热量，J；m 为氢气的质量，kg；q_L 为单位质量的液化热，J/kg。

此外，随着材料科学的发展，越来越多的新型材料被用于氢气的储存，例如水合物、中高熵合金、金属氢化物等。其中水合物储氢会在水合物储能技术章节进行详细介绍，这里主要介绍其他几种材料的储氢原理。

中高熵合金通常由五种或以上的金属元素以接近等原子比混合构成，具有高的配置熵，即元素的随机分布产生的熵。高配置熵有助于稳定合金的结构，增强其抗热和耐回火软化的能力。中高熵合金由于其独特的物理化学性质，在氢气储存领域显示出巨大的应用潜力。配置熵 ΔS_{config} 的计算公式如下：

$$\Delta S_{config}=-R\sum_{i=1}^{n}x_i\ln x_i \tag{2-71}$$

式中，R 为摩尔气体常数；x_i 为合金中第 i 种元素的摩尔分数；n 为元素的种类数。

有研究发现，某些中高熵合金如ScYNdGd合金，能够在温和条件下吸收大量氢气，并形成单相面心立方（fcc）结构的稳定氢化物。这种氢化过程能够在较低的压力和温度下进行，使其在实际应用中更具吸引力。此外，这种合金的氢气解吸过程也表现出良好的温和性，解吸氢气时不需要过高的温度，这对于能源的回收和循环使用尤为重要。

在中高熵合金中，高的配置熵有助于稳定单相固溶体，从而避免了在吸收氢气时产生复杂的相变。中高熵合金储氢通常涉及在金属的晶格间隙中储存氢原子。氢原子的吸收通常发生在特定的晶体间隙位置，如四面体或八面体间隙。氢的吸收和释放可以通过以下公式表示：

$$M+\frac{x}{2}H_2 \rightleftharpoons MH_x \tag{2-72}$$

式中，x 为氢的吸收比率，通常取决于合金的组成和结构。中高熵合金是通过其独特的结构和化学组成来吸收和存储氢气，对其结构的研究与优化对增强其氢气储存能力有着十分重要的意义。

此外，金属氢化物也是一类储氢材料，因其高安全性、低成本和出色的氢储存容量而受到关注。例如氢化镁（MgH_2），以其高的质量和体积氢密度以及优良的可逆性而备受青睐。然而，由于高热力学稳定性和活化能，金属氢化物的氢储存反应通常需要大量能量输入，如氢化镁理论操作温度约为 280℃，甚至更高。金属氢化物储氢原理基于金属与氢气反应形成金属氢化物的能力，这一过程涉及吸附、扩散和化学反应步骤。金属氢化物的形成可表示为以下化学反应：

$$M+xH_2 \longrightarrow MH_{2x} \tag{2-73}$$

式中，M 为金属，x 为与金属结合的氢气的摩尔比。氢气首先会在金属表面吸附，然后通过金属的晶格结构扩散，最终在适当的晶格位置被化学吸收。这可以通过 Langmuir 吸附等温式来描述：

$$\theta=\frac{Kp}{1+Kp} \tag{2-74}$$

式中，θ 为覆盖率；p 为氢气的压力，Pa；K 为吸附常数。

近年来，研究者探索了太阳能驱动的氢气储存技术以解决这一过程中的能源输入问题。通过设计单相 $Mg_2Ni(Cu)$ 合金，实现了光热效应和催化效应的整合，有效降低了操作温度，提高了系统效率。这种方法不仅能够在较低的温度和光照条件下实现快速的氢气释放和吸收，还能通过反复的脱氢和再氢化过程稳定地储存氢气。此外，$Mg_2Ni(Cu)$ 合金的研究展示了金属氢化物在可持续能源系统中的应用前景，特别是在太阳能驱动的氢能存储和转换技术方面的潜力。

笼型水合物也是一种储氢材料。水合物储氢技术是一种将氢气在低温高压条件下转化为固态水合物进行储存的方法，因其高安全性、低成本和环境友好性，被认为是一种有潜力的氢能储存解决方案。

综上，氢气储能技术是当前可再生能源领域的关键技术之一，主要用于储存过剩的电能以及为各种应用提供清洁能源。氢气可以通过电解水、天然气改性或使用生物质等方法生产。此外，氢气储存方式多样，包括压缩氢气、液态氢以及固态氢储存。压缩氢气和液态氢需要使用高压罐或低温设备来储存，而固态储存则是通过金属氢化物或其他吸附介质来实现。固态储存虽然复杂，但安全性高，且能实现更高的储氢密度。未来，固体储氢技术的发展有望实现更高效的氢气释放和回收，适于可移动和静态应用，特别是在交通和便携式设备中，可进一步推动氢能的商业化和普及。

2.2.6 水合物储能技术

笼型水合物是客体分子（气体或某些液体有机物）与水在一定温度和压力条件下生成的非化学计量比的笼状晶体物质。根据水合物独特的物理化学性质，可以将水合物用于存储能量气体，例如天然气、氢气，也可以用来蓄冷。

笼型水合物中水分子通过氢键结合形成多面体笼型结构，将气体分子包合在笼中形成稳定的水合物。常见的水合物结构分为 sⅠ型、sⅡ型和 sH 型三种结构，气体分子的类型将决定水合物的结构类型，如图 2-15 所示。直径在 0.4～0.55nm 之间的小客体分子能够和水形成 sⅠ型水合物，直径在 0.6～0.7nm 之间的较大客体分子和水形成 sⅡ型水合物，而 sH 型水合物需要同时存在小客体分子和直径在 0.75～0.9nm 的大客体分子。除此之外，一些物质如四烷基铵盐/卤化物如四丁基溴化铵（TBAB）能够和一些气体如 CH_4、

CO_2、N_2、H_2 等物质形成半笼型水合物。

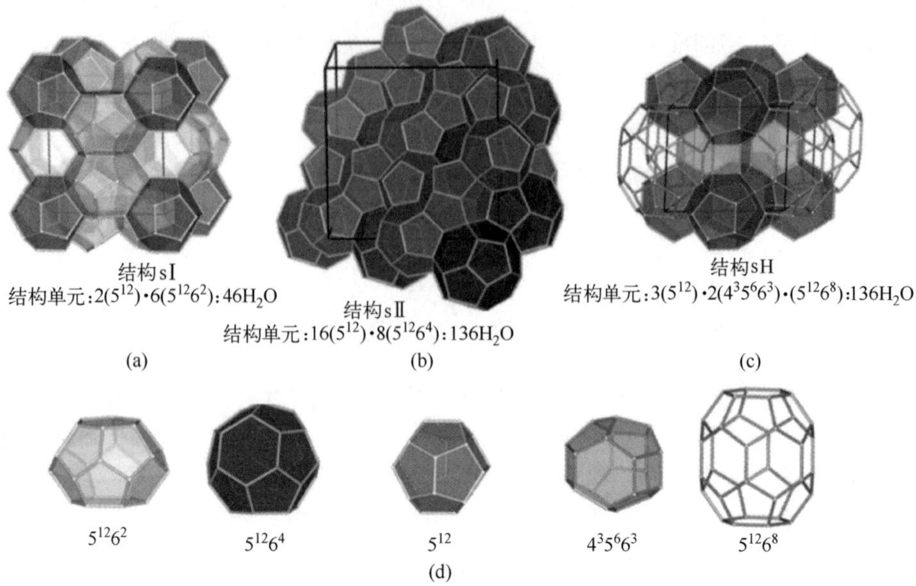

图 2-15 水合物结构

(a) sⅠ型水合物；(b) sⅡ型水合物；(c) sH 型水合物；(d) 五种不同的水合物笼结构

水合物最早在 18 世纪末被科学家们所认识。然而，对其潜在应用的科学研究直到 20 世纪中叶才真正开始。20 世纪 30 年代，人们在输送天然气的管道中发现了甲烷水合物堵塞的问题，这促使科学家开始研究水合物的形成和稳定性。早期的研究主要集中在理解水合物的结构和物理化学特性上。到了 20 世纪后半叶，随着能源需求的增加和环境保护意识的提高，科学家和工程师开始探索水合物在能源存储和运输方面的应用。特别是在天然气运输和存储方面，水合物技术能够大幅度提高存储效率和储运安全性，特别是甲烷水合物受到重点关注。因为甲烷是天然气的主要成分，而甲烷水合物的密度远高于普通的气态甲烷，能显著减少所需的存储体积。在自然界中，天然气水合物在海洋沉积物和永久冻土层中被发现，全球与水合物结合的甲烷约 $2\times10^{16}\,m^3$，达到了化石燃料碳含量的两倍，因此了解水合物的特性，合理勘探开发天然气水合物资源对缓解能源危机、优化能源结构具有重要意义。本节将介绍水合物储气和蓄冷的基本概念、原理和研究进展。

2.2.6.1 水合物储含能气体（天然气或氢）

水合物储气技术利用水分子在特定的温度和压力条件下形成的笼状结构来封存气体分子，从而实现高效率和高密度的气体储存。早在 20 世纪 30 年代，水合物就被科学家发现集中在自然界，这些水合物被认为是巨大的天然气资源。20 世纪 70 年代，随着能源危机的爆发，研究人员开始探索将水合物作为一种潜在的能源存储和运输方法。这一时期，科学家们主要关注于理解水合物的形成机制和改进人工合成水合物的技术。而后研究渐深入，开始涉及如何有效地利用水合物技术储存和运输甲烷等天然气。其间，多种实验性和原型设备被开发出来，用于测试水合物的储存能力和稳定性。现在，科学家们开始探索利用水合物技术进行大规模的能源转换和储存，包括如何高效利用水合物储存氢气，以期望成为未来氢经济的一部分。

利用气体和水形成水合物的特性可以将含能气体，如氢气、天然气存储在水合物笼中。1 体积的水合物可以存储约 180 体积的甲烷气体。水合物的形成可简化为以下化学反应式：

$$nH_2O + \text{气体分子} \rightleftharpoons \text{水合物} \tag{2-75}$$

水合物能否形成可以通过吉布斯自由能变化 ΔG 进行判断：

$$\Delta G = \Delta H - T\Delta S \tag{2-76}$$

式中，ΔH 为反应的焓变；ΔS 为反应的熵变；T 为热力学温度。水合物的形成通常是一个放热过程，因此焓变 ΔH 为负值，同时，水合物形成过程是水和气体从气液混合态转变为固体的过程，即体系变得更加有序的过程，此过程熵变 ΔS 同样为负值。由此可知，要使水合物形成，就要使吉布斯自由能变化为负值，焓变负值更大，$-T\Delta S$ 正值更小，即需要在高压、低温下才能使水合物形成。此外，在水合物形成过程中，涉及气体从液相大空间进入固相小空间的过程，这是一个熵增的过程，在一定程度上补偿了体系有序化的熵损失，能够使水合物更加稳定，事实也表明包含气体分子的水合物笼要比空笼更加稳定。

如上文所述，利用水合物储存能量气体，不仅可以储存化学能，还可以储存压力能和冷能。但是水合物的形成需要较高的压力和较低的温度，这往往不容易达到，也增加了水合物储气技术的成本。在此问题的基础上，研究者提出了添加热力学促进剂的方法，热力学促进剂的主要作用是调整水合物形成的温度和压力条件，使其更容易在较高温度或较低压力下形成，从而扩大水合物技术的应用范围和实用性。热力学促进剂本身也可以形成水合物，同时会留下一些水合物笼来容纳气体分子。研究最多的热力学促进剂包括四氢呋喃（THF）、环戊烷（CP）、丙烷（C_3H_8）和四丁基季铵盐以及磷酸盐，如 TBAB、四丁基氯化铵（TBAC）、四丁基氟化铵（TBAF）、四丁基硝酸铵（$TBANO_3$）、四丁基溴化磷（TBPB）和四丁基氯化磷（TBPC）等。热力学促进剂会占据部分水合物笼，会在一定程度上减少气体储存密度，也会降低储能密度与效率，因此需要综合考虑水合物的形成条件与储能密度之间的协调，以实现最佳的储气效果。

除了形成的温压条件严格外，水合物生长缓慢也是限制其应用的重要因素之一，针对此类问题通常会采用一些动力学促进的方法。水合物动力学促进剂是用于加速水合物形成过程的化学物质，这种促进剂可以显著提高储气过程的效率和响应速度。与热力学促进剂不同，动力学促进剂不改变水合物形成的热力学条件，而是在动力学上加快水合物的成核和生长速率，同时也不影响气体的储存密度。在工业应用中，使用动力学促进剂可以提高水合过程的经济性和安全性。例如，在天然气运输中，加快水合物的形成速率意味着可以更快地将气体转换为稳定的固态形式，提高运输过程的经济效益。

表面活性剂是一种典型的水合物动力学促进剂。表面活性剂有阴离子型、阳离子型和非离子型三种。实验研究表明，与 Tween-40、Twenn-80、DTACl 和氨基酸等非离子表面活性剂和阳离子表面活性剂相比，十二烷基硫酸钠（SDS）、十四烷基硫酸钠（STS）和十六烷基硫酸钠（SHS）等阴离子表面活性剂是更有效的动力学促进剂。这种表面活性剂的分子头部亲水，末端亲油（疏水），对极性和非极性物质具有两亲性。当浓度高于临界胶束浓度时，水合物分子通过疏水作用与表面活性剂分子形成某种分子团。拉曼光谱显示，这些分子簇可能具有与水合物笼类似的结构。表面活性剂的存在还能促进气体在水中溶解，为水合物的快速增长提供气体分子。这使水合物结构更容易、更快地形成，从而缩短了诱导时间。此外，表面活性剂还能降低水合物晶体表面与水之间的界面张力，从而对水合物形态产生重大影响。此外，在某些物理材料中，水合物形成的动力学也可以通过增加气水接触面积和加强水合物形成过程中的传热过程来改善，如使用干水、泡沫铝等。

利用气体水合物储存能量气体研究最多的是储存甲烷和氢气。甲烷水合物在自然界中以天然气水合物的形式存在，广泛存在于大陆沿海和冻土层的沉积区。在工业上，甲烷水合物为天然气的储存和运输提供了安全高效的解决方案，对我国“西气东输”工程有着重要意义。天然气中的主要成分为甲烷，在常压下其沸点为－162℃，不易液化。目前实际应用的天然气储运方式有：利用低温技术将液化天然气（LNG）以液体的形式进行储存、运输；通过管道采用高压方法运输天然气；利用多孔介质的吸附作用储存天然气等。目前，绝大部分天然气（约占天然气总量的75%）采用管道输送，但初期投资大，且越洋运输不易实现。LNG要采用低温液化，运营费用高。利用气体水合物高储量的特点储存天然气，可降低运营费用（表2-7）。同时天然气水合物（NGH）的储存较压缩天然气、液化天然气压力低，增加了系统的安全性和可靠性，在经济性方面具有一定的优势。

表 2-7 LNG 和 NGH 技术总的投资对比

项目	LNG		NGH		费用差	
	百万美元	占比/%	百万美元	占比/%	百万美元	占比/%
生产	1489	56	955	48	534	36
造船和船运	750	28	560	28	190	25
再气化	438	16	478	24	－40	－9
总额	2677	100	1993	100	684	26

注：设定天然气产率为每年 $40\times10^8m^3$，运输距离为5500km。

我国天然气资源主要分布在西部和中部地区，而经济发达地区多集中在东部和沿海地区，因而在西部大开发战略中，我国启动了“西气东输”工程，采用铺设天然气管道的方式。另外，我国有大量的分散小气田，加工气量少，LNG和管道输送法都不经济适用。例如：从靖边到西安的400km需管道投资10亿元，而日产 $400m^3$ LNG的工厂一次投资也在1亿元人民币以上，不适合中国国情，特别是对一些分散小气田，地形复杂，加工气量少，无法收回投资。水合物储运技术由于工艺简单、成本低，特别适合于规模小、距离在800km以内的应用场景。

图2-16是水合物生产和运输流程。从技术角度分析，①生产环节中，NGH可以在2～6MPa、0～20℃下制备，技术难度较低。工厂的建造可以更大限度地利用当地的材料、设备以及人力资源。LNG由于技术难度高且高度专业化，设备成本高，尤其是液化热交换器只能依靠为数很少的几个生产厂家提供，对设备、生产工艺和人员有很高的要求。②储运环节中，NGH本身的热导率较低，约为0.6W/(m·K)，因而NGH储存容器本身不需要特别的绝热措施。此外NGH可以在常压、－15℃以上的温度条件下稳定储存，对储罐材料要求不高。还可利用海底的压力和温度环境，将储罐建在海洋底部50～500m

深处，省去制冷和压缩环节。海上运输 NGH 在一定绝热条件下，部分释放的气体（约占运量的 0.94%）还可以作为轮船的燃料。LNG 的运输一般采用常压，超低温（−162℃）方式，储存装置材料需要特殊钢材（Ni 钢），且储罐一般做成内外两层，对设备性能的要求高。③应用环节中，NGH 的气化需要加热，因此需要附加一些设备和工艺。LNG 的气化则直接通过常温下液体的蒸发进行，工艺相对简单，但因为温差大，气化器占地面积大，若想回收其中的冷能，也需要复杂设备。

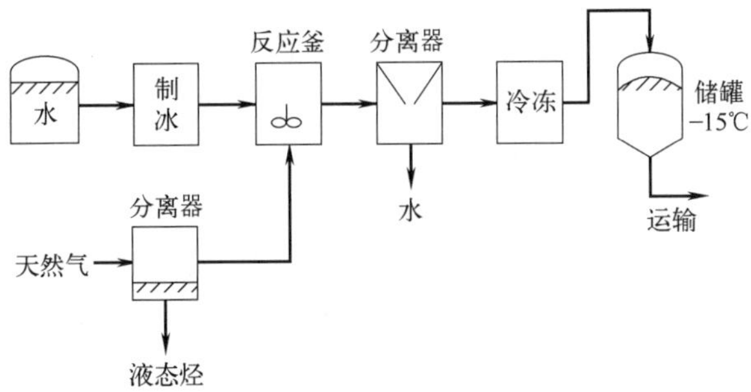

(a) 水合物生产流程图

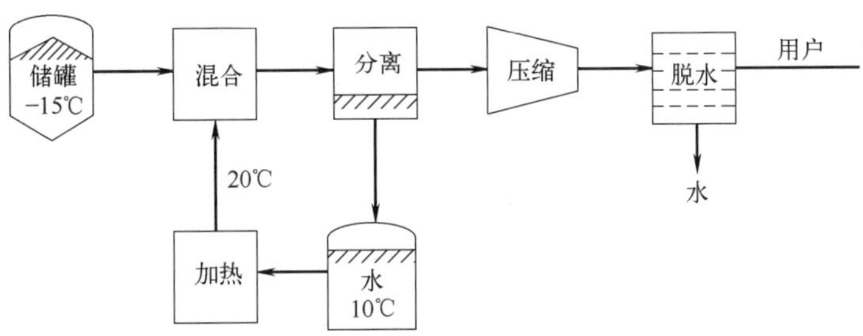

(b) 水合物分解流程图

图 2-16 水合物生产和分解流程

在天然气水合物的应用中主要有两个关键点，即水合物的形成与解离，即气体的储存与释放。为了解决其中的关键难点，研究者进行了许多探索，其中最有效的方式之一就是利用添加剂，促进水合物的形成与解离。最近有研究者提出一种利用氟化石墨（FG）来促进天然气水合物的生成，其原理图如图 2-17 所示。在水合体系中添加氟化石墨可为天然气和水提供强化传递界面，使得水通过氟化石墨纳米颗粒间的孔隙与甲烷气体充分接触。同时氟化石墨优异的导热性能将水合物生成产生的热量导走，促使水合物能够持续快速生长。该体系的储气量可以达到 165.2cm^3 STP/g H_2O（STP 为标准状况下），平均储气速度达到了 11.88cm^3/(g・min)。

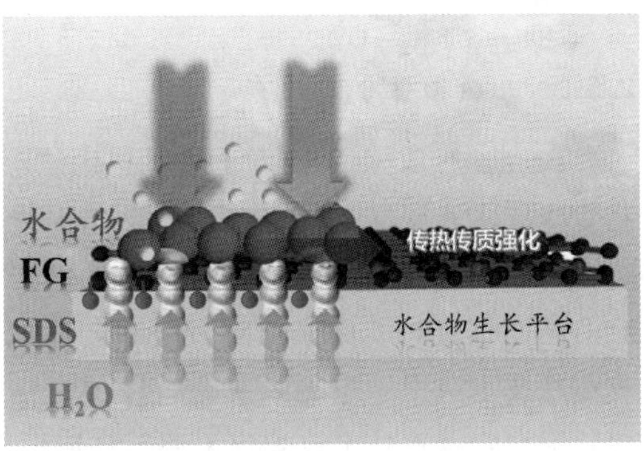

图 2-17 氟化石墨促进水合物生长原理图

水合物也可用于氢气的储存。虽然水合物储氢技术还处于实验室阶段，但该技术也已经取得了长足的发展，常见的水合物结构和储氢能力如表 2-8 所示。目前，水合物储氢的重点是提高储氢密度和形成速率。热力学促进和动力学促进的联合使用被认为是一种较好的方法，有研究者提出将动力学促进剂 L-缬氨酸和热力学促进剂四氢呋喃（THF）联合使用，以实现氢气水合物的快速高密度储存。实验表明，在 0.3%（质量分数）的 L-缬氨酸与 5.56%（摩尔分数）的 THF 联用下可产生最佳的动力学增强效果，最大体积 H_2 吸收量为（29.83±1.22）H_2 体积/H_2-THF 水合物体积（$V_{H_2}/V_{水合物}$）。这个储存密度并不算大，THF 的存在仍然影响了氢气的储存，但这为将来多种促进剂的联合使用提供了新的思路，在平衡储气密度、生成条件和生成速率三者的基础上实现氢气的快速高效储存。

表 2-8 典型水合物结构的晶体学信息和储氢能力

结构类型	结构图	空间群	笼型	笼数量	氢气水合物体系	储存条件（压力和温度）	理论质量储量（质量分数）/%	理论体积储量（体积比）
sⅠ	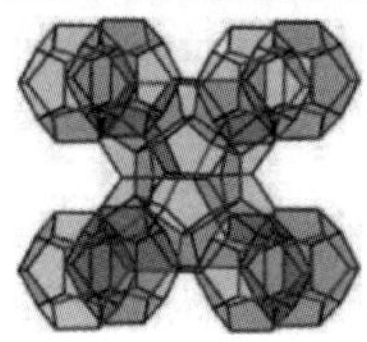	*Pm*3*n*	512 51262	2 6	20%CO_2＋80%H_2（摩尔分数）	8.89MPa 274.3K	0.36	44.59
sⅡ	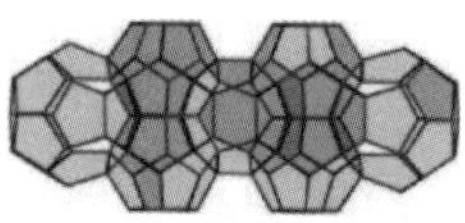	*Fd*3*m*	512 51264	16 8	THF＋H_2	5MPa 279K	1.05	116.35
sH	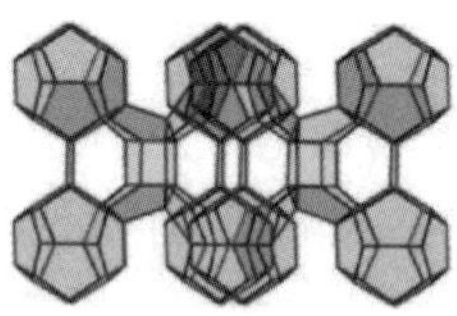	*P*6/*mmm*	512 435663 51268	3 2 1	MTBE（甲基叔丁基醚）＋H_2	70.1MPa 269.2K	1.41	145.74

2.2.6.2 水合物蓄冷

自 21 世纪初以来，随着全球对替代能源和高效蓄冷解决方案的需求急剧增加，水合物蓄冷技术开始逐渐走向商业化，其因能有效维持低温而被应用于食品和药品的冷链运输。利用水合物的冷释放特性，可以在没有外部能源供应的情况下保持货物处于适宜的温度，这对于保证食品安全和药品有效性至关重要。此外，在一些建筑中，水合物蓄冷技术被用于空调系统中，以提高能效和降低运行成本。在温室和农业生产设施中，水合物蓄冷技术也被用来调节环境温度，以保证作物生长的最佳环境条件。

水合物在蓄冷系统中发挥着蓄冷介质的作用，通过形成放热、分解吸热的方式蓄冷，具有较高的蓄冷密度和传热效率，且能够在较高温度下进行蓄冷，使用的温度范围较宽。水合物蓄冷的原理与相变材料储能类似，但在蓄冷过程中涉及水合物的生成与分解，图 2-18 为半笼型 TBAB 水合物分解过程的机制图。这个过程可以表达为：

水合物生成：

$$H_2O(l)+气体\longrightarrow 水合物(s)+\Delta H_f \tag{2-77}$$

水合物分解：

$$水合物(s)\longrightarrow H_2O(l)+气体-\Delta H_d \tag{2-78}$$

式中，ΔH_f 为形成水合物时放出的热量；ΔH_d 为水合物分解吸收的热量。对于二氧化碳水合物，ΔH_d 的值约为 54kJ/mol。这意味着每摩尔二氧化碳水合物的分解可以吸收 54kJ 的热量，相较于普通冰的熔化潜热（约 6kJ/mol），要高出许多，这也是水合物蓄冷技术的能量效率相对较高的原因。

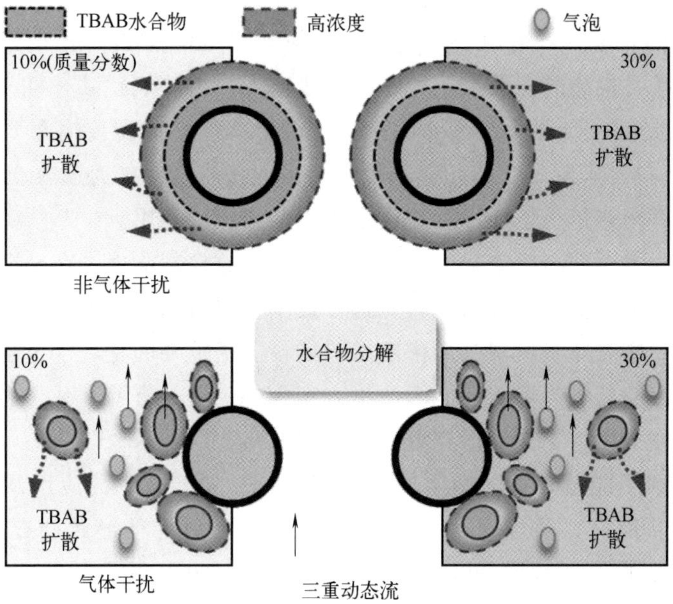

图 2-18 水合物解离过程中 TBAB 扩散机制图

假设使用二氧化碳水合物进行蓄冷，二氧化碳水合物通常为 sⅠ型水合物，其一个单元结构中包括 46 个水分子、8 个笼，假设一个笼中存在一个二氧化碳分子，则 1g 水合物中含有的二氧化碳质量为：

$$m_{CO_2}=m_{水合物}\frac{n_{CO_2}M_{CO_2}}{n_{CO_2}M_{CO_2}+n_{H_2O}M_{H_2O}}=1\times\frac{8\times 44}{8\times 44+46\times 18}\approx 0.2983g \tag{2-79}$$

若 1kg 二氧化碳水合物发生分解，该过程吸收的热量为：

$$Q=n\Delta H_d=\frac{m_{CO_2}}{M_{CO_2}}\Delta H_d=\frac{0.2983\times 1000}{44}\times 54=366.1kJ/kg\ 水合物 \tag{2-80}$$

这表明 1kg 的二氧化碳水合物分解可以吸收约 366.1kJ 的热量，这对于蓄冷系统而言是一个相当高的能量密度，使其在运输和制冷维持低温方面十分有优势。

近年来，温室气体二氧化碳引起了人们的关注，而二氧化碳水合物由于其高潜热被认为是很有前景的蓄冷介质，同时对二氧化碳的再利用也能够缓解温室效应的影响。为了保证蓄冷的安全性和经济性，可以通过使用不同的添加剂与二氧化碳结合形成水合物，从而调控其相平衡温度，以便能够适应不同的温度条件。此外二氧化碳水合物通常以水合物浆体的形式用于蓄冷，由于其具有流动性，二氧化碳水合物也能够在制冷系统中作为二次制冷剂使用，通过对流动速度的控制能够实现传热效率的调控。目前，利用水合物蓄冷的主要限制是较高的相平衡压力，添加剂的使用能对其平衡压力进行调节。例如加入季铵盐、四氢呋喃和环戊烷等热力学添加剂，可以使水合物形成条件更加温和，从而改善整个系统的能效。此外，二氧化碳双水合物浆液的非牛顿行为主要表现为剪切变稀特性，通过选择最优的水合物质量分数和相变温度，可以使系统的能效达到最高。

有人提出一种新型的基于内循环气泡扰动的半笼型水合物冷库系统，系统利用内部循环的气泡产生扰动，促进了水合物的形成，这种扰动提高了相变能量的转换效率，使水合物形成更加均匀且快速。此外，改变溶液浓度能显著影响冷库容量，使浓度从10%提高到40%时，冷能储存容量可增加2～3倍。系统实现了57.4kWh/m^3的最大储能密度，展示了与其他冷库系统相比的高效性。此外，有研究者提出二氧化碳＋四丁基溴化铵（TBAB）水合物浆液是一种潜热大、流动性良好的理想冷能存储和传输介质。通过添加TBAB作为热力学促进剂来形成二氧化碳＋四丁基溴化铵水合物，通过改变TBAB溶液浓度和系统压力，可以调节相变条件，有望实现更宽范围内的应用。

水合物蓄冷技术因其高能量密度和良好的能量释放控制能力，在冷链物流、空调系统以及工业冷却过程中展现了巨大的潜力。这种技术不仅可以有效地调节和控制大型设施的温度，还能应对那些对环境控制有严格要求的场合。更重要的是，水合物蓄冷的环境友好性和能效高的特性使其成为可持续能源解决方案中的一员，有助于减少对传统化石燃料的依赖和碳排放。第7章将更详细地介绍水合物储氢与蓄冷技术。

本章主要介绍了能量转换的基本原理，以及常见储能技术的应用及原理。储能就是在能量富余或易获取时，将能量用同种形式或转换为另一种形式储存起来，在需要的时候直接或转换为其他形式释放。储能是现代电网、电动汽车、新能源系统等的主要组成部分和关键支撑技术，发展前景广阔，是人类应对能源危机的重要技术手段。无论是电能储存、热能储存、机械能储存、化学能储存，还是新兴的水合物储能，都离不开材料的发展。材料的性能决定了储能技术的发展进程，后续章节将详细介绍各类储能材料的特性及要求。

参考文献

[1] 姚晔. 能源转换与管理技术［M］. 上海：上海交通大学出版社，2018.

[2] 施云海. 化工热力学［M］. 3版. 上海：华东理工大学出版社，2022.

[3] Detka K，Górecki K. Selected technologies of electrochemical energy storage-a review［J］. Energies，2023，16（13）：5034.

[4] Patnaik S. Li-ion Batteries：An overview on commercial electrode advances［J］. ChemRxiv，2023，30（6）：3069-3090.

[5] Liu J，Li B，Cao J，et al. Challenges in Li-ion battery high-voltage technology and recent advances in high-voltage electrolytes［J］. Journal of Energy Chemistry，2024，91：73-98.

[6] Kahraman H，Akın Y. Recent studies on proton exchange membrane fuel cell components，review of the literature［J］. Energy Conversion and Management，2024，304：118244.

[7] Qin J Y，Chinen D，Obara S. Storage and discharge efficiency of small-temperature-difference CO_2 hydrate batteries with cyclopentane accelerators［J］. Applied Energy，2022，308：118315.

[8] 梅生伟，李建林，朱建全，等. 储能技术［M］. 北京：机械工业出版社，2022.

[9] Shin S J, Gittins J W, Balhatchet C J, et al. Metal-organic framework supercapacitors: challenges and opportunities [J]. Advanced Functional Materials, 2023, 34 (43): 2308497.

[10] Gao M, Wang F, Yang S, et al. Engineered 2D MXene-based materials for advanced supercapacitors and micro-supercapacitors [J]. Materials Today, 2024, 72: 318-358.

[11] Papageorgiou P G, Oureilidis K O, Christoforidis G C. A systematic review of hybrid superconducting magnetic/battery energy storage systems: applications, control strategies, benefits, limitations and future prospects [J]. Renewable and Sustainable Energy Reviews, 2023, 183: 113436.

[12] 姜竹，邹博杨，丛琳，等. 储热技术研究进展与展望 [J]. 储能科学与技术，2022，11 (9): 2746-2771.

[13] Kang Z, Shi Y, Liu H, et al. Thermodynamic optimization of lithium chloride-potassium chloride-zinc chloride and lithium chloride-potassium chloride-magnesium chloride for thermal energy storage [J]. Journal of Energy Storage, 2022, 53: 105028.

[14] Prabhat Bhuddha Dev S, Ganapathiraman S, Manickam P. Experimental studies on evacuated tube collector with in-built energy storage-waste car engine oil as sensible heat storage medium [J]. Journal of Energy Storage, 2024, 84: 110929.

[15] 郭韵，陈斌，张运粲. 储能原理与技术 [M]. 哈尔滨：哈尔滨工业大学出版社，2022.

[16] Aftab W, Shi J, Jin Y, et al. Phase engineered composite phase change materials for thermal energy manipulation [J]. Small, 2024, 20 (34): e2312134.

[17] Liu B, Lv G, Liu T, et al. Research progress of biomass materials in the application of organic phase change energy storage materials [J]. Journal of Materials Chemistry A, 2024, 12 (15): 8663-8682.

[18] 樊栓狮，梁德青，杨向阳. 储能材料与技术 [M]. 北京：化学工业出版社，2004.

[19] Nie F L, Ma T Z, Zhang Q Q, et al. Heat storage and release characteristics of a prototype $CaCO_3/CaO$ thermochemical energy storage system based on a novel fluidized bed solar reactor [J]. Journal of Cleaner Production, 2024, 450: 142003.

[20] Hu D X, Dai X J, Li W, et al. A review of flywheel energy storage rotor materials and structures [J]. Journal of Energy Storage, 2023, 74: 109076.

[21] Nguyen L, Jia Y, Wu Z, et al. Control technology and development status of flywheel energy storage system [J]. ITM Web of Conferences, 2022, 47: 03006.

[22] Wang B, Gao F, Stanislawski R, et al. Fusion deconvolution for reliability analysis of a flywheel-battery hybrid energy storage system [J]. Journal of Energy Storage, 2022, 49: 104095.

[23] Zhang X, Gao Z, Zhou B, et al. Advanced compressed air energy storage systems: fundamentals and applications [J]. Engineering, 2024, 34: 246-269.

[24] Zou Y, Tang S, Guo S, et al. Energy storage/power/heating production using compressed air energy storage integrated with solid oxide fuel cell [J]. Journal of Energy Storage, 2024, 83: 110718.

[25] Shi X, He Q, Liu Y, et al. Thermodynamic and techno-economic analysis of a novel compressed air energy storage system coupled with coal-fired power unit [J]. Energy, 2024, 292: 130591.

[26] Nienhuis R M, Van Rooij M, Prins W A, et al. Investigating the efficiency of a novel offshore pumped hydro energy storage system: experimental study on a scale prototype [J]. Journal of Energy Storage, 2023, 74: 109374.

[27] Merabet N H, Kerboua K, Hoinkis J. Hydrogen production from wastewater: a comprehensive review of conventional and solar powered technologies [J]. Renewable Energy, 2024, 226: 120412.

[28] Pachaiappan R, Cornejo-Ponce L, Sagade A A, et al. A concise review of recent biohydrogen

production technologies [J]. Sustainable Energy Technologies and Assessments, 2024, 62: 103606.

[29] Balcerzak M, Ponsoni J B, Petersen H, et al. Hydrogen-stabilized ScYNdGd medium-entropy alloy for hydrogen storage [J]. Journal of the American Chemical Society, 2024, 146 (8): 5283-5294.

[30] Zhang X, Ju S, Li C, et al. Atomic reconstruction for realizing stable solar-driven reversible hydrogen storage of magnesium hydride [J]. Nature Communications, 2024, 15 (1): 2815.

[31] Wang D, Ali M A, Alizadeh A A, et al. Thermoeconomic appraisal of a novel power and hydrogen cogeneration plant with integration of biomass and geothermal energies [J]. International Journal of Hydrogen Energy, 2024, 52: 385-400.

[32] Bai H, Lin H, Singh Chauhan B, et al. Development of a novel power and freshwater cogeneration plant driven by hybrid geothermal and biomass energy [J]. Case Studies in Thermal Engineering, 2023, 52: 103695.

[33] Hassanpouryouzband A, Joonaki E, Farahani M V, et al. Gas hydrates in sustainable chemistry [J]. Chemical Society Reviews, 2020, 49 (15): 5225-5309.

[34] Wang F, Lv Y, Xia X, et al. Energy assessment and thermodynamic evolution of a novel semi-clathrate hydrate cold storage system with internally circulating gas bubble disturbance [J]. Fuel, 2023, 353: 129125.

[35] Yang K, Chen Z, Zhang P. State-of-the-art of cold energy storage, release and transport using CO_2 double hydrate slurry [J]. Applied Energy, 2024, 358: 122531.

[36] Yang K, Guo W, Zhang P. Cold energy transport and release characteristics of CO_2+TBAB hydrate slurry flow with hydrate dissociation [J]. Energy, 2024, 294: 130620.

[37] Deng Z X, Wang Y H, Lang X M, et al. Fast formation kinetics of methane hydrate promoted by fluorinated graphite [J]. Chemical Engineering Journal, 2022, 431: 133869.

[38] Zhang Y, Bhattacharjee G, Kumar R, et al. Solidified hydrogen storage (solid-hystore) via clathrate hydrates [J]. Chemical Engineering Journal, 2022, 431: 133702.

[39] Zhang J, Li Y, Yin Z, et al. Coupling amino acid L-Val with THF for superior hydrogen hydrate kinetics: implication for hydrate-based hydrogen storage [J]. Chemical Engineering Journal, 2023, 467: 143459.

3

储能材料的性能要求及评价方法

储能材料是能源领域的重要组成部分，其研究和发展对于实现能源的高效利用、推动清洁能源的普及以及促进可持续发展具有重要意义。为此，本章首先将着重介绍储能材料的遴选原则、性能要求、表征检验手段等方面，旨在为储能材料的选取提供理论依据和参考，为读者打下坚实的储能技术理论基础。

3.1 储能材料的性能要求

储能材料的种类繁多，根据存储能源的种类可以分为储化学能材料、储电材料、储热材料、储氢材料。根据材料的化学组成可分为无机类储能材料、有机类储能材料、复合类储能材料。根据相态可以分为固态储能材料、液态储能材料和气态储能材料。不同类型的储能材料对其性能的要求都有其特殊性。

3.1.1 化学储能材料的性能要求

化学储能的方式主要包括化学储氢、光化学储能、燃料电池储能。储氢和电池在储氢材料及电化学储能部分介绍。这里主要介绍光化学储能。

光学储能材料主要通过光化学反应来储存光能。这类材料可以吸收太阳光中的可见光并将其转化为化学能储存起来，在需要时通过光化学反应释放能量。光化学储能材料的优点在于能够在同一时刻完成对太阳光的捕获和存储两个环节，无须增添其他能量转换设备，储能方式显得更加便捷。

光化学储能主要是利用光致异构化反应。人们研究光致异构化现象已长达一百多年的历史。早在 1906 年，化学家 Weigert 注意到异构化分子的化学键变化会引起其自身能量的改变，进而提出可以利用化学键来存储太阳能。紧接着，Calvin 团队也提出了通过合成笼状或者小环化合物来存储太阳能。20 世纪初，光致异构化的研究主要停留在价键异构储能，这主要是由于价键异构的储能能力强，特别是作为价键异构的典型代表化合物——苯，其在光作用下能够异构化为棱晶烷，储存的太阳能高达 4000kJ/kg，但由于其光反应的产率比较低，且产物十分复杂，棱晶烷只是其光反应众多产物中极小的一部分，难以将其分离并应用于太阳能储存领域。20 世纪 80 年代末，Smith 等人发现了降冰片二烯

(NBD) 在光照下能够异构化为四环烷的现象，并对此进行了广泛研究。这种具有高张力笼状结构的大密度液态烃，在127℃以下的温度和氮气保护的环境中可以安全储存，其储能密度高达1212.2kJ/kg。然而，由于降冰片二烯吸收光的波段位于远紫外区域，且反应的量子产率较低，限制了其在太阳能光化学储能材料中的应用。到了20世纪末，Yamashita通过结构修饰方法合成了一系列新型的NBD衍生物。这些衍生物的光吸收波段有所红移，量子产率也相应提高。但降冰片二烯长期暴露于阳光下容易发生降解，导致性能严重衰减，无法实现长期重复使用，因此其作为太阳能光化学储能材料的可靠性受到质疑。2010年，美国麻省理工学院的Jeffrey Grossman等人发现了二钌富瓦烯 (fulvalene diruthenium) 能以热的形式无限期储存吸收的太阳光能量。由于这种材料使用了稀有且价格昂贵的金属钌，且其储能密度远低于锂离子电池 (200～600kJ/kg)，因此难以大规模应用。随后，Grossman团队将二钌富瓦烯的工作过程与数据库中的数百万已知分子进行比较，最终找到了结构相同且表现出相似光反应行为的偶氮苯化合物。

英国科学家Hartley在20世纪30年代末首次发现了顺式偶氮苯。随后，科学家们测量了偶氮苯的储能焓变，即顺反式异构体之间的能量差异。为了探索偶氮苯化合物储能太阳能的潜力，研究人员用不同极性取代基对偶氮苯的双苯环进行了修饰。研究发现，取代基能降低顺式偶氮苯的热回转寿命、光吸收效率和能量密度，同时在极性溶剂中的溶解度也受到限制。尽管如此，提高偶氮苯化合物的半衰期和能量密度仍然是研究的关键。与传统储能材料不同，偶氮苯光致异构储能材料构成了一个闭合循环系统。在光照条件下，该化合物通过光致异构化（结构变化，产生能级差异）储存能量，并通过逆向异构化将储存的能量以热能形式释放，实现太阳能的储存和转换。在这一过程中不产生气体排放，在太阳能循环利用领域展现出广阔的应用前景。尽管偶氮苯光致异构储能材料被认为是太阳能储存和转换的有效途径之一，但传统的偶氮苯光致异构储能材料存在能量密度低、回复半衰期短，且仅能响应可见光储能的限制。因此，实现高能量密度和长效的太阳能储存与转换，以及可控的热能释放，成为了研究的重点。

为解决这些问题，东北师范大学的李晨等人利用咪唑-2-甲醛和二水合醋酸锌为原料合成了ZIF-90，并通过后修饰技术将具有太阳能存储特性的2-氨基偶氮甲苯引入金属有机骨架 (MOF) 材料中，制备了新型的ZIF-90-AAT MOF材料。该材料在光学条件下展现出了优异的光学性能，并且具有出色的热稳定性和化学稳定性。通过对MOF材料进行创新性改性，使其具备了5.796J/g的太阳能存储特性。除冰实验表明，ZIF-90-AAT在太阳能储能方面具有巨大的应用潜力。研究团队还首次合成了具有长链结构的偶氮苯分子AAT，并将其与聚乙二醇-2000通过静电纺丝技术制备了MOST/PCM纳米纤维材料。该材料具有良好的微观形貌，且纺丝行为不影响组成成分性质的表达。该复合材料展现了出色的光化学性能和较高的热稳定性，差示扫描量热法 (DSC) 测试证实其储能密度为11.263J/g。这种材料最突出的特点是其强大的抗漏液性能，这一特性为其未来的发展提供了广阔的前景。

光化学储能材料的选择对于光化学储能系统的性能和效率至关重要。在选取光化学储能材料时，需要考虑多个方面的因素，以确保系统的高效运行和长期稳定性。

（1）光吸收性能

光吸收性能是选择光化学储能材料的重要考量因素之一。储能材料需要具有良好的光吸收性能，能够有效吸收可见光或紫外光，将光能转化为化学能，从而实现光化学反应和能量储存。光吸收性能强的储能材料可以提高系统的能量转化效率，增强光化学储能系统的能量采集能力。

（2）光电转换效率

光电转换效率也是选择光化学储能材料的关键因素之一。储能材料需要具有高的光电转换效率，能够将光能有效转化为化学能或电能，提高系统的能量转化效率和利用率。高光电转换效率的储能材料可以减少能量损耗，提高系统的能源利用效率。

（3）化学稳定性

储能材料需要具有良好的化学稳定性，能够在光照条件下保持稳定性，不易发生氧化、还原等化学反应，以确保光化学储能系统的长期稳定运行和使用寿命。

（4）光催化活性

较高的光催化活性，能够促进光化学反应的进行，加快反应速率，提高效率，从而实现高效的能量转化和储存。高光催化活性的储能材料可以提高系统的能量转化效率和响应速度。

（5）可逆性和循环稳定性

材料需要具有良好的可逆性和循环稳定性，能够在多次光化学反应循环中保持稳定性和高效性能，不易发生衰减和失活，以确保光化学储能系统的长期稳定运行。

（6）成本可控性

成本可控能确保光化学储能系统的商业化应用和市场竞争力，降低系统的制造成本，提高其经济性和可持续性。

综上所述，光化学储能材料的选择需要综合考虑光吸收性能、光电转换效率、化学稳定性、光催化活性、可逆性和循环稳定性。此外，成本可控性和环境友好性可以保障未来光化学储能系统的商业化应用、市场竞争力和可持续发展。只有在综合考虑各项因素的基础上，合理选择光化学储能材料，才能为光化学储能技术的发展和应用提供坚实的基础和支撑。

3.1.2　电能储能材料的性能要求

电化学储能是电能储能的主流技术，故本书重点介绍电化学储能材料。

电化学储能材料主要通过化学反应来储存电能，并在需要时释放电能。这类材料在现代电子设备、电动汽车以及电力系统中有着广泛的应用。

电化学储能主要应用于分钟至小时级的作业场景。在诸多储能技术中，电化学储能相对于其他储能形式在规模和场地上拥有较好的灵活性和适应性，同时在调度响应速度、控制精度、电力系统调频以及建设周期等方面具有优势，有着不可替代的重要作用，在近两年全球储能市场发展势头强劲。相比于机械储能、电磁储能、储氢、储热等其他储能技术，电化学储能技术的优势非常明显，其部署灵活，又被称为“平地上的抽水蓄能站”。

电池是电化学储能的主要类别，包括锂离子电池、铅酸电池、液流电池、钠硫电池等。其中，锂离子电池以其高能量密度、长周期寿命和低自放电等优点，成为目前应用最广泛的电池。锂离子电池的正极材料常用的有锂钴氧化物、锂锰氧化物、磷酸铁锂等，而负极材料则通常采用石墨或其他碳材料。除了锂离子电池外，其他类型的电池材料也各有特点。例如，铅酸电池技术成熟、成本低廉，但能量密度相对较低；镍氢电池则具有较高的能量密度和良好的环保性能，适用于混合动力汽车等领域。

电池由正极、负极、电解质、隔膜等部分组成，每个部分都要用特定材料，下面将简单介绍一些主要的电池对材料选择的要求。

3.1.2.1 正极材料的性能要求

锂离子电池是目前使用最为普遍的动力电池，根据锂离子电池的原理，一种优良的正极材料应该满足以下条件。

① 晶体结构稳定：正极材料应具有层状或隧道的晶体结构，有利于锂离子的嵌入和脱出，且在充放电电压范围内保持良好的稳定性，确保电极具有良好的充放可逆性和循环寿命。

② 高电化学容量：在充放电过程中，正极材料应有尽可能多的锂离子嵌入和脱出，以提高电池的电化学容量。

③ 平稳的充放电电压：正极材料在锂离子进行嵌脱时，电极反应的自由能变化应较小，以保证电池有较平稳的充放电电压。

④ 快的锂离子扩散速率和高电子电导率：锂离子应有较大的扩散系数，以减少极化造成的能量损耗，保证电池有较好的快充放性能；同时，正极材料应具有较高的电子电导率，以提高电池的导电性能。

⑤ 资源丰富和对环境友好：正极材料应资源丰富、价格低廉，且对环境友好，以降低生产成本并减少对环境的影响。

⑥ 合成工艺简单：正极材料的合成工艺应简单、批次性好，以便大规模生产和应用。

⑦ 热稳定性和安全性：正极材料有良好的热稳定性，以保证电池工作的安全性；同时，材料的氧化-还原温度应较低，以提高热稳定性。

⑧ 轻量化：正极材料应具有较小的分子量和摩尔体积，以提高电池的重量和体积能量密度。

⑨ 循环次数多：正极材料应具有良好的循环性能，以确保电池的长寿命和高可靠性。

对于现代锂离子电池系统，正极材料包括层状氧化物，如最有前途的富镍 $LiNi_{1-x}M_xO_2$（M＝Co、Mn、Al 等）和富锂 $Li_{1+x}M_{1-x}O_2$（M ＝Mn、Co、Ni 等）材料、高压尖晶石氧化物（$LiMn_2O_4$、$LiNi_{0.5}Mn_{1.5}O_4$）、聚阴离子氧化物（$LiFePO_4$），其他具有阳离子无序岩盐晶体结构的新型富锂材料，以及其他转化材料。混合价过渡金属尖晶石 $LiMn_2O_4$ 是高压锂离子电池正极材料的另一种选择，其活性在 4～4.5V 电位范围内，循环时结构坚固。其在快速充电场的主要特点是由 MnO_6 八面体的三维网络形成的锂离子的三维扩散通道，确保了尖晶石正极材料具有优异的功率性能和更高、更平坦的平衡电位。当然，这种正极材料也面临着性能下降的问题，这是由 Mn 离子的溶解和结构变形造成的。元素掺杂是 Mn 基尖晶石材料解决其缺点的有效途径之一。其中，掺杂 Ni 的

$LiNi_{0.5}Mn_{1.5}O_4$ 被认为是高压尖晶石材料的第二个研究对象。正极材料晶体结构示意图如图 3-1 所示。

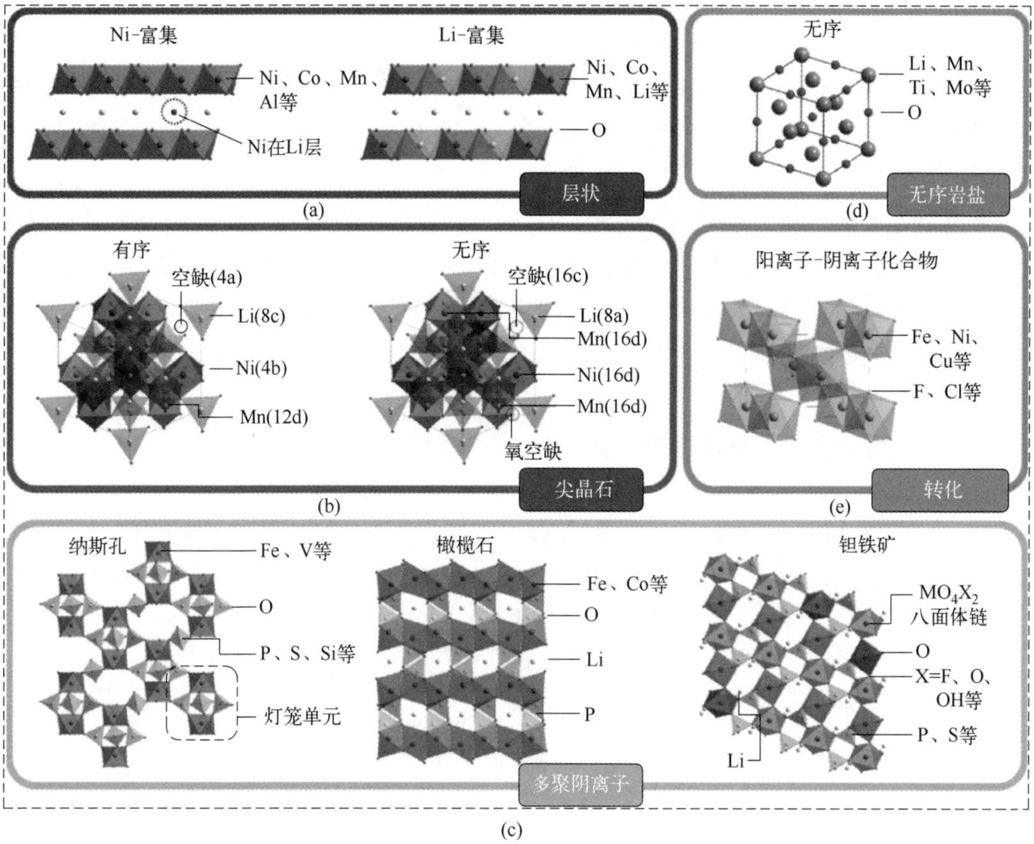

图 3-1 正极材料晶体结构示意图

(a) 层状；(b) 尖晶石；(c) 聚阴离子；(d) 无序岩盐；(e) 转化

钠离子电池（SIB）也是目前发展较快的可充电电池技术，由于其丰富和低成本的钠资源以及与锂离子电池相似的化学/电化学反应机制，在过去十年中引起了越来越多的关注。在其组成体系中，正极材料起到储存电荷的作用，并通过与钠离子反应来释放出储存的能量。正极材料的选择对电池的性能有着重要的影响。首先，钠离子电池正极材料需要具备较高的离子嵌入/脱嵌容量。这意味着正极材料要能容纳更多的钠离子，并在充放电循环过程中保持结构稳定。其次，需要具备良好的电导率和离子扩散性能。良好的电导率可以提高电极材料的导电性能，减少电极极化，提高电池的充放电效率。同时，优秀的离子扩散性能可以保证钠离子在材料内部的快速传输，从而提高电池的功率性能。此外，还需要具备良好的结构稳定性和循环寿命。结构稳定性可以保证材料在充放电循环过程中不发生结构瓦解和容量衰减，从而保证电池的循环寿命。

综上，钠离子电池正极材料的选择要考虑的因素主要包括钠离子的嵌入/脱嵌容量、电导率、离子扩散性能、结构稳定性和循环寿命等方面。主要的正极材料包括过渡金属氧化物，可分为金属氧化物 MO_x（M = V、Mn、Mo）和层结构插入金属氧化物

(Na_xMO_2，M=Fe、Mn、Ni、Co、Cr、Ti、V)、普鲁士蓝类似物 ($Na_xM[Fe(CN)_6]_y \cdot zH_2O$，M=Fe、Co、Mn、Ni、Cu 等)、聚阴离子型化合物 [NASICON 结构的 $Na_xM_2(PO_4)_3$ (M=V、Ti)、橄榄石型结构的 $NaMPO_4$ (M=Fe、Mn)]。寻找适合钠离子电池的电极材料是钠离子电池走向实用化的关键。

液流电池 (flow battery) 是一种通过液态电解质溶液的流动来存储能量的储能系统。与传统的电池不同，液流电池的正负极活性物质不是固定在电极上，而是分别储存在外部的储罐中，通过泵将这些溶液送入电池堆栈中进行充放电反应。目前主要的液流电池包括全钒液流电池 (VRFB)、铁铬液流电池 (CRFB)、锌溴液流电池 (Zn-Br RFB)、多硫化物/溴液流电池 (PS/Br RFB)。正极种类取决于其特定的化学成分和应用场景。不同的液流电池技术采用的正极材料有所不同。总体来说，液流电池的正极材料需要具备高电导率和催化活性，此外还需要具有良好的化学稳定性和耐腐蚀性，以确保在长期使用中不会失去活性或被腐蚀。

最近，水性氧化还原液流电池 (ARFB) 技术因具有经济和安全的性质以及电力和能源解耦的巨大潜力而成为电网规模储能的一种特殊替代方案。虽然氧化还原液流电池 (RFB) 的第一个概念可以追溯到 Charles 在 19 世纪 80 年代开发的 Zn 基电池，但完整的 RFB 是在 20 世纪 70 年代初由 NASA 发明 Fe-Cr RFB 时形成的。其中，ARFB 因其固有的优点 (如高离子电导率、环境友好性和低成本) 而成为最具竞争力的系统。ARFB 可分为 4 种主要类型，即全溶性 ARFB、溶解沉积 ARFB、半固体 ARFB 和基于氧化还原活性功能材料 (如电催化、太阳能光伏和氨合成) 的新型 ARFB。二氧化锰是一种用于储能的丰富且成本低廉的正极材料，也可用作长寿命液流电池的半固态阴极材料。不同液流电池类型的配置如图 3-2 所示。

3.1.2.2 负极材料的性能要求

负极指电源中电位 (电势) 较低的一端，是电路中电子流出的一极。电池负极材料主要分为碳材料和非碳材料两大类。

碳负极材料根据其结构特性可分成两类：易石墨化碳 (即软碳) 和难石墨化碳 (即硬碳)。具体的碳负极材料包括天然石墨、人造石墨、中间相炭微球、软碳、硬碳等。天然石墨主要分为片状石墨和微晶石墨，其中片状石墨的循环稳定性和可逆容量通过包覆、复合等方法得到增强。人造石墨则是由石油焦、针状焦、沥青焦等原料通过一系列工艺加工制成。

非碳负极材料则包括硅基材料、钛基材料、锡基材料、金属锂等。此外，还有一些新型的非碳负极材料，如含锂过渡金属氮化物，它们具有高比容量和特定的充放电特性。

电池负极材料的改进有助于提高电池的能量密度、循环性能和安全性，推动电池技术的发展。在实际应用中，负极材料的选择取决于电池的类型、所需的性能以及成本等因素。

碱离子电池 [锂离子电池 (LIB)、钠离子电池 (SIB) 和钾离子电池 (PIB)] 由于其相似的特性而具有相似的电化学过程。根据实际应用场景，负极材料的选择也有所区别。锂离子电池 (LIB)、钠离子电池 (SIB) 和钾离子电池 (PIB) 的负极材料选择原则应从

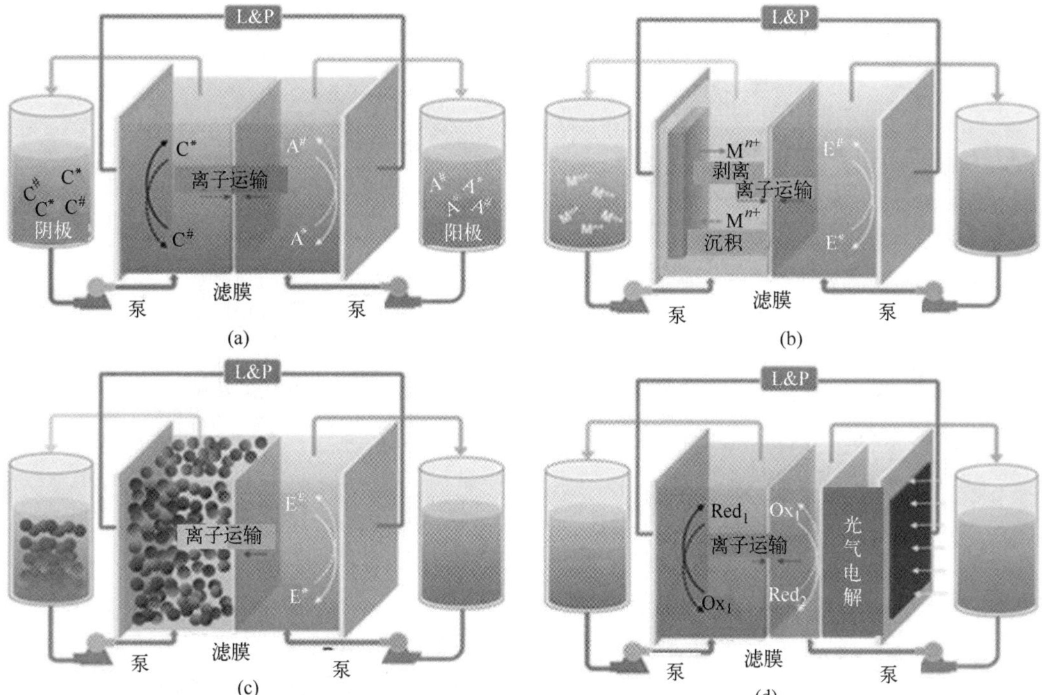

类型	全流体	相变	半固体	新模式
例子	AⅡ-V① V-POM② 无机铁 全无机 S-I(I_3^-)	Zn-I Zn-Br AⅡ-Fe Zn-Mn	浆料 目标 Zn-Ni	日流 CO_2流体 S-O_2
扩展性	3③	1	2	3
功率	3	3	1	1
能量密度	1	3	3	3
稳定性	3	2	2	1

①V为钒。
② POM为聚氧乙烯。
③1到3表示从低水平到高水平。

(e)

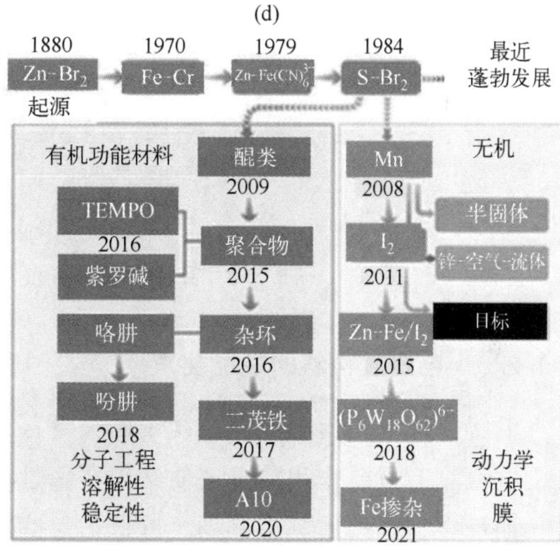

(f)

图 3-2 不同液流电池类型的配置

(a) 典型的全流 ARFB，具有用于阳极电解液和阴极电解液的全可溶性氧化还原活性材料；(b) 具有相转化反应的混合 ARFB；(c) 半固体（浆料、氧化还原靶向）ARFB 示意图；(d) 在系统中引入光电极或气体电极的混合 ARFB；(e) 四类 ARFB 的典型电池系统及其特点；(f) 近几十年来 ARFB 发展的代表性突破（L&P：负载和功率）

这几个方面进行详细考虑：①材料是否可以作为负极材料，取决于材料是否能与碱离子反应以及相应的理论容量；②还应考虑结构稳定性和耐久性，稳定的结构可以更好地承受长循环期间的应力变化；③材料的适用性也是考虑因素之一，应排除易受氧气等环境条件影响的材料；④材料成本也影响电池的实际应用；⑤应考虑电极材料的可回收性，善用资源，保护环境。因此，根据上述选择原则，可以更好地选择负极材料，最近报道了各种钾离子电池（PIB）负极材料的循环容量如图 3-3 所示，各种 0D～3D（0 维～3 维）PIB 负极材料如图 3-4（a）所示。

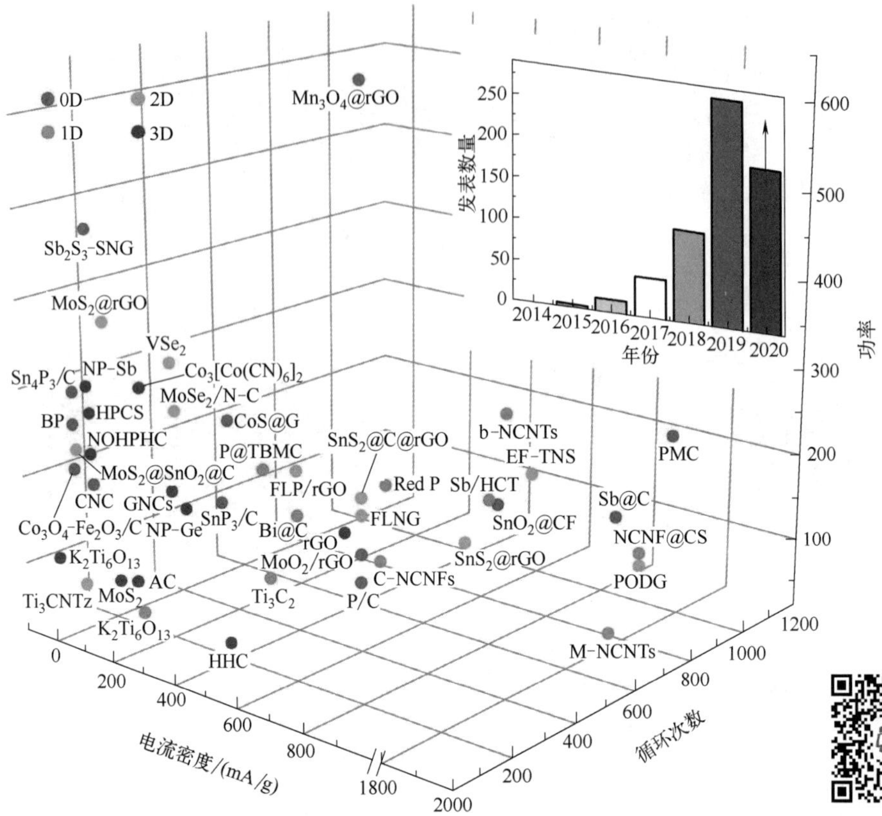

扫码阅读彩图

图 3-3 各种钾离子电池（PIB）负极材料的循环容量

3.1.2.3 电解质材料的性能要求

电解质成分是所有电池系统中的关键甚至决定性成分，对于开发高能量密度和功能性有机电池具有重要作用。电解质必须是惰性的，不会侵蚀其他材料，以确保电容器的电参数长期稳定。电解质黏度必须足够低，以润湿电极的多孔海绵状结构。理想的电解质材料应具备以下特性：良好的电子绝缘性、高离子导电性、宽电化学稳定性范围（ESW）、热稳定性、安全性、便于界面动力学、电极间化学“串扰”小、可通过简单的大规模制造工艺生产、价格低廉、环保且无毒。

根据电解质的存在状态可将锂离子电池电解质分为液体电解质、固体电解质和固液复合电解质。液体电解质包括有机液体电解质和水性电解质，固体电解质包括固体聚合物电解质和无机固体电解质，固液复合电解质则是固体聚合物和液体电解质复合而成的凝胶电解质。电池电解质的分类如图 3-4（b）所示。

（1）有机液体电解质

有机液体电解质通常是把锂盐电解质溶解于极性非质子有机溶剂得到的电解质，这类电解质的电化学稳定性好、凝固点低、沸点高，可以在较宽的温度范围内使用。但有机溶

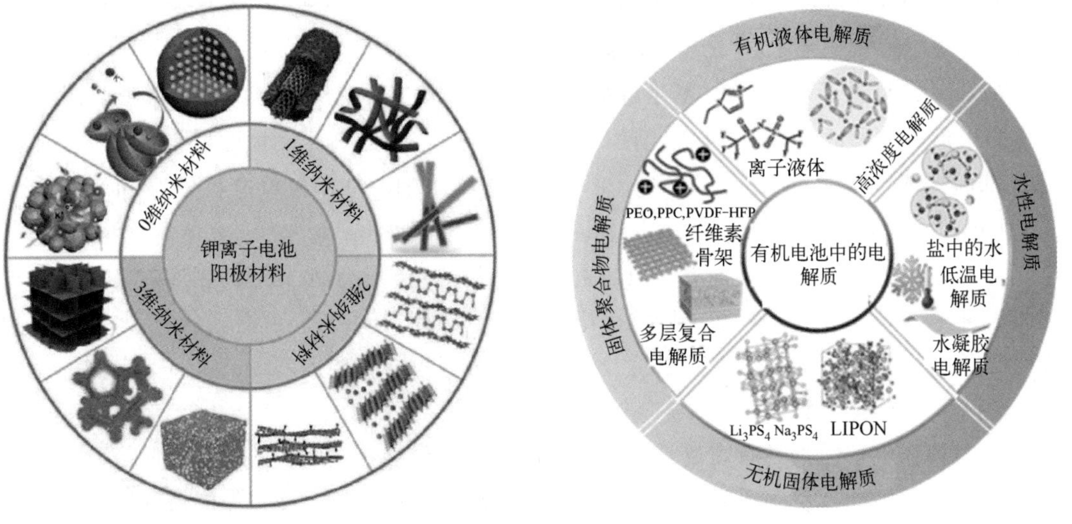

(a) (b)

图 3-4 0D～3D PIB 负极材料示意图（a）及电池电解质的分类（b）

剂介电常数小、黏度大，溶解无机盐电解质的能力差，电导率不高，对痕量水特别敏感。特别是有机液体锂离子电池易渗漏，产品必须使用坚固的金属外壳，型号尺寸固定，缺乏灵活性，有机溶剂的易燃性也造成其安全性差，对电池的保护措施必须十分完善。

一种良好的有机液体电解质需要具有以下特点。①电化学稳定性要好：电解质的化学性能应稳定，不与电池内部的材料发生反应，如正极材料、负极材料、隔膜、集流体、黏结剂等。②离子导电性能要好：电解质的介电常数高，黏度低，有利于离子的迁移，减少电阻。③耐温性能好：电解质应在较宽的温度范围内保持液态，且在工作温度下不发生分解。④促进电极可逆反应：电解质应有利于电极反应的可逆性，提高电池的循环效率。⑤环境友好：电解质应无毒或低毒，对环境友好，易于分解。⑥成本性价比高：电解质的成本应合理，确保电池产品的性价比。⑦安全性高：电解质应不易燃、不挥发，确保电池使用的安全性。

常用的有机液体电解质材料包括乙腈、碳酸丙烯酯、四氢呋喃、碳酸二乙酯、γ-丁内酯和带有季铵盐或烷基铵盐的溶液，如四乙基四氟硼酸铵［$N(Et)_4BF_4$］或四氟硼酸三乙酯［$NMe(Et)_3BF_4$］。

（2）水性电解质

电池的水性电解质，就是使用水作为溶剂的电解质，其中还包括了锂盐和添加剂等成分。水是一种相对较好的无机化学品溶剂。用 H_2SO_4 等酸、KOH 等碱或季铵盐、$NaClO_4$、$LiClO_4$ 或 $LiAsF_6$ 等盐类处理后，水的电导率相对较高，为 100～1000mS/cm。水性电解质每个电极的解离电压为 1.15V（电容器电压则为 2.3V），工作温度范围相对较窄。这种电解质在电池领域具有其独特的优势。首先，水性电解质的优点在于其高安全性、良好的环保性以及相对较低的制造成本。这些优点使得水性电解质在电池制造中备受关注，特别是在追求可持续性和环保性的当下。Zhang 等人报道了一种两性羟基乙酸铝［$AlAc(OH)_2$］电解质，它具有 H^+ 和 OH^- 双极电离能力，可促进蒽醌（AQ）阳极和氢氧化镍［$Ni(OH)_2$］阴极的氧化还原反应。$AlAc(OH)_2(H_2O)_3$ 溶胶结构的双极电离能力源于 Al^{3+} 和 OH^- 的强极化能力。解离常数为 5.0/3.0 的 H^+/OH^- 的解离能力强于水（14.0），从而促进了电极同时发生稳定的氧化还原反应。具体来说，H^+ 的吸收阻止了 AQ 阳极形成离子键，抑制了电极溶解，而 OH^- 则为 $Ni(OH)_2$ 阴极的稳定转化反应提供了局部碱性环境。他们所设计的AQ‖$Ni(OH)_2$ 电池中的 AQ 阳极放电容量为 243.9mAh/g，循环 300 次后容量保持率为 78.2%，具有很高的可逆性。

水性电解质虽然有以上优点，但是也面临一些挑战。由于水分子的黏度较大，其电导率相对不够高，这在一定程度上影响了电池的容量和性能。因此，如何在保持水性电解质优点的同时，提高其电导率，是电池技术领域需要解决的重要问题。

（3）无机固体电解质

无机固体电解质是具有高离子传导性的固体材料，既有电解质的作用，又可以取代电池中的隔膜，因此，使用无机固体电解质制备的全固态锂电池不必担心漏液问题，电池可以向小型化和微型化发展。

优良的无机固态电解质应当具有以下特点：①在锂活性状态和环境温度范围内具有高锂离子电导率和几乎可以忽略的电子电导率；②必须在电化学反应下保持稳定，尤其与锂或锂合金负极接触的界面；③为了将其应用，固态电解质必须对环境友好、无毒、价格低廉、容易制备，最好热膨胀系数能与两侧的电极相吻合，至少不能相差过大。

无机固体电解质用于锂离子电池时与电极材料间的界面阻抗高。同时，无机固体电解质的脆性大，以此作为电解质的锂离子电池的抗震性能差。

（4）固体聚合物电解质

固体聚合物电解质（solid polymer electrolyte，SPE），又称为离子导电聚合物（ion-conducting polymer）。固体聚合物电解质（SPE）具有较高的离子导电性能、良好的机械强度和优异的化学稳定性，被广泛应用于锂离子电池、燃料电池等领域。固态聚合物电解质的设计应考虑以下关键因素：离子传输速率、化学稳定性、机械强度和化学稳定性。

固体聚合物电解质由高分子主体物和金属盐两部分复合而成。前者含有能起配位作用的给电子基团，且基团数的多寡、是否稳定、分子链的柔性等均对固体聚合物电介质有重要影响。经典的固体聚合物电解质是由聚氧化乙烯（PEO）碱金属盐络合物组成，用于锂离子电池电解质。但这个体系的电解质具有很大局限性，例如结晶度高、熔点低，于是开发出各种新型的固体聚合物电解质。

复合聚合物电解质（CPE）是由多种聚合物和离子液体或无机盐混合而成，具有优良的离子传导性能和高稳定性。因其重量轻、柔韧性强且适合大规模加工而备受关注。然而，目前的 CPE 仍面临离子电导率（σ）不理想、Li^+ 转移数（t^+）低、界面稳定性差等挑战。Yuan 等人通过将 Co^{2+} 与三联吡啶端封聚乙二醇［Co(tpy)-PEG］端配位来合成配位聚合物。所得到的 Co(tpy)-PEG 增强 PEO 基复合聚合物电解质展现出与当前高性能 CPE 体系相当的综合性能，具体包括：高离子电导率（σ=0.22mS/cm）大锂离子迁移数（t^+=0.75）以及优异循环稳定性（Li|Li对称电池在 60℃、0.2mA/cm^2 条件下稳定运行 1400h，Li|$LiFePO_4$ 全电池在 1C 倍率下经历 1000 次循环后容量保持率达 70%）。

Co(tpy)-PEG 填料的掺入通过破坏 PEO 结晶度和产生额外的 Li^+ 导电途径，在增强 σ 方面起着至关重要的作用。此外，它可以通过 Co^{2+} 和 $TFSI^-$（双三氟甲磺酰亚胺）/O 原子之间的路易斯酸碱相互作用以及 NO_3^- 和 Li^+ 来释放 Li^+ 以增加 t^+。此外，Co(tpy)-PEG 有助于形成稳定的多组分固体电解质界面，其中含有有益的 Li_2S_x、LiF 和 Li_3N。该工作为设计和制备能够同时增强 CPE 的 σ、t^+ 和界面稳定性的多功能填料提供了一种有前途的策略。

在聚合物基体中引入液体增塑剂如 PC（聚碳酸酯）、EC（碳酸乙烯酯）等，可以得到固液复合的高分子凝胶聚合物电解质。这种由高分子化合物、金属盐和极性有机溶剂组成的三元电解质兼有固体电解质和液体电解质的性质，但在性能和结构上与传统的固体聚合物电解质有明显差别。凝胶电解质的高离子导电性能使其能够有效地传递电荷，提高电池的性能。同时，其形成的三维网络结构不仅赋予了凝胶电解质较高的机械强度和自支撑性能，还能有效防止电解质流失和电极短路，从而提高电池的安全性能。与传统的液态电解质相比，凝胶聚合物电解质具有更高的安全性和稳定性。此外，凝胶聚合物电解质还具有良好的可塑性，能够适应不同形状和尺寸的电池需求。在电池领域，已被广泛应用于锂离子电池、锂硫电池和固态电池等。这些电池类型在能量密度、循环寿命和安全性等方面都表现出优异的性能，为电动汽车、可穿戴设备等领域的发展提供了有力支持。

3.1.2.4 隔膜材料的性能要求

隔膜位于锂离子电池的正极和负极之间，以物理隔离两个电极，同时允许通过电解质进行离子传导。隔膜的厚度、孔隙率、孔径、电解质亲和力、机械强度、熔点等特性影响着锂离子电池的充放电行为、倍率性能、循环稳定性、可靠性和安全性。

对于隔膜而言最重要的特性就是微孔结构。锂电隔膜微孔结构量化的技术参数主要包括孔径、孔径分布、孔隙率；不易量化的结构特征还有在拉伸过程中成纤的程度、成孔的均匀性、盲孔和闭孔的比例等。

通常，对隔膜的性能有如下要求：①均匀性，包括厚度均匀、张力均匀、微孔分布的均匀性等；② 一致性，指产品质量的批次一致性；③在保证安全的前提下，降低隔膜厚度，提高电池的能量密度/功率密度；④提高孔隙率到合理范围，改善电池的倍率性能；⑤优化的孔径分布；⑥提高耐热性，保证电池异常发热时隔膜不发生大比例收缩；⑦有足够的机械强度和断裂拉伸比例，保证在外力作用时的可靠性；⑧提高耐氧化性，保证电池寿命以及对高电压工况的适用性；⑨提供可以对电池形成有效保护的闭孔温度；⑩化学/电化学稳定性好，介电强度高，含水量低（降低电解质分解，提高电池的成品率）。

隔膜分为微孔聚烯烃隔膜、无纺布隔膜和陶瓷复合隔膜。这些隔膜的合成工艺和结构特性（如孔隙率、孔径分布、厚度、电解质亲和力和力学性能）差异很大。微孔聚合物隔膜代表了商用锂离子电池中最先进的隔膜。聚乙烯（PE）或聚丙烯（PP）是微孔聚合物隔膜的典型候选材料。（PP/PE/PP）隔膜也被用于锂离子电池。关断功能是三层隔膜最突出的方面之一，以确保锂离子电池的安全性。例如，当电池温度接近 PE 的熔点（130℃）时，内层 PE 熔化，将多孔层转化为无孔结构，从而终止电极之间的离子传输，而外层 PP 保持稳定，直到电池温度达到 PP 的熔化温度（160℃）。微孔聚烯烃基膜通过干法和湿法工艺制造。干法工艺包括熔化聚烯烃树脂并将其挤出成薄膜。然后对所得薄膜进行热退火以增加薄片结构的尺寸和数量，随后被拉伸成多孔结构。在湿法工艺中，碳氢化合物液体与聚烯烃树脂混合，然后加热使混合物熔化。所得熔体被挤压成片材，并按机器方向定向，然后用挥发性溶剂萃取液体。

综上所述，电化学储能材料包括正极、负极、电解质、隔膜等部分，所以电化学储能材料的详细遴选原则也涉及多个关键方面，以确保所选材料能够满足实际应用的需求。以下是电化学储能材料性能要求。

（1）储能性能

① 高能量密度：材料应具有较高的能量密度，即单位质量或体积下能够储存更多的电能。这有助于减少储能系统的体积和重量，提高整体效率。

② 高功率密度：材料应具备良好的充放电性能，即能够快速充入和释放电能。这对于需要快速响应和高功率输出的应用场景尤为重要。

③ 长循环寿命：材料应具有较长的循环寿命，能够在多次充放电循环后保持稳定的性能。这有助于降低维护成本，提高系统的可靠性。

④ 高效率：储能和释能过程中的能量损失应尽可能小，以提高系统的整体效率。这可以通过优化材料的结构和组成来实现。

（2）安全性

① 热稳定性：材料应具有良好的热稳定性，能够在高温环境下保持稳定的性能，避免热失控的发生。

② 化学稳定性：材料应与其他电解质和组件具有良好的相容性，避免发生有害的化学反应。

③ 机械强度：材料应具备一定的机械强度，能够承受充放电过程中可能产生的压力和形变。

（3）成本效益

① 原材料成本：所选材料的原材料应易于获取且成本合理，以降低整体生产成本。

② 制备工艺：材料的制备工艺应相对简单，易于大规模生产，降低制造成本。

③ 回收利用性：考虑材料的回收利用性，降低废弃物对环境的影响，并提高资源利用效率。

（4）环境友好性

① 无毒或低毒：材料应无毒或低毒，避免对环境和人体造成危害。

② 环保生产：在材料制备和使用过程中，应尽可能减少对环境的影响，如减少能耗、降低废弃物排放等。

（5）应用场景适配性

① 应用场景需求：根据具体应用场景的需求，选择具有合适性能的储能材料。例如，对于需要高能量密度的应用，可以选择具有高能量密度的材料；对于需要快速响应的应用，可以选择具有高功率密度的材料。

② 系统集成性：考虑材料与现有储能系统的集成性，确保能够顺利接入现有系统并发挥最佳性能。

因此，电化学储能材料的选择涉及储能性能、安全性、成本效益、环境友好性和应用场景适配性等多个方面。在实际应用中，需要根据具体需求和条件，综合考虑这些原则，选择最适合的电化学储能材料。

3.1.3 热能储能材料的性能要求

热能储能材料（储热材料）是利用物质的温度变化或相变反应来储存和释放热能的一类材料。这类材料在太阳能热水系统、工业余热回收以及建筑节能等领域有着广泛的应用。这类材料能够有效地解决能量供求在时间和空间上不匹配的矛盾，提高能源利用效率。根据储能方式的不同，热能储能材料可以分为显热储能材料、潜热储能材料和化学热储能材料。

3.1.3.1 显热储能材料的性能要求

显热储能材料主要通过物质的温度升高或降低来储存或放出热量，其储能能力相对较小。它们可以是液体或固体，例如水（液体）和岩石、鹅卵石、土壤（固体）。显热储能材料的优点是技术简单且成熟，成本低，但它们的蓄热密度较小，导致设备体积庞大，蓄热效率不高，且存在热量损失的问题。

对于显热储能材料，其性能要求主要包括以下几个方面。

（1）储能密度大

要使单位质量或单位体积的储热量大，就要求显热储能材料的比热容（单位质量物质升高或降低 1℃ 所吸收或放出的热量）和密度都尽可能大，以便减小储热容器的体积并降低整个储热装置的成本。

（2）热稳定性好

显热储能材料需要在高温环境下保持较好的性能，不会因为长时间的使用而出现分解、氧化等现象。

（3）安全性高

显热储能材料的化学性质不活泼，无腐蚀性，无毒性，不易燃。在低温储热情况下，这个因素的重要性并不显著。但在中温储热情况下就比较显著了，腐蚀现象不仅限制了储热容器的使用寿命，还因为需要采用相应的防腐蚀措施而使成本大为提高。在高温储热和极高温储热情况下，腐蚀现象的影响就更为严重。

（4）储热和取热过程简单方便

例如，目前经常使用的储热水箱的储热和取热过程，实质上就是蓄热介质本身的输入和输出过程。

（5）可反复使用

显热储能材料的性能长期稳定不变。例如，水可以经过反复使用而性能不会发生改变；岩石在中、低温下也可经受得住反复使用而不会碎裂，但在高温下经过反复使用后则容易碎裂。

此外，在实际应用中，还需要考虑显热储能材料的来源是否丰富、价格是否低廉，以及是否容易获取等因素。这些因素将直接影响显热储能材料的实际应用效果和经济效益。

3.1.3.2 潜热储能材料的性能要求

潜热储能材料利用物质在相变过程中释放或吸收的潜热来储存和释放热能。这类材料在相变时能够吸收或释放大量的热量，从而实现高效的储能。包括有机相变材料、无机相变材料和共晶相变材料。基于相变材料（PCM）的潜热储能（LHTES）技术在节能、提高能源系统效率、解决供需不匹配问题等方面具有重要作用。相变材料能够在相变过程中以几乎恒定的温度储存和释放热能，与显热储能材料相比，它们具有更高的热能储存密度，因此被广泛用于热能储存系统。此外，LHTES系统通常比固态热储能（SHS）系统更轻便，从而降低了系统成本。这使得LHTES在建筑节能、工业废热回收等领域表现出很大的潜力。熔点（熔化温度和熔化焓）是选择PCM材料的主要考虑因素之一，根据PCM材料的工作环境，其熔点应低于供热温度，高于环境温度。

理想的PCM应具备以下性能：

① 适当的相变温度，以满足特定应用的需求；

② 高熔化焓，确保较高的潜热储存能力；

③ 高热导率，快速充放能，良好的热稳定性和化学稳定性，无毒、不易燃、无腐蚀性、不易爆，确保安全性，避免对环境造成危害；

④ 与建筑材料兼容；

⑤ 低过冷量，确保高效的相变过程；

⑥ 体积变化小，保障储能密度稳定；

⑦ 成核速率快，确保相变过程的高效性；

⑧ 适当的结晶率，避免过多结晶引起的体积膨胀；

⑨ 高单位体积相变潜热，确保能量密度；

⑩ 高比热容，能够支持多次完全可逆的相变循环；

⑪ 资源丰富、易得、成本低且具有良好的可回收性，兼具环保性与经济性。

实际上，至今还没有完全符合这些热、化学、物理、动力学和经济要求的PCM，不同的应用场景有不同的优缺点需要平衡。

3.1.3.3 化学热储能材料的性能要求

化学热储能材料是一种将化学反应热通过化学物质储存起来的材料，根据化学热的类型和反应特点，其性能要求主要包括以下几个方面。

（1）化学性能要求

能够进行化学热储能的材料其化学反应需要是可逆的，以便在储能和放热过程中能够反复进行。同时，反应过程中不应发生熔析现象，以免导致相变介质化学成分的变化。

此外，材料还应无毒，对人体无腐蚀，与容器材料相容，不腐蚀容器，且不易燃。

在反应速率上，正逆反应都应足够快，以满足对热量输入和输出的要求。较快的结晶速率和晶体生长速度也有助于提高储能和放热效率。

（2）热性能要求

和潜热储能材料相似，化学热储能材料需要具有合适的反应温度，以适应特定的储能和放热需求。

反应焓要大，以确保在储能和放热过程中能够存储和释放足够的热量。

反应前后材料需要具有合适的导热性能，以便热量能够高效地传递。热导率一般要大，以提高储能和放热效率。

（3）物理性能要求

反应前后材料的蒸气压要低，以减少在储能和放热过程中的能量损失。材料需要在恒定的温度下熔化及固化，性能稳定，不发生过冷现象（或过冷很小）。反应前后材料的体积膨胀率要小，以保持储能系统的稳定性和可靠性。此外，材料的密度要大，以提高储能密度和储能效率。

（4）经济性能要求

原料应易于获得，且价格便宜，以降低储能系统的成本。材料应具有良好的循环寿命，以减少更换材料的频率和成本。

综上所述，化学热储能材料的性能要求涉及多个方面，包括热性能、化学性能、物理性能和经济性能等。这些要求旨在确保材料在储能和放热过程中具有高效、稳定、可靠和经济的特点。在实际应用中，需要根据具体的储能需求和条件来选择合适的化学热储能材料。

3.1.4 氢能储能材料的性能要求

储氢是一种利用物理化学反应将氢气储存为含氢化合物，并在需要时通过逆向反应释放氢气的方法。这种方法相较于物理储氢方式，如压缩氢气或液化氢气，具有更高的安全性，因为化学储氢可以在常温常压下进行，并且储存的氢化合物通常比纯氢气更稳定。

在基于材料的储存中，氢储存在三种不同的介质中：金属氢化物（固体介质）、液氢载体、水合物。

3.1.4.1 金属储氢材料的性能要求

在化学储氢中，氢气可以通过与某些金属或化合物反应，转化为固态或液态的氢化物或配位氢化物。这些氢化物可以在适当的条件下通过热解或水解等反应释放出氢气。一些常见的化学储氢材料包括金属氢化物（如氢化钠、氢化锂、氢化镁等）、配位氢化物（如氨硼烷、甲酸等）以及某些复杂的化学氢化物。

纳米材料由于具有量子尺寸效应、小尺寸效应及表面效应，呈现出许多特有的物理、化学性质，成为物理、化学、材料等学科研究的前沿领域。金属氢化物纳米化后同样出现了许多新的热力学和动力学特性，如活化性能明显提高，具有更高的氢扩散系数和优良的吸放氢动力学性能。纳米储氢材料通常在储氢容量、循环寿命和氢化-脱氢速率等方面比普通储氢材料具有更优异的性能，比表面积和表面原子数的增加使得金属性质发生变化，具有块体材料所没有的性质。由于粒径小，氢更容易扩散到金属内部形成间隙固溶体，表面吸附现象也更加显著，因而储氢材料的纳米化已成为当今储氢材料的研究热点。比如：4～5nm 的 MgH_2 纳米颗粒可在 30℃下提供 6.7%（质量分数）可逆储氢量。图 3-5 给出

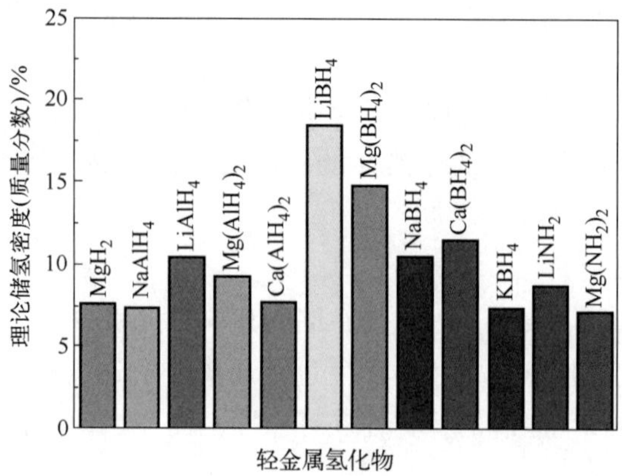

图 3-5 用于可逆储氢的轻金属氢化物的理论氢容量

了金属氢化物的理论储氢容量。

金属储氢材料的选择应该综合考虑其储氢性能、成本、稳定性等因素，主要包括以下几个方面。①储氢量大且释放氢量大：理想的金属储氢材料应在不太高的温度下能够大量储存和释放氢气。②生成热适中：氢化物的生成热应在−46～−29kJ/mol 之间。③原料来源广泛且价格便宜：材料应易于制备，成本低廉。④性能稳定：经过多次吸放氢循环后，材料的性能不应衰减。⑤平衡压力平台区宽广：材料应在持续的压力范围内释放大部分氢气。⑥易活化且反应动力学性能好：材料应易于激活，并且在室温下能够快速吸收和释放氢气。这些原则和特点共同决定了金属储氢材料的选择和应用范围。

3.1.4.2 液态有机物储氢材料的性能要求

液态有机物储氢材料（LOHC）是指以有机化合物液体作为载体，能够吸收和释放氢气的材料。这种材料通过与氢气发生加氢-脱氢反应，实现氢气的可逆存储及载体循环利用的过程。常见的液态储氢载体材料包括：烯烃、炔烃和芳香烃等不饱和液体有机物。液态有机物储氢材料可以在普通环境条件下以化学方式高密度储存氢。与常见的高压气态储氢、低温液态储氢相比，有机液态液体储氢具有以下特点：反应过程可逆，储氢密度高；氢载体储运安全方便，适合长距离运输；可利用现有汽油输送管道、加油站等基础设施。

芳烃型液态储氢材料的早期研究主要集中在甲苯（TOL）/甲基环己烷（MCH）[储氢量为 6.1%（质量分数）H_2] 上。虽然在 MCH 脱氢过程中会释放大量的热（每摩尔氢气释放 68.3 千焦耳），但要完全分解 MCH 仍需要在严苛的条件下进行。随后，LOHC 技术发展使用其他芳烃化合物，如苯/环己烷（CHE）、萘/十氢醛、单苄基甲苯（H0-MBT）/全氢单苄基甲苯（H12-MBT）和二苄基甲苯（H0-DBT）/全氢二苄基甲苯（H18-DBT）等。H0-DBT/H18-DBT 是基于芳烃的 LOHC 体系中最有潜力的一个材料，储氢量达到 6.2%。它可以满足实际应用中安全 LOHC 系统的基本要求，包括宽液体使用温度范围、良好的热稳定性、低可燃性和低毒性。液态有机储氢系统的催化加氢/脱氢循环和贫氢分子的结构如图 3-6 所示。

虽然芳烃分子广泛用于储氢，然而，它们的缺点是在（脱）氢化反应过程中产生相对较高的热量。例如，TOL 和 H0-DBT 在氢化过程中分别产生 68.3kJ/mol 和 65kJ/mol 的

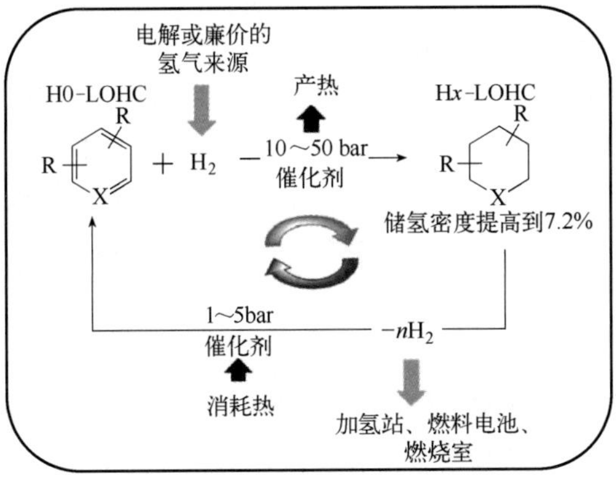

(a)

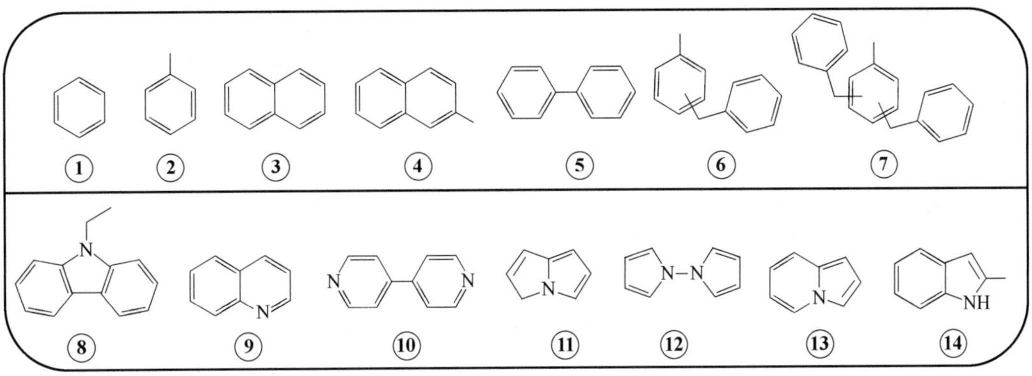

(b)

图 3-6 LOHC 系统的催化加氢/脱氢循环（a）和贫氢分子的结构（b）

1bar$=10^5$Pa

热量。为了降低（脱）氢的热量，开发并筛选了一系列基于 *N*-杂芳烃的 LOHC 体系。这些添加剂包括 *N*-乙基咔唑（H0-NEC）/十二氢-*N*-乙基咔唑（H12-NEC）、吲哚/吲哚啉、1,2,3,4-四氢喹啉/喹诺酮、吡啶/哌啶和全氢萘啶/萘啶。H0-NEC/H12-NEC 体系具有 5.8% H_2 和 50kJ/mol 的加氢热，是储氢和放氢使用最广泛的 *N*-杂芳族 LOHC 体系，如图 3-7 所示。

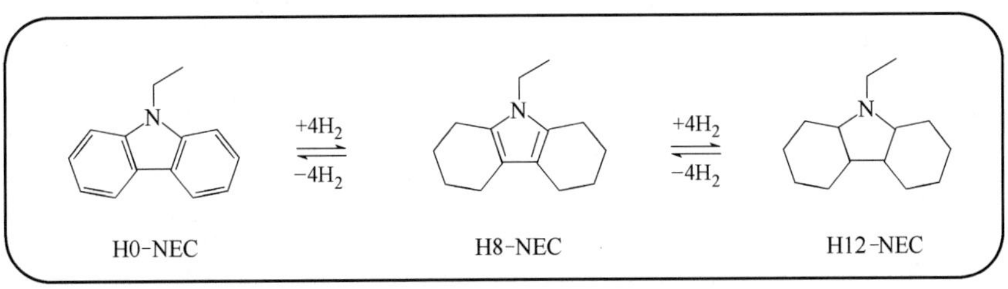

图 3-7 使用基于 NEC 的 LOHC 系统进行可逆储氢

此外，还可以利用甲醇进行储氢，绿色甲醇能量密度高，是理想的液体能源储运方式。利用可再生能源发电制取绿氢，再和二氧化碳或一氧化碳结合生成方便储运的绿色甲醇，作为氢能的载体进行利用。在河北张家口已建成一个小型的撬装示范站，就是利用甲醇在站内制氢，再给燃料电池车加氢用。

总而言之，储氢技术的优点在于其储存的氢化合物相对稳定且易于处理，同时可以在相对温和的条件下进行氢气的储存和释放。然而储氢材料的选择关系到储氢效率、成本及应用潜力。因此储氢材料的遴选需要考虑以下条件，这些原则确保了所选材料能够满足特定的储氢需求，同时考虑到安全性、成本效益、环境友好性以及应用场景的适配性。

（1）储氢性能

① 高储氢容量：化学储氢材料应具备较高的储氢容量，即每单位质量或体积能够储存更多的氢气。这直接决定了储氢系统的整体效率和经济性。

② 快的吸放氢速率：材料应具有较快的吸氢和放氢速率，以满足实际应用中快速充放氢的需求。特别是在需要快速响应的场景中，这一性能尤为关键。

③ 良好的循环稳定性：在多次吸放氢循环后，材料应能保持稳定的储氢性能，避免性能衰减或失效。

（2）安全性

① 化学稳定性：储氢材料应与其他化学物质和组件保持良好的相容性，避免在储存和释放氢气的过程中发生有害的化学反应。

② 热稳定性：材料应在高温环境下保持稳定，避免热失控或自燃等安全隐患。

③ 机械强度：材料应具备一定的机械强度，以承受在吸放氢过程中可能产生的压力和形变。

（3）成本效益

① 原材料成本：应选用成本相对较低且易于获取的原材料，以降低储氢材料的生产成本。

② 生产工艺：生产工艺应简单、高效且环保，以降低生产过程中的能耗和废弃物排放。

③ 使用寿命与维护成本：材料应具有较长的使用寿命和较低的维护成本，以降低整体运营成本。

（4）环境友好性

① 低毒性或无毒性：储氢材料应无毒或低毒，以避免在生产、使用和废弃过程中对环境和人体造成危害。

② 可回收性：考虑材料的可回收性，降低废弃物对环境的影响，并提高资源利用效率。

③ 环保生产：在材料制备和使用过程中，应尽可能减少对环境的影响，如减少能耗、降低温室气体排放等。

（5）应用场景适配性

① 应用需求：根据具体应用场景的需求，选择具有合适性能的化学储氢材料。例如，对于需要高储氢容量的应用，可以选择具有高储氢容量的材料；对于需要快速充放氢的应用，可以选择具有快吸放氢速率的材料。

② 系统集成性：考虑材料与现有氢能系统的集成性，确保能够顺利接入现有系统并发挥最佳性能。

综上所述，化学储氢材料的遴选原则涉及储氢性能、安全性、成本效益、环境友好性以及应用场景适配性等多个方面。在实际应用中，需要根据具体需求和条件，综合考虑这些原则，选择最适合的化学储氢材料。目前，化学储氢技术仍在不断研究和改进中，以期在未来能够提供更高效、更经济的氢气储存解决方案。

3.1.5 水合物储能材料的性能要求

水合物储能材料通常包括四个部分，主体分子、客体分子、添加剂、辅助材料。主体分子为水，客体分子包括各种气体分子以及有机化合物，添加剂包括热力学添加剂和动力学添加剂，辅助材料则主要用于强化水合物传热或传质过程。主体分子为水，因此不存在选择。

3.1.5.1 客体分子的性能要求

对于水合物储氢或储甲烷而言，客体分子即为氢气或甲烷。对于水合物蓄冷来说，选择客体分子时需要从所形成的水合物蓄冷密度、工作条件、热物性、安全环保和经济成本考虑。

(1) 蓄冷密度与相变潜热

对于客体分子而言，所形成的水合物要求具有较高的蓄冷密度（通常表现为相变潜热大）意味着在相变过程中能够释放或吸收更多的热量，从而提高蓄冷效率。客体分子形成的水合物的相变温度应控制在适当的范围内（如 4～12℃），以确保水合物在实际应用中能够在所需的温度范围内进行蓄冷和放冷。

(2) 工作压力与稳定性

客体分子形成水合物的压力不可太高（如 0.1～0.3MPa），避免设备过高的加工成本，同时确保工作过程的安全。客体分子应与水分子形成稳定的水合物结构，以确保在蓄冷和放冷过程中不会因结构改变而影响蓄冷效果。

(3) 热物性与传热效率

客体分子及其水合物应具有高的热导率，以便在水合物蓄冷过程中能够快速传递热量，提高蓄冷和放冷的效率。

(4) 低的相变体积变化

客体分子在相变过程中应产生较小的体积变化，以减少对蓄冷设备的压力和影响，同时也有利于提高传热效率。

(5) 化学性能与环境影响

客体分子应具有良好的化学稳定性，以确保其在长期使用过程中不会因化学反应而失效或产生有害物质。客体分子应无污染性，且在使用过程中不会产生对环境有害的物质，以满足环保要求。

(6) 经济性与实用性

客体分子的价格应合理，以确保水合物蓄冷技术的经济性。客体分子应易于获取和加工，以满足实际应用的需求。

3.1.5.2 添加剂的性能要求

水合物添加剂包括热力学添加剂和动力学添加剂两类。热力学添加剂主要用来改善水合物的形成条件，使其在更温和的条件下进行反应。动力学添加剂则是改变水合反应的速率。

对于水合物储气（氢）材料，热力学添加剂应能有效降低水合物的生成温度和压力条件，使得在较温和的条件下就能形成稳定的水合物，从而有利于天然气的储存和运输；添加剂应与氢气或天然气保持良好的化学稳定性，避免发生不利的化学反应，影响储存效果和安全性；添加剂应尽可能地少占据水合物笼，避免大幅降低水合物的储气密度；添加剂的分子量应尽可能小，避免降低水合物的质量储气密度。

水合物作为储氢材料，选择动力学添加剂时，动力学添加剂应能显著加快水合物的生成速率，缩短诱导时间，从而提高储气效率；通过优化水合物的形成过程，动力学添加剂应能增加水合物的储气密度，提高储存容量；添加剂应能有效促进气体和液体之间的传质过程，提高气体的溶解度和水合物的生成速率；在加快生成速率的同时，动力学添加剂不应影响水合物的稳定性，确保储存过程中不会出现水合物的分解或泄漏。

水合物作为蓄冷材料选择添加剂时，热力学添加剂应能调节水合物的相变温度，使其与空调冷冻水的温度范围相匹配，以减少蓄冷能耗并提高蓄冷效率；通过优化水合物的形成过程，热力学添加剂应能增加水合物的蓄冷密度，提高蓄冷能力；添加剂应与蓄冷系统中的其他组分保持良好的化学稳定性，避免发生不利的化学反应。对动力学添加剂的要求是能显著缩短水合物形成的诱导时间，提高蓄冷系统的响应速度；添加剂应能加快水合物的生成速率，从而提高蓄冷系统的蓄冷效率；使用剂量低，不与客体分子、容器发生反应；能够重复使用。

除此之外，水合物储气和蓄冷中对热力学添加剂和动力学添加剂的要求都需要考虑环保和操作人员的健康，添加剂的毒性应尽可能低；添加剂在使用和再生过程中应尽量减少对环境的污染；添加剂的来源应充足，价格合理，以降低生产成本。在实际应用中，需要根据具体的储气或蓄冷需求和条件来选择合适的添加剂类型和剂量。

3.1.5.3 辅助材料的性能要求

辅助材料一般指用于辅助水合物生成的非添加剂类材料，例如用于强化传热的泡沫铝、泡沫铜、不锈钢纤维丝、石墨烯、纳米二氧化硅、水凝胶等。

辅助材料的选择一般需要考虑水合物生成过程的具体情况。例如对于静态储气系统，可以考虑增加泡沫金属、不锈钢纤维丝等来提高换热；对于搅拌系统可以添加少量的纳米石墨烯粉末、分子筛等来增加成核位点。

辅助材料的选择还需要考虑材料的密度、填充率等，避免提高单位质量。还需要考虑材料的亲疏水性质等。

总而言之，辅助材料需要根据具体的应用场景进行选择。

3.2 储能材料的评价方法

储能材料的表征测试方法是一个涉及多个技术和步骤的过程，旨在全面评估材料的性能。储能材料的评价包括两个方面，一是材料自身结构及理化性能评价；二是作为储能材料，其能量储存性能的评价通常包括能量密度、充放能速度、循环寿命、储能效率等。不同的材料具有不同的评价参数，比如电池材料的电导率、电阻；储热材料的热导率、热容；多孔材料的比表面积、孔径等。储能材料的检测检验方法涵盖了化学成分、热性能、电化学性能以及物理性质等多个方面的评估，为全面理解材料的性能提供了有力的工具。本书将对储能材料研究中可能用到的表征评价方法进行简单的介绍，让读者有初步的认识，更加详细的原理和具体的数据分析和解读可参考更加专业的书籍。

3.2.1 电化学储能材料的评价方法

电化学储能以电池为主，电池主要由正极、负极、电解质、隔膜等组成。电池材料的表征对于电池性能的理解和优化至关重要。电池材料的表征包括很多方面，分析材料成分可通过能量色散 X 射线光谱（EDS）和 X 射线荧光光谱（XRF）等技术，确定材料的化学成分和纯度，有助于控制材料制备过程和提高电池性能。理解材料结构可以通过 X 射线衍射（XRD）和透射电子显微镜（TEM）等技术，确定材料的晶体结构和形貌，从而帮助理解材料的性能和行为。表征电化学性能，可以通过循环伏安法（CV）和交流阻抗谱（EIS）等技术，这些技术也可以评估材料的电化学性能，如电荷传输速率、电极反应动力学等。通过循环稳定性测试和寿命预测模型，可以评估材料在循环充放电过程中的稳定性和寿命，为电池设计提供重要参考。通过对材料的表征和分析，可以发现材料的局限性和改进空间，从而优化电池的能量密度、循环寿命和安全性。下面将从成分表征、形貌表征、晶体结构表征、官能团表征、材料微观力学性质等方面进行介绍。

3.2.1.1 成分表征

（1）电感耦合等离子体-原子发射光谱［(inductively coupled plasma-atomic emission spectrometry)，ICP-AES］

ICP-AES 主要用于样品中元素的定性（有无）和定量（多少）分析，可以分析元素周期表中近百种元素，涵盖了大部分金属元素和部分非金属元素。除了 H、He、C、N、O、F、S、Ne、Cl、Ar、Kr、Xe、Rn、Br、I、At 等元素不能测试外，其他元素都可以测试。其检测波长范围为 166～847nm，检测限一般为 10^{-9} 量级。

测试样品在等离子体激发光源作用下发生蒸发汽化，解离或分解为原子状态，原子可进一步电离成离子状态，原子及离子在光源中被激发发光。利用分光系统将光源发射的光分解为按波长排列的光谱，之后利用光电器件检测光谱。根据测定得到的光谱波长就可以对试样进行定性分析，按发射光强度进行定量分析。ICP-AES 可以很好地满足实验室主、次、痕量元素常规分析的需要。一般情况下，ICP-AES 测试的都是液体样品，因此固体物质测量时需要将样品溶解，转换为液体再测试；测试的样品必须保证澄清；溶液样品中不能含有对仪器有损坏的成分（如 HF 和强碱等）。ICP 主要检测的是痕量物质，因此溶液需要适当稀释，稀释至 0.1～100mg/L。

电感耦合等离子体质谱（inductively coupled plasma mass spectrometry，ICP-MS）相比 ICP-AES 是近些年新发展的技术。ICP-MS 是一种采用电感耦合等离子体（ICP）作为离子源，与质谱检测器相结合的分析技术。仪器检出限更低，适用于超痕量和同位素比值的测定。

（2）X 射线光电子能谱（XPS）

X 射线光电子能谱（X-ray photoelectron spectroscopy，XPS）是一种重要的分析技术。该技术利用 X-射线光子辐照样品表面，测量从表面所发射出的光电子和俄歇电子能量分布，从而揭示样品表面元素组成和化学状态。它能够分析固体材料表面的元素及其化学态。一般以 Al、Mg 作为 X 射线的激发源，俗称靶材。XPS 可用于定性分析以及半定量分析，一般从 XPS 图谱的峰位和峰型获得样品表面元素成分、化学态和分子结构等信息，从峰强可获得样品表面元素含量或浓度。

XPS 应用范围非常广泛。可以根据能谱图中出现的特征谱线的位置鉴定除 H、He 以外的所有元素（定性分析的相对灵敏度为 0.1%）。此外，可以根据能谱图中光电子谱线强度（光电子峰的面积）反映原子的含量或相对浓度。还可以进行固体表面分析，包括表面的化学组成或元素组成、原子价态、表面能态分布，测定表面电子的电子云分布和能级结构等。最后，还可以分析化合物的结构，对内层电子结合能的化学位移精确测量，提供化学键和电荷分布方面的信息。

需要注意的是，XPS 是一种典型的表面分析手段，探测深度与样品有关。对于金属而言，深度在 1.5～9nm，无机非金属材料探测深度在 6～12nm，有机物和高分子为 12～30nm。

（3）X 射线荧光光谱（XRF）

X 射线荧光光谱（X-ray fluorescence spectrometer，XRF）是一种快速的、非破坏式的物质测量方法。利用高能 X 射线照射到物体表面，与物体表面相互作用，表面上的原子核会产生荧光（次级 X 射线）。通过检测 X 射线荧光中的不同波长荧光，就可以进行物质成分分析和化学态研究。按激发、色散和探测方法的不同，分为 X 射线光谱法（波长色散）和 X 射线能谱法（能量色散）。根据色散方式不同，X 射线荧光分析仪相应分为 X 射线荧光光谱仪（波长色散）和 X 射线荧光能谱仪（能量色散）。

XRF 可以检测元素周期表中 C 以后的所有元素，但是对轻元素，如硼、碳、氮、氧等和放射性元素的检测会有一定的限制。XRF 被工业界广泛应用于锂离子电池材料主成分及杂质元素分析。对某些元素检出限可以达到 10^{-9} 的量级。

（4）二次离子质谱（SIMS）

二次离子质谱（secondary ion mass spectroscopy，SIMS）是现代表面分析技术中重要的组成之一。它是利用一次离子束轰击材料表面，通过质谱分析器检测溅射出来的带有正负电荷的二次离子的质荷比，从而得到样品表面元素组成的一种表面分析技术。和 AES、XPS、EDS 等技术相比，SIMS 可以获得材料更加表面的元素信息（1nm），同时具有极高的元素检出限［可以达到 10^{-6} 甚至 10^{-9} 级别］。SIMS 技术不仅可以得到元素组成信息，也可以用于分析同位素、原子团、官能团或者分子结构信息。因此其既能用于分析无机材料，也可以用于分析有机物大分子，这使其广泛应用于微电子、材料、化工、生物医药等领域。

二次离子质谱（SIMS）通过发射热电子电离氩气或氧气等离子体轰击样品的表面，探测样品表面溢出的荷电离子或离子团来表征样品成分。可以对同位素分布进行成像，表征样品成分，探测样品成分的纵向分布。SIMS 技术理论上可以完成元素周期表上含氢元素在内的所有元素的低浓度半定量分析，同时还具有亚微米级（<100nm）的离子成像空间分辨率。SIMS 的质谱分析仪分为四极杆质谱（QMS）、磁质谱（MMS）、飞行时间质谱（TOF），其中 TOF-SIMS 是当前表面分析技术中分辨率最高的技术。

按照一次离子束的能量和纵向扫描方式，SIMS 技术可以分为静态 SIMS（SSIMS）和动态 SIMS（DSIMS），其中 SSIMS 要求真空度 $<10^{-7}$Pa，电子束能量低于 5keV，同时在低束流密度下对材料微区进行轰击，从而保证只激发出单层原子，以达到超高的表面分辨率。SSIMS 的软电离技术可以用于分析有机物，其质谱信息可以得到官能团和有机大分子的分子量，可分析材料表面有机分子结构。带有 TOF 质谱分析器的 TOF-SIMS 因其超高的分辨率、灵敏度并且可以同时检测无机物和有机物而被各大半导体公司厂家用于检测硅晶元件的元素定位和表面有机物污染。

二次离子质谱分析的样品可以是固体，也可以是粉末、纤维、块状、片状甚至液体（微流控装置）。如果从导电性方面考虑，这些样品可以是导电性好的材料，也可以是绝缘体或者半导体。从化学组成上来分，可以是有机样品，如高分子材料、生物分子，也可以是无机样品，如钢铁、玻璃、矿石等。由于二次离子质谱可以获得样品最表层 1～3 个原子层的信息，常被用于深度剖析薄膜结构材料的相互作用、特征、缺陷、污染等。

3.2.1.2 形貌表征

（1）扫描电子显微镜（SEM）

扫描电子显微镜，简称扫描电镜（图 3-8），英文缩写 SEM（scanning electron microscope）。是一种介于透射电子显微镜和光学显微镜之间的观察手段。它是用细聚焦的电子束轰击样品表面，通过电子与样品相互作用产生的二次电子、背散射电子等对样品表面或断口形貌进行观察和分析。分辨率可以达到 1nm；放大倍数可以达到 30 万倍及以上且连续可调；景深大，视野大，成像立体效果好。SEM 已广泛应用于材料、化学、冶金、矿物、生物学领域。

SEM 检测时要求样品表面充分暴露，样品具有良好的导电性，并且要保持充分干燥，避免水分对成像的影响。如果测试对象是非导电样品，则需要预先进行镀膜处理（如喷金），以提高其导电性。由于 SEM 样品台有一定的尺寸限制，样品的尺寸不能过大。

SEM 是电池材料形貌表征最为便捷的表征手段之一，能清楚地反映和记录材料的三维形貌特征，粉末、块状、片状的电极材料均可用 SEM 进行直接观察，获得不同放大倍数的图像。

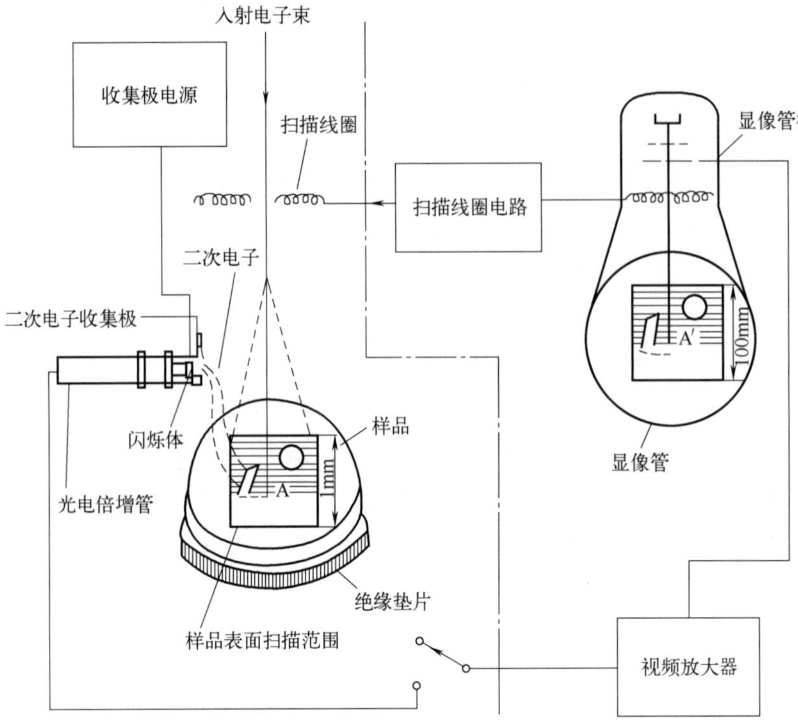

图 3-8 扫描电子显微镜示意图

(2) 透射电子显微镜（TEM）

透射电子显微镜（transmission electron microscope，TEM），是一种强大的分析工具，它利用高能电子束穿透样品，通过收集透射电子形成图像，以分析样品的微观结构和性质。透射电镜可以分析以下内容。①晶体结构：TEM 能够提供原子级的分辨率，可以用来观察晶体中的晶格条纹和缺陷，如位错、层错和晶界等。②化学成分：通过能量色散 X 射线光谱（EDS）或电子能量损失谱（EELS）等附件，可以分析样品的化学成分和元素分布。③形态和尺寸：TEM 可以用来观察和分析样品的形状、大小以及分布，对于纳米材料和生物大分子尤其重要。④晶体学信息：通过电子衍射技术，可以确定样品的晶体学信息，如晶体的晶胞参数和空间群。⑤三维重构：利用透射电镜的倾斜成像技术，可以获得样品的三维结构信息。⑥动态过程：结合特殊的样品台和快速成像技术，TEM 可以观察样品在加热、冷却或其他外界条件作用下的动态变化。⑦界面和表面分析：TEM 可以用来研究材料界面的原子结构，以及表面层的性质。

TEM 主要分为像模式和衍射模式两类。像模式通常用来观察样品的形貌。此外，运用高分辨透射电子显微镜（HRTEM），可以得到原子尺度分辨率的结构图像。衍射模式通常使用选区电子衍射（SEAD）方法，获得选定区域的电子衍射结果，可以分析选定位置的结晶性和相结构信息。

透射电镜样品通常需要非常薄的厚度，一般在 100～200nm 之间。对于高分辨率电镜，样品厚度必须小于 10nm。这是因为电子在样品中的穿透能力有限，较厚的样品会导致电子散射，降低图像的分辨率和对比度。样品需要具有化学稳定性，并且有一定的机械强度和导电性，能够经受电子束的轰击而不被损坏。对于非导电样品，需要在表面喷一层很薄的碳膜，以防止电荷积累而影响观察。此外，样品必须非常清洁，不含水分或其他易挥发物质。

(3) 原子力显微镜（AFM）

原子力显微镜（atomic force microscope，AFM），一种可用来研究包括绝缘体在内的固体材料表面结构的分析仪器，可以用来观察和测量物质的表面形貌和性质。它通过检测待测样品表面和一个微型力敏感元件之间的极微弱的原子间相互作用力来研究物质的表面结构及性质。

AFM 的工作原理是利用一个非常细小的探针，其尖端只有几个原子大小，通过扫描样品表面来获取高分辨率的表面拓扑图像。探针的尖端与样品表面之间的相互作用力会导致探针的振动，通过测量这种振动的变化可以得到样品表面的形貌信息。

原子力显微镜不同于扫描电镜和透射电镜，原子力显微镜可以提供三维表面轮廓，从而以纳米级分辨率获得表面形貌结构信息及表面粗糙度信息。此外，原子力显微镜观察的样品不需要任何会不可逆地改变或损坏样品的特殊处理（如金属/碳涂层），并且在最终图像中通常不会受带电伪影的影响。电子显微镜需要昂贵的真空环境才能正常工作，而大多数原子力显微镜可以在环境空气甚至液体环境中非常好地工作。

因此，原子力显微镜特别适合作为锂离子电池研究的工具，以提高电池容量、电能密度、寿命和安全性。从根本上讲，电池是一种电化学结构，电化学 AFM 可以直接在原位操作中探测电极表面的变化，甚至可以测量局部电化学活性的变化。例如，使用 AFM 对高容量锂离子阳极进行研究可以帮助了解固体电解质界面（SEI）层的演变和降解，这种演变和降解限制了电能密度和电池寿命。在阴极处，相关的电学和机械特性可以量化成分分布，表征导电率变化，并精准确定限制电池容量的非活性金属氧化物晶粒。最后，在拉伸台上对分离膜进行 AFM 成像，可对枝晶生长导致灾难性破坏时的断裂机理提供深入了解。在存在电解质的情况下，能够原位测量局部电化学活性和表面电导率，这对于表征其他能量存储和转换方法（如超级电容器、燃料电池和太阳能）也同样有用。

原子力显微镜的缺点是扫描图像尺寸单一。在一次扫描中，原子力显微镜只能对最大扫描面积约为 150μm×150μm，最大高度为 10～20μm 的区域进行成像。并且扫描速率比较慢。

3.2.1.3 晶体结构表征

(1) X 射线衍射（XRD）技术

X 射线衍射（X-ray diffraction，XRD）是研究物质的物相和晶体结构的主要方法。对某物质（晶体或非晶体）进行衍射分析时，该物质被 X 射线照射产生不同程度的衍射现象，物质组成、晶型、分子内成键方式、分子的构型、构象等物质特性决定该物质产生特有的衍射图谱。X 射线衍射（XRD）技术是一种用于分析材料晶体结构的技术。使用 X 射线照射样品表面，然后测量 X 射线被样品散射后的角度和强度，可以得到材料的晶体结构信息，如晶格常数、晶面取向等。XRD 的典型应用可以分为定性和定量两部分，常用的 XRD 分析有以下五大类：物相定性、确定晶胞参数、晶体取向度分析、晶粒尺寸计算、物相定量计算。

XRD 分为单晶衍射和多晶衍射。单晶衍射仪主要用于测定单个纯物质的晶体结构，对于已知结构，可以进行精修，对于未知结构，可以鉴定结构。要求所测的样品为块状单晶。一般在表征新化合物时，最好用单晶衍射仪，但是培养单晶并不容易，单晶生长受很多条件的限制。多晶体衍射仪也称为粉晶衍射，主要用来测定样品的物相组成，它主要依据 PDF 数据库，通过查找这个库中与样品衍射谱相同的物相来鉴定某个物相是否存在，因此，鉴定的必须是已知物相。对于样品要求块状、粉末状都可以，样品容易制取，测量时间短，物相鉴定相对来说比较简单、快速。

XRD 技术被广泛应用于电极材料的研究中，特别是锂离子电池的电极材料。通过对电极材料进行 XRD 分析，可以定性和定量地确定材料中的物相，了解其结晶程度、分散程度及负载晶粒的大小。对于负极材料石墨，XRD 可以用来表征其石墨化度，这对于电池性能的评估非常重要。此外，XRD 还可以分析锂离子电池生产中的负极取向程度，从而优化极片压实工艺。XRD 技术在理解电池材料的电化学反应机理方面也发挥了重要作用。通过原位 X 射线衍射技术，可以研究电化学过程中材料的相转变及晶体结构变化，从而深入理解电池材料的电化学反应机理。

（2）扩展 X 射线吸收精细谱（EXAFS）

扩展 X 射线吸收精细谱（extended X-ray absorption finestructure，EXAFS），通过 X 射线与样品的电子相互作用，吸收部分特定能量的入射光子，来反映材料局部结构的差异与变化，具有一定的能量和时间分辨能力，主要获得晶体结构中径向分布、键长、有序度、配位数等信息。通常需要同步辐射光源的强光源来实现 EXAFS 实验。特点为入射到样品后透射的 X_{α} 光、出射的荧光或光电子都产生扩展 X 射线吸收现象。扩展 X 射线吸收现象取决于短程有序作用，不需要长程结构，可得到吸收原子邻近配位原子的种类、距离、配位数、无序度因子。X 射线吸收边具有因子特征，可以调节 X 射线的能量，对不同元素的原子周围环境分别进行研究。利用强 X 射线或荧光探测技术可以测量几个微浓度的样品，可用于测定固体、液体、气体样品，一般不需高真空，不损坏样品。XAFS 技术是当前材料科学领域（尤其是表面化学和催化科学）最先进的技术之一。XAFS 的发展加深了人类对材料的认识，比如复杂化学环境中原子、电子的相互作用。相信随着 XAFS 技术的继续进步（如第四代同步辐射光源、各种原位、飞秒级探测手段），会有更多重大科学成果出现。

（3）中子衍射（ND）技术

中子衍射（neutron diffraction，ND）技术是研究晶体学的方法，用来确定某个材料的原子结构或磁性结构。这也是弹性散射的一种，散射前后中子的能量基本保持不变或仅有微小损失。这个技术与 X 射线衍射法类似，其主要差别在于放射源不同，这两种技术可以互为补充。

中子衍射通常指德布罗意波长为 1Å（$1Å=10^{-10}m$）左右的中子（热中子）通过晶态物质时发生的布拉格衍射。它能得到其他手段不能获取的结构体应变状态信息。这种技术的主要优势在于：对于大多数工程材料而言，穿透能力在厘米的量级；无损测量，并能监视现实环境和加载条件下残余应力的演化；提供容易调整的空间分辨，适合解决工程部件的应力梯度问题；可测定大块材料内宏观应力、特殊相应力及晶粒间的应力。

与 XRD 相比，中子粉末衍射具有众多独特优势。其中，中子束与材料原子核相互作用的原理使得中子粉末衍射能够分辨像 Li、Na 这一类的轻质元素，这对于理解可充电电池在充放电过程中的变化具有相当重要的意义。与此同时，由于每个原子的相干中子衍射长度（coherent neutron scattering length）不同，中子粉末衍射也可以用来探测相邻的过渡族金属元素的信息。中子粉末衍射另一个巨大的优势便是其高穿透能力，结合目前先进的探测仪器，中子粉末衍射可以实时探测工作电池中活性材料体相的结构变化，也可以用于锂离子电池在充放电过程中的电化学反应，揭示电池衰降的机理，也可以用于研究锂离子电池电化学反应的均匀性，从而优化电池结构性能。

（4）核磁共振波谱法（NMR）

核磁共振波谱法（nuclear magnetic resonance spectroscopy，NMR）是研究原子核对射频辐射（radio-frequency radiation）的吸收，是对各种有机和无机物的成分、结构进行定性分析的最强有力的工具之一，有时亦可进行定量分析。核磁共振谱仪有两大类：高分辨核磁共振谱仪和宽谱线核磁共振谱仪。高分辨核磁共振谱仪只能测液体样品，谱线宽度可小于 1Hz，主要用于有机分析。宽谱线核磁共振谱仪可直接测量固体样品，在物理学领域用得较多。

在核磁共振中，样品被置于强磁场中，原子核会在外加射频脉冲的作用下发生共振吸收，产生信号。通过分析这些信号的频率和强度，可以得到样品的结构信息、化学环境等。NMR 具有高的能量分辨、空间分辨能力，能够探测材料中的化学信息并成像，探测枝晶反应、测定锂离子自扩散系数、对颗粒内部相转变反应进行研究。

核磁共振氢谱可以用来分析电池材料中氢原子的状态和运动。通过核磁共振氢谱可以确定材料中氢原子的位置、环境和相互作用，从而帮助研究人员设计更高效、更稳定的电池材料。利用核磁共振氢谱可以研究电池中活性物质（比如锂离子电池中的电解质）的结构和动力学特性，进而评估电池的性能和循环寿命。通过监测电池中氢原子的运动和相互作用，可以更好地了解电池的充放电机理，为电池性能的优化提供依据。

3.2.1.4 官能团表征

（1）拉曼光谱（RS）

拉曼光谱（Raman spectroscopy，RS）是一种无损的分析技术，它是基于光和材料内化学键的相互作用而产生的，可以得到分子振动和转动的信息，提供样品化学结构、相和形态、结晶度以及分子相互作用的详细信息。拉曼光谱是一种散射光谱。激光光源的高强度入射光被分子散射时，大多数散射光与入射激光具有相同的波长（颜色），不能提供有用的信息，这种散射称为瑞利散射。然而，还有极小一部分（大约 10^{-9}）散射光的波长（颜色）与入射光不同，其波长的改变由测试样品（所谓散射物质）的化学结构所决定，这部分散射光称为拉曼散射。拉曼光谱分析法是基于印度科学家 Raman 所发现的拉曼散射效应，对与入射光频率不同的散射光谱进行分析以得到分子振动、转动方面的信息，并应用于分子结构研究的一种分析方法。拉曼光谱是一种可提供待测物质“指纹”信息的振动光谱。拉曼光谱得到的振动能级信息不是来自样品对光的吸收，而是来自样品的散射。

拉曼光谱在电化学储能材料中有着广泛的应用，可以用于识别和表征电池的正负极材料以及电解质中的分子结构。通过对光谱信息的分析，可以了解材料的能级结构、化学键信息，评估材料的稳定性和反应活性等；可以对电极反应过程进行动力学分析，了解反应速率常数、活化能等参数，从而优化电池的性能；拉曼光谱可以提供关于正负极活性物质的结构信息，以及可能的副反应或失效机制的信息；可以通过观察特征峰的变化，评估内部化学反应的进程，预测电池可能存在的安全风险。

（2）红外光谱（IR）

红外光谱（infrared spectroscopy，IR）主要研究红外光与物质之间的相互作用。红外线的吸收特性与其作用分子的结构密切相关。分子内部的原子间键合以及键尾原子的种类，共同决定了红外线在哪些特定频率下被吸收。红外区域的光子能量足以激发共价键原子发生振动。这些共价键可以被视为弹性极佳的弹簧，能够经历拉伸、弯曲、旋转和剪切等多种形变。根据波数的不同，红外线被进一步细分为不同的区间。远红外辐射通常指的是波数在 500～20cm^{-1} 之间的光波，中红外则涵盖了 4000～500cm^{-1} 的波数范围，而近红外则大致位于 10000～4000cm^{-1} 之间。通常我们所使用的仪器是傅里叶变换红外光谱仪（fourier transform infrared spectroscopy，FTIR），和红外光谱的差异是信号处理方式不同。FTIR 是通过测量干涉图和对干涉图进行傅里叶变化的方法来测定红外光谱。红外光谱的强度 $h(\delta)$ 与形成该光的两束相干光的光程差 δ 之间有傅里叶变换的函数关系。可检定未知物的功能团、测定化学结构、观察化学反应历程、区别同分异构体、分析物质的纯度。当样品放在干涉仪光路中，吸收了某些频率的能量，使所得的干涉图强度曲线相应地产生一些变化，通过数学的傅立叶变换技术，可将干涉图上每个频率转变为相应的光强，而得到整个红外光谱图。通常情况下，当我们提及 FTIR 时，默认它主要在中红外区域工作。

FTIR 测试的样品可以是固体也可以是溶液。对于固体样品，通常需要将其制备成适合红外光谱测试的形态，如研磨成粉末或压制成片。对于液体样品，可以使用透明的红外吸收盒或红外透射池进行测试。对于薄膜样品，需要注意薄膜的平整度、透明度和厚度等。红外光谱图中可以显示样品的主要官能团。处于 1500～500cm^{-1} 区域被称为指纹区，提供特定化合物特有的分子指纹，无法伪造（图 3-9）。FTIR 的优点是无损分析、高精度、响应快速、高分辨率，但是只能得到官能团信息，得到的谱图为多峰光谱，会产生重

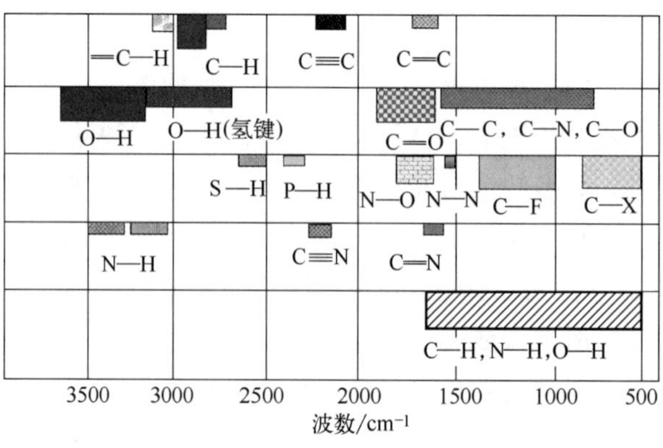

图 3-9 常见基团的红外吸收带

叠。特别是有机物，大多数有机物都含有碳（C）、氢（H）、氮（N）或氧（O）原子在单键或双键上的组合，相同的多个吸收峰在不同的化合物之间重叠，因此很难进行未知样品的分析。此外理论上可以进行定量分析，但是实际操作时定量分析比较困难，可以进行半定量分析。需要注意的是，红外信号对水比较敏感，因此样品需要干燥，室内环境也需要保持相对干燥。

傅里叶变换红外光谱（FT-IR）在电池中的应用主要体现在以下 4 个方面。首先，电极材料分析。FT-IR 可以用于分析电池中的电极材料，包括正极和负极材料。通过 FT-IR 技术，可以确定电极材料的化学成分、结构和表面特性，帮助研究人员了解材料的电化学性能和稳定性。其次，电解质分析。FT-IR 可以用于分析电池中的电解质，包括有机溶剂、盐桥和添加剂等成分。通过 FT-IR 技术，可以确定电解质的分子结构、溶解度和稳定性，为电池的设计和优化提供重要信息。再次，界面反应研究。FT-IR 可以用于研究电池中电极与电解质之间的界面反应。通过监测界面上的化学键变化和物质转化，可以揭示电池充放电过程中的界面反应机理，为提高电池的性能和循环寿命提供参考。最后，电池分解产物分析。FT-IR 可以用于分析电池在使用过程中产生的分解产物，如电极材料的氧化物、电解质降解产物等。通过 FT-IR 技术，可以确定这些分解产物的结构和组成，帮助研究人员了解电池的衰减机制和寿命限制因素。

3.2.1.5 材料微观力学表征

扫描探针显微镜（scanning probe microscope，SPM）探针在电池研究中具有重要的应用价值，特别是在电极材料表征和界面分析方面。

（1）扫描隧道显微镜（STM）探针

扫描隧道显微镜（scanning tunneling microscope，STM）是一种扫描探针显微工具，扫描隧道显微镜可以让科学家观察和定位单个原子，它具有比同类原子力显微镜更高的分辨率。STM 可以用于研究电池中电极材料的电子结构和表面电荷分布。通过 STM 探针，可以观察电极材料的表面电子态密度、局部电荷分布等信息，揭示电极材料的电子传输机制和充放电过程中的电荷转移行为。

（2）化学力显微镜（CFM）探针

化学力显微镜（CFM）是一种扫描探针显微镜。主要是基于原子力显微镜的技术，通过检测探针与样品表面之间的微弱化学力来获取样品表面的形貌和化学信息。化学力显微镜的工作原理与原子力显微镜类似，但增加了对化学力的检测。它使用一个对微弱力极敏感的微悬臂，一端固定，另一端有一个微小的探针。当探针与样品表面接触时，原子间存在微弱的作用力（吸引或排斥力），会导致微悬臂发生偏转。通过检测这种偏转，可以获取样品表面的形貌信息。此外，CFM 还可以通过检测探针与样品之间的化学相互作用，如范德华力、静电力、毛细管力和化学键力等，来分析样品的化学性质。它可以用于研究分子间的相互作用、表面润湿性、吸附现象以及单分子层的结构和动力学等。

通过 CFM 探针，可以观察电解质中离子在电极表面的吸附、扩散和反应过程，揭示电池界面的电化学行为和催化机制。可以对各类材料纳米尺度的表面形貌及物理化学特性进行研究，如尺寸测定、表面粗糙度测定、颗粒度解析、凸起与凹坑的统计处理、成膜条件评价、保护层的尺寸台阶测定、层间绝缘膜的平整度评价、VCD（可变曲率钻石）涂层评价、定向薄膜的摩擦处理过程的评价、缺陷分析等。

（3）扫描热探针显微镜（STPM）探针

扫描热探针显微镜（scanning thermal probe microscope，STPM）用于研究材料表面的热学性质。它通过测量探针与样品之间的热相互作用来获取样品的热学信息。STPM的工作原理基于热传导和热辐射的基本物理原理，通过控制探针的温度变化，测量样品表面的温度变化响应，从而分析样品的热学性质。

STPM 探针可用于研究电池中的热效应和热传导特性。通过 STPM 探针，可以观察电池充放电过程中的热释放和温度分布情况，帮助优化电池的散热设计和安全性评估。

综上所述，STPM 探针在电池研究中的应用可以帮助研究人员深入了解电池材料的微观结构、表面性质和界面反应，为电池性能的提升和寿命的延长提供重要支持。

3.2.1.6 电化学测试

电化学测试是材料科学研究的重要手段之一，特别是评估材料、器件和系统在电化学环境下性能的重要手段。这些测试可以揭示材料的电化学稳定性、电荷传输特性、催化活性以及能量转换效率等关键参数。在电池、燃料电池、电镀、腐蚀防护和传感器等领域，电化学性能测试是不可或缺的工具。常用的电化学测试方法如下。

循环伏安法（CV）用于研究电极/电解质界面上的电化学反应行为、速率和控制步骤。通过在电极表面施加一个线性变化的电位（电压），并监测相应的电流响应，循环伏安法可以揭示电化学反应的动力学和机理。这种方法涉及对电极电位进行控制，并记录在电位变化过程中流过电极的电流，从而得到一个电流-电位（i-E）的曲线图，称为循环伏安曲线图。在电化学储能系统的研究中，循环伏安法尤其重要，因为它能够通过设置合适的电压区间和不同的扫描速率，得到电势及电流的曲线图，从而推断电极反应过程中是否产生新相、发生相界吸附、生成中间体，以及是否存在偶联化学反应等性质。

动电位极化曲线法用于测量电极反应的电荷传递系数、交换电流密度等信息。

电化学阻抗谱（EIS）是通过施加一个小振幅的正弦波电势或电流作为扰动信号，测量电极系统在宽频率范围内的阻抗谱，从而研究电极系统的性质。这种方法也被称为交流阻抗法。主要用于研究电极过程动力学和表面现象。通过测量阻抗随正弦波频率的变化，EIS 可以分析电极过程动力学、双电层和扩散等，进而研究电极材料、固体电解质、导电高分子以及腐蚀防护等机理。

在电池和超级电容器的性能评估中，通过 EIS 测试，可以分析电池的内阻、电容特性以及电极材料的性能，从而优化电池设计和提高其性能。EIS 是表征燃料电池系统性能和特性的重要手段之一。

在燃料电池系统中，通过 EIS 的测量和分析，可以有效分析各种因素（如传质、排水、接触与导电、散热等）对燃料电池系统的影响。EIS 测试可应用于燃料电池系统水热管理优化、冷启动前的关机吹扫控制、电堆寿命预测、膜干/水淹的故障诊断等方面，为燃料电池系统的优化设计和应用提供重要依据。

恒电流充放电测试是在恒流条件下对被测电极进行充放电操作，记录其电位随时间的变化规律。通常采用先恒流充电，然后恒压充电，隔一段时间后恒流放电至设定的安全电压。充电时按电池的比容量大小及放电倍率设定充电电流，进行恒电流充电，至设定电压后，测试系统自动跳入恒压充电。恒压充电一定时间后静置，接着恒流放电至设定的安全电压。主要用于研究电极材料的充放电性能、计算比容量，以及评估电池的整体性能。具体来说，通过恒电流充放电测试，可以确定电极材料的充放电曲线、比容量、倍率特性、循环性能等参数。

在研究电极材料的电化学性能时，通过恒电流充放电测试，可以记录电极在充放电过程中的电位变化，进而研究其充放电性能和计算实际比容量。恒电流充放电测试还用于评估电池的能量存储和释放能力，确保电池在实际使用中的性能表现。

3.2.1.7 超导磁蓄能性能测试

电磁储能材料性能测试是确保电磁储能系统高效、稳定和安全运行的关键环节。针对电磁储能材料的性能测试，除了上述通用方法外，还有专属参数需要评价。

(1) 临界温度测试

超导材料的临界温度是指材料从正常态转变为超导态的温度。超导体的两个基本特性是零电阻现象和完全抗磁性。零电阻现象是指在低温下，超导体在直流情况下电阻为零，而在交流情况下电阻不为零。完全抗磁性是指超导体在置于外加磁场中时，磁通不能穿透超导体，超导体内的磁感应强度始终保持为零。因此可以通过测量材料的电阻或磁化率随温度的变化，来确定临界温度［零电阻温度 $T(R=0)$ 的数值］。常用的测试方法有四探针法和交流磁化率法。

四探针法是一种直接测量超导材料电阻的方法。当超导材料处于超导态时，电阻为零。通过逐步降低温度，可以确定临界温度。目前所研制的高 T_c 氧化物超导材料多为质地松脆的陶瓷材料，即使是精心制作的电极，电极与材料间的接触电阻也常达零点几欧姆，这与零电阻的测量要求显然是不符合的。四探针法可以消除接触电阻对测量的影响，提高测量的准确性，如图 3-10 所示。两根电流引线与直流恒流电源相连，两根电压引线连至数字电压表或经数据放大器放大后接至 X-Y 记录仪，用来检测样品的电压。按此接法，电流引线电阻及电极 1、4 与样品的接触电阻及 2、3 端的电压测量无关。2、3 两电极与样品间存在接触电阻，通向电压表的引线也存在电阻，但是电压测量回路的输入阻抗特性高，吸收电流极小，因此能避免引线和接触电阻给测量带来的影响。按此法测得电极 2、3 端的电压除以流过样品的电流，即为样品电极 2、3 端间的电阻。

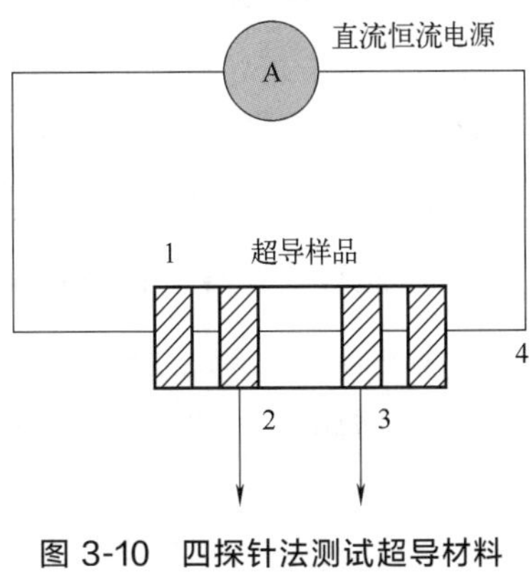

图 3-10 四探针法测试超导材料的临界温度示意图

交流磁化率法通过测量材料在交变磁场中的磁化率来确定临界温度。在超导态下，材料对交变磁场的磁化率为零。通过不断改变温度和磁场的大小，可以确定临界温度。

（2）临界电流密度测试

临界电流密度是指超导材料在超导态下能够通过的最大电流密度。它是衡量超导材料承载能力的重要指标。常用的测试方法同样包括四探针法和交流磁化率法。

四探针法是通过在样品上施加外部磁场，测量样品的电压差来确定临界电流密度。当电流密度超过临界电流密度时，材料会从超导态转变为正常态，电阻出现。通过改变温度和磁场的大小，可以确定临界电流密度。

交流磁化率法是通过测量材料在交变磁场中的磁化率来确定临界电流密度。在超导态下，材料对交变磁场的磁化率为零。同样通过改变温度和磁场的大小确定临界电流密度。

（3）磁滞回线测试

磁滞回线是指磁性材料在外加磁场作用下，磁化强度随磁场强度变化的曲线。通过对磁滞回线的分析，可以了解材料的磁化过程、磁畴结构、矫顽力等重要信息，为材料的应用提供重要依据。

磁滞回线测试是测试样品在外加磁场下的磁矩随外加磁场的变化。这个是判定一个材料到底是抗磁性、顺磁性、铁磁性还是超导性的最直观的判断标准之一。

磁滞回线测试的基本原理是利用外加磁场对磁性材料进行磁化，同时测量磁化强度随磁场强度的变化。在测试过程中，外加磁场通常以正弦波的形式变化，而磁化强度则通过感应线圈进行测量。通过对测量数据的处理，可以得到磁滞回线图形，进而分析材料的磁性特性。

超导材料的磁滞回线是典型的菱形，但实际测量时，受温度和形状的影响，会有一定程度变形。

（4）热稳定性测试

超导材料在高温或变温环境下的性能稳定性也是重要的考核指标，需要进行相关的热循环或热冲击测试。

进行这些测试时，需要使用专业的测试设备和仪器，如超导量子干涉仪、磁强计、电阻计、万能试验机等。通过这些测试，可以全面评估超导材料的各项性能指标，为其在实际应用中的可靠性和耐久性提供数据支持。

此外，对于超导材料的性能测试，还需要注意测试环境的控制，如温度、磁场等因素都会对超导材料的性能产生影响。因此，在进行性能测试时，需要严格控制这些因素，以确保测试结果的准确性和可靠性。

3.2.1.8 超级电容器性能测试

超级电容器的测试主要是测试其电性能参数，如电容大小、内阻大小、电流特性、功率密度等。测试的主要原理是利用电性能参数来评估超级电容的质量。

（1）电容测试

电容是衡量超级电容器存储能力的重要指标，也是超级电容器性能测试的主要内容之一。

常用的电容测试方法包括静态测试和动态测试。静态测试中的恒流放电法是测量超级电容静电电容的经典测量方法，该方法通过采样测量超级电容的恒流放电状态参数计算静电电容，恒流放电法测量原理在 IEC（国际电工委员会）标准、QCT 标准（推荐性行业标准）中被采用，国内外电容器生产厂家实验室也大多采用该方法。恒流放电法的测量电路如图 3-11 所示，图中虚线表示直流充电电源，具有恒流充电和恒压充电两种工作模式，I_{cc} 为恒定电流，U_{cv} 为恒定电压，A 为直流电流表，V 为直流电压表，S 为电路切换开关，EL 为恒流放电器，C_x 为被测超级电容。恒流放电过程中，通过电流表监视放电电流，利用电压表采集超级电容输出端的电压值，可得到放电过程中电容端电压变化曲线，如图 3-12 所示。

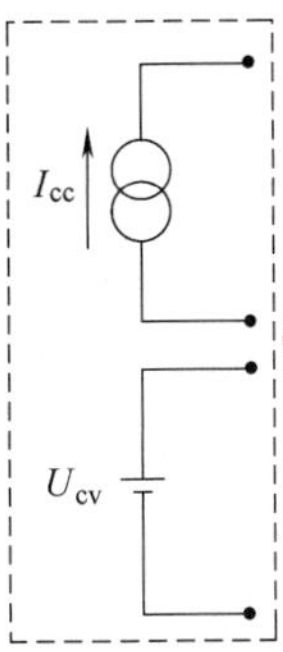

图 3-11 恒流放电法测量电路

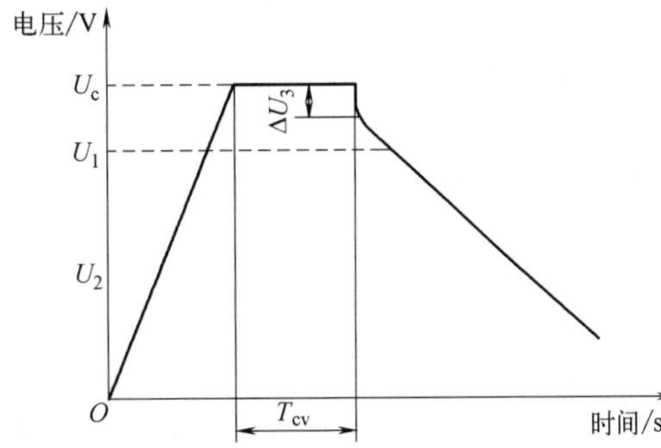

图 3-12 恒流放电法超级电容端电压变化曲线

图中，T_{cv} 为恒压充电时间，U_1 为 0.8 倍的额定电压，U_2 为 0.4 倍的额定电压，可通过直线近似法和能量转换法计算静电电容，直线近似法的计算公式为：

$$C=\frac{I_c(t_1-t_2)}{U_1-U_2} \tag{3-1}$$

式中，C 为静电电容，F；I_c 为放电电流；t_1 为电容器端电压放电至 U_1 时的时间，t_2 为电容器端电压放电至 U_2 时的时间。

现在实验室测容量可以将超级电容器连接到标准电容值测试仪上，通过充电和放电来计算电容值。

动态测试则是将一定电压的正弦波加到超级电容电极上，并同时记录电容器的电流和电压值，根据这两个值计算电容值并进行比对。动态测试相比静态测试更为准确。例如交流电阻法，通过测量宏观电极之间电阻的变化情况，来推算电容大小。

（2）ESR 测试

ESR 即等效串联电阻，代表了超级电容器内阻的大小和品质因数。测试 ESR 可以判断超级电容器内部特性，包括电解质损失、电极-电解质接触电阻和内部电磁损耗等。

超级电容器的等效模型如图 3-13 所示。其中，EPR（equivalent parallel resistance）为等效并联内阻，代表超级电容器的漏电流，影响电容的长期储能性能，EPR 通常很大，可以达到几十千欧，所以漏电流很小，只有几十至几百毫安。L 代表电容器的感性成分，它是与工作频率有关的分量。常用的 ESR 测试方法包括 AC（交流电）克服电压法、恒流法和瞬态响应法等。

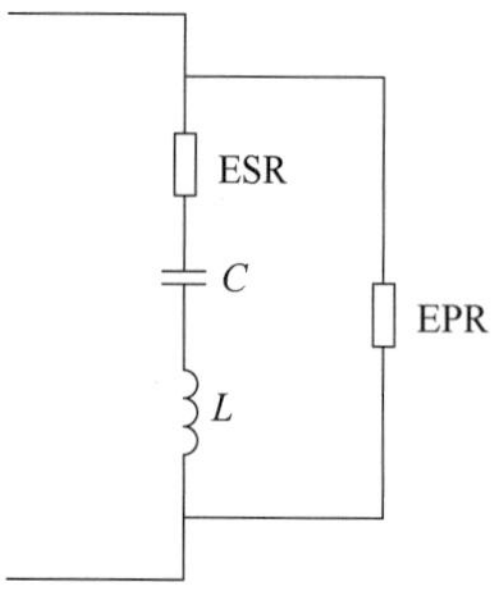

图 3-13 超级电容器的等效模型

AC 克服电压：将高频交流信号加到电容器上，通过测量电流和电压的相位差及幅度比计算 ESR 值。

恒流法：将恒定电流加到电容器上，通过测量电压的变化情况来计算 ESR 值。

瞬态响应法：将电容器充电至一个固定电压并在此基础上测量电池回收电压和电流。根据电压和电流随时间变化的增量计算 ESR 值。

AC 克服电压法适用于需要精确测量的情况，恒流法适用于需要简单快捷测量的场景，而瞬态响应法则适用于快速筛选或现场测试。

（3）性能测试

除了电容和 ESR 的测试外，超级电容器的性能指标包括容量、电压、能量密度、功率密度、温度特性等几个方面。在实际应用中，超级电容器需要满足这些性能指标才能得到十分理想的效果。常用的性能测试方法包括电流循环测试、恒流充放电测试、定时放电测试。电流循环测试：通过连续循环充放电来考察超级电容器的稳定性和寿命。恒流充放电测试：将恒定电流加到电容器上，评估充电和放电的性能指标。定时放电测试：将超级电容器充满电并在固定的时间内放空，测量在不同时间节点的电压值，从而判断超级电容器的放电特性。现在电化学工作站通常都可以满足以上性能指标的测试。

此外，超级电容器的性能测试还可能包括其他试验项目，如短路放电试验、电压保持能力试验、高温老化试验、高温特性试验、低温特性试验、恒定湿热试验等，这些测试都会影响材料的性能，应根据具体的要求设计实验装置。

3.2.2 热能储能材料的评价方法

热能储能材料的表征评价除了前面介绍的成分表征、结构表征、形貌表征外，最主要的是储热材料热物性评价。储能材料的热物性包括相变热、热容量、热导率、热膨胀系数等，这些参数可以帮助了解储能材料在储能系统中的热传导、储能和释放过程中的热性能表现。与此同时，了解储能材料的热物性可以帮助选择合适的材料来设计高效的储能系统，优化系统的热管理和性能，提高储能效率和安全性。最后，研究和改进储能材料的热物性也有助于推动储能技术的发展和应用。

储能材料的热物性主要包括以下七个方面。

（1）相变温度

相变温度是指物质在不同相之间转变时的临界温度，比如水变成冰的相变温度是 0℃。相变储能材料是利用相变过程中吸收或释放的热量来进行储能的物质，相变温度是相变储能材料最核心的特性之一。

（2）相变潜热

相变储能材料在相变过程中，会吸收或放出一定量的热量，这个热量就是相变潜热。物质在相变化（固态$\rightleftharpoons$液态$\rightleftharpoons$气态）过程中，虽吸热，但温度并不上升，吸入的热量加大了分子间的位能，也就是以位能的形式储存于物质内，故称为潜热（latent heat）。

潜热的来源是因为物质在经历相变化时，必须改变原子间或分子间的连结，而这种过程会吸收或释放能量。例如冰融化为水时，必须加热以断开水分子间的连结。

(3) 热容量

热容量是指单位质量储能材料在温度变化时吸收或释放的热量。热容量大的材料能够在吸收或释放热能时更稳定，有助于维持储能系统的温度稳定性。

(4) 热导率

热导率是指材料在单位时间内、单位面积上通过的热量，反映了材料在温度梯度下传导热量的能力。储能材料的热传导性能决定了其在吸收或释放热能时的传热速率，影响着储能系统的储放热速率和效率。热传导性能好的材料能够更快地传递热量，提高储能系统的响应速度和能量密度。

(5) 热膨胀系数

膨胀系数反映了材料在受热或冷却时体积变化的程度。热膨胀系数是物质在温度变化时，其体积或长度随温度变化的比例关系的物理量。通常用 α 表示，单位通常是每摄氏度（$℃^{-1}$）或每开尔文（K^{-1}）。热膨胀系数的大小取决于物质的性质，不同物质的热膨胀系数也会有所不同。

(6) 循环热稳定性

循环热稳定性是指储能材料在反复使用过程中，材料性能的稳定性变化，是衡量储能材料性能的重要指标。

(7) 储热系数

储热系数是指单位质量的物质在单位时间内、单位面积上通过的热量，反映了材料储热性能的好坏，用于描述材料在吸收和释放热量时的能力。储热系数越高，表示材料具有更好的储热性能，能够更有效地吸收和释放热量。储热系数通常用于评估建筑材料、储热材料和储热设备的性能。

储热材料热物性测试方法众多，本节将介绍三种热物性的测试方法及其操作过程。

3.2.2.1 相变潜热的评价方法

储能材料的相变潜热可以通过多种方法进行测量，下面将介绍差示扫描量热法（differential scanning calorimetry，DSC）、差热分析法（differential thermal analysis，DTA）、参比温度法（T-history method，THM）以及加速量热仪（accelerating rate calorimeter，ARC）等用于测量热学特性的仪器。

储能过程中利用的相变潜热主要是熔化热，（也称为熔化焓或熔融热）是物质由固态转变为液态时吸收或释放的热量。当物质在固态下加热时，其分子或原子振动增强，当达到一定温度时，分子或原子能够克服固态结构的相互作用力，使物质从固态转变为液态。在这个过程中，需要吸收热量来克服固态结构的相互作用力，这个吸收的热量就是熔化热。熔化热是物质的固态和液态之间的相变能量。在熔化的过程中，试样内的热传导机制会变得比较复杂，出现固-液共存的现象。下面对测量相变潜热的几种方法进行简要的介绍。

(1) 差示扫描量热法

差示扫描量热法（DSC）是应用最为广泛的热分析技术，是在程序控制温度下，测量样品端和参比端热流或热功率差随温度及时间的关系，能够定量测定多种热力学和动力学参数，是一种常用的测量相变潜热的方法。

该方法通过比较样品与参考物质在相同温度下的热量变化，来测量样品的相变潜热。在测量过程中，样品和参考物质同时受热，通过比较它们的热容差异，可以得出样品在相变过程中吸收或释放的热量，从而计算出相变潜热。其工作原理是基于“零点平衡原则”，即通过调整试样的加热功率 E_s，始终保持样品和参比物处于相同的温度，也就是使试样和参比物的温差 ΔT 为零，那么，试样和参比物对环境（金属块）的热交换量不同，于是便可以通过参比物对环境的换热量和试样与参比物的加热功率差算出试样的吸热量。

DSC 可分为两种类型，测量原理如图 3-14 所示。第一种是功率补偿型 DSC。通过功率补偿使试样和参比物始终保持相同的温度，测量为满足此条件样品和参比物两端所需的能量差。第二种是热流型 DSC。在给定样品和参比物相同的功率下，测量样品和参比物两端的温差，根据热流方程将温差换算成热量差作为信号输出。

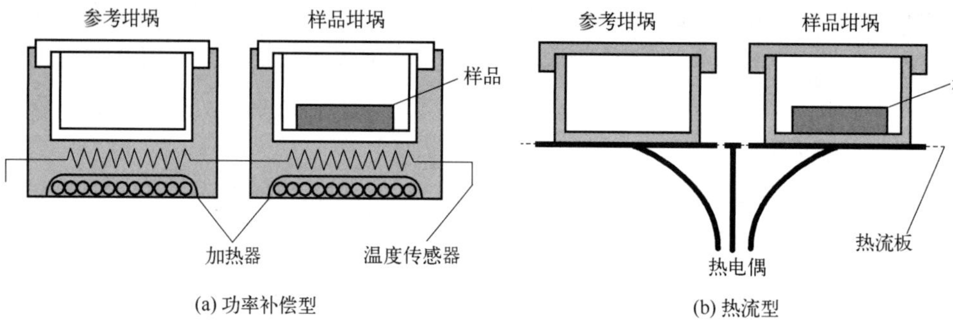

图 3-14 差示扫描量热法测量原理图

差示扫描量热仪记录到的曲线称为 DSC 曲线，它以样品吸热或放热的速率，即热流率 $dq/d\tau$（单位毫焦/秒）为纵坐标，以温度 T 或时间 t 为横坐标，可以测定多种热力学和动力学参数，例如比热容、反应热、转变热、相变温度、相变潜热、反应速率、结晶速率、高聚物结晶度、样品纯度等。

差示扫描量热仪是比较成熟的设备，其使用温度范围广，分辨能力和灵敏度高，数据采集和处理集中，能够通过电脑直接得到 DSC 曲线。影响差示扫描量热仪测试过程中的主要因素如下。

① 实验条件。包括升温速率的大小对试样内部温度分布均匀性的影响，升温速率通常为 5～20℃/min，升温快，转变温度会向高温偏移，相邻峰重叠，升温过慢则效率太低；检测室气体成分和压力对试样蓄放热的影响，样品需要在惰性气体保护下测试，防止氧化，减少挥发物对器皿的腐蚀；天平的测量精度对试样选取量的影响，仪器需要定期进行校正、清洗等。

② 样品特性。DSC 测试所需样品量通常为 1～50mg，样品量必须与突然释放大量能量的潜力相一致；样品在几何形状、粒度大小和纯度等方面应具有代表性。

③ 参考物质。测试时所用的参考物质在实验温度范围内不能发生任何热转变。典型的参考物质包括煅烧氧化铝、玻璃珠、硅油或空容器。

下面是 DSC 测试系统中所用到的基本方程。

试样系统的热量守恒方程为：

$$C_s \frac{dT_s}{d\tau} - \frac{dH}{d\tau} = \frac{dq}{d\tau} + \frac{T_w - T_s}{R} \tag{3-2}$$

式中，C_s 为试样热容，J/K；T_s 为试样温度，K 或℃，τ 为时间，s；H 为试样焓，J；q 为热流，W；T_w 为炉体温度，K 或℃；R 为热阻，K/W。

参比物的能量守恒方程为：

$$C_r \frac{dT_r}{d\tau} = \frac{T_w - T_r}{R} \tag{3-3}$$

式中，C_r 为参比物热容，J/K；T_r 为参比物温度，K 或℃。

上两式相减，并注意到$\frac{T_s - T_r}{R} = 0$，$\frac{d(T_s - T_r)}{R} = \frac{d}{d\tau}\left(\frac{dq}{d\tau}\right)$可得：

$$\frac{dH}{d\tau} = -\frac{dq}{d\tau} + (C_s - C_r)\frac{dT_r}{d\tau} - RC_s\left(\frac{d^2 q}{d\tau^2}\right) \tag{3-4}$$

式中，$dH/d\tau$ 为焓变率，W；$dT_r/d\tau$ 为参比物升温速率，K/s；RC_s 为热阻与试样热容的乘积，s；$d^2q/d\tau^2$ 为热流的二阶导数，W/s。

上式即为描述 DSC 曲线的方程，根据该方程可以由 DSC 曲线图确定 $dH/d\tau$，当试样未发生熔化时，即 $dH/d\tau = 0$，并且试样和参比样品都进入准稳态后 $RC_s\left(\frac{d^2 q}{d\tau^2}\right)$ 这一项为 0，故有：

$$\frac{dq}{d\tau} = (C_s - C_r)\frac{dT_r}{d\tau} = (C_s - C_r)\varphi = (\Delta q)_0 \tag{3-5}$$

$$C_s = \frac{(\Delta q)_0}{\varphi} + C_r \tag{3-6}$$

式中，$\varphi = dT_r/d\tau$ 为升温速率，K/s；$(\Delta q)_0$ 为基准热流差。

如果忽略因 T_s 与 T_r 的微量差别所带来的试样和参考样品从环境获得热量的差别，则可得：

$$\Delta H = -\int_0^\infty \frac{dq}{d\tau} d\tau + \int_0^\infty (C_s - C_r)\varphi d\tau = KA \tag{3-7}$$

式中，ΔH 为材料热焓的变化；A 为 $dq/d\tau$ 曲线与基线（base line）所围成的面积；K 为换算系数，也叫仪器常数，它与试样及热池壁热阻 R 无关，因此 K 将不随温度而变化，实验前一般用标准物质进行标定。

图 3-15 是聚合物材料典型的 DSC 图。向上是放热峰，向下是吸热峰。结晶熔（融）化、蒸发、升华解析、化学吸附、脱附、结晶水、二次相变、气态还原发生吸热反应；凝固、气体吸附、氧化降解、气态氧化、爆炸、再结晶发生放热反应。

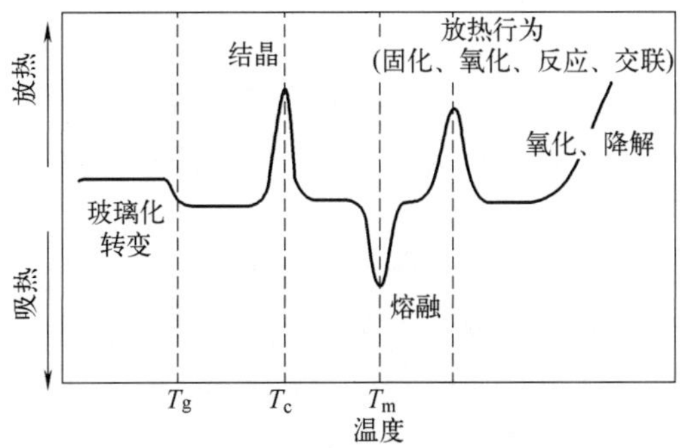

图 3-15　聚合物材料典型的 DSC 图

对于吸/放热峰，可以分析其起始点、峰值、终止点与峰面积。

起始点：峰之前的基线作切线与峰左侧的拐点处作切线的相交点，往往用来表征一个热效应（物理变化或化学反应）开始发生的温度（时间）。

峰值：吸/放热效应最大的温度（时间）点。

终止点：峰之后的基线作切线与峰右侧的拐点处作切线的相交点，与起始点相呼应，往往用来表征一个热效应（物理变化或化学反应）结束的温度（时间）。

峰面积：对吸/放热峰取积分所得的面积，单位 J/g，用来表征单位质量的样品在一个物理/化学过程中所吸收/放出的热量。

通过分析其起始点、中点、结束点和峰面积可以得到材料的相变温度、相变潜热以及比热容等热物性。

（2）差热分析法

差热分析法（DTA）是一种测定物质热容和热化学反应热效应的方法。该方法利用热量计测定样品和参比物在相同温度条件下吸收或释放的热量差，从而得到样品的热容或热效应。差热分析法的原理是基于能量守恒定律和热容的定义，通过测定样品和参比物在相同温度条件下的热量差，来间接测定样品的热容或热效应。这种方法适用于固体、液体和气体样品的热容测定，以及化学反应热效应的测定。

差热分析是在程序控制温度下，测量试样与参比物之间的温度差与温度关系的一种技术。差热分析曲线是描述样品与参比物之间的温差（ΔT）随温度或时间的变化关系。在差热分析实验中，样品温度的变化是由相转变或反应的吸热或放热效应引起的。差热分析的基本原理如图 3-16 所示。

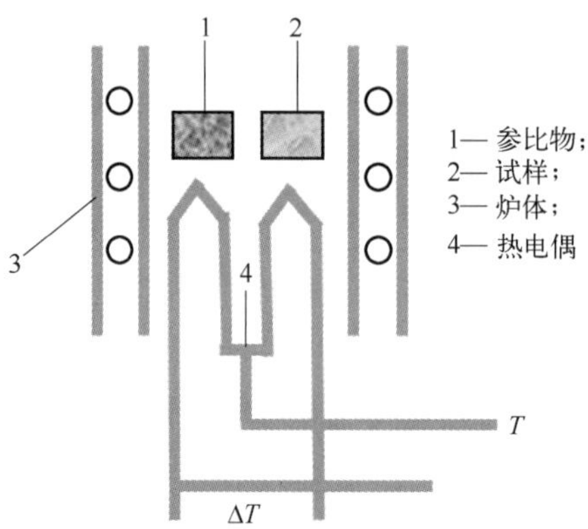

图 3-16 差热分析的基本原理

DTA 方法计算热效应过程如下：

首先，将样品和参比物分别放入两个相同的热量计中，并将它们置于相同的温度下。加热或冷却样品和参比物，使它们的温度发生变化，并测定它们吸收或释放的热量。计算样品和参比物吸收或释放的热量差，即 $\Delta Q=Q_s$（试样）$-Q_r$（参比物）。根据 ΔQ 和参比物的已知热容，可以计算出样品的热容或热效应。

在测试过程中，试样（s）和参比物（r）被放在相同的热环境中（同一金属块的两个穴内），一起被加热或冷却。虽然环境温度的变化速率一致，但因试样和参比物所具有的热容不同，在升温或降温过程中试样和参比物的温度将不同，实验中记录温度及试样与参比物的温差 $\Delta T=T_s-T_r$。由于 DTA 检测的是温差，所用的热电偶彼此是反向串接的，所以 T_s 和 T_r 之间的微小差值可用适当的放大装置检测出来，这就可用少量样品（至少数微克）进行测试，这对实际工作是非常有利的。由于差热分析是动态技术，有许多因素会影响最终的实验曲线，包括升温速率、炉内气体、样品支持器（用镍或陶瓷制成，一般呈块状或杯状，金属的样品支持器应用较广）、热电偶位置、样品特性等。若 DTA 曲线用于定性分析，吸热和放热曲线峰的形状位置数目是重要的。对于定量研究来说，曲线峰包围的面积是十分重要的。由于 DTA 与试样内的热传导有关，标定 K（换算系数，也叫仪器常数）又不断随温度变化，要进行比较精确的定量分析是相当困难的。图 3-17 是典型的差热分析仪示意图。

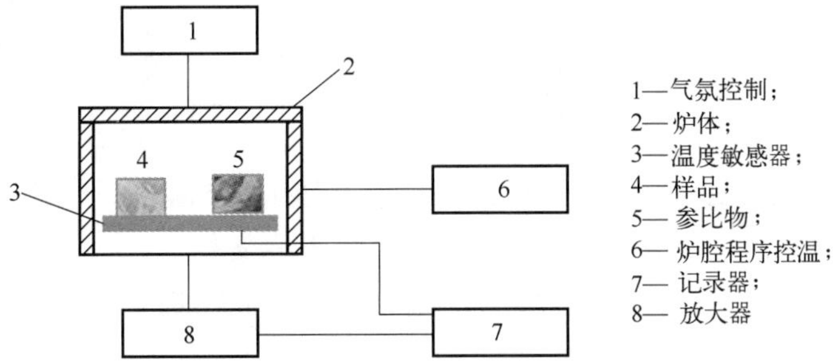

图 3-17 差热分析装置示意图

DTA 和 DSC 的主要区别有三点。首先，曲线的纵坐标含义不同。DSC 曲线的纵坐标表示样品放热或吸热的速率，单位为 mW/mg，又称热流率（$dq/d\tau$），而 DTA 曲线的纵坐标则表示温差，单位为温度℃（或 K）。其次，DSC 的定量水平高于 DTA。试样的热效应可直接通过 DSC 曲线的放热峰或吸热峰与基线所包围的面积来度量，不过由于试样和参比物与补偿加热丝之间总存在热阻，使补偿的热量或多或少产生损耗，因此峰面积需乘以一修正常数（仪器常数）方为热效应值。仪器常数可通过标准样品来测定，即为标准样品的焓变与仪器测得的峰面积之比，它不随温度、操作条件而变化，是一个恒定值。最后，DSC 分析方法的灵敏度和分辨率均高于 DTA。DSC 中曲线是以热流率或功率差直接表征热效应的，而 DTA 则是用 dT 间接表征热效应的，因而 DSC 对热效应的响应更快、更灵敏，峰的分辨率也更高。所以，现在都倾向于使用 DSC 测试材料的热物性。

（3）参比温度法

参比温度法是一种近十几年来发展起来的热分析技术，测试仪器要远比差示扫描量热仪简单，操作更简便，而且无须差示扫描量热仪那样的复杂培训和操作。一般采用普通玻璃或石英试管装样品，使用方便且相变过程易被观察到，并能进行多个样品的同时测量，样品个数取决于恒温容器的大小和数据采集系统的通道数。

参比温度法是一种能够测定多组相变材料凝固点、比热容、潜热、热导率和热扩散系数的方法，其基本原理是将相变材料样品和参考物质分别放在相同规格的试管内，并同时置于某一设定温度的恒温容器内进行加热，直至所有材料的温度都达到这一设定温度。然后将它们突然暴露在某一较低设定温度环境中进行冷却，则得到样品和参考材料的温降曲线，通过两者的降温曲线建立热力学方程得到材料的热物性。在测量相变潜热时，将相变材料（PCM）和水分别放在相同规格的试管中，将装有相变材料的试管突然放在恒温冷水浴中冷却，并记录降温曲线；然后置于恒温热水浴中，记录升温曲线。这种方法基于以下假设：相变过程近似为准静态过程，在固液相分界面上，液体通过对流传热的方式给固态 PCM 的热量可以忽略，近似为一维径向传热，试管的径长比要远小于 1。参比温度法测试仪器结构如图 3-18 所示。

该方法的优点是使用玻璃试管装 PCM，使得相变过程更容易观察；测试允许的样品

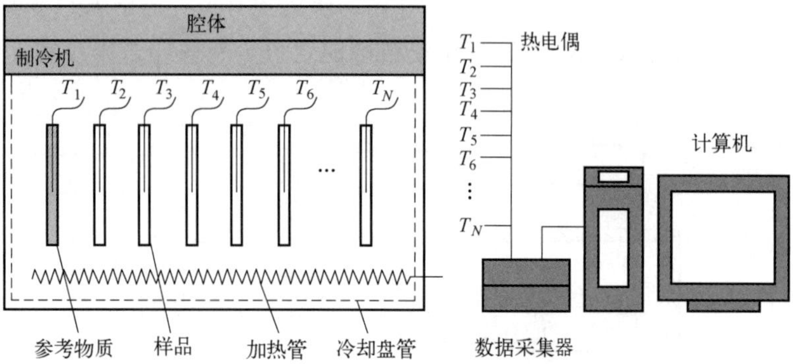

图 3-18 参比温度法测试仪器结构示意图

质量大，测量结果的过冷度小，测量结果更接近实际材料，并且具有较高的精确度；实验装置较为简单，适用于工程上的相变材料大批量筛选。缺点是假设了试管内液体的温度分布是均匀一致的，但实际上试管中的液体存在着纵向的温度梯度。在测试之前需要对测试条件是否满足要求进行计算，特别是 Bi 数（通常代表标准生成焓）应小于 0.1，适用集总热容法建立热力学方程，因此在测试之前应该对测试条件是否满足要求进行计算。为了获得良好的降温曲线，加热温度要略高于相变温度，冷却温度要低于相变温度。

3.2.2.2 热导率的评价方法

材料的导热性能主要是通过材料的热导率来表现的。热导率仪可用来测量材料的热导率，通常采用热板法、热流法或热阻法等原理进行测量。热导率的测量主要分为稳态法和非稳态法。

在稳态测试方法中，试样内的温度分布是不随时间而变化的稳态温度场，当试样达到热平衡以后，借助测量试样每单位面积的热流速率和温度梯度，就可直接测定试样的热导率。在非稳态测试方法中，试样内的温度分布是随着时间而变化的非稳态温度场，借助试样温度变化的速率，就可以测定试样的热扩散率，从而得到材料的热导率。稳态测量法需要较长的时间来达到稳态温度场，所以应用受到一定的限制。

非稳态法是一种瞬态测试方法，适合测量的材料热导率的范围较广，测量时间也比较短。非稳态法又称瞬态法，其基本原理是对处于热平衡的试样施加热干扰，通过测试样品温度的变化，结合非稳态导热微分方程，计算出待测样品的热物性参数。通过非稳态测试，可测得材料的热扩散系数、比热容和热导率。热扩散系数又称导温系数，是表征材料内部热量扩散、温度趋于一致的能力，其与热导率的关系为：

$$\kappa=\lambda/(\rho c) \tag{3-8}$$

式中，κ 为热扩散系数，m^2/s；λ 为热导率，$W/(m \cdot K)$；ρ 为密度，kg/m^3；c 为比热容，$J/(kg \cdot K)$。可见非稳态法测试的是试样温度随时间的变化关系，进而求得热导率，不需要构建稳定的温度梯度，故而具有快速、便捷的特点，且对测试环境要求低。

目前常用的非稳态热导率测试方法主要有：热线法、热带法、瞬态平面热源法、激光闪射法。

（1）热线法

热线丝法属于非稳态热导率测试法。其中热线法包括十字热线法和平行热线法。平行热线法是国际上一种先进的测试热导率的方法，其测量范围广、精度高。

热线法测试热导率的基本原理是，一根细长的金属丝埋在初始温度分布均匀的试样内部，突然在金属丝两端加上电压后，金属丝温度升高，其升温速率与试样的导热性能有关。如试样热导率小，热量就不容易散掉，金属丝温度升得又高又快；相反，试样热导率大，则金属丝温度升得小而慢。热线法就是根据这一原理建立起来的。

根据热传导原理测量材料的热导率。首先建立热传导方程，热量在导热体中的传导可以用傅里叶热传导方程来描述，其中包含了热导率、温度分布和热源分布等物理量。通过求解这个方程就可以得到具体的温度分布情况。当电热丝通电后，可以测量到热线附近的温度变化，通过测量不同位置的温度变化，就可以得到温度梯度。再根据热传导方程，就可以计算出材料的热导率。热线法主要用来测量松散介质的热导率，不适于测量大块固体和液体介质，并且测量存在一定的误差，测量结果受接触热阻影响。具体测量方法可以参考国家标准 GB/T 10297—2015《非金属固体材料导热系数的测定　热线法》

热线法测量热导率的过程中，需要注意一些实验条件的控制。首先加热元件和测温元件的位置应该合理选择，以确保能够准确测量到材料表面的温度梯度。其次，加热功率的选择也需要合适，过高的功率可能导致材料的温度过高，影响测量结果的准确性。此外，环境温度的变化也可能对测量结果产生一定的影响，需要在实验过程中控制。

（2）热带法

热带法是基于热线法发展起来的测试方法，其原理和热线法基本相同，只是取一条很薄的金属片（即热带，通常用金属铂片）代替热线法中的金属线，作为测试装置中的加热元件和温度传感器，从而扩大热源和介质的接触面积，减少接触热阻。所采用金属片的厚度越薄，就越能减小热带与固体样品之间的接触热阻，更加真实地记录样品温度变化，从而降低在测量过程中的绝对误差和统计误差。用这种方法对一些松散材料和非导电固体材料进行测试，测试结果具有较好的重复性和准确性，实验装置的实际测量偏差最大不超过5%。对于高导热材料需要加大加热功率，但若加热功率过高，会使裸露在空气中的热带温升很高，从而影响样品内部温度场的分布，造成较大的实验误差。瞬态热带法一般适用于测量热导率小于 2.0W/(m·K）的材料。

（3）瞬态平面热源法（transient plate source method，TPS）

瞬态平面热源法是 1991 年由瑞典科学家 Gustafsson 在热线法与热带法基础上开发出来的一项热导率测试专利技术，又被称为 Hot Disk 法。瞬态平面热源法是基于无限大介质中阶跃加热的圆盘形热源产生的瞬态温度响应。利用热阻性材料做成一个平面的探头，同时作为热源和温度传感器。Hot Disk 探头采用导电金属镍经刻蚀处理后形成的连续双螺旋结构的薄片，镍的热阻系数（热导率的倒数）和电阻呈线性关系，即通过了解电阻的变化可以知道热量的损失，从而反映样品的导热性能。外层为双层的聚酰亚胺（kapton）保护层，厚度只有 0.025mm，它令探头具有一定的机械强度并保持与样品之间的电绝缘性。在测试过程中，探头被放置于中间进行测试。电流通过镍时，产生一定的温度上升，产生的热量同时向探头两侧的样品进行扩散，热扩散的速度依赖于材料的热传导特性。通过记录温度与探头的响应时间，由数学模型可以直接得到热导率和热扩散率，再由两者的比值得到体积比热容。Hot Disk 探头和测试示意图如图 3-19 所示。

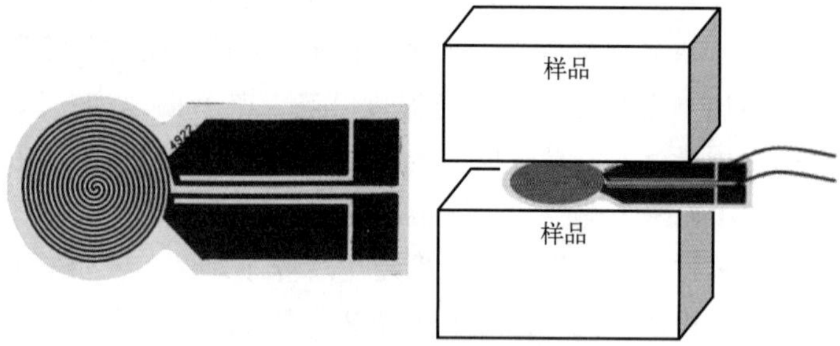

图 3-19　Hot Disk 探头和测试示意图

瞬态平面热源法具有操作简便、快速获得结果的特点，对小样本量和各向异性材料特别有效，且受外部环境影响较小。然而其测试准确度易受到设备和操作技巧的限制，样品制备和传感器位置对结果有重要影响。在常温常压测量条件下，热导率及热扩散系数的测量误差可控制在 5%以内，随着温度的升高，误差会大幅度增大。

使用瞬态平面热源法（TPS）测试材料热导率要注意以下几点。

① 样品表面要求：TPS 方法要求样品至少有一个表面必须相对平滑，并且长宽至少为探头直径的两倍。如果样品表面不平整或尺寸不符合要求，可能会影响测试结果的准确性。

② 探头直径限制：TPS 方法使用的探头直径有限，通常在几毫米到几十毫米之间。对于一些特殊形状或尺寸较大的样品，可能无法使用标准的探头进行测试，需要定制特殊的探头。

③ 材料类型限制：虽然 TPS 方法可以用于多种材料，包括金属、陶瓷、合金、矿石、聚合物、复合材料等，但对于某些特殊材料，如高反射性材料或具有特殊物理性质的物质，TPS 方法的适用性可能受到限制。

④ 测试环境要求：TPS 方法对测试环境有一定的要求，需要在相对稳定的温度和湿度条件下进行，以确保测试结果的准确性。环境的变化可能会对测试结果产生影响。

（4）激光闪射法（LFM）

激光闪射法又称为闪光法，最早由 PARKER 及 JENKINS 在 1961 年提出。这是一种非接触式的热物性测量方法，具有测量速度快、精度高、对样品无损伤等优点。激光闪射法测热导率的原理基于热传导的基本定律和激光的热效应。当一束短脉冲激光照射在样品表面时，激光能量被吸收并转化为热能，导致样品表面温度瞬间升高。由于热传导的作用，热量将向样品内部传递，形成温度分布。通过测量样品厚度和背面温度随时间的变化，就可以计算出试样的热扩散系数，同时利用吸收能量与温度变化的关系计算出试样的比热容。相比于其他测试方法，激光闪射法测试范围大、温域宽、周期短，热扩散系数与比热容的测试精度分别约为 3%和 5%，测试结果较为准确。另外，激光闪射法还具有试样尺寸小、材料适应性广的特点，适用于测试金属及合金等均匀非透明固体材料的热导率，在合适的工况下，还可测试非均相复合材料、多层材料、半透明材料、涂层材料、液体等的热导率。

为了确保激光能量能够均匀照射在样品上，并准确测量样品的热传导性能，激光闪射法对样品尺寸有着严格的要求。通常来说，样品需要为固体片状，推荐尺寸为10mm×10mm的小方块或直径25.4mm的圆片。此外，样品的厚度也是一个重要的参数，推荐厚度范围在0.05～5.00mm之间。热扩散系数越小的样品厚度越小。在进行激光闪射法测热导率时，除了确保样品尺寸符合要求外，还需要对样品进行表面处理，以保证激光光束的均匀照射。液体样品需要放置于特制的样品槽内，计算其体积或称样量，使液面微高于样品面，同时又不至于溢出。测量前，样品的密度及比热容数据必须已知。

此外，德国的Linseis新THB-瞬态热桥法导热仪可用于多种不同类型和不同几何尺寸材料的热导率、热扩散系数和比热容的测量，其测定温度范围为－150～700℃。Linseis热桥法热导率测试仪可以在几分钟的时间内测量出材料的三种性能，测量固体物质（包括散装材料、凝胶、胶体）或液体时不需要使用具有专利的传感器。固体样品的准备很简单，有两个样品的平坦表面就足够了，不需要参比样品或校准。当然THB测量的是绝对值，数据精度不弱于常规热板法或激光闪射装置。

3.2.2.3 热膨胀系数的评价方法

膨胀系数的测定方法，可用于测量材料的热膨胀系数，常见的有光学干涉法、电容法、电阻法。在测量精度要求不高时可采用简单的熔化-固化体积计量法：将一定质量的相变材料熔化，倒入玻璃量筒中（直径越细越好），记下体积刻度，待其固化后再记下体积刻度，由此即可算出该种材料的热膨胀系数。热膨胀系数准确测量方法及其标准物质可参考相关文献。

（1）光学干涉法

光学干涉法是一种高精度的热膨胀系数检测方法。该方法通过激光干涉仪测量材料在温度变化时的长度变化，从而计算出热膨胀系数。光学干涉法适用于高精度和微小尺寸的材料检测，如光学元件和精密机械零件。

激光干涉法热膨胀测定仪主要由光学测量系统、试样系统、机架和隔振系统、试验环境保障系统和计算机测控系统五部分组成。光学测量系统主要包括双频激光干涉测量系统以及配套的各种光学定位调整器件和支架，同时还包括保证光学测量系统温度环境稳定的恒温装置。试样系统主要包括试样支架和实现对试样加热的中温和高温加热系统。同时还包括水冷系统和真空系统，以及温度控制系统。为了实现试样的装卸，系统中还配置了升降系统以实现高温加热炉的升降。机架装置承载着以上各个系统，起着连接和支撑各零部件的作用。在增加了隔振装置后，整个机架装置可以保证整个热膨胀测试系统的稳定性，所以整体机架装置满足一定的刚性、热变形和抗震性要求。试验环境保障系统主要包括加热和温控系统、水冷却恒温系统和真空系统，分别满足试样加热、光路恒温和试验气氛的要求。计算机测控系统主要对激光干涉测量系统和高温加热炉温度控制系统进行测量和控制，并控制试验装置完成整个试验过程的参数控制及数据采集和处理。激光干涉仪详细的结构如图3-20～图3-22所示。

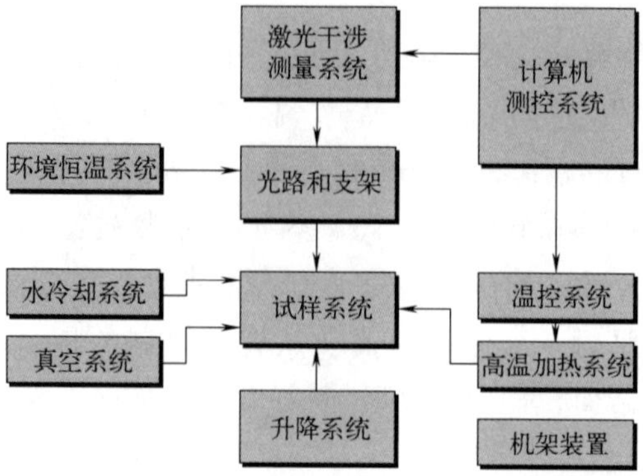

图 3-20 激光干涉法热膨胀测定仪整体结构框图

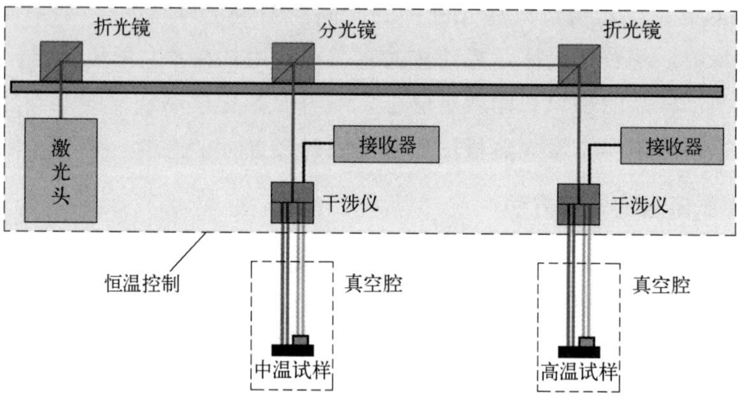

图 3-21 激光干涉法热膨胀测定仪光学测量系统布局示意图

(2) 电容法

电容法是一种基于电容变化的测量方法。该方法通过测量材料在温度变化时的电容变化，计算出热膨胀系数。电容法适用于薄膜和微小尺寸的材料检测，如半导体材料和薄膜传感器。

电容法测量热膨胀系数的原理是材料的物理性质变化导致电容的变化。当材料受热膨胀时，尺寸发生变化，其电容器的极板间距、面积或介电常数会发生变化，导致电容值发生变化。通过测量这种变化，可以计算出材料的热膨胀系数。

电容法特别适用于需要高精度和微小尺寸测量的场合。

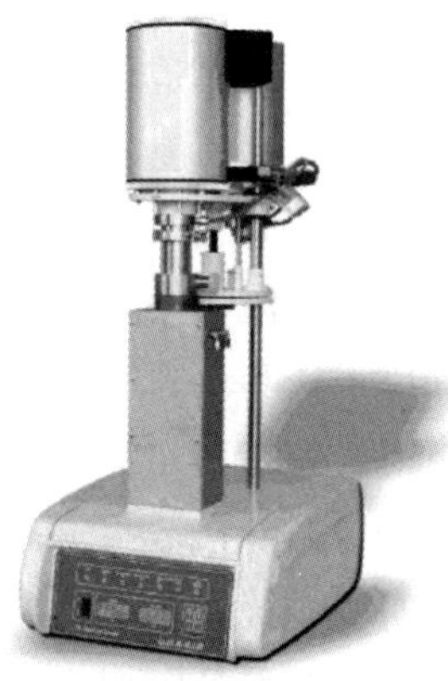

图 3-22 Linseis L75 激光热膨胀仪

(3) 电阻法

电阻法是一种基于电阻变化的测量方法。该方法通过测量材料在温度变化时的电阻变化，计算出热膨胀系数。电阻法的基本原理是利用材料在温度变化时电阻的变化来反映其热膨胀。当材料受热时，其内部原子间的距离增加，导致电阻率发生变化。通过测量这种变化，可以计算出材料的热膨胀系数。电阻法适用于金属和导电材料的检测，如电线和电阻器，对于非导电材料不适用。

根据实验测得的电阻数据和温度数据，可以采用以下公式计算材料的热膨胀系数：

$$\alpha=\frac{R_2-R_1}{R_1T_2-R_2T_1} \tag{3-9}$$

式中，α 为热膨胀系数；R_1 和 R_2 分别为待测材料在温度 T_1 和 T_2 下的电阻值。

电阻法测量热膨胀系数的样品应经过 400 目以上的砂纸打磨，以确保表面光洁，无缺陷和气泡；样品的尺寸和形状应符合测试设备的要求，通常需要有一定的长度和宽度，并且表面平整。

除了以上几种方法外，还有机械膨胀法和热机械分析法，与光学干涉法的原理相似，都是通过测量材料在温度变化时的长度变化，计算出热膨胀系数。不同的是测量长度变化所用的方法和装置不同。机械膨胀法适用于各种材料，如金属、陶瓷和聚合物。热机械分析法适用于各种材料，尤其是复合材料和多层结构材料。

根据不同材料的性质可以选择不同的测试方法来进行热膨胀系数的测定。

3.2.3 氢气储能材料的评价方法

氢气储能材料的评价是评估材料性能的关键环节，涉及储氢的密度、稳定性、储放氢工艺参数的选择以及安全性等。

3.2.3.1 Sieverts 法测量储氢量

有许多技术可用于测量样品对氢的吸收。Sieverts 法是确定储氢材料储氢能力最常用的技术，因为它装置简单、数据可靠。图 3-23 显示了一个通用的 Sieverts 装置。

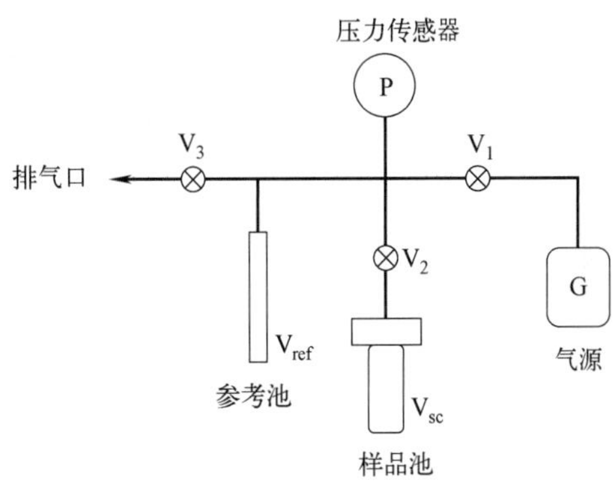

图 3-23 Sieverts 装置

在这种方法中，氢气被引入一个经过精确校准的参比釜中。当参比釜与样品池之间的阀门（V_2）开启后，将测量样品体积变化和氢气吸收/解吸引起的压力变化。用 Sieverts 法获得的数据可以方便地显示为压力-组分等温线（pressure-composition isotherm，PCI）。PCI 曲线描述了氢-氢化物体系在一定温度下的氢气氛演化过程。例如，图 3-24 展示了 AB_3 型金属间化合物 $Pr_{0.68}Mg_{0.32}Ni_{3.04}$ 合金在 313K 时的两条 PCI 曲线。在 AB 段，氢分子首先在金属表面解离成氢原子，然后扩散到宿主金属的晶格中并占据间隙位置形成固溶体 α。随着外部氢压力的增大，间隙部位的氢浓度达到临界点（B 点），此时会形成氢浓度较高、密度较低的氢化物 β 相。BC 段有一平台区，表明 α 相和 β 相共存。平台的长度代表了储氢合金的可逆储氢容量。到达 C 点时，压强开始上升，这标志着 α 到 β 相变的完成。金属氢化物在 CD 段，金属氢化物转变为单一的氢化物相，达到材料的最大存储容量。当外部氢压力降低时，储氢合金中的氢开始解吸，解吸曲线从 D 点（β 单相区）移至 BC 段（α-β 两相共存区），最终回到 AB 段（α 区）。在氢化曲线和脱氢曲线之间通常会存在一定的滞后。

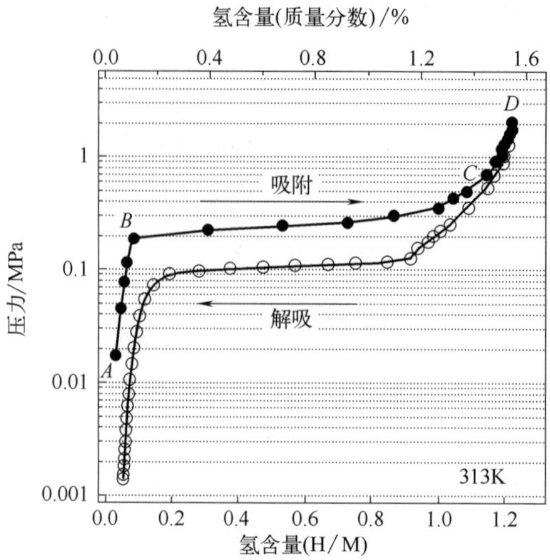

图 3-24 $Pr_{0.68}Mg_{0.32}Ni_{3.04}$ 合金在 313K 下的 PCI 曲线

H/M 表示氢原子与金属原子（M）含量的比率

通过测量样品在不同温度下的平台压力，可以提取金属间化合物的热力学信息。其中，两相平衡的压强和温度可以用范霍夫方程表示：

$$\ln(P_{H_2})=\frac{\Delta H}{RT}-\frac{\Delta S}{R} \tag{3-10}$$

式中，ΔH（J/mol）和 ΔS［J/(mol・K)］分别为氢-金属反应的焓和熵；R 和 T 分别为摩尔气体常数［J/(mol・K)］和温度（K）。

虽然 Sieverts 装置可以在常压下测定金属中的氢储存，但对于多孔材料和压力很高（>10MPa）或氢含量非常小（<1%，质量分数）的情况，必须采取一些特殊的预防措施。为确定 Sieverts 装置的可靠性，在样品密度无误差的基础上进行了计算，提出了一个无量纲的公式：

$$\eta=\frac{S_k}{\delta p} \tag{3-11}$$

S_k 为系统对 H/X［氢原子与主体材料（X）含量的比率，X 可能是非金属元素化合物或合金］变化的敏感性，它直接反映了压力的变化，因此有助于量化装置的精度和分辨率。δ 和 p 分别表示装置的满量程和相对精度，δp 表示其可靠分辨率。通常，当 $\eta \geqslant 100$ 时，假设样品密度和系统体积等其他误差不会限制装置的性能，装置能够获得高质量的数据。

Sieverts 装置吸氢测量中的不确定度可归因于多种因素，包括参比室和样品室体积的不确定度、样品密度的不确定度、压力和温度测量的质量，最后是样品量。不确定度在 Sieverts 仪器中是累积的，因此最终容量测量的不确定度将非常大，故误差校正在 Sieverts 系统测量中非常重要。准确的体积校准对于高压测量尤为重要，在 30MPa 时，氢气的吸收率可能有大约 50%的误差，而在容器/参考体积测量中则有 10%的误差。对于 Sieverts 装置，必须使用适当的系统体积（储液器的总体积＋管道＋样品室的总体积）来体现氢-样品反应后的压力变化。如果样品质量/系统体积比不平衡，结果可能导致错误。在实际测量中，可以选择容器体积近似等于参比体积，以尽量减少不确定性。具有明确储氢性能的样品，如 $LaNi_5$，建议用体积比校准。根据所需的实验目的，也可以改变样品大小-容器体积比。例如，由于多步测量的累积误差或不确定性，PCI 需要较小的容器体积，而动力学测量则倾向于较大的容器体积，以保持背景压力恒定。在高压或材料储氢容量低（<1%，质量分数）的条件下测量时，应采用较小的容器体积，因为不确定度可以随着容器体积的减小而减小，从而减小测量的气体量。然而，系统体积必须精确校正，以获得准确的测量结果。

一般来说，氢吸收测量中的不确定度可以通过增加样品负载量来降低。然而，实际情况可能有偏差，比如低密度材料，体积很大，就可能不适合。虽然较大的样品量通常是有利的，但样品体积的增加可能会产生热梯度效应，从而影响吸氢特性。错误估计样品密度可能会导致错误的测量，体积越大的系统（储层和样品室）对样品密度不确定度的容忍度越好，当样品密度不确定度超过 2%时，会对测量产生主要影响。如果不能准确测量样品密度，则必须在 PCI 曲线的每一步测量中包含样品密度的不确定度。

压力和温度的测量误差也将直接影响氢吸收量的计算，这些误差可能通过等温线测量累积。因此，压力传感器和热电偶的灵敏度和分辨率对结果的准确性至关重要，其中前一个参数的误差贡献比后一个参数更敏感。例如，对于满量程为 34MPa 的压力传感器，传感器的分辨率从±0.015%降至±0.1%将导致不确定度降至±35%。理想情况下，需要在最大测量压力下具有四个或更多有效数字的传感器来进行可靠的压力测量。此外，要在高压条件下应用 Sieverts 法，必须考虑气体的可压缩性。

另一方面，Sieverts 技术建议使用分辨率至少为 0.1K 的热电偶，温度控制的主要挑战不仅是要有一个精确的传感器，而且还涉及计算中的热平衡，特别是当对样品加热时会导致整个仪器产生热梯度。同时，还应考虑氢吸附/解吸引起的吸热/放热反应。计算表明系统达到热平衡至少需要 5min。在最坏的情况下，即在 100atm（1atm＝101325Pa）压力下，少量样品（0.5g），固有氢容量低（0.5%，质量分数），当 $\Delta T=1$K 时，动力学测量的相对误差可能超过 50%，如果采用更大的容器（>160cm^3），误差会更大。

综上所述，Sieverts 技术是表征潜在储氢材料热力学和动力学性质的一种经济、简单的技术。它对研究金属氢化物在低压（<10MPa）条件下的氢吸附/解吸特别有用。然而，样品密度和不确定度积累的误差会严重影响 Sieverts 仪器的精度。为了获得可靠的结果，除了采用大量的样品外，还必须考虑和优化精确的温度和压力测量、热平衡、样品质量/系统体积比和高压下气体可压缩性等因素，以减少不确定性的影响。

3.2.3.2 重量法测储氢量

重量法，或称量法，是一种通过质量测量确定平衡态的吸氢等温线的技术。基本上，在重力学中，压力是逐级变化的，氢的吸附可以通过测量样品在加氢过程中的质量变化来表征。通过测量不同温度下的吸氢等温线，可以计算出反应的焓、熵等热力学性质，可以直接连续地测量样品的质量变化，从而更好地监测反应的平衡和气体吸收动力学。此外，密度测量的准确性将不如体积法严格。气体吸收过程中样品质量变化 Δw 表示为：

$$\Delta w = w + \frac{B}{g} - w_0 \tag{3-12}$$

式中，w 为微量天平测得的质量；B 为浮力；g 为重力加速度；w_0 为真空中样品的质量。浮力 B/g（牛顿）等于排开气体的重量，可以写成：

$$\frac{B}{g} = \frac{M_g P(V_s + V_x)}{RZ_s T_s} - \frac{M_g P V_t}{RZ_t T_t} \tag{3-13}$$

式中，M_g 为气体的摩尔质量，g/mol；P 为压力，kPa，V_s、V_t、V_x 分别为样品平衡体积、称量瓶体积和样品的体积；R 为摩尔气体常数，J/(mol·K)；Z_s、Z_t 分别为样品平衡以后称量瓶内的气体压缩系数；T_s、T_t 分别为样品平衡后以及称量瓶的温度，K。由上式可得样品吸收气体的物质的量 n_a：

$$n_a = \frac{\Delta w}{M_g} = \frac{(w - w_0)}{M_g} + \frac{P(V_s + V_x)}{RZ_s T_s} - \frac{PV_t}{RZ_t T_t} \tag{3-14}$$

重力仪有两种：单面天平和双面天平。带有磁偶的单面天平没有称量瓶，计算简单，因为它不涉及称量瓶的校正。带称量瓶的双面天平在质量变化测量中往往具有更好的精度。双面热重力仪的原理如图 3-25 所示。

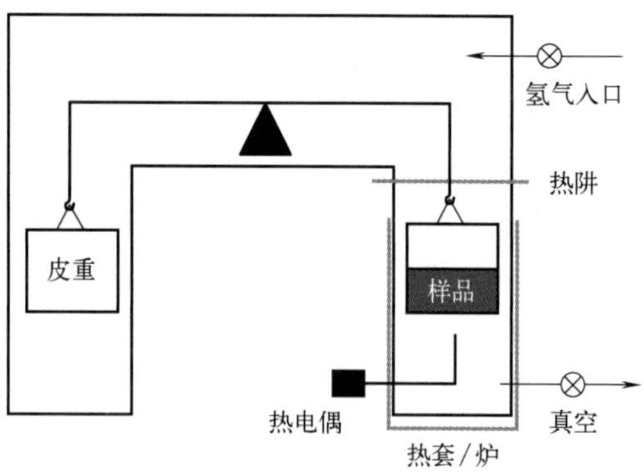

图 3-25 简化的双面热重力仪原理图

为了尽量减少实验的不确定度，必须仔细测量组件的体积，包括天平臂和样品支架，以进行浮力效应校正。通过最小化平衡元件的体积，可以进一步降低不确定性。在压力升高的情况下，由于气体密度的增大，浮力也会增大，此时必须考虑气体的可压缩性。重量法的分辨率和最小样品重量取决于微天平的固有分辨率。通常需要分辨率低至 μg 的相对灵敏的微天平。此外，与 Sieverts 装置测量类似，采用更大的样本量可以降低测量中的不确定度。同时，对于敏感材料，尤其要考虑样品保护和气体纯度，敏感材料容易被其他类型的气体污染，导致吸氢量过大。

样品体积的不确定度导致了重量法吸氢的总体不确定度。然而，重量法受样品体积不确定度的影响较小，因为浮力校正中的体积（V_x、V_s、V_t）比 Sieverts 法计算的气体体积要小得多。因此，重量法被认为是测定金属氢化物/多孔材料含氢容量的有力工具，在该研究领域得到了广泛的应用。相反，如果不精确考虑系统体积校正，用 Sieverts 法测量多孔材料的吸氢量是有缺陷的。

重量法也被认为是测量高压条件下吸氢量的可靠工具，在 7 ～ 40MPa 的比压下，Sieverts 方法存在累积误差，因此 Sieverts 方法表征的结果比重量法具有更高的不确定度，Sieverts 技术和重量法的测量不确定度（如压力、温度、样品体积等不确定度）都会随着加氢器中气体量的增加而增加。因为影响吸氢不确定度的主要因素是平衡组分的气体体积，故重量法对温度和压力测量的不确定度有较高的容忍度。

然而，为了获得可靠的数据，在重量法中必须考虑到一些实际问题。例如，样品必须非常干净，表面没有任何挥发性物质。与 Sieverts 技术相比，样品与系统之间的接触面积要小得多，因此由样品氢化产生的热量可能无法有效消散。如果微天平受到干扰，测量值可能会出现错误，例如，在被加热的样品池和微天平之间没有安装热阱，热量传递可能会导致微天平上悬臂梁的热膨胀，并引入背景噪声，数据解释困难。此外，应设计好气体进/排气通道，以尽量减少系统压力变化时气体流动对微天平的干扰。总的来说，重量法是测量材料储氢能力的一种通用方法，特别是当材料的密度不能准确测量时，可对储氢材料的加氢和脱氢过程进行直接、连续的监测，具有合理的精度。

3.2.3.3 二次离子质谱

二次离子质谱（SIMS）是一种定性/定量的表面/地下表征技术。SIMS 的原理如图 3-26 所示。在 SIMS 中，分析离子轰击样品表面产生的二次离子，以揭示样品的化学成分和结构信息。SIMS 是一种非常灵敏的技术，可以检测到 10^{-6} 级的大多数元素，横向和深度分辨率分别从几十到几百微米和几纳米到微米。在高二次离子产率和低杂质分子质量干扰等有利的实验条件下，可以实现 10^{12} 原子/cm^3 的检测限。然而，由于高背景信号，对氢等轻原子的分析可能具有挑战性。SIMS 在硅衬底中氢深度剖面的检出限为 $(1.3\sim3)\times10^{18}$，如果用氘取代 H，检出限可降低一个数量级。

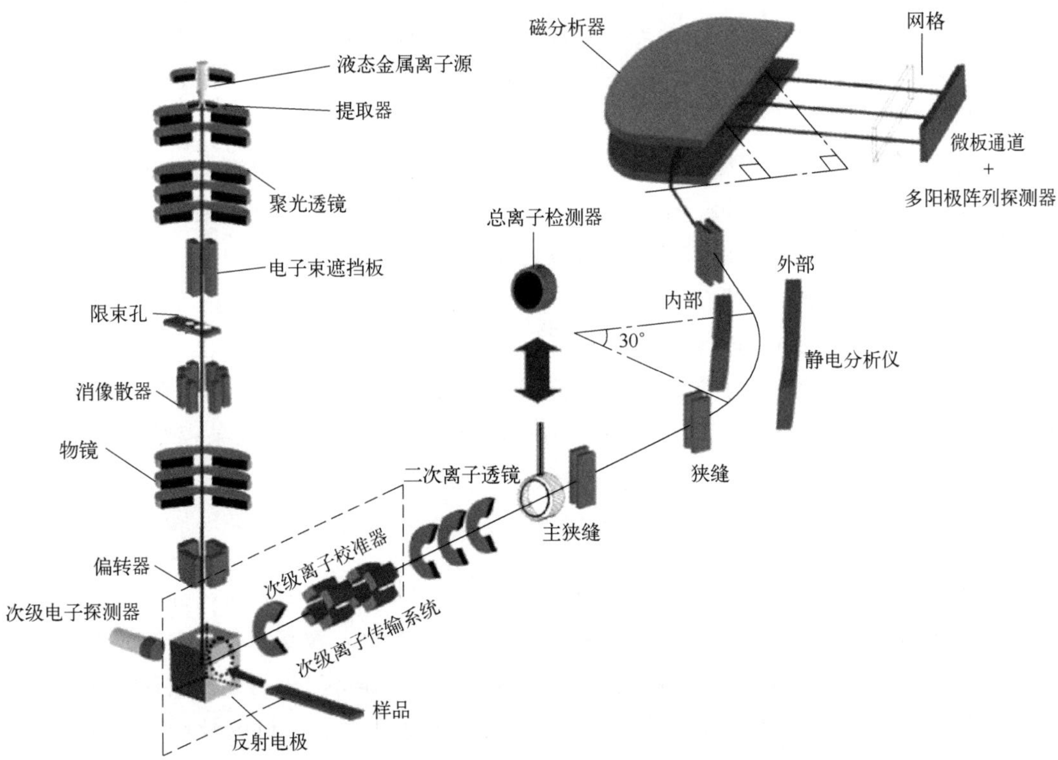

图 3-26 SIMS 的原理图

为了进行定量分析，也为了避免一次离子束电流的长期不稳定性，需要对相对灵敏度因子（RSF）进行校准，以将二次离子强度转换为样品基质中分析物的原子浓度。标准品可以是离子注入标准品，也可以是已知杂质浓度的掺杂散装样品，在同一基体中，分析物与参比物的浓度$\left(\frac{C_A}{C_R}\right)$和强度$\left(\frac{I_A}{I_R}\right)$关系如下式所示：

$$\frac{I_A}{I_R}=\left(\frac{T_f^A S_A \beta_A{}^+}{T_f^R S_R \beta_R{}^+}\right)\times\frac{C_A}{C_R} \tag{3-15}$$

式中，I_A 为被分析物的二次离子电流；I_R 为参比物的二次离子电流；A 和 R 分别为被分析物和参比物；T 为仪器质量相关透射率；S 和 β^+ 分别为溅射离子产率和电离效率；C 为浓度，原子个数/cm^3。括号中的项定义为 RSF，其中 T 与仪器相关，S 和 β^+ 随不同的样本矩阵而变化。因此，RSF 受样品晶体取向和一次光束提取角度的影响，也与二次离子产率有关。

元素的电离效率在不同的基质中可能不同，分析物的离子产率与分析物浓度、基质类型和主光束性质有关，因此标准品的组成应与测试样品相似。铯离子源消除了原生光束对含氢物质的污染，是 SIMS 中常用的氢的研究源。然而，如果采用低离子束电流，分析的精度可能会受到影响。当基质中含有电负性物质时，应采用负离子谱法，可以提高 H^+ 的产率，并产生明显的 H^+ 信号。

SIMS 进行定量分析，样品必须在超高真空（UHV，约 10^{-9} mbar，1bar$=10^5$Pa）下保持稳定。由于元素扩散或固有的不均匀性，必须准确定义样品的均匀性，否则很难区分元素分布随样品深度的变化。此外，当样品导电不良时，应镀上一层薄薄的导电层（如 Au、C、Pd 等）以去除多余的电荷。SIMS 实验中的一个可能的误差来源是分析过程中沉积在样品上的含氢分子，如碳氢化合物和水分（原位污染）。样品产生的氢信号与表面残留的氢信号很难区分，表面残留通常被视为仪器背景，影响了氢谱分析的灵敏度，增加离子束电流强度可以降低分析过程中氢分子沉积引起的背景信号，而通过采用具有快速衰减尾的主光束和二次离子的提取透镜，也可以大大降低背景强度。

SIMS 是氢化物质表征的有力工具。这种直接检测、灵敏和快速的技术能够定量地获得整个样品表面和深度的局部氢含量。它可以应用于薄膜的氢分析以及快速分析材料中氢的深度剖面和分布。然而，SIMS 不适合分析多孔样品和在真空下容易脱气的材料。此外，SIMS 没有提供氢化熵和氢化焓等热力学信息，因此 SIMS 的结果很难与其他方法（如 Sieverts 和重量法）得到的结果进行比较。

3.2.3.4　热解吸光谱

热解吸光谱（thermal desorption spectroscopy，TDS）是一种表征材料表面或界面吸附、脱附行为的技术。它通过在一定的温度范围内加热样品，观察和分析由样品表面或内部脱附出的气体或挥发性物质的特征。它的优点是简单、非等温、物理无损，通过测量真空/期望气体环境下的气体解吸速率来研究吸附物的表面动力学。TDS 最初用于研究材料中的氢浓度和评估捕获位点与氢原子之间的相互作用。它还可以用来鉴定储氢合金的热力学和动力学性质。TDS 有 4 个主要部分，分别是样品室、真空系统、加热元件和检测器。

为了提高 TDS 的检出限，通常采用质谱仪（MS），图 3-27 为 TDS 与 MS 的示意图。

TDS 可测定具有不同微观结构特征和缺陷材料的储氢能力。通过施加不同的热梯度，可以确定氢结合能、扩散系数和反应顺序等信息。例如，通过测量不同升温速率下的氢解吸行为可以得到活化能，根据方程：

$$\frac{d\left(\ln\frac{\Phi}{T_m}\right)}{d\left(\frac{1}{T_m}\right)}=-\frac{E}{R} \qquad (3\text{-}16)$$

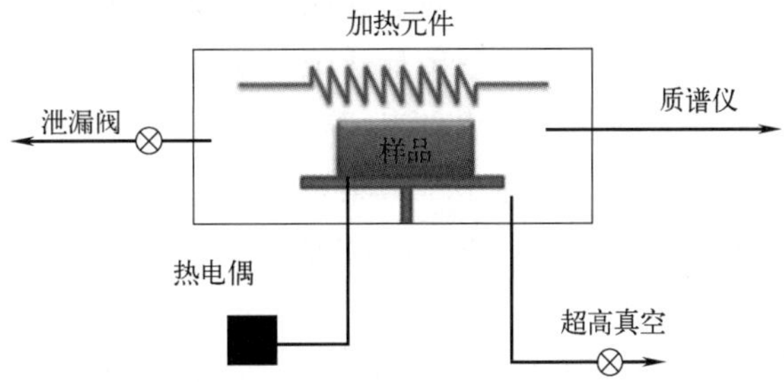

图 3-27 配有质谱仪的热解吸光谱示意图

无论反应顺序如何，都可以计算出活化能 E(kJ/mol)，式中 Φ 为升温速率（K/min），T_m 为最大氢解吸温度（K），R 为摩尔气体常数 [J/(mol·K)]。与其他传统的在等温环境下测定气体解吸速率的方法相比，TDS 更适合于测量氢气扩散缓慢的样品，这将大大延长实验时间。此外，通过使用质谱仪进行氢分析，TDS 具有极好的检出限，因此 TDS 只需要少量样品（低至 1mg）。相比之下，Sieverts 技术至少需要 500mg 的样品才能可靠地测定储氢容量。

样品在 TDS 测量前需要先充氢。通常，样品可以通过固气反应或电化学方法进行氢化。然而，对于电化学带电的样品，必须在氢气充电前后使用光学和/或扫描电子显微镜监测表面或微观结构状态。判断氢化是否改变了样品结构，如开裂或起泡，这可能导致 TDS 光谱的错误解释。

样品制备对于 TDS 非常重要，特别是当氢在样品上的键合较弱时，随着样品厚度或表面粗糙度的变化，带电样品的 TDS 结果可能会有所不同。氢信号并不一定表示氢的脱附，它可能是由热处理引起的微观结构变化导致的氢结合位点的湮灭。此外，升温速率对气体的解吸行为也有影响。

TDS 曲线看起来很简单，但 TDS 谱的解释可能非常复杂。研究人员为了分析储氢材料的 TDS 光谱，提出了多种模型，考虑了不同的限速步长。根据样品特征和所涉及的实验参数，速率限制因子可能与表面/体过程或不同的热力学相有关。综上所述，TDS 能够获取样品中氢的动力学和热力学信息。该方法检出限高，实验时间短，样品量少。当提供适当的标准时，定量分析也是可能实现的。然而，由于需要超高压，TDS 仅用于研究气体解吸过程，TDS-MS 不适用于 H_2 扩散率高的样品。此外，如果不同捕获点的氢解吸温度相似，则难以区分不同捕获点的氢信号。当研究准晶和非晶材料时，因为加热过程中可能会经历重大的微观结构变化，情况可能会更加复杂。

3.2.3.5 中子散射

对于使用 X 射线相关技术的传统结构表征，轻原子和重原子产生的信号不具有可比性，这使得氢在 X 射线衍射下几乎是透明的。中子散射与 X 射线衍射非常相似，但由于中子的固有特性，研究晶格中的光原子成为可能。中子是一种不带电的粒子，存在于除氢原子以外的原子核中。它的波长通常为 1～10Å，可以通过核裂变或散裂产生。中子与原子核发生反应，这使得中子能看见氢。中子技术只需要很少的样品制备，它可以应用于各种类型的样品，包括金属氢化物、MOF、碳质材料和沸石。同时，大多数元素的中子吸收率较低，因此可以使用加热炉、加压容器、低温恒温器等装置进行原位实验。根据所采用的技术，中子可以用来表征氢化物材料的晶体结构（衍射）、粒径、氢化纳米粒子的几何和精细结构（小角中子散射，SANS）、氢动力学（非弹性散射，INS）、氢扩散和解离（准弹性中子散射，QENS）等信息。中子散射原理如图 3-28 所示：中子与样品相互作用时，既可以穿过样品，也可以被样品吸收，也可以被样品散射。散射可以是弹性散射（衍射），其中中子的能量是守恒的，也可以是非弹性散射，中子的能量和动量在散射后都发生了变化。中子散射与原子序数和散射角无关，由于大的散射截面（$82.02\times10^{-28}m^2$），中子可以很好地找到氢。相干散射可以提供集体核（结构）的运动动力学信息，而非相干散射则揭示了单个原子运动的信息，如局部振动和原子扩散。

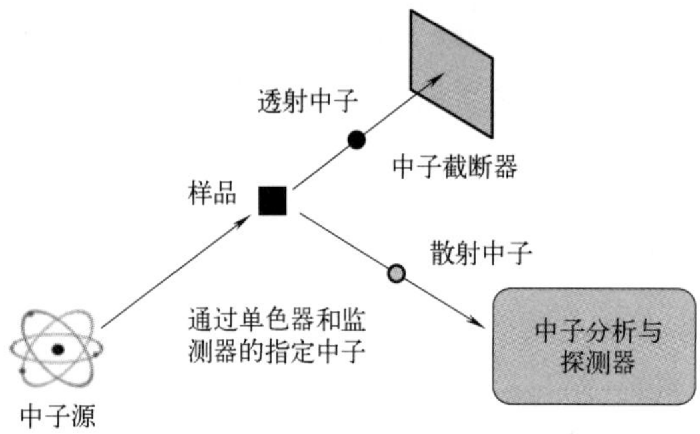

图 3-28 中子散射原理图

SANS 是研究簇状、多孔材料和长度密度在 1～1000nm 之间的纳米颗粒等纳米材料微观结构的有力工具。这种技术中，单色中子束将与样品中的原子核发生反应。弹性散射光束包含结构因子和形状因子等信息，这些信息与原子位置和粒子形状的相关性有关。原子形式（散射）因子是孤立原子对波的散射振幅的度量，它取决于散射的类型；结构因子是对凝聚态物质或晶体物质如何散射入射中子辐射的数学描述。在中子衍射实验中得到的结构因子是解释干涉图样的一个特别有用的工具，它不需要分辨散射中子的能量。

在非弹性散射中，中子与原子核相互作用并获得/失去能量，这种现象使原子处于运动状态，有助于研究从几埃到几十纳米尺度的原子/分子运动的原子动力学，时间范围从几十皮秒到微秒。不同量子态的氢在中子散射下的反应不同，因此可以观察到氢的量子力学性质。这一特征有助于确定氢的俘获态和俘获能的变化，从 INS 得到的振动态密度也可以推导出氢化过程中的焓变。因此，动力学的改善主要是由于表面积的扩大，而不是铣削过程中引入的缺陷和应力。

准弹性中子散射（QENS）是散射粒子非弹性散射的一种极限情况，少量的能量（几乎没有能量转移）散射使原子/分子处于非周期运动，这会导致弹性线展宽，这与原子运动的时间尺度有关，如跳跃扩散或平动扩散。因此，QENS 可以用来研究氢在晶格中的扩散。

中子散射可以研究不同类型的材料中氢的扩散或氢和氢化物结构，如多孔材料和金属氢化物。中子技术的高灵敏度和原位实验能力使其成为表征氢化物的有力工具。然而，与同步加速器相比，束流通量相对较小，由于中子与物质的反应较弱，需要更大的样本量。

3.2.3.6 电化学表征

氢气可以用作燃料，通过气体燃烧产生能量，但它也可以作为电池系统中的电荷载体来发电。一个非常成功的例子是金属氢化镍（Ni-MH）电池，它利用储氢合金作为负极。在这种情况下，镍氢电池的电化学性能与负极储氢合金的储氢容量和微观结构特征直接相关。目前已经报道了几种电化学技术来表征负极的电化学性能。

这些技术主要集中在氢扩散率对本体电极的影响和电荷在电极-电解质界面的转移和分布。金属（M）在碱性溶液中通过电化学反应发生的氢化反应可用下列公式描述：

$$M+xH_2O+xe^- \rightleftharpoons MH_x+xOH^- \tag{3-17}$$

在电解质界面水还原产生的氢原子首先吸附在镍氢电池的 MH 负极表面，然后它们扩散到金属中形成金属氢化物。在电池放电过程中，整个反应将发生逆转。氢平衡分压 p_{H_2} 可以通过测量金属氢化物电极的平衡电位 E_{eq} 来确定，公式如下：

$$E_{eq}=E_0-\frac{RT}{nF}\ln p_{H_2} \tag{3-18}$$

式中，$E_0=-0.9324V$；R 为摩尔气体常数，J/(mol·K)；T 为温度，K；F 为法拉第常数，C/mol；n 为反应中转移的电子数。根据计算得到的分压，可以由范霍夫方程推导出热力学参数。

采用固气相互作用法和电化学法测定储氢性能，Willems 研究表明，对于 $LaNi_5$ 合金，电化学方法得到的充放电曲线与 PCI 曲线具有类似的加氢/脱氢特性。研究发现，平台压力倾斜时，氢化物的倍率能力较差，自放电率较高。虽然电化学方法得到的曲线与固气相互作用曲线具有可比性，但固气相互作用中的加氢并不能反映电极-电解质的相互作用。固液反应中的电吸附和固气反应中的化学/物理吸附有很大的不同，PCI 法测得的容量往往比电化学法测得的结果大，因为 PCI 法测得的压力范围往往可达 5MPa 以上，而电化学法测得的容量只能达到 1atm。此外，电化学方法得到的结果高度依赖于活化表面。

如果电池系统中不涉及其他氧化还原系统，则金属吸收氢的量可以通过法拉第定律计算：

$$m_H=\frac{ItM}{zF} \tag{3-19}$$

式中，m_H 为氢的质量，g；I 为电流，A；t 为时间，s，M 为金属的摩尔质量，g/mol，z 为每个离子转移的电子量；F 为法拉第常数。电化学表征通常用于评价电池中电极的性能，如放电容量的测量。由上式可知，该测量也可用于表征电极中储氢合金吸收或解吸氢的量。利用电化学技术可以研究样品在室温下的热力学和动力学性质。此外，电化学技术的优点是其检测限通常涵盖从纳安到安培的几个量级的电流。因此，它能够确定薄膜样品的储氢容量，而使用 Sieverts 或重量法很难做到这一点。然而，电化学技术的准确性取决于电解质和正极的性质，以及电极的表面性质。通常正极的容量会远远大于负极的容量，这样就会构造出负极容量有限的系统。

镍氢电池系统的性能受多种因素的影响，在低放电电流密度下，活化过电位占主导地位，而在高放电电流密度下，浓度过电位变为冲击过电位。这意味着氢在金属氢化物中的扩散是这种情况下高倍率放电的限速因素。

电化学方法具有成本效益高、快速、准确、易得等优点。与其他通常需要精确压力和温度控制的氢材料表征技术不同，电化学方法的要求不那么严格。然而，电解质的组成，包括杂质和溶解气体，在评价的再现性中起着关键作用。同样，电化学方法获得的结果也不仅仅取决于样品的固有储氢性能，还可能受到其他因素的影响，如电池体积、颗粒和添加剂的大小以及正负极的表面条件。高腐蚀敏感性或表面钝化的金属显然不适合进行电化学表征。

3.2.3.7 程序升降温法

在进行氢能储存过程中，经常需要使用催化剂。催化剂的表面特性可以采用化学吸附法进行测量，通过不同气体在催化剂表面的吸附、脱附、氧化、还原反应来获得催化剂，催化剂载体的活性金属表面积、表面酸性、活性位点的分布和强度、比表面积以及其他性质。现在常用化学吸附仪来实现以上操作。图 3-29 为某公司的全自动化学吸附分析仪，可以实现程序升温脱附（TPD）、程序升温还原（TPR）、程序升温氧化（TPO）和程序升温表面反应（TPRS）等，且在同一个实验中设计多种分析。

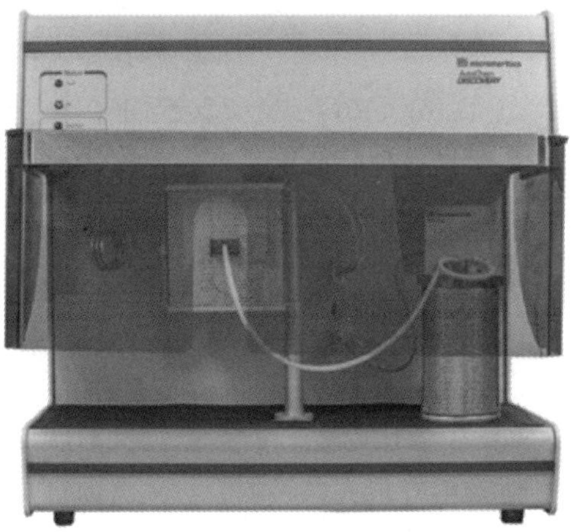

图 3-29 全自动化学吸附分析仪 Micromeritics/AUTOCHEM II 2920

程序升温脱附法（temperature programmed desorption，TPD）是实验室中简单表征催化剂酸碱性最常用的方法。其理论基础在于“吸附热”三个字，就吸附而言，根据探针分子和催化剂的作用方式的不同，可以分为物理吸附和化学吸附。例如，当碱性气体分子接触固体催化剂时，除发生气-固物理吸附外，还会发生化学吸附。吸附作用首先从催化剂的强酸位开始，逐步向弱酸位发展，而脱附则正好与此相反，弱酸位上的碱性气体分子脱附的温度低于强酸位上的碱性气体分子脱附的温度，因此对于某一给定催化剂，可以选择合适的酸碱性气体，利用各种测量气体吸附、脱附的实验技术测量催化剂的强度和酸碱度。TPD 就是把预先吸附了某种气体分子的催化剂，在程序加热升温下，通过稳定流速的气体（通常利用惰性气体，如 He 气），使吸附在催化剂表面上的分子在一定温度下脱附出来，随着温度升高，脱附速率增大，经过数个脱附峰后，脱附完毕。通过测定脱附出来的碱性气体的量，从而得到催化剂的总酸碱量。TPD 也可用于脱氢过程测量。在控制温度下加热样品使之发生脱氢反应，利用质谱或质量流量计检测从体系中流出的氢气量，即可对反应情况进行一般的定量研究。通过质谱检测逸出氢气的方法又称为热脱附谱方法。

使用热重或程序升温脱附法测量储氢量要注意温度和气氛的控制。升温速率大，测量耗时短，但同时热滞后严重。仅考虑定量测量时，影响不大，若考虑动力学测量，则存在响应误差。关于气氛的选择，若测量在静态气氛下进行，只需维持体系压力稳定即可。若在动态气氛下进行，利用惰性气体作吹扫气或保护气，则气体流量应控制在较低水平，避免产生较大的气流扰动。

程序升温还原（TPR）是一种表征固体材料的技术，主要用于非均相催化领域，以找到最有效的还原条件。TPR 使用还原气体（通常为氢气）通过催化剂层，并按照预定的升温程序使催化剂还原，然后通过检测器（如热导池或质谱仪）监测还原过程中氢气浓度的变化，从而研究催化剂的还原性质。TPR 技术广泛应用于研究催化剂中金属氧化物之间的相互作用、金属氧化物与载体之间的相互作用、催化剂的还原性质等。通过 TPR 测试，可以获得起始还原温度、最高还原温度、还原速率等参数，这些参数对于优化催化剂的性能至关重要。

程序升温氧化（TPO）主要用于研究催化剂表面的氧化反应，特别是在积碳催化剂中的应用。TPO 技术通过在程序升温过程中，使催化剂表面的沉积物（如积碳）与混合气体中的氧气发生氧化反应，从而分析催化剂的表面特性及其积碳行为。除了用于分析催化剂表面的碳沉积外，TPO 还可以用于研究气相氧与催化剂表面吸附氢和表面氧空位的反应动力学和机理。

程序升温表面反应（TPSR）是指在程序升温过程中，催化剂表面同步发生表面反应与脱附的过程。进行 TPSR 时，需预先在催化剂表面吸附反应物，随后以等速升温，促使表面物种经反应后脱附。升温过程中，催化剂表面可能发生分解反应、固体表面吸附物与另一物质的催化反应，或吸附物自身的反应。通过这类研究，可揭示活性中心性质与反应机理。另一种情形是，当载气为反应物时，在程序升温过程中，载气（或载气中某一组分）会与催化剂表面经反应形成的吸附物种边反应边脱附。

TPD 技术只能局限于对某一组分或双组分吸附物种进行脱附考察，因而不能得到真正处于反应条件下有关催化剂表面上吸附物种的重要信息。TPSR 弥补了 TPD 的不足，把 TPD 和表面反应结合起来，为深入研究和揭示催化作用的本质提供了一种新的手段。

3.2.4 水合物储能材料的评价方法

水合物不同于前面介绍的储能材料，其稳定存在区域通常在低温高压下，因此水合物储能材料的评价方法与其他材料区别较大，即使使用相同的仪器，也有其特殊之处。

3.2.4.1 水合物相平衡条件评价方法

物质的相变是指物质在不同条件下由一种相态转变为另一种相态的过程。常见的物质相变有固态到液态的熔化、液态到气态的蒸发、固态到气态的升华、气态到液态的凝结、液态到固态的凝固等。这些相变过程有其特定的条件和规律。例如，熔化是指固态物质在一定温度下吸收热量，使分子振动增强，最终使固态结构破坏，形成液态。蒸发是指液态物质在一定温度下，分子的平均动能大于液体表面的吸引力，从而逃离液体表面，形成气体。凝固是指液态物质在一定温度下失去热量，分子振动减弱，逐渐形成有序的固态结构，如水结成冰。

相平衡是指在一定条件下，物质处于不同相态之间的平衡状态。在相平衡状态下，物质的各个相态之间的相互转化速率相等，不存在净的相变。相平衡是由温度、压力和物质的性质决定的。对于纯物质，存在三个相态之间的平衡，分别是固态、液态和气态。在一定温度和压力下，纯物质可以同时存在固态、液态和气态，这被称为三相平衡。例如，在大气压下，水在零摄氏度时存在冰、液态水和水蒸气之间的三相平衡。相平衡在许多领域都有重要的应用，例如在化学反应中，反应物和产物之间的相平衡可以影响反应速率和平衡常数。

相平衡的条件可以通过相图来描述。相图是以温度和压力为坐标的图表，显示了物质在不同条件下的相态转变关系。相图可以提供有关相变温度和压力的信息，以及不同相态在相平衡时的存在范围，相平衡、相图的基础知识可参阅参考文献。气体、水、水合物达到相态平衡，受温度、压力和溶液浓度等因素的影响。水合物相图是一种用于研究水合物相关性质和应用的重要工具，对于气体水合物的相平衡模拟计算见参考文献。相图对于天然气水合物的研究具有重要的指导作用，特别是在天然气水合物的形成、分解以及相关的应用技术研发中。水合物相图的应用主要体现在以下几个方面。

① 确定气体水合物的生成条件。水合物相图可以用于确定气体水合物的生成条件，包括温度、压力、气体组成等因素。

② 分析水合物的相平衡和组成。水合物相图可以帮助分析涉及水合物形成的系统（特别是在某些多孔介质中）的相平衡和组成，从而更好地理解水合物的生成过程。

③ 指导天然气水合物的开采。水合物相图可以用于指导天然气水合物的开采，比如通过分析水合物的生成条件和生成线，可以预测和选择最佳的开采策略。

④ 预测气体水合物的稳定性。水合物相图可以用于预测气体水合物的稳定性，比如通过分析水合物相图，可以预测不同条件下气体水合物的稳定性，从而指导水合物的利用。

水合物相图在气体水合物的研究中具有重要的作用，不仅可以帮助更好地理解气体水合物的生成过程，还可以指导水合物的开发和利用。水合物的相图需要通过测定气体水合物的相平衡点绘制得到。由于水合物形成过程中与亚稳区相关的不确定性，水合物相平衡测量通常通过水合物解离过程测定。常采用作图法，通过反应釜中气体生成水合物和水合物分解过程曲线的交点来判断相平衡点。根据理想气体状态方程可知，水合反应过程中主要的变量有温度（T）、压力（p）和体积（V）三个，因此在测定气体水合物相平衡条件时，可以通过控制其中一个变量不变，另外两个变量随着实验条件的变化而发生改变。根据实验中所保持不变的变量，图形法又可以分为定温法、定压法和定容法。其中定容测量法具有适用范围广、简单易操作等优点已被广泛应用。

定容法又称为温度压力搜索法，或画圈法。该方法设备简单、准确度高、使用范围广。通过反应釜中气体生成水合物和水合物分解过程曲线的交点来判断相平衡点。图 3-30 和图 3-31 是典型等容压力搜索法使用的测试装置（该装置为华南理工大学水合物与天然气技术团队建设）。装置的核心部分是不锈钢反应釜，总的有效体积为约 $300cm^3$，并且在釜内部装备有磁力搅拌器，用于加强热传递。反应釜的最大工作压力为 20MPa。将釜浸入恒温浴（Huber CC2-K20B）中以实现容器达到设定的温度。将精度为±0.1K 的两个铂电阻温度计（Westzh WZ-PT100）插入反应釜中测量气相和液相中的温度。通过精度为±0.01MPa 的压力传感器（Senex DG-1300）测量釜内部的压力。所有压力和温度由数据记录器（Agilent 34970A）记录，其记录数据所得的曲线。

在采用定容法测定水合物相平衡过程中保持体系的体积不变，通过温度控制系统对体系进行降温和升温来实现水合物的生成和分解，以数据采集系统记录水合反应过程中的温度和压力变化，最后根据记录的数据绘制压力随温度变化的曲线图，图中降温段直线和升温段曲线的交点即为水合物相平衡点，该点的温度和压力即为生成水合物所需的相平衡条件。如图 3-32（a）所示为定容法测定水合物相平衡的温度-压力变化曲线，其中 A 点为实验的初始平衡状态，AB 段为程序匀速降温段，当水合反应进行到 B 点时发生压力的突降表明此时（BC 段）有大量气体水合物生成，由 C 点开始调节控制水浴进行缓慢升温，让生成的水合物分解，直到水合物完全分解的 D 点（即升温曲线与降温曲线交点）就是实验所需要测定的水合物相平衡点。通过定容法进行测定的过程中，需要采用高速搅拌的方式，让反应体系在温度压力变化的过程中快速达到动态平衡，当升温曲线非常靠近降温曲线时升温速率不能高于 0.25K/h 或是每升温 0.1K 应维持恒温 4h，这样才能保证降温曲线和升温曲线交点为最后一个水合物分解点。图 3-32（b）显示的是水合物平衡曲线和水合物稳定区域，阴影部分是水合物稳定存在区域。该方法只适合测量气体水合物的相平衡条件，对于无气体参与的水合物则无法使用该方法。

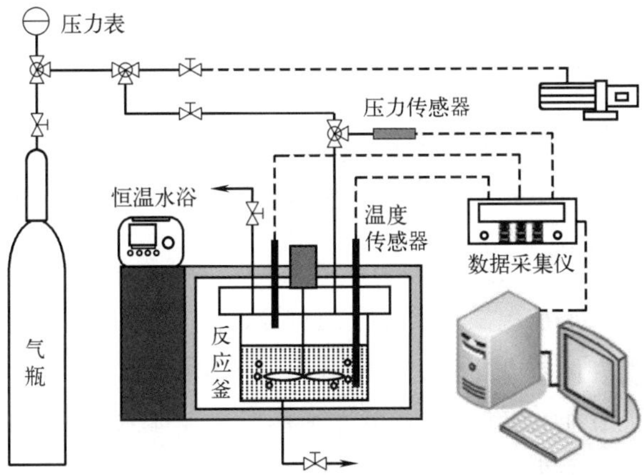

图 3-30 水合物相平衡测试实验装置示意图

图 3-31 华南理工大学应用于水合物相平衡测试的实验装置

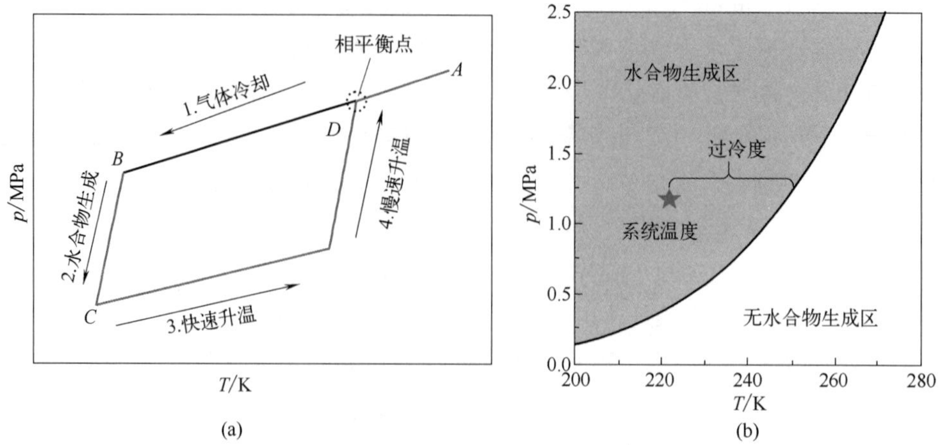

图 3-32　定容法测定水合物相平衡的温度-压力变化曲线（a）与水合物平衡曲线和水合物稳定区域（b）

除了以上方法外，也可以采用 DSC 方法测定水合物相平衡，将少量（几毫克）液体溶液放入 DSC 的样品池中，并用水合物形成气体加压。与 IPS（等容压力搜索法）方法类似，反应釜中温度被充分降低以允许形成气体水合物。然后缓慢升高温度以解离水合物。水合物解离是一个吸热过程，因此水合物平衡点被视为在 DSC 中观察到的最后一个吸热的点，整个过程操作较为简单。该方法不仅可以用于测量气体水合物的相平衡，也可以用来测量非气体水合物相平衡，比如四氢呋喃水合物、环戊烷水合物、四丁基溴化铵水合物等。缺点是若测量气体水合物，则需要使用高压 DSC，仪器昂贵。

3.2.4.2　晶体结构评价方法

气体水合物是气体分子被包围在水分子通过氢键连接构成的多面体笼子里而形成的笼型晶体络合物，为了使气体水合物作为能源载体（例如甲烷、氢气），作为 CO_2 的封存基质或者为了化学能守恒节能/储存，需要更详细地了解气体水合物的形成和解离过程，以及影响这些过程的化学和物理参数。目前在气体水合物研究中使用了多种方法来确定水合物的组成、结构、笼占用、客体分子位置以及结合/形成/解离机制。迄今为止，最常用的技术是 X 射线多晶衍射法（PXRD）、Raman 光谱、固体核磁共振波谱（NMR）、中子衍射等，用于确定气体水合物结构，并研究晶格膨胀。

（1）X 射线多晶衍射法

1）PXRD 在水合物表征中的应用

笼型水合物是结晶固体化合物，因此 PXRD 可以用于确定水合物的结构类型，测量水合物晶体的粒度和晶格参数，识别各种客体分子，计算笼占率等。水合物 PXRD 图的峰位分别代表不同的晶面（*hkl* 系数），这些信息将显示水合物的结构和晶格参数，峰的强度可以提供更多的细节信息，如原子占用，这将有助于计算客体分子的笼占用。

如上所述，气体的结构主要有三种类型，分别对应不同的晶格参数和空间群，PXRD 是表征水合物结构最准确的技术之一，其衍射模式与晶体的晶格结构直接相关，可以得到原子的规则排列信息，特别是对于气体水合物的主体水分子晶格。不同结构类型的水合物具有不同的空间基团和不同的 XRD 图谱，可直接用于水合物结构类型的识别。

研究发现，天然气水合物的晶胞参数不是恒定不变的，受其生成条件或环境条件的影响变化较大。通常情况下，环境压力对水合物晶胞参数影响并不明显，在恒定温度条件下，只有当环境压力发生很大变化时，晶胞参数才会产生微小变化，而环境温度变化对水合物晶胞参数的影响要显著得多，水合物晶体呈现出明显的热膨胀性。PXRD 是研究水合物结构随温度、压力和成分变化的常用方法。Udachin 等研究了不同温度下单晶 CO_2 水合物的晶格参数，发现水合物晶格存在热膨胀现象。研究发现，晶体的非谐性增大能够引起较大的热膨胀系数，甲烷分子与水分子之间的相互作用使得甲烷水合物比六角冰有更大的热膨胀系数。因此，掌握水合物的晶体结构及热膨胀特性对了解客体分子与水分子及客体分子之间的相互作用十分重要。Takeya 等人采用粉晶 X 射线衍射研究了 sH 型水合物中客体分子对晶胞参数和晶胞稳定性的影响。研究表明，较大体积的客体分子可导致水合物晶胞增大，客体大分子的官能团及构型对 sH 型水合物的稳定性有影响。受客体分子与水分子之间的相互作用影响，sH 型水合物晶胞倾向于在 a 轴方向长度增加，而在 c 轴方向却基本不变。此外，在以混合气为客体分子的水合物晶体中，由动力学效应引起气体组分的变化也可导致晶格膨胀。研究发现，不同的客体分子对晶格参数的影响不同，CH_4-CO_2 水合物的晶格随混合气成分变化基本不发生膨胀，而 CH_4-C_2H_6 水合物的晶格参数随着甲烷含量的变化而有所改变，对水合物形成的热力学条件有一定的影响。

PXRD 还可以研究多组分气体水合物的结构及相转变过程，Machida 等研究了 80GPa 高压下 H_2 水合物的结构变化，发现在 55～60GPa 存在比填充冰 Ic（立方冰）结构更致密的结构。Hirai 等利用时间分辨 XRD 和拉曼光谱研究了高压下 CH_4 水合物的结构转变，他们发现 sⅠ型水合物转化为 sH 型，然后 sH 型水合物突然坍塌成充满甲烷的冰 Ih（六方冰）结构。Takeya 等发现，在混合 CH_4-C_2H_6 水合物中，随着 C_2H_6 的初始分数从 0 增加到 100，依次观察到 sⅠ、sⅠ+sⅡ、sⅡ、sⅠ+sⅡ和 sⅠ型的结构。Hirai 等总结了不同浓度和压力下含有 sⅠ、sⅡ、sH 型的 CH_4-C_2H_6 混合水合物的结构变化及其共存情况。同样，Lee 等研究了混合 CH_4+N_2 水合物的结构转变，发现该混合水合物在 25.24～28.51%（摩尔浓度，气体中 CH_4 浓度）时由 sⅠ型变为 sⅡ型。

PXRD 还可用于估算天然气水合物笼型占用率（笼占率）。Takeya 等采用 PXRD 结合从头算方法（直接空间技术和 Rietveld 细化）。通过分析 C—H 键，他们确定了客体分子在晶体中的位置，并计算了笼占率。Cai 等用 PXRD 研究了 2,2-二甲基丁烷-甲烷水合物的 sH 型水合物，并计算了笼占率。Takeya 等用 PXRD 对 sⅠ型 C_2H_4 水合物进行了分析，计算出笼占率。

2）PXRD 的测试以及分析方法

由于水合物自身在常温常压下的不稳定性，制样和测量必须在常压低温（最低温度 77K）或高压下进行。一般来说，对于天然的或人工合成的水合物样品，可以在常压低温条件下进行制样和测量。通常情况下，野外钻获的天然气水合物样品主要以分散状、结核状或脉状赋存在沉积物中，块状水合物样品并不多见。这些样品需要在液氮中进行处理、分选，研磨成粉末，然后采用粉晶 XRD 进行测定。样品槽中放入的粉末样品表面必须平整，否则会影响测试结果。常规 XRD 仪器需配置低温室，通过精确控制液氮或冷氮气的流量，保持一定的低温，将研磨成细粉状的样品放在低温室样品台上。

主要步骤如下：

① 在保压筒中取出样品并在液氮中冷藏 12h 以上；

② 寻找样品中水合物可能存在的区域（白色区域），将其在液氮中切下并分成小块；

③ 用研钵继续在液氮中将切下的样品研磨成非常细的细粉状；

④ 继续在液氮中过筛（筛子孔径$\leqslant 200\mu m$）；

⑤ 筛选出可能是水合物的细粒装入样品槽中并铺平整；

⑥ 快速转移样品槽至已完成预冷的低温室样品台中；

⑦ 通过控制 X 光系统的测角器，使衍射角 $1.5° \leqslant 2\theta \leqslant 80°$，转动扫描，步长取 0.0083°，可得到含水合物沉积物样品的衍射谱图。

在结果分析过程中，如果样品中包含水合物、冰以及岩土等成分，为了排除岩土成分以及冰的干扰，还需要与以下几种样品的 XRD 衍射谱图进行对比：

① 完全烘干后的沉积物样品；

② 沉积物中的气体完全排出，带冰无气的沉积物样品；

③ 利用排出的气，合成相同气体组分的水合物样品。

通过把各样品测定的 XRD 谱图与冰以及方解石、石英、云母、黏土和长石等岩土的标准 PDF 卡片进行对比分析，排除沉积物和冰的干扰从而鉴定水合物的笼型结构类型。

高精度的单晶 XRD 可以直接得到晶体内部的周期性原子排列，从而可以很容易地得到晶格参数、结构类型和占用率。然而，高质量的单晶水合物很难合成，因此单晶 XRD 在水合物中的应用受到限制。PXRD 更常用于水合物的定性和定量分析，但 PXRD 技术只能给出晶体的宏观平均信息，因此只有通过 Rietveld 结构细化才能获得笼占率等定量信息。

（2）Raman 光谱法

1）Raman 光谱在水合物研究中的应用

Raman 光谱在水合物研究中的应用非常广泛。客体分子的 Raman 振动光谱为水合物的结构、相转变、形成/分解机理、占有率等研究提供了重要的信息，可以通过对照已知的 Raman 位移数据表或已知图谱进行对比研究，或结合其他图谱提供的信息综合考虑，推断出水合物的基本类型及客体占据孔穴类型和占有率。

自 1975 年第一次采用拉曼光谱研究卤素水合物以来，拉曼技术现在几乎已成为天然气水合物研究中常规使用的分析工具。Anthonsen 在 77.15K 下收集了 Br_2、Cl_2 和 BrCl 气体水合物在 $20\sim600cm^{-1}$ 范围内的光谱，以确定主体水分子晶格与客体分子之间的范德华作用。因此，收集了封闭卤素分子的光谱，并与其他相的相同分子的光谱进行了比较。结果表明，水合物相和气相中拉伸振动的频率非常相似，因此只存在弱相互作用。

利用拉曼光谱可以进行水合物结构的鉴别。1997 年，Sum 等人报道了通过拉曼光谱获得的笼型水合物的各种测量结果，包括气态 CH_4、CO_2 和 C_3H_8 以及对应水合物的光谱。研究表明，气体分子的拉曼位移偏差是客体分子占据水合物晶格中不同空腔产生的。Sum 等人还收集了各种二元水合物的拉曼光谱，这些水合物中都含有甲烷，当水合物中唯一的客体分子是甲烷时，它同时占据 5^{12} 和 $5^{12}6^2$ 空腔，在 CH_4/CO_2 双水合物中，甲烷再次占据大小空腔。然而，CO_2 只能占据较大的空腔，因此在大的空腔中，甲烷的含量比单一甲烷水合物要少。在 CH_4/THF 水合物中，只有较小的 5^{12} 空腔被 CH_4 填充，在该研究中，Sum 等人首先利用拉曼光谱技术确定了天然气水合物结构中客体分子的笼占率和水化数。

拉曼光谱也可以用于识别天然气水合物的结构。甲烷形成 sⅠ型水合物为单一水合物。为了得到含有甲烷的结构 sⅡ型水合物，必须增加压力，或者必须加入第二种气体。根据峰面积对比以及拉曼特征峰偏移可以推测甲烷水合物的结构，观察到的拉曼峰移可以用 Pimentel 和 Charles 在 1963 年提出的“松笼-紧笼”模型来解释，Subramanian 和 Sloan 在 2002 年进一步阐述了这一模型，该模型预测，随着含有客体分子的空腔尺寸的减小，振动频率向更高的波数偏移。

除了结构研究，拉曼光谱也被用于确定天然气水合物体系的相变。例如，在高压下，sⅠ型甲烷水合物转化为 sⅡ型水合物，这种相变可以通过 CH_4 的 C—H 伸缩振动峰的积分峰面积比的变化来观察。在 sⅠ型甲烷水合物中，大空腔与小空腔的比例为 3∶1，而在 sⅡ型甲烷水合物中，大空腔与小空腔的比例为 1∶2，这导致在相变期间峰面积的变化，Schicks 和 Ripmeester 在 2004 年对这一现象进行了较为全面的描述，结果表明，在 3～9MPa 的压力范围和 274.15～285.15K 的温度范围内，sⅠ型和 sⅡ型甲烷水合物共存，2000 年 Subramanian 等人描述了另一种从结构 sⅠ型水合物转变为结构 sⅡ型水合物的方法，即改变甲烷/乙烷二元水合物中甲烷的摩尔分数，甲烷含量为 0.722～0.750 之间，甲烷和乙烷的光谱都发生了突变，光谱位移和峰形变化表明向 sⅡ型结构水合物过渡。

利用原位拉曼还可以进行动力学研究。在没有人工物理或化学加速的情况下，根据实验参数的不同，天然气水合物的形成在相对较慢的时间尺度上进行，在几小时到几天之间，大多数光谱技术可用于观察笼型水合物的形成、抑制和解离。1998 年，Sloan 等人通过拉曼光谱发表了一篇关于水合物形成和抑制动力学的开创性论文，采用聚（*n*-乙烯基己内酰胺）（PVCap）作为抑制剂，在高压室中以 0.1K/min 的速度降低温度，进行天然气水合物的生长，每 25s 采集拉曼光谱，共 600 张，收集的光谱表明，天然气水合物在约 8500s 后突然成核。在生长不受抑制的情况下，从液态水到固体甲烷水合物发生平滑的转变，温度约为比 PVCap 存在时高 4K，峰面积比也不同。

2）Raman 光谱的制样、测试以及分析方法

由于水合物自身在常温常压下的不稳定性，制样和测量必须在高压低温（相平衡线以上条件）或者常压低温（液氮控温 130K）下进行。用于测试的拉曼光谱通常要配备低温冷台，若需要进行原位拉曼测试则需要配置高压低温原位池。冷台或原位池可通过精确控制液氮或冷氮气的流量保持低温。在进行非原位水合物样品观察时，可参考以下步骤。

① 从保压筒中取出样品并在液氮中冷藏 12h 以上；

② 寻找样品中水合物可能存在的区域（白色区域），将其在液氮中切下；

③ 取适用于低温冷台的小块样品，放置于预冷 230K 冷台的石英坩埚内；

④ 选用合适的显微放大倍数并对焦，通过显微镜定位出需要测试的点；

⑤ 选用 532nm 的激光波长（Ar^+）及 100mW 功率，开启激光，进行测试。

进行原位观察时，可在原位池中加入相应的溶液并通入一定压力的待测气体，通过降低原位池温度使气液发生水合反应。同时利用拉曼光谱进行观察。

现已证实的气体水合物的结构主要有三种——立方Ⅰ型（sⅠ）、立方Ⅱ型（sⅡ）以及六角结构（sH）。不同结构类型气体水合物水分子的排列方式不同，从而形成不同尺寸的孔穴（范围从 sⅡ 型 5^{12} 孔的 7.82Å 到 sH 型 $5^{12}6^8$ 孔的 11.58Å）来容纳客体分子。形成何种结构的水合物由气体分子的尺寸、温压条件以及周围的化学环境所决定。不同物质分子其拉曼位移仅与物质分子的振动或转动能级有关，因此拉曼位移是物质分子的特征属性。客体分子在不同孔穴结构中的 Raman 位移（波数）如表 3-1 所示。

表 3-1 客体分子在不同孔穴结构中的 Raman 位移（波数）

客体分子	振动类型	结构类型	Raman 位移/cm^{-1}
CO_2	ν_3 C—O 不对称伸缩	Ⅰ大孔穴($5^{12}6^2$)	2335.0
		Ⅰ小孔穴(5^{12})	2347.0
		Ⅱ小孔穴(5^{12})	2345.0
	ν_2 CO_2 弯曲振动	Ⅰ大孔穴($5^{12}6^2$)	660.0
		Ⅰ小孔穴(5^{12})	655.0
		Ⅱ小孔穴(5^{12})	655.0
SO_2	ν_1 S—O 对称伸缩	Ⅰ大孔穴($5^{12}6^2$)	1146.0
		Ⅰ小孔穴(5^{12})	1151.0
	ν_3 S—O 非对称伸缩	Ⅰ大孔穴($5^{12}6^2$)	1342.0
		Ⅰ小孔穴(5^{12})	1347.0
	ν_2 SO_2 弯曲振动	Ⅰ大孔穴($5^{12}6^2$)	517.0
		Ⅰ小孔穴(5^{12})	521.0
CH_4	ν_1 C—H 对称伸缩振动	Ⅰ大孔穴($5^{12}6^2$)	2904.8
		Ⅰ小孔穴(5^{12})	2915.0
		Ⅱ大孔穴($5^{12}6^4$)	2903.7
		Ⅱ小孔穴(5^{12})	2913.7
		H 大孔穴($5^{12}6^8$)	—
		H 中孔穴($4^35^66^3$)	2905.0
		H 小孔穴(5^{12})	2912.8
C_2H_6	C—H 费米共振	Ⅰ大孔穴($5^{12}6^2$)	2891.2
			2946.2
		Ⅱ大孔穴($5^{12}6^4$)	2887.3
			2942.3
	C—C 对称伸缩	Ⅰ大孔穴($5^{12}6^2$)	1000.9
		Ⅰ小孔穴(5^{12})	1020.0
		Ⅱ大孔穴($5^{12}6^4$)	992.9
		Ⅱ小孔穴(5^{12})	1020.0

续表

客体分子	振动类型	结构类型	Raman 位移/cm^{-1}
C_2H_2	ν_3 C—H 伸缩振动	Ⅰ大孔穴($5^{12}6^2$)	3261.0
		Ⅰ小孔穴(5^{12})	3280.1
		Ⅱ小孔穴(5^{12})	3274.2
C_2D_2	ν_3 C—D 伸缩振动	Ⅰ大孔穴($5^{12}6^2$)	2419.0
		Ⅰ小孔穴(5^{12})	2430.6
		Ⅱ小孔穴(5^{12})	2427.1

(3) 核磁共振波谱

1) NMR 在水合物研究中的应用

不同的客体分子由于其不同的原子连接而具有不同的化学位移。相同的客体分子在不同的水合物笼中，与普通的气体状态相比，也处于不同的化学环境中，这导致了它们不同的化学位移，这是进行核磁共振定性分析的基础，压力和温度也会影响天然气水合物中客体分子的化学位移。Liu 等计算了天然气水合物中烃类客体的^{13}C-NMR 化学位移，发现其在大多数情况下随着压力的增加而单调增加。Kida 等研究了温度如何影响各种碳氢化合物的化学位移。对于正构烷烃，在较松散的笼型环境中，化学位移随温度的升高而减小。对于那些在更紧的笼子环境中，化学变化倾向于随着温度的升高而增加。核磁共振也可以提供水合物的组成和结构等信息。核磁共振信号强度与相应客体分子的总数成正比，这是核磁共振定量分析的基础，可以帮助估计天然气水合物笼型占用率。

在气体水合物中，碳氢化合物是主要成分，由于水合物是固态结晶物质，固态^{13}C-NMR 的应用最为广泛。与溶液核磁共振不同，由于固体样品的偶极-偶极相互作用和化学位移各向异性，固体核磁共振波谱峰宽，分辨率低，具有尖锐核磁共振峰的高分辨率光谱可以通过特殊技术获得，如魔角旋转（MAS）或交叉极化，而在^{13}C-NMR 测量中，化学位移是指样品与参考化合物［如四甲基硅烷（TMS）］相比共振频率的相对变化。

在笼型水合物的研究中，客体分子的化学位移是笼依赖的，可用于识别水合物结构和计算笼占率。Ripmeester 等证实，由于甲烷在大笼和小笼中的化学位移模式，核磁共振可以用来区分 sⅠ和 sⅡ水合物。例如，甲烷在大笼中的化学位移约为-6.6×10^{-6}，在小笼中的化学位移约为-4.2×10^{-6}。在 sⅡ水合物中，甲烷在大笼和小笼中的化学位移分别为-8.2×10^{-6} 和-4.3×10^{-6}，甲烷的化学位移与笼型半径近似呈线性关系，线性拟合优度（R^2）约为 0.98。Seo 等结合 X 射线衍射和^{13}C-NMR 对 N_2+CO_2 混合水合物进行了研究。通过分析气相组分与客体分子笼占率之间的关系，发现 CO_2 分子会在水合物相中富集，从而使结构稳定为 sⅠ型。Dec 用^{13}C-NMR 研究了甲烷-乙烷水合物的形成，其中既有结构 sⅠ，也有结构 sⅡ型水合物，建立了由最易溶于水的包合物水合物前体控制的生长动力学模型。Lee 等利用^{13}C-NMR 研究了混合 $CH_4+C_2H_6+C_3H_8$ 水合物的相行为、水合物组成和笼占率的定量测定，证实了混合水合物为 sⅡ型，且小笼仅由 CH_4 分子占据，而大笼由 CH_4、C_2H_6 和 C_3H_8 分子共享。Kida 等结合^{13}C-NMR 和粉末 X 射线衍射对甲烷和丁烷混合气体水合物（包括 *i*-丁烷和正丁烷）进行测量，研究笼中客体分子对水合物晶格参数和密度的影响。结果表明，随着丁烷组成的增加，晶格常数增大，导致晶格膨胀，水合物密度降低。

之前有很多研究报道了^{13}C-NMR 对天然气水合物样品的表征，Takeya 等分析了 2002 年 6 月在贝加尔湖气田采用重力取心法回收的天然气水合物，利用^{13}C-NMR 光谱测定了被包裹气体分子的组成，结果表明，甲烷在水合物中的大笼占率为 0.94，小笼占率为 0.99，而 CO_2、C_2H_6、C_3H_8 均未被^{13}C-NMR 检测到。Kim 等利用^{13}C-MAS-NMR 对在俄勒冈近海水合物脊采集的天然气水合物进行了分析，发现大笼和小笼中甲烷分子的占用率分别约为 0.99 和 0.80。

Lu 等利用粉末 X 射线衍射和^{13}C-NMR 表征了从 Barkley 峡谷中采集的天然水合物样品的结构、气体含量、组成和客体分子分布，为水合物结构的自然存在提供了直接证据。Kida 等对南开海槽东部三个不同区域的沉积物样品进行了研究，其^{13}C-NMR 化学位移表明天然气水合物的晶体结构为 sⅠ型，与 PXRD 数据相对应。

此外，^{13}C-NMR 可用于研究笼型水合物的热力学。Fleyfel 等利用^{13}C-NMR 研究了亚稳区水合物的形成和分解过程，得到了 CH_4-C_3H_8 水合物的平衡压力-温度曲线。Seo 等利用^{13}C-NMR 研究了 2,2-二甲基丁烷和甲基环己烷等结构的 sH 型烃对 CH_4-C_3H_8 水合物平衡条件的影响。

此外，一些研究人员使用^{13}C-NMR 研究了笼型水合物的水合物形成、解离和抑制动力学。Kini 等利用^{13}C-NMR 测量了 $CH_4+C_3H_8$ 结构 sⅡ型水合物在定制的非自旋探针中的生长速率，并建立了一个简单的表面反应模型，将生长速率与压力和粒径联系起来。Dec 用^{13}C-MAS-NMR 研究了 $CH_4+C_2H_6$ 结构 sⅠ水合物的热活化分解，发现包裹 C_2H_6 的大笼比包裹 CH_4 的小笼分解更快。同样，Kida 等利用粉末 X 射线衍射和^{13}C-NMR 研究了共存结构 sⅠ和 sⅡ的甲烷-乙烷混合气体水合物的解离行为，发现在解离的初始阶段，sⅠ型水合物增加，然后消失的反常行为，这与初始甲烷-乙烷混合气体水合物的解离速率有关。Lee 等用甲烷、乙烷、丙烷、正丁烷和异丁烯的混合物合成了 sⅡ型气体水合物，并研究了乙二醇作为抑制剂对纯甲烷水合物和合成混合气体水合物的影响。Lee 等利用^{13}C-NMR 波谱法证实了 1-丙醇对甲烷水合物和二氧化碳的抑制作用，定量分析了 1-丙醇浓度对水合物笼占率的影响。

2）NMR 的制样、测试以及分析方法

在液氮保护下取出水合物，将合成的水合物于液氮中研磨后，用自制 NMR 装样工具在液氮中将样品均匀填入转子，并在液氮中装好盖子，将装好样品的定子保存于液氮中待测。水合物样品的^{13}C-NMR 测试使用 7mm DVT 双共振固体 NMR 高分辨探头和 ZrO_2 转子，工作频率为 75.5 MHz。为了适应水合物测试的要求，对 7mm 探头进行了改造。采用^{1} HHPDEC（高功率质子去耦）脉冲程序，去耦的序列为 tppm15，脉冲重复延迟时间为 20s。使用空转子旋转，将探头温度降低至 170K，将空转子取出，放入装有样品的转子，魔角旋转速度为 3kHz，扫描次数 128。以金刚烷为外标对化学位移进行定标（δ38.48），测试温度维持在 170K 左右。

针对单一客体分子，可通过 NMR 信号、核磁比、扩散时间等参数计算识别水合物结构和计算孔穴占有率，但在实际应用中客体分子往往不是单一的，对于混合客体分子体系，Takahashi 等结合 CP/MAS（交叉极化魔角旋转技术）^{13}C-NMR 图谱和热力学模型提出了混合体系水合物的气相组成及孔穴占有率计算公式，分别采用式（3-20）、式（3-21）计算 sⅠ型、sⅡ型两种结构水合物小笼和大笼占有率的比值：

$$\frac{\theta_S}{\theta_L}=\frac{3I_{M,S}}{I_{M,L}+I_{E,L}} \tag{3-20}$$

$$\frac{\theta_S}{\theta_L}=\frac{I_{M,S}}{2(I_{M,L}+I_{E,L})} \tag{3-21}$$

式中，θ_S 为小笼的孔穴占有率；θ_L 为大笼的孔穴占有率；$I_{M,S}$ 和 $I_{M,L}$ 分别为甲烷分子占据小笼和大笼的峰值强度，%；$I_{E,L}$ 为第二客体分子占据大笼的峰值强度，%。

具体到两种气体 s Ⅰ型、s Ⅱ型结构的孔穴占有率可分别采用式（3-22）、式（3-23）计算：

$$-\mu_w=\frac{RT}{46}[6\ln(1-\theta_{M,L}-\theta_{E,L})+2\ln(1-\theta_{M,S})] \tag{3-22}$$

$$-\mu_w=\frac{RT}{136}[8\ln(1-\theta_{M,L}-\theta_{E,L})+16\ln(1-\theta_{M,S})] \tag{3-23}$$

式中，$\theta_{M,L}$ 和 $\theta_{M,S}$ 分别为甲烷中大笼和小笼的孔穴占有率；$\theta_{E,L}$ 为第二客体分子中大笼的孔穴占有率；μ_w 为化学势，J/mol，其中 sⅠ型结构中为 1297J/mol，sⅡ型结构中为 937J/mol；T 为实验条件下的温度，K；R 为摩尔气体常数，取 8.314J/(mol·K)。

（4）中子衍射

1）中子衍射的基本原理

中子衍射是当德布罗意波长约为 1Å 的中子穿过晶体材料时发生的布拉格衍射。它的基本原理、实验方法和数据处理方法与 XRD 相似，用 XRD 方法估算天然气水合物笼占率可推广到中子衍射。

中子衍射与 XRD 的区别主要体现在以下几个方面。中子通过物质和原子核的作用产生核散射，而入射的 X 射线与原子核外的电子相互作用产生散射波。中子衍射的散射因子随原子序数的变化而变化，只能通过实验确定，其散射因子不随 *hkl* 系数的增大而减小，因此可以获得更多的单元胞信息。XRD 的散射系数随原子序数的增加而增大，随 *hkl* 系数的减小而减小。中子衍射可以用于同位素鉴别，因为不同的同位素具有不同的振幅，而在 XRD 中同位素之间没有差异。中子衍射对具有磁矩的原子产生磁散射，而 XRD 的磁散射极弱。在绝对强度测量方面，尤其是粉末，中子衍射可以直接测量，而 XRD 则比较困难。

从以上差异可以看出中子衍射在水合物研究中的优势。

① 中子衍射可以清晰地探测到轻元素，水合物中近 2/3 的原子是氢原子，水合物的结构是由氢键相互作用决定的。然而，大比例的氢会导致高背景。因此，水合物样品总是氘化的。

② 中子衍射可以识别原子序数相近的同位素和元素，可以区分不同同位素的晶体位置，而 XRD 则不能。因此，同位素可以用于中子衍射来追踪水合物的形成。

③ 对于高压气体实验，高分辨率中子衍射比常规 XRD 更适合。高压气体在 XRD 中表现出较大的吸收，而中子衍射对反应器材料的吸收不大。中子衍射的气体压力甚至可以

达到 600MPa。

④ 中子衍射的频率覆盖范围大于 X 射线衍射，可以更详细地分析水合物信息。

2）中子衍射在水合物研究中的应用

中子衍射可以用来鉴别水合物的结构。Halpern 等向 Ar 水合物中注入 CO_2，观察到从 sⅡ到 sⅠ的结构转变。Murshed 等利用中子衍射技术研究了 CH_4-C_2H_6 混合气体水合物的原位生成过程，得到了整个过程中 sⅠ/sⅡ/冰相分数的变化。

与 XRD 类似，中子衍射法也用于估算天然气水合物的笼型占用率。W. F. Kuhs 等利用高分辨率中子衍射技术对极地冰盖中的氮化物进行了研究，首次获得了水合物的可压缩性以及客体分子在笼中的位置和角度，并测量了笼占率。Igawa 等使用 RIETAN-EP 程序进行 Rietveld 分析。精化后，用 PRIMA 程序进行 MEM（maximum entropy method）分析，计算核密度分布。利用 VESTA 程序得到了 Xe 氘化水合物的核密度分布。Hoshikawa 等结合 Rietveld 和 MEM 的方法，研究了氘化甲烷的氘化水合物（$CD_4 \cdot xD_2O$，sⅠ）。他们获得了它的原子位置信息和原子占用率，并以此计算了大小笼中氘化甲烷的笼占率。Tulk 等采用 Rietveld 法测量 CD_4 氘化水合物（sH）笼内占用率。大笼、中笼、小笼 CD_4 的平均占用率分别为 3.1、0.90、0.89。这一结果为确定水合物中水-甲烷疏水相互作用的分子间势能参数提供了必要的信息。Igawa 等用 MEM 法研究了二氧化碳的氘化水合物。假设大笼占用率为 1，则获得小笼占用率。

3）中子衍射的分析方法

中子衍射数据的解释与 X 射线衍射数据的解释相似。通常采用 Rietveld 细化和 MEM 方法来获得天然气水合物的结构类型，并进一步求解单元胞常数、笼型占用率等结构参数。Rietveld 结构精化是在已知晶体结构主要信息的基础上，通过计算机处理得到的。利用最小二乘法计算多个参数重叠下数千个测点的强度，使测量值得到最佳匹配。MEM 确定在一定约束条件下的最大信息熵，得到最大信息熵条件下的密度分布，然后根据其密度分布计算晶体结构参数。

3.3 储能材料的其他要求

在“双碳”目标和能源转型的大背景下，储能材料作为一种关键的技术支撑，受到了广泛的关注和研究。储能材料除前面所述的基本要求外，还需要具备高效的能量转换特性、稳定的物理和化学结构、良好的循环寿命、安全可靠的运行特性以及环境友好的生产和利用过程。因此，储能材料的设计与研究需要综合考虑多个方面的要求，以满足持续发展和应用的需求。储能材料的其他要求如下。

（1）储能材料的循环寿命与安全性要求

储能材料的循环寿命是衡量其持久性和稳定性的重要指标，长循环寿命可保证储能系统的持续运行，降低更换成本和环境影响。此外，安全性也是至关重要的要求，特别是在高温、高压等极端条件下，储能材料需要具备较高的热稳定性和安全性，以避免发生意外事故和损失。因此，研究和开发新型储能材料应当注重提升其循环寿命和安全性，以确保其可靠性和使用过程的可持续性。

(2) 储能材料的功率密度和能量密度要求

除了循环寿命和安全性外，储能材料还需要具备较高的功率密度和能量密度，以满足不同应用场景下对储能系统的高能量输出和快速储放气需求。高功率密度可以使储能系统在短时间内释放大量能量，适用于启动、加速等瞬态工况，而高能量密度则能够提供长时间、稳定的能量输出，满足持续运行的需求。因此，未来储能材料的研究方向之一是提升其功率密度和能量密度，以满足多样化的应用需求。

(3) 储能材料的成本和可持续性要求

储能材料的制备工艺和成本也是其性能要求的重要方面，需要考虑到制备工艺的复杂性、成本以及是否能够大规模生产等因素。储能材料的制备工艺和成本的影响是多方面的。首先，从制备工艺角度来看，制备过程的复杂程度会直接影响材料的成本。例如，如果制备过程需要用到复杂的设备或者需要进行大量的人工操作，那么成本就会相应提高。反之，如果制备过程简单，自动化程度高，那么成本就会相对较低。其次，材料的成本也会受到材料本身性质的影响。例如，如果材料的储能密度高，那么虽然制备成本可能会提高，但由于其储能效率高，总体成本反而会降低。同时，随着全球可持续发展的倡导，储能材料的可持续性要求也日益受到重视，包括原材料的可再生性、生产过程的环境友好性以及回收利用率等方面。未来的研究需要在降低成本的同时，提升储能材料的可持续性，以实现其在全球能源体系中的广泛应用。

(4) 储能材料的环境适应性与资源综合利用要求

环境适应性和资源综合利用是衡量储能材料全生命周期影响的重要因素，包括材料的生产、使用和废弃处理等环节。储能材料应当尽量减少对环境的负面影响，降低对稀缺资源的依赖，积极推动资源循环利用和高效利用。因此，未来的储能材料研究需要综合考虑其在环境适应性和资源综合利用方面的要求，使其在整个生命周期中都能够符合可持续发展的原则。

(5) 储能条件温和

储能材料需要在温和条件下运行，减少对环境的影响，降低温室气体和其他污染物的排放。温和条件下的运行使得储能系统的设备维护成本较低，延长了设备的使用寿命，降低了运营成本。水合物储能在温和条件下运行时，也避免了低温高压环境下可能出现的安全隐患，减小了事故发生的可能性。

(6) 轻量化

轻量化是储能材料的重要要求之一。储能材料需要具备轻量化特性，以减轻整体储能系统的重量，提高系统的移动性和便携性。轻量化不仅可以降低系统的能耗，还可以减轻系统的负载，延长系统的使用寿命。

(7) 耐高温性能

耐高温性能是储能材料的重要性能指标之一。在一些高温环境的应用场景下，如电动汽车、工业储能系统等，储能材料需要具备良好的耐高温性能，能够在高温环境下正常工作，确保系统的稳定性和可靠性。

在未来，有理由相信，储能材料的发展必将朝着高性能、低成本、可持续、生物友好型和多功能化方向发展。新型材料的设计和开发将在循环寿命、安全性、功率密度、能量密度、成本和可持续性等方面展现出更多的创新。同时，跨学科的合作和新技术的应用也将推动储能材料的发展，为实现清洁能源的高效利用和能源转型提供有力支撑。

参考文献

[1] 鹿鹏. 能源储存与利用技术 [M]. 北京：科学出版社，2016.

[2] 郭茶秀，魏新利. 热能存储技术与应用 [M]. 北京：化学工业出版社，2005.

[3] 宋佳. 新型水合物蓄冷工质及其形成特性实验研究 [D]. 苏州：苏州科技大学，2022.

[4] 单文昊，王琳，吴祥恩，等. 功能化多壁碳纳米管与L-亮氨酸复配体系中甲烷水合物动力学特征 [J]. 地质科技通报，2024 43 (5)：161-169.

[5] 彭辑，岳昌盛，邱桂博，等. 相变储能材料的最新研究进展与应用 [J]. 材料导报，2018 (s1)：248-252.

[6] 田玮俊，刘何清，吴世先. 相变储能材料的应用述评 [J]. 广东化工，2023，50 (4)：108-109，101.

[7] Kalidasan B，Pandey A K，Saidur R，et al. Eco-friendly coconut shell biochar based nano-inclusion for sustainable energy storage of binary eutectic salt hydrate phase change materials [J]. Solar Energy Materials and Solar Cells，2023，262：112534.

[8] 刘金云，方臻，黄家锐，等. 电化学储能材料 [M]. 北京：科学出版社，2022.

[9] Yuan M，Liu H，Ran F. Fast-charging cathode materials for lithium & sodium ion batteries [J]. Materials today，2023，63：360-379.

[10] Zhang L，Feng R，Wang W，et al. Emerging chemistries and molecular designs for flow batteries [J]. Nature Reviews Chemistry，2022，6 (8)：524-543.

[11] 朱鑫鑫，丁益宏，王鹏，等. 钠离子电池负极材料的研究进展 [J]. 辽宁化工，2024，53 (2)：244-249.

[12] Zheng J，Wu Y，Sun Y，et al. Advanced anode materials of potassium ion batteries：from zero dimension to three dimensions [J]. Nano-Micro Letters，2020，13 (1)：12.

[13] 许卓，郑莉莉，陈兵，等. 固态电池复合电解质研究综述 [J]. 储能科学与技术，2021，10 (6)：2117-2126.

[14] Janek J，Zeier W G. A solid future for battery development [J]. Nature Energy，2016，1：16141.

[15] Xin S，You Y，Wang S，et al. Solid-state lithium metal batteries promoted by nanotechnology：Progress and Prospects [J]. ACS Energy Letters，2017，2 (6)：1385-1394.

[16] Chen S，Zhang M，Zou P，et al. Historical development and novel concepts on electrolytes for aqueous rechargeable batteries [J]. Energy & Environmental Science，2022，15 (5)：1805-1839.

[17] Li M，Hicks R P，Chen Z，et al. Electrolytes in organic batteries [J]. Chemical Reviews，2023，123 (4)：1712-1773.

[18] Yuan J，Dong H，Wang B，et al. Coordination polymer-reinforced composite polymer electrolyte for all-solid-state li-metal batteries [J]. Chemical Engineering Journal，2024，487：150489.

[19] Lingappan N，Lee W，Passerini S，et al. A comprehensive review of separator membranes in lithium-ion batteries [J]. Renewable and Sustainable Energy Reviews，2023，187：113726.

[20] Schneemann A，White J L，Kang S，et al. Nanostructured metal hydrides for hydrogen storage [J]. Chemical Reviews，2018，118 (22)：10775-10839.

[21] Zhou M J, Miao Y, Gu Y, et al. Recent advances in reversible liquid organic hydrogen carrier systems: From Hydrogen Carriers to Catalysts [J]. Advanced Materials, 2024, 36 (37): 2311355.

[22] Zheng J, Zhou H, Wang C G, et al. Current research progress and perspectives on liquid hydrogen rich molecules in sustainable hydrogen storage [J]. Energy Storage Materials, 2021, 35: 695-722.

[23] Xu Y, Wang L, Zhou Q, et al. Carbon dioxide enabled hydrogen storage by methanol: highly selective and efficient catalysis with well-defined heterogeneous catalysts [J]. Coordination Chemistry Reviews, 2024, 508: 215775.

[24] Panigrahi P K, Chandu B, Motapothula M R, et al. Potential benefits, challenges and perspectives of various methods and materials used for hydrogen storage [J]. Energy & Fuels, 2024, 38 (4): 2630-2653.

[25] 李晨. 光致异构材料的设计合成及其太阳能存储特性的研究 [D]. 长春：东北师范大学，2023.

[26] Gallagher J. Costing out fuel cells [J]. Nature Energy, 2023, 8 (9): 907.

[27] Abbasi R, Setzler B P, Yan Y. Material and system development needs for widespread deployment of hydroxide exchange membrane fuel cells in light-duty vehicles [J]. Energy & Environmental Science, 2023, 16 (10): 4404-4422.

[28] 汤磊，曾德森，凌子夜，等. 相变蓄冷材料及系统应用研究进展 [J]. 化工进展，2023，42 (8)：4322-4339.

[29] Park J H, Park J, Lee J W, et al. Progress in CO_2 hydrate formation and feasibility analysis for cold thermal energy harvesting application [J]. Renewable and Sustainable Energy Reviews, 2023, 187: 113783.

[30] 丁玉龙，来小康，陈海生，等. 储能技术及应用 [M]. 北京：化学工业出版社，2018.

[31] 胡芃，陈则韶. 量热技术和热物性测定 [M]. 合肥：中国科技大学出版社，2009.

[32] Li Y, Tang H, Zhang X, et al. Phase-equilibrium characteristics of methane hydrate in clay mineral suspensions: differential scanning calorimetry experiments and density functional theory studies [J]. Journal of Colloid and Interface Science, 2024, 662: 1026-1032.

[33] 樊栓狮，梁德青，杨向阳，等. 储能材料与技术 [M]. 北京：化学工业出版社，2004.

[34] 李佳，王海峰，孙国华. 热膨胀系数准确测量方法及其标准物质研究 [J]. 计量科学与技术，2022，66 (10)：46-51.

[35] Shraer S D, Luchinin N D, Trussov I A, et al. Development of vanadium-based polyanion positive electrode active materials for high-voltage sodium-based batteries [J]. Nature Communications, 2022, 13 (1): 4097.

[36] 张桥保，吴贤文，陆敬予，等. 电池材料：合成、表征与应用 [M]. 北京：化学工业出版社，2022.

[37] Lu H, Li J, Zhou X, et al. N/S co-doped Nb_2CT_x MXene as the effective catalyst for improving the hydrogen storage performance of MgH_2 [J]. Journal of Materials Science & Technology, 2024, 190: 135-144.

[38] 陈光进，孙长宇，马庆兰. 气体水合物科学与技术 [M]. 北京：化学工业出版社，2020.

[39] 樊栓狮. 天然气水合物储存与运输技术 [M]. 北京：化学工业出版社，2005.

[40] Fan S, Li Q, Nie J, et al. Semiclathrate hydrate phase equilibrium for CO_2/CH_4 gas mixtures in the presence of tetrabutylammonium halide (bromide, chloride, or fluoride) [J]. Journal of Chemical & Engineering Data, 2013, 58 (11): 3137-3141.

[41] Long X J, Wang Y H, Lang X M, et al. Hydrate equilibrium measurements for CH_4, CO_2, and CH_4+CO_2 in the presence of tetra-n-butyl ammonium bromide [J]. Journal of Chemical & Engineering Data, 2016, 61 (11): 3897-3901.

[42] Qi J, Wang Y H, Fan S S, et al. Hydrate equilibrium measurements for CH_4 and CO_2/CH_4 mixture in the presence of single 2-methyl-2-propanol and 1, 1-dichloro-1-fluoroethane [J]. Journal of Chemical & Engineering Data, 2018, 63: 3145-3149.

[43] Zhang Q, Liu X M, Lu Y, et al. Sustainable aqueous batteries based on bipolar dissociation of aluminum hydroxyacetate electrolyte [J]. Journal of the American Chemical Society, 2024, 146 (8): 5597-5604.

[44] Majid A A A, Worley J, Koh C A. Thermodynamic and kinetic promoters for gas hydrate technological applications [J]. Energy & Fuels, 2021, 35 (23): 19288-19301.

[45] Udachin K A, Ratcliffe C I, Ripmeester J A. Single crystal diffraction studies of structure Ⅰ, Ⅱ and H hydrates: structure, cage occupancy and composition [J]. Journal of Supramolecular Chemistry, 2002, 2 (4): 405-408.

[46] Shpakov V P, Tse J S, Tulk C A, et al. Elastic moduli calculation and instability in structurei methane clathrate hydrate [J]. Chemical Physics Letters, 1998, 282 (2): 107-114.

[47] Takeya S, Hori A, Uchida T, et al. Crystal lattice size and stability of type h clathrate hydrates with various large-molecule guest substances [J]. The Journal of Physical Chemistry B, 2006, 110 (26): 12943-12947.

[48] Takeya S, Uchida T, Kamata Y, et al. Lattice expansion of clathrate hydrates of methane mixtures and natural gas [J]. Angewandte Chemie International Edition, 2005, 44 (42): 6928-6931.

[49] Machida S I, Hirai H, Kawamura T, et al. Structural changes of filled ice ic structure for hydrogen hydrate under high pressure [J]. The Journal of Chemical Physics, 2008, 129 (22): 224505.

[50] Hirai H, Kadobayashi H, Hirao N, et al. Time-resolved X-ray diffraction and raman studies of the phase transition mechanisms of methane hydrate [J]. The Journal of Chemical Physics, 2015, 142 (2): 024707.

[51] Takeya S, Kamata Y, Uchida T, et al. Coexistence of structure Ⅰ and Ⅱ hydrates formed from a mixture of methane and ethane gases [J]. Canadian Journal of Physics, 2003, 81 (1-2): 479-484.

[52] Hirai H, Takahara N, Kawamura T, et al. Changes in structure and preferential cage occupancy of ethane hydrate and ethane-methane mixed gas hydrate under high pressure [J]. Journal of Physics: Conference Series, 2010, 215 (1): 012059.

[53] Lee J W, Kim D Y, Lee H. Phase behavior and structure transition of the mixed methane and nitrogen hydrates [J]. Korean Journal of Chemical Engineering, 2006, 23 (2): 299-302.

[54] Takeya S, Udachin K A, Moudrakovski I L, et al. Direct space methods for powder X-ray diffraction for guest-host materials: Applications to cage occupancies and guest distributions in clathrate hydrates [J]. Journal of the American Chemical Society, 2010, 132 (2): 524-531.

[55] Cai Z, Lu H, Zou R, et al. Structural and thermodynamic characteristics of sH 2,2-dimethylbutane-methane deuterohydrate [J]. The Journal of Chemical Thermodynamics, 2014, 77: 82-86.

[56] Takeya S, Hachikubo A. Distortion of the host water cages of structure Ⅰ gas hydrates: Structural analysis of C_2H_4 hydrate by powder X-ray diffraction [J]. The Journal of Physical Chemistry C, 2021, 125 (51): 28150-28156.

[57] Anthonsen J W, Kjekshus A, Nicholson D G, et al. The Raman spectra of some halogen gas hydrates [J]. Acta Chemica Scandinavica, 1975, 29a: 175-178.

[58] Sum A K, Burruss R C, Sloan E D. Measurement of clathrate hydrates via Raman spectroscopy [J]. Journal of Physical Chemistry B, 1997, 101 (38): 7371-7377.

[59] Schicks J M, Ripmeester J A. The coexistence of two different methane hydrate phases under

moderate pressure and temperature conditions: kinetic versus thermodynamic products [J]. Angewandte Chemie International Edition, 2004, 43 (25): 3310-3313.

[60] Murshed M M, Kuhs W F. Kinetic studies of methane-ethane mixed gas hydrates by neutron diffraction and Raman spectroscopy [J]. The Journal of Physical Chemistry B, 2009, 113 (15): 5172-5180.

[61] Pimental G C, Charles S W. Infrared spectral perturbations in matrix experiments [J]. Pure and Applied Chemistry, 1963, 7 (1): 111-124.

[62] Subramanian S, Sloan E D. Trends in vibrational frequencies of guests trapped in clathrate hydrate cages [J]. The Journal of Physical Chemistry B, 2002, 106 (17): 4348-4355.

[63] Subramanian S, Ballard A L, Kini R, et al. Structural transitions in methane+ethane gas hydrates-Part Ⅰ: Upper transition point and applications [J]. Chemical Engineering Science, 2000, 55 (23): 5763-5771.

[64] Lederhos J P, Long J P, Sum A, et al. Effective kinetic inhibitors for natural gas hydrates [J]. Chemical Engineering Science, 1996, 51 (8): 1221-1229.

[65] Igawa N, Taguchi T, Hoshikawa A, et al. CO_2 motion in carbon dioxide deuterohydrate determined by applying maximum entropy method to neutron powder diffraction data [J]. Journal of Physics and Chemistry of Solids, 2010, 71 (6): 899-905.

[66] Chou I M, Sharma A, Burruss R, et al. Diamond-anvil cell observations of a new methane hydrate phase in the 100-MPa pressure range [J]. Journal of Physical Chemistry A, 2001, 105 (19): 4664-4668.

[67] Uchida T, Takeya S, Kamata Y, et al. Spectroscopic observations and thermodynamic calculations on clathrate hydrates of mixed gas containing methane and ethane: determination of structure, composition and cage occupancy [J]. The Journal of Physical Chemistry B, 2002, 106 (48): 12426-12431.

[68] Liu Y, Ojamäe L. ^{13}C chemical shift in natural gas hydrates from first-principles solid-state NMR calculations [J]. The Journal of Physical Chemistry C, 2016, 120 (2): 1130-1136.

[69] Kida M, Sakagami H, Takahashi N, et al . Chemical shift changes and line narrowing in ^{13}C NMR spectra of hydrocarbon clathrate hydrates [J]. The Journal of Physical Chemistry A, 2013, 117 (20): 4108-4114.

[70] Ripmeester J A, Ratcliffe C I. On the contributions of NMR spectroscopy to clathrate science [J]. Journal of Structural Chemistry, 1999, 40 (5): 654-662.

[71] Ripmeester J A, Ratcliffe C I. Low-temperature cross-polarization/magic angle spinning carbon-13 NMR of solid methane hydrates: Structure, cage occupancy, and hydration number [J]. The Journal of Physical Chemistry, 1988, 92 (2): 337-339.

[72] Seo Y, Kang S P, Jang W. Structure and composition analysis of natural gas hydrates: ^{13}C NMR spectroscopic and gas uptake measurements of mixed gas hydrates [J]. The Journal of Physical Chemistry A, 2009, 113 (35): 9641-9649.

[73] Dec S F. Clathrate hydrate formation: Dependence on aqueous hydration number [J]. The Journal of Physical Chemistry C, 2009, 113 (28): 12355-12361.

[74] Lee S, Cha I, Seo Y. Phase behavior and ^{13}C NMR spectroscopic analysis of the mixed methane+ethane+propane hydrates in mesoporous silica gels [J]. The Journal of Physical Chemistry B 2010, 114 (46): 15079-15084.

[75] Kida M, Sakagami H, Watanabe M, et al. Structural properties of methane and butane mixed-gas hydrates [J]. Chemical Engineering Science, 2016, 140: 10-15.

[76] Kim D Y, Uhm T W, Lee H, et al. Compositional and structural identification of natural gas hydrates collected at site 1249 on ocean drilling program leg 204 [J]. Korean Journal of Chemical

Engineering, 2005, 22 (4): 569-572.

[77] Lu H, Seo Y T, Lee J W, et al. Complex gas hydrate from the cascadia margin [J]. Nature, 2007, 445 (7125): 303-306.

[78] Kida M, Suzuki K, Kawamura T, et al. Characteristics of natural gas hydrates occurring in pore-spaces of marine sediments collected from the eastern nankai trough, off Japan [J]. Energy & Fuels, 2009, 23 (11): 5580-5586.

[79] Fleyfel F, Song K Y, Kook A, et al. Interpretation of carbon-13 NMR of methane/propane hydrates in the metastable/nonequilibrium region [J]. The Journal of Physical Chemistry, 1993, 97 (25): 6722-6725.

[80] Fleyfel F, Song K Y, Kook A, et al. ^{13}C NMR of hydrate precursors in metastable regions [J]. Annals of the New York Academy of Sciences, 1994, 715 (1): 212-224.

[81] Seo Y, Kang S P, Lee J, et al. Hydrate equilibrium data of the $CH_4+C_3H_8$ gas mixture and simulated natural gas in the presence of 2,2-dimethylbutane and methylcyclohexane [J]. Journal of Chemical & Engineering Data, 2011, 56 (5): 2316-2321.

[82] Kini R A, Dec S F, Sloan E D. Methane+propane structure Ⅱ hydrate formation kinetics [J]. The Journal of Physical Chemistry A, 2004, 108 (44): 9550-9556.

[83] Dec S F, Bowler K E, Stadterman L L, et al. NMR study of methane+ethane structure Ⅰ hydrate decomposition [J]. The Journal of Physical Chemistry A, 2007, 111 (20): 4297-4303.

[84] Kida M, Jin Y, Takahashi N, et al. Dissociation behavior of methane—ethane mixed gas hydrate coexisting structures Ⅰ and Ⅱ [J]. The Journal of Physical Chemistry A, 2010, 114 (35): 9456-9461.

[85] Lee J W, Lee J, Kang S P. ^{13}C NMR spectroscopies and formation kinetics of gas hydrates in the presence of monoethylene glycol as an inhibitor [J]. Chemical Engineering Science, 2013, 104: 755-759.

[86] Park S, Koh D Y, Kang H, et al. Effect of molecular nitrogen on multiple hydrogen occupancy in clathrate hydrates [J]. The Journal of Physical Chemistry C, 2014, 118 (35): 20203-20208.

[87] Kida M, Sakagami H, Takahashi N, et al. Estimation of gas composition and cage occupancies in CH_4-C_2H_6 hydrates by CP-MAS ^{13}C NMR technique [J]. Journal of The Japan Petroleum Institute, 2007, 50 (3): 132-138.

[88] Koh C A, Wisbey R P, Wu X, et al. Water ordering around methane during hydrate formation [J]. The Journal of Chemical Physics, 2000, 113 (15): 6390-6397.

[89] Hoshikawa A, Igawa N, Yamauchi H, et al. Observation of hydrogen in deuterated methane hydrate by maximum entropy method with neutron powder diffraction [J]. The Journal of Chemical Physics, 2006, 125 (3): 34505.

[90] Halpern Y, Thieu V, Henning R W, et al. Time-resolved in situ neutron diffraction studies of gas hydrate: transformation of structure Ⅱ (sⅡ) to structure Ⅰ (sⅠ) [J]. Journal of the American Chemical Society, 2001, 123 (51): 12826-12831.

[91] Kuhs W F, Chazallon B, Radaelli P G, et al. Cage occupancy and compressibility of deuterated N_2-clathrate hydrate by neutron diffraction [J]. Journal of inclusion phenomena and molecular recognition in chemistry, 1997, 29 (1): 65-77.

[92] Igawa N, Taguchi T, Hoshikawa A, et al. Neutron diffraction study on the Xe behavior in clathrate hydrate analyzed by rietveld/maximum entropy method [J]. IOP Conference Series: Materials Science and Engineering, 2011, 18 (2): 022021.

[93] Tulk C A, Klug D D, Dos Santos A M, et al. Cage occupancies in the high pressure structure H methane hydrate: a neutron diffraction study [J]. The Journal of Chemical Physics, 2012, 136 (5): 054502.

4 电化学储能材料及应用

在目前的储能技术中，电化学储能技术占据重要地位且具有广阔的应用市场，包括铅酸电池、镍镉电池、锂离子电池、液流电池和超级电容器等。电极材料是储能装置中的关键组成部分，其性能直接影响储能装置的能量密度、功率密度和循环寿命。常见的电极材料包括锂离子电池中的石墨、钴酸锂、磷酸铁锂等，以及超级电容器中的活性炭、金属氧化物等。根据这些材料在电池中功能不同，可以分为正极材料、负极材料、电解质材料及隔膜材料。

4.1 锂离子电池

4.1.1 正极材料

锂离子电池正极材料是锂离子电池的核心组成部分，对电池的整体性能起着决定性作用。这些材料不仅影响着电池的能量密度、循环寿命和安全性能，还直接关系到电池的制造成本和市场竞争力。从传统的钴酸锂到新兴的磷酸铁锂、三元材料等，锂离子电池正极材料经历了从单一到多元、从低性能到高性能的快速发展。随着科技的不断进步，科研人员正致力于开发更多的新型正极材料，如富锂材料、硅酸盐材料等，以进一步提升锂离子电池的性能。这些新型正极材料在提高能量密度、降低成本、增强循环稳定性等方面展现出巨大潜力，为锂离子电池在电动汽车、储能系统等领域的应用开辟了更广阔的空间。因此，深入研究和开发高性能、低成本的锂离子电池正极材料，对于推动锂离子电池技术的持续进步和满足日益增长的能源需求具有重要意义。

4.1.1.1 钴酸锂（LCO）

钴酸锂作为第一代商业化的锂离子电池正极材料，凭借其高能量密度和稳定的电化学性能，在消费电子市场中得到了广泛应用。它主要用于小型充电电池，如 3C 电子产品（智能手机、笔记本电脑、数码相机等）的电池中。

$LiCoO_2$具有 3 种物相，即 α-$NaFeO_2$型层状结构的 $LiCoO_2$、尖晶石结构的 LT-$LiCoO_2$和岩盐相 $LiCoO_2$。目前，在锂离子电池中使用最多的是层状结构的 $LiCoO_2$，其空

间群为六方晶系的 Rm 空间群，晶格常数 $a=b=2.816\text{Å}$ ，$c=14.080\text{Å}$，晶胞体积为 96.32Å^3，摩尔质量为 97.87g/mol，理论比容量为 274mAh/g。此外，钴原子和氧原子之间的锂离子也可以在其中移动，使得 $LiCoO_2$ 正极可以扩散电荷，从而实现充放电反应。

钴酸锂电池具有较高的能量密度，相对于其他电池技术，它可以存储更多的能量，提供更长的使用时间。钴酸锂电池的工作电压比较高，通常在 3.6～3.7V，比其他锂离子电池高。这使得钴酸锂电池能够提供更稳定的电压输出，有助于提高设备的工作效率。钴酸锂电池具有较长的循环寿命，可以进行数百次至数千次的充放电循环，这使得钴酸锂电池在可靠性和使用寿命方面表现出色。此外，钴酸锂电池的生产工艺相对成熟，有较高的生产效率和稳定性，这使得钴酸锂电池的成本相对较低，易于大规模生产。但是钴酸锂电池的主要材料为钴，其储备量有限，且多集中在少数几个国家，这导致钴的价格较高，并存在供应风险。钴酸锂电池在高温、过充或外力冲击等条件下，可能会发生过热、燃烧甚至爆炸等安全问题，因此，需要采取一系列安全措施来防止这些意外情况的发生。钴酸锂电池生产过程中可能会产生有害物质，例如废水和废气中的金属离子和有机物污染，这需要在生产过程中进行严格的环保管理和处理。由于钴资源的稀缺性和开采成本较高，钴酸锂电池的生产成本也相对较高。这在一定程度上限制了钴酸锂电池在某些领域的应用。

钴酸锂（$LiCoO_2$）作为锂离子电池的正极材料，其制备方法多种多样，其中最为常用的制备方法主要包括高温固相法和溶胶-凝胶法（或称为凝胶法）。

高温固相法是一种传统的制备钴酸锂的方法，其基本原理是将锂源（如 Li_2CO_3）和钴源（如钴的碳酸盐、碱式碳酸盐或氧化物 $CoCO_3$、Co_3O_4 等）按一定比例混合均匀，然后在高温下进行固相反应，生成钴酸锂。这种方法操作简单，易于工业化生产，因此在实际生产中应用广泛。通常包括以下几个步骤。

① 原料准备：将锂源和钴源按照化学计量比进行称量，并混合均匀。

② 研磨与压片：将混合后的原料进行研磨，以提高其反应活性。然后，将研磨后的物料进行压片处理，以便于后续的烧结过程。

③ 烧结：将压片后的物料在高温下（通常在 700～900℃）进行烧结，使锂源和钴源发生固相反应，生成钴酸锂。烧结时间和温度对产物的结构和性能有重要影响。

④ 粉碎与筛分：将烧结后的物料进行粉碎处理，得到钴酸锂粉末。然后，通过筛分过程，将粉末按照不同的粒径范围进行分类，以满足不同应用需求。

溶胶-凝胶法是一种新兴的制备钴酸锂的方法，其基本原理是将锂盐和钴盐溶解在适当的溶剂中，通过控制反应条件使溶液发生水解、缩聚等反应，形成溶胶。然后，将溶胶进行干燥处理，得到凝胶。最后，将凝胶在高温下进行煅烧，得到钴酸锂粉末。

溶胶-凝胶法的制备过程通常包括以下几个步骤。

① 溶液配制：将锂盐和钴盐按照化学计量比溶解在适当的溶剂中，并加入适量的催化剂和稳定剂。

② 水解与缩聚：在适当的温度和 pH 值条件下，使溶液发生水解和缩聚反应，形成溶胶。

③ 干燥与凝胶化：将溶胶进行干燥处理，得到凝胶。干燥过程中需要控制温度和湿度，以避免凝胶开裂或变形。

④ 煅烧与粉碎：将凝胶在高温下进行煅烧处理，使其中的有机物分解并挥发掉，同时使锂源和钴源发生化学反应生成钴酸锂。对煅烧后的物料进行粉碎和筛分处理，得到钴酸锂粉末。

高温固相法和溶胶-凝胶法各有优缺点。高温固相法操作简单、成本低廉、易于工业化生产；但产物粒径分布较宽、形貌不规则、反应温度高且能耗大。溶胶-凝胶法则可以制备出粒径分布均匀、形貌规则的钴酸锂粉末，但制备过程相对复杂、成本较高且需要较长的反应时间。

钴酸锂拥有 274mAh/g 的理论比容量，但实际容量仅为 135～140mAh/g（电压范围 2.75～4.2V），大约只有 50％的锂能可逆稳定释放出来，远远不能满足高能量密度的需求。虽然充电至较高的截止电压（4.2V 以上）有助于从钴酸锂中提取更多的锂离子，获得更高的容量。然而，在此过程中会严重影响层状钴酸锂的循环稳定性。钴酸锂在较高的电压下容易发生不可逆的结构转变，以及与电解质发生不良的副反应，从而导致容量的快速衰减和循环稳定性的降低。钴酸锂正极材料在高温下还容易发生热失控，导致电池安全问题。

通常来说，产生不良结果的因素有以下两个。

① 层状 $LiCoO_2$ 自身结构的不稳定性。由于锂的快速脱出且随着脱出量的不断增加，$LiCoO_2$ 的晶体结构从六方结构逐渐变成单斜结构，之后又回到六方结构，这个过程会使层状 $LiCoO_2$ 发生不同程度的膨胀和收缩，导致其结构和循环稳定性被严重破坏。具体而言，$LiCoO_2$ 中随着 Li^+ 的脱嵌形成了更明显的 Li^+ 浓度梯度，从而引起晶格内部不同位置的应力变化，最终导致 Li^+ 电导率降低，甚至材料自身的破裂。同时由于 Li^+ 不能完全返回到粒子内部，粒子的这种结构将被进一步破坏。这种“不可逆”的结构衰退和锂源的丧失，也会使容量迅速衰减。此外，钴原子拥有高的电荷密度，这会导致其他的 Li^+ 无法紧密地配位到钴原子上，同时在脱锂过程中，Li^+ 将被还原成金属锂，此时钴原子的电荷密度将会进一步增加，进而引起结构的不稳定性。$LiCoO_2$ 脱锂过程中不同的晶体结构如图 4-1 所示。

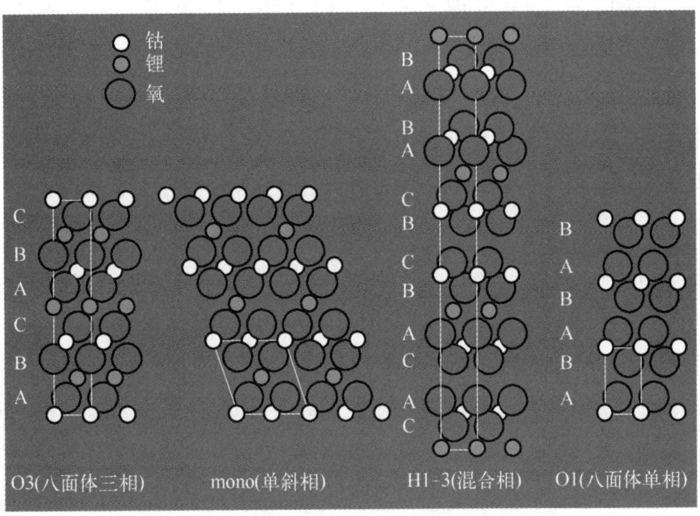

图 4-1 $LiCoO_2$ 脱锂过程中不同的晶体结构

② 正极材料与电解质发生一系列的反应导致容量衰减。在充放电过程中对于高脱锂态的 $LiCoO_2$材料而言，在与电解质接触时，可能会因电解质的有机成分中 H^+ 的插入而生成 $Li_{(1-x)}H_xCoO_{(2-y)}$。此外，$LiCoO_2$ 在高电压下处于极度脱锂状态时，会表现出强烈的氧化性，其中 Co^{3+} 会被氧化为 $CO_4{}^+$，而 $CO_4{}^+$ 高度不稳定，并与电解质发生反应，导致活性元素钴的损失和电解质中组分的消耗，同时可能会有气体生成和温度的上升，而较高的温度又促使脱锂态的 $LiCoO_2$ 与电解质发生反应造成恶性循环。之后，正极电解质界面相（CEI）的阻抗升高，$LiCoO_2$ 的不稳定性以及与黏结剂、导电剂等其他组分的不相容性加剧。因此，$LiCoO_2$ 的结构和界面稳定性对于实现在高电压下具有优异电化学性能的 $LiCoO_2$ 基锂离子电池至关重要。

钴酸锂正极材料的改性方法主要包括以下几种。

① 掺杂改性：通过在钴酸锂中掺杂其他元素（如 Mn、Ni、Al 等金属离子），可以改变其电子结构和化学性质，从而提高其性能。掺杂元素的选择和掺杂量对钴酸锂的性能有重要影响。例如，Mn 掺杂可以提高材料的比容量和循环性能，但过多的掺杂会导致材料的结构发生变化，从而影响电池的性能。

② 包覆改性：通过在钴酸锂表面包覆一层导电或绝缘材料（如碳材料、聚合物、氧化物、磷酸盐、氟化物等），可以提高其导电性能和循环稳定性。包覆层的厚度和均匀性对改性效果有重要影响。

③ 表面修饰改性：通过在钴酸锂表面进行化学修饰（如使用有机硅烷、有机磷烷等），可以改善其与电解质的相容性，减少副反应的发生，从而提高电池的使用寿命。

这些改性方法可以有效提高钴酸锂正极材料的热稳定性、循环稳定性、安全性以及能量密度等性能，为锂离子电池的应用提供更加强大的支持。同时，随着研究的深入和技术的发展，未来钴酸锂正极材料的性能有望得到进一步提升。

4.1.1.2 磷酸铁锂（LFP）

磷酸铁锂（分子式：$LiFePO_4$；英文：lithium iron phosphate，LFP），是一种锂离子电池的正极材料。磷酸铁锂通常呈现为灰色、红灰色、棕色或黑色的固体粉末，外观颜色可能因制备工艺和纯度而有所不同。具有橄榄石结构，这种结构赋予其优异的稳定性和循环性能。晶体中有稳固的 P—O 键，难以分解，在过充和高温时不会结构崩塌发热或生成强氧化物，因此具有较高的过充安全性。通常电热峰值可达 350～500℃，相比其他正极材料如锰酸锂和钴酸锂（电热峰值约 200℃）具有更高的耐热性。磷酸锂铁电池一般不含重金属和稀有金属，无毒、无污染，是绝对的绿色环保电池。

磷酸铁锂的制备方法多种多样，主要包括高温固相反应法、碳热还原法、水热法、喷雾热解法等。其中，高温固相反应法是目前发展最为成熟且使用最广泛的方法。具体步骤包括将铁源、锂源、磷源按化学计量比均匀混合后，在惰性气氛下先低温烧结使原材料初步分解，再高温烧结得到橄榄石型磷酸铁锂。碳热还原法是在原材料中加入碳源作还原剂，通常和高温固相法一起使用。碳源在高温煅烧中可以将 Fe^{3+} 还原为 Fe^{2+}，使合成过程更加合理。水热法则是在密封的压力容器中以水为溶剂，原料在高温高压的条件下进行化学反应，经过滤洗涤、烘干后得到纳米前驱体，最后经高温煅烧即可得到磷酸锂铁。喷雾热解法是将前驱体随载气喷入反应器中，高温反应后得到磷酸锂铁。这种方法可以得到均匀粒径和规则形状的磷酸锂铁粉体。

磷酸铁锂电池虽然安全性高，但材料堆积密度、振实密度较低，导致电池的能量密度也相对较低，且电导率低。为了克服磷酸铁锂的缺点，研究者们开发了一系列改性方法，主要包括离子掺杂、表面包覆、形貌控制和添加补锂材料等。离子掺杂是在磷酸铁锂晶格中掺杂导电性好的金属离子，以改善其循环性能和倍率性能。表面包覆需要用导电物质（如碳材料、金属或金属氧化物、离子导电材料等）包覆磷酸铁锂材料，以提高其电子和离子传导性能。通过控制合成条件来制备具有特定形貌（如球形颗粒）的磷酸铁锂材料，也可以提高其空间利用率和电化学性能。或者在磷酸铁锂正极材料中添加补锂材料（如 Li_2O、LiF、Li_3N 和 Li_2S 等），以补偿首次充电过程中负极表面形成固体电解质界面（SEI）时消耗的锂，从而提高电池的首圈库仑效率和放电比容量。

4.1.1.3 锰酸锂（LMO）

锰酸锂通常呈现为黑灰色或黑色粉末状，化学式为 $LiMn_2O_4$，其中锰的价态通常为 +3 和 +4 混合价态，属于立方晶系，具有尖晶石结构，$Fd3m$ 空间群。在这种结构中，锰离子和锂离子分别占据八面体和四面体位置，形成了三维的锂离子扩散通道，有利于锂离子的快速脱嵌，因此具有优异的倍率性能和稳定性。锰酸锂的密度较高，通常在 3.5～4.0g/cm^3 之间。其硬度适中，便于加工和处理。在电池充放电过程中，锰酸锂中的锰离子会发生氧化还原反应，伴随着锂离子的脱嵌和嵌入。这种反应是可逆的，使得锰酸锂成为电池正极材料的理想选择。锰酸锂在水中的溶解度较低，但在某些有机溶剂中可能有一定的溶解性。此外，锰酸锂在电解质溶液中可能会发生一定程度的溶解和相变，这会影响其电化学性能和循环稳定性。锰酸锂具有较高的电化学活性，能够在较宽的电压范围内进行充放电反应。这使得锰酸锂电池具有较高的能量密度和功率密度。

锰酸锂的制备方法多种多样，主要包括高温固相法、熔融浸渍法、微波合成法、溶胶-凝胶法、水热合成法以及共沉淀法等。高温固相法和溶胶-凝胶法步骤与钴酸锂相似，这里不再赘述。熔融浸渍法是将锂源和锰源在高温下熔融，然后浸渍在载体上，通过化学反应生成锰酸锂。微波合成法是利用微波辐射对原料进行加热和反应，快速生成锰酸锂。该方法具有反应速率快、能耗低等优点。水热合成法是在高温高压的水热条件下，使锂源和锰源发生化学反应，生成锰酸锂。该方法可以制备出具有特殊形貌和结构的锰酸锂。共沉淀法是将锂源和锰源溶解在溶液中，通过加入沉淀剂使锂离子和锰离子共同沉淀下来，形成锰酸锂的前驱体。然后，经过洗涤、干燥和焙烧等步骤得到最终的锰酸锂产品。不同的制备方法具有各自的优缺点。高温固相法制备工艺简单、原料易得、成本低廉，但能耗高、生产效率低；溶胶凝胶法制备的锰酸锂粒度均匀、比表面积大、电化学性能优异，但制备过程复杂、成本较高；熔融浸渍法适用于制备具有特殊形貌和结构的锰酸锂，但制备过程难以控制；微波合成法反应速率快、能耗低，但设备成本高；水热合成法可以制备出具有特殊结构和性能的锰酸锂，但制备条件较为苛刻；共沉淀法制备工艺简单、易于控制，但制备过程中需要严格控制反应条件和沉淀剂的用量。

锰酸锂作为电池正极材料具有较高的安全性，其热失控温度较高，不易发生火灾或爆炸等安全事故。倍率性能好，适用于高倍率充放电的应用场景。此外，锰元素在地壳中含量较高，易于获取。因此，相比钴酸锂等传统正极材料，锰酸锂的原材料成本较低。锰酸锂也是一种环保材料，对环境无害，常用于电动自行车及低速电动车、电动工具、数码电子产品等。

但是锰酸锂电池循环性能有限，循环寿命相对较短，特别是在高温环境下容易出现容量衰减。电化学稳定性有待提高，锰酸锂在电解质中会缓慢溶解，与电解质的相容性不太好。

为了克服锰酸锂的缺点，提高其电化学性能，研究者们采用了表面修饰、掺杂、复合等改性方法。表面修饰是在锰酸锂表面包覆一层绝缘材料，如氧化铝、二氧化硅等，抑制锰的溶解和电解质的分解，从而提高循环稳定性和倍率性能。向锰酸锂中掺杂其他元素，如铝、镁、钴、镍等，可以改变其晶体结构和电子结构，提高电化学性能。掺杂元素可以有效地抑制充放电过程中的 Jahn-Teller 效应（姜-泰勒效应），从而提高锰酸锂的循环稳定性。将锰酸锂与碳材料、金属材料或陶瓷材料等复合，利用这些材料的导电性和稳定性可以提高锰酸锂的电化学性能。

4.1.1.4 三元材料

三元材料电池是一种锂离子电池，其正极材料如镍钴锰酸锂（NCM）和镍钴铝酸锂（NCA），主要由镍（Ni）、钴（Co）和锰（Mn）或铝（Al）等元素组成。这些元素在正极材料中协同作用，赋予电池高比容量、良好的循环性能和高安全性。三元材料的晶体结构稳定，有利于锂离子的嵌入和脱嵌，从而保证了电池的电化学性能。

三元材料的制备方法多种多样，主要包括共沉淀法、溶胶-凝胶法、模板法和喷雾干燥法等。

共沉淀法是将化学原料在液态下进行混合，通过沉淀剂作用，使溶液中已经混合均匀的组分按投入计量比沉淀出来；或者先通过溶液反应沉淀出前驱体产物，再通过煅烧反应制备出细微粉料产品。例如利用共沉淀法制备 NCM，将硫酸锰晶体、硫酸镍晶体、硫酸钴晶体按不同比例配液，加入 NaOH 溶液、氨水反应生成氢氧化镍钴锰前驱体，再加入锂源（碳酸锂）进行混合并高速搅拌，再进行高温烧结、粉碎、过筛除铁，最终形成三元材料前驱体。

溶胶-凝胶法是合成超细颗粒的一种较为先进的软化学方法，主要应用于合成各种陶瓷粉体、涂层、薄膜、纤维等产品。使用该方法制备 NCM 时首先将低黏度的前驱体混合均匀，制成均匀的溶胶，使之凝胶化，之后通过成型、干燥、烧结/煅烧制得 NCM 材料。其最大优点是可在极短时间内实现反应物在分子水平上均匀混合，制备得到的材料具有化学成分分布均匀、精确的化学计量比、粒径小且分布窄等优点。

模板法采用碳纤维作为模板剂，利用碳纤维表面的羧基（—COOH）吸附金属镍钴锰离子，高温焙烧后即可制得纳米多孔的 333 三元材料（三元材料：指正极材料中含有 Ni、Co、Mn 三种过渡金属元素；333：Ni、Co、Mn 三种金属的摩尔比是 1∶1∶1）。凭借空间限域作用和结构导向作用，模板法在制备具有特殊形貌和精确粒径的材料上有着广泛应用。以此方法制备的纳米多孔 333 三元材料一方面可以极大缩短锂离子的扩散路径，另一方面纳米孔结构还能缓冲材料的体积变化，从而提高材料的稳定性。

喷雾干燥法在60～150℃高温下，镍钴锰锂硝酸盐迅速雾化，在短时间内水分蒸发，原料也迅速混匀，最后得到的粉末在900℃焙烧4h后即能得到三元材料。喷雾干燥法因自动化程度高、制备周期短、得到的颗粒细微且粒径分布窄、无工业废水产生等优势，被视为应用前景非常广阔的一种生产三元材料的方法。

相比其他锂离子电池，三元材料电池的能量密度较高，可达到300～400Wh/kg。正极材料采用镍、钴、锰（或铝）的混合氧化物，这种材料在充放电过程中的电化学性质更加稳定，因此三元材料电池的循环寿命相对较长。三元材料电池在设计和制造过程中采取了多重安全措施，如热失控保护等，以确保电池在使用过程中的安全性。缺点是热稳定性差，在250～300℃时会分解，且三元锂材料的化学反应特别强烈，一旦释放出氧分子，电解质就会在高温作用下迅速燃烧，进而发生爆燃。镍、钴等金属元素的价格较高，导致三元材料电池的成本相对较高。

三元材料电池已经广泛应用于电动汽车、智能家居、照明等领域。随着电动汽车市场的快速发展和消费者对高能量密度电池的需求增加，三元材料电池的市场规模将持续扩大。同时，通过材料改性技术和材料复合技术等手段，三元材料电池的能量密度、循环寿命等性能将得到进一步提升，为其在更多领域的应用提供保障。

除了上述四种常见的正极材料外，还有镍酸锂、磷酸铁锰锂等正极材料，这些材料在某些特定领域或应用场景下也有应用。

4.1.2 负极材料

锂电池负极材料处于锂离子电池产业中最关键的环节。按锂离子电池成本比例，负极材料占比锂电池总成本的25%～28%。理想的负极材料最少要具备以下条件：化学电位较低，与正极材料形成较大的电势差，从而得到高功率电池；应具备较高的循环比容量；在负极材料中Li^+应该容易嵌入和脱嵌，具有较高的库仑效率，以至于在Li^+脱嵌过程中有较稳定的充放电电压；有良好的电子电导率和离子电导率；有良好的稳定性，对电解质有一定的兼容性；材料的来源应该资源丰富，价格低廉，制造工艺简单；安全、绿色无污染。

锂离子电池负极材料的研究与发展主要集中于碳基材料、硅基材料、锡基材料、钛酸锂以及其他材料。

4.1.2.1 碳基负极材料

碳负极锂离子电池在安全和循环寿命方面显示出较好的性能，并且碳材料价廉、无毒，目前商品锂离子电池广泛采用碳负极材料。近年来随着对碳材料研究工作的不断深入，已经发现通过对石墨和各类碳材料进行表面改性和结构调整，或使石墨部分无序化，或在各类碳材料中形成纳米级的孔、洞和通道等结构，锂在其中的嵌入-脱嵌不但可以按化学计量LiC_6进行，而且还可以按非化学计量进行，其比容量大大增加，LiC_6的理论值由372mAh/g提高到700～1000mAh/g，因此锂离子电池的比能量大大增加。

目前，已研究开发的锂离子电池负极材料主要有：石墨、石油焦、碳纤维、热解炭、中间相炭微球（MCMB）、炭黑、玻璃炭等，其中石墨和石油焦最有应用价值。

石墨材料导电性好，结晶度较高，具有良好的层状结构，适合锂的嵌入-脱嵌，形成锂-石墨层间化合物，充放电容量可达300mAh/g以上，充放电效率在90%以上，不可逆容量低于50mAh/g。锂在石墨中脱嵌反应在0～0.25V，具有良好的充放电平台，可与提供锂源的正极材料钴酸锂、锰酸锂、镍酸锂等匹配，组成的电池平均输出电压高，是目前锂离子电池应用最多的负极材料。

石墨包括人工石墨和天然石墨两大类。改性石墨和石墨化碳纤维也常作为负极材料使用。

（1）人工石墨

人工石墨是将易石墨化碳（如沥青焦炭）在 N_2 气氛中于1900～2800℃经高温石墨化处理制得。常见人工石墨有中间相炭微球（MCMB）和石墨纤维。

MCMB是高度有序的层状堆积结构，可由煤焦油（沥青）或石油渣油制得。在700℃以下热解炭化处理时，锂的嵌入比容量可达600mAh/g以上，但不可逆比容量较高。在1000℃以上热处理时，MCMB石墨化程度提高，可逆比容量增大。通常石墨化温度控制在2800℃以上，可逆比容量可达300mAh/g，不可逆比容量小于10%。

气相沉积石墨纤维是一种管状中空结构，具有320mAh/g以上的放电比容量和93%的首次充放电效率，可大电流放电，循环寿命长，但制备工艺复杂，成本较高。

（2）天然石墨

天然石墨是一种较好的负极材料，其理论比容量为372mAh/g，形成 LiC_6 的结构，可逆容量、充放电效率和工作电压都较高。石墨材料有明显的充、放电平台，且放电平台对锂电压很低，电池输出电压高。天然石墨有无定形石墨和鳞片石墨两种。无定形石墨纯度低，可逆比容量仅260mAh/g，不可逆比容量在100mAh/g以上。鳞片石墨可逆比容量仅300～350mAh/g，不可逆比容量低于50mAh/g。天然石墨结构完整，嵌锂位置多，所以容量较高，是非常理想的锂离子电池负极材料。其主要的缺点是对电解质敏感、大电流充放电性能差。在放电的过程中，在负极表面由于电解质或有机溶剂的化学反应会形成一层固体电解质界面膜，另外锂离子在插入和脱插的过程中，造成石墨片层体积膨胀和收缩，也容易造成石墨粉化，所以天然石墨的不可逆容量较高，循环寿命有待进一步提高。

（3）改性石墨

通过石墨改性，如在石墨表面氧化、包覆聚合物热解炭，形成具有核-壳结构的复合石墨，可以改善石墨的充放电性能和循环性能。

通过石墨表面氧化，可以降低 Li/LiC_6 电池的不可逆容量，提高电池的循环寿命，可逆容量可以达到446mAh/g（$Li_{1.2}C_6$），石墨材料的氧化剂可选择 HNO_3、O_3、H_2O_2 等。石墨氟化可在高温下用氟蒸气与石墨直接反应，得到 $(CF)_n$ 和 $(C_2F)_n$，也可以在Lewis酸（如HF）存在时，于100℃进行氟化得到 C_xF_n。碳材料经氧化或氟化处理后的容量都会有所提高。

（4）石墨化碳纤维

气相生长碳纤维（VGCF）是以碳氢化合物为原料制备的负极材料，在2800℃处理的

VGCF 容量高，结构稳定。

3000℃处理的中间相沥青碳纤维（MCF），其中心有层状组织的辐射状晶体结构，与石焦油一样属乱层石墨结构，它具有高的比容量和库仑效率。

碳纤维的结构不同，嵌锂性能也不同，其中具有径向结构的碳纤维的充放电性能最好，同心结构的碳纤维易出现与溶剂分子共嵌入现象。

石墨在达到最大嵌锂限度（即 LiC_6）时的体积只增加 10%左右。因此，石墨在反复嵌入-脱出锂过程中能保持电极尺寸稳定，使碳电极有良好的循环性能。石墨也存在一些不足，如对电解质选择性强，只能在某些电解质中才有良好的电极性能；耐过充过放电性能差；Li^+ 在石墨中扩散系数小，不利于快速充放电等。因此有必要对石墨进行改性，现已合成中间相炭微球（MCMB）、无定形碳、包覆石墨等，它们的充放电性能较石墨有显著的改善。

4.1.2.2 硅基负极材料

（1）硅负极材料

硅负极因具有 3590mAh/g 的超高比容量，嵌锂电位适中（约 0.4V，相对于 Li^+/Li），在充电嵌锂过程中没有析锂隐患，提高了锂离子电池的安全性能，被认为是下一代锂离子电池负极的理想选择。硅负极材料大幅度提高锂离子电池的能量密度，这正是便携式电子产品、无人机、新能源汽车和储能电池系统等一系列新技术领域发展的迫切需要。然而其低的循环寿命严重阻碍了其商业化应用。硅负极低的循环寿命源于其在充放电过程中存在巨大体积膨胀。但硅负极的体积膨胀效应导致纳米硅颗粒与电极极片的机械稳定性变差、活性颗粒之间相互接触不好以及表面 SEI 钝化膜的稳定性降低，导致锂电池的寿命和安全性能都面临着挑战。

目前解决硅负极存在问题相对成熟的方法是将纳米化、惰性缓冲以及表面包覆技术相结合。

硅的纳米化是硅基负极材料的一个主要研究方向。美国、日本等国家的企业对纳米硅粉的研究起步较早，一些企业可以用等离子蒸发冷凝法进行纳米硅粉的制备，所生产的纳米硅品质可控，但生产成本较高。此外，研究较多的制备方法还有化学气相沉积法和机械研磨法。基于成本方面的考虑，2021 年之前采用研磨法制备硅碳材料被广泛看好。理论上将硅颗粒研磨至 20nm 以下且不团聚，就能极大程度地解决硅负极膨胀的问题，但事实证明这超越了研磨法工艺的极限，即使实现 20nm 以下纳米硅的制备，也难以保证其分散性，加大了后续碳包覆的难度。从现有材料性能看，研磨法硅碳循环性能仍不佳，一般 500～600 周。如何有效控制纳米硅粉的形貌和粒径，降低成本，实现纳米硅粉的大规模生产，是行业内需要持续探索的问题。

（2）硅碳复合负极材料

硅碳复合负极材料目前基本采用核壳结构，以球形石墨或者人造石墨为基底，在石墨表面复合或者包覆一层 Si 纳米颗粒，然后再在其外表包覆一层无定形碳、碳纳米管或石墨烯。碳包覆的原理和本质在于 Si 负极的体积膨胀由石墨和包覆层共同承担，从而避免或减少了硅负极材料在嵌脱锂过程中因巨大的体积变化和应力而发生粉化。碳包覆的作用是约束和缓冲活性中心的体积膨胀；阻止纳米活性粒子的团聚；阻止电解质向中心渗透，保持稳定的界面和 SEI。

碳负极材料具有良好的循环稳定性能和优异的导电性，且锂离子对其层间距并无明显影响，在一定程度上可以缓冲和适应硅的体积膨胀，因此常被用来与硅进行复合。另外，硅与碳化学性质相近，二者能紧密结合，因此碳常用作与硅复合的首选基质。在 Si/C 复合体系中，Si 颗粒作为活性物质，提供储锂容量；C 既能缓冲充放电过程中硅负极的体积变化，又能改善 Si 质材料的导电性，还能避免 Si 颗粒在充放电循环中发生团聚。因此 Si/C 复合材料综合吸收了二者特有的优点，在锂电池上表现出高质量比容量和长循环寿命，代替石墨成为新一代锂离子电池的负极材料。

硅碳复合负极材料根据硅碳负极中碳材料的种类可以为 2 类：硅碳传统复合负极材料和硅碳新型复合负极材料。其中传统复合负极材料是指硅与天然石墨、人造石墨、MCMB、炭黑等碳材料复合，硅碳新型复合负极材料是指硅与碳纳米管、富勒烯、石墨烯等新型碳材料进行复合。

硅碳复合负极材料根据硅的分布方式不同主要分为包覆型、嵌入型和分子接触型，而根据硅形态不同则分为颗粒型和薄膜型，根据硅碳负极中物质种类的多少分为硅碳二元复合材料与硅碳多元复合材料。硅碳比例不同会影响比容量的多少。

4.1.2.3 锡基负极材料

锡是锂电负极材料中研究比较早的负极材料之一，也是热点领域。锡基负极材料具有高比容量，被业界认为是很有潜力可以替代传统石墨负极的材料。但是其缺点同样明显：充放电过程中严重的体积膨胀、电极粉化和颗粒之间团聚，从而导致锂离子电池容量迅速衰减和低的电导率。发展和寻找有效的锡负极及复合材料制备方法，提高复合负极电极材料的导电性是提高锡负极电化学性能的关键，也是其大规模应用的前提。

SnO_2 负极材料因具有较高的比容量（1494mAh/g）而备受学术界和产业界关注，也是负极领域研究的热点，很多公司都有涉及。然而，其在充放电循环过程中也面临着和锡负极同样的一些问题：不可逆容量巨大、库仑效率偏低，在充电嵌锂过程中会存在较大的体积膨胀情况，体积膨胀比例可达 250%～300%，循环过程中容易发生粒子团聚等，严重制约了其市场应用。

有研究表明，通过制备碳基 SnO_2 复合负极材料，可以有效抑制负极 SnO_2 颗粒的团聚，同时还能缓解嵌锂时发生的严重体积膨胀效应，提高负极 SnO_2 在充放电循环过程中的稳定性。有实验结果表明，用石墨碳材料作为载体，不仅能将 SnO_2 颗粒分散得十分均匀，还能有效抑制 SnO_2 间颗粒的团聚，提高负极材料的循环稳定性和次数，因此以 SnO_2 为基础的复合负极材料将是锡氧化物未来发展的方向。

4.1.2.4 钛酸锂负极材料

钛酸锂（LTO）被认为是比碳更安全、寿命更长的负极材料。钛酸锂负极具有快速充放电、循环次数多及安全性高等优点，前景被很多电池界人士和企业所看好。

钛酸锂材料的“零应变”性能极大地延长了钛酸锂负极体系电池的循环寿命。钛酸锂因尖晶石结构所特有的三维锂离子扩散通道，具有功率特性优异和优良的高低温性能等优点。与碳负极材料相比，钛酸锂的电位高（比金属锂的电位高 1.55V），这就导致通常在电解质与碳负极表面上生长的固液层在钛酸锂表面基本上不形成。与碳材料相比，钛酸锂脱嵌锂平台电位较高（1.55V，相对于 Li^{+}/Li），可避免锂枝晶的产生，保障了电池的安全性。其理论比容量为 175mAh/g，具有平稳的放电平台，容量利用率较高。

利用钛酸锂作锂电池负极优点如下。首先，更高的安全性。钛酸锂独特的物理性能使其具备传统锂离子电池所不具备的高安全特性。钛酸锂与电解质中溶剂间的反应活性较低，在表面基本不生成 SEI 绝缘钝化膜，这大大改善了锂电池的化学稳定性和安全性能。在较高的温度环境下，钛酸锂能够吸收正极分解所产生的氧气，降低了热失控的风险，提高了锂电池的安全性能。同时钛酸锂负极从根本上消除了金属锂在负极上枝晶现象的产生，大大降低了锂电池内部发生短路的风险。其次，钛酸锂负极锂电池寿命长。由于钛酸锂负极材料本身的结构稳定，并且在充放电过程中保持电极结构稳定，这使锂电池的循环寿命极大地提高，循环次数可达 25000 次以上。再次，宽的工作温度范围和可快速充放电。钛酸锂电池有着传统锂离子电池所不具备的优异高低温性能和快速充放电功能。由于钛酸锂负极材料结构稳定，在低温环境下各项电化学性能指标仍能保持常温时的状态，这使钛酸锂电池在－50～60℃很宽的高低温范围内具有完全充放电的电化学表现。目前以石墨为负极的锂离子电池可以在－40℃左右放电（放电量较低），但却无法在－10℃及更低温度下实现常规电流的充电。

钛酸锂电池与目前纯电动客车上应用比例最高的磷酸铁锂电池相比，优势仍然突出。除了能量密度比磷酸铁锂电池略低以外，在安全性、使用寿命、充电时间、工作温度范围等方面，钛酸锂电池都完胜。比如，磷酸铁锂电池在加热到 160℃时会发生爆炸，因为有 SEI 绝缘膜，不仅影响首次充放电效率，初次循环容量损失超过 10%，而且高于 45℃时易分解，高温时循环寿命衰减很快。此外，快充对循环寿命影响较大，寿命为 5～8 年。但钛酸锂电池无 SEI 绝缘膜，初次循环无容量损失，且快充对循环寿命影响较小，仅需 6min，热稳定性强，循环使用寿命可长达 10 年。

4.1.3 电解质

锂离子电池的电解质主要由锂盐、溶剂和添加剂三类物质组成，根据不同的锂离子电池类型，电解质的具体组成会有所差异。

（1）液体电解质

液体电解质中最常用的锂盐是六氟磷酸锂（$LiPF_6$），因其在碳酸酯混合溶剂电解质中具有优异的综合性能。溶剂通常使用碳酸酯类溶剂和有机醚类溶剂的混合溶剂，如碳酸乙烯酯（EC）、碳酸二甲酯（DMC）、碳酸二乙酯（DEC）等。添加剂用于改善电池性能，如提高安全性、抑制枝晶生长等。常见的添加剂包括氟代碳酸乙烯酯（FEC）等。

（2）固体电解质

固体电解质由陶瓷或聚合物质制成，如锂磷氮氧化物（LiPON）具有高离子电导率和热稳定性。基于石榴石结构的陶瓷材料，组成为 $Li_7La_3Zr_2O_{12}$（LLZO），呈立方结构，具有高的锂离子导电性和优异的稳定性，能够抵抗锂金属的侵蚀，但在室温下稳定立方结构是具有挑战性的。四方石榴石 LLZO 在室温下的电导率通常约为 10^{-6}S/cm，几乎比立方相低两个数量级。

由于许多聚合物电解质基于聚醚或聚乙烯氧化物（POE），提供了适当的 Li 盐溶解的框架。聚环氧乙烷（PEO）和锂盐组成的聚合物电解质，具有灵活性和更高的形状因子适应性。

将陶瓷材料引入聚合物电解质中也可以提高离子导电性，扩大聚合物电解质的稳定性限制，并且缓解锂枝晶问题。例如，将 15%（质量分数）的 $Li_{70.33}La_{0.557}TiO_3$ 纳米线添加到聚丙烯腈-$LiClO_4$ 电解质中，显著提高了室温下 Li 离子的导电性。然而，复合电解质中锂离子的传输数（$t_{Li^+}=0.38$）通常较低，需要显著改善以提高效率。

（3）凝胶电解质

凝胶电解质结合了固体聚合物的物理性质与液体电解质的离子电导率，通常包括用液体组分溶胀的聚合物基质，如聚偏氟乙烯（PVDF）或聚丙烯酸（PAA）基凝胶。

不同类型的锂离子电池根据其特定的应用需求和性能要求，会采用不同的电解质组成。例如，高能量密度电池可能需要能够支持高电压的电解质，而高功率密度电池则需要具有高离子电导率的电解质。宽温应用电池则需要电解质在极端温度下仍能保持性能。

4.1.4 隔膜材料

隔膜是夹在电池正负极之间的多孔聚合物膜，旨在防止电极之间的物理接触，同时允许离子传输。虽然隔膜是电池的非活性元件，但隔膜的特性（如孔隙率、孔径、机械强度和热稳定性）会影响电池的离子传输、循环寿命、性能和安全性。因此，隔膜材料是锂离子电池中的关键组件之一。

多孔隔膜在电化学电池中面临多重挑战，影响电池的安全性。在充放电过程中，金属氧化物阴极的氧化和负极的还原通常会导致有机液体电解质的分解，从而堵塞孔隙并影响隔膜的功能。此外，重复的充电/放电过程会导致锂枝晶生长，锂枝晶会渗透到隔膜中，导致电极之间的物理接触和内部短路。电池运行期间发生的机械/电气/热滥用情况可能会对隔膜造成物理损坏。所有这些因素都会导致隔膜故障，最终导致电池故障。在极端情况下，这些故障可能会引发火灾或爆炸。设计具有理想特性的隔膜是最大限度地提高电荷传输动力学、减少隔膜故障和防止电池过早失效的一种方式。

根据材料性质可以将锂离子电池隔膜分为微孔聚烯烃隔膜、无纺布隔膜和复合隔膜。

4.1.4.1 微孔聚烯烃隔膜

微孔聚合物隔膜代表了商用锂离子电池中最先进的隔膜。聚乙烯（PE）或聚丙烯（PP）是微孔聚合物隔膜的代表材料。这类隔膜凭借着较低的成本、良好的力学性能、优异的化学稳定性和电化学稳定性等优点而被广泛地应用在锂电池隔膜中。实际应用中又包括了单层 PP 或 PE 隔膜，双层 PE/PP 复合隔膜，双层 PP/PP 复合隔膜，以及三层 PP/PE/PP 复合隔膜。单层 PE 或 PP 隔膜主要用于商用锂电池。PE 和 PP 隔膜的孔隙率约为 40%，平均孔径为 50～100Å，厚度从 18～25μm 不等，离子电阻率为 1.5～2.5Ω·cm，穿刺强度为 300g/mil（1mil=25.4μm），具有高机械强度以及高结构和电化学稳定性。聚烯烃复合隔膜由某公司开发，主要有PP/PE复合隔膜和PP/PE/PP复合隔膜，PE隔膜柔韧性好，但是熔点低（135℃），闭孔温度低，而PP隔膜力学性能好，熔点较高（165℃），将两者结合起来使得复合隔膜具有闭孔温度低、熔断温度高的优点，在较高温度下隔膜自行闭孔而不会熔化，且外层PP膜具有抗氧化的作用，因此该类隔膜的循环性能和安全性能得到一定提升，在动力电池领域应用较广。

微孔聚烯烃基膜通过干法和湿法工艺制造。干法工艺包括熔化聚烯烃树脂并将其挤出成薄膜。然后将所得薄膜进行热退火以增加薄片结构的大小和数量，随后被拉伸成多孔结构。一些隔膜制造商更喜欢采用干法制备PP和PE隔膜。在湿法工艺中，碳氢化合物液体与聚烯烃树脂混合并加热以熔化混合物。所得熔体被挤出成片材，然后用挥发性溶剂提取液体。也有一些隔膜制造商更喜欢用湿法制造多孔隔膜。

4.1.4.2 无纺布隔膜

聚烯烃材料本身疏液表面和低的表面能导致这类隔膜对电解质的浸润性较差，影响电池的循环寿命。另外，PE和PP的热变形温度比较低（PE的热变形温度为80～85℃，PP为100℃），温度过高时隔膜会发生严重的热收缩，因此这类隔膜不适于在高温环境下使用，使得传统聚烯烃隔膜无法满足现今3C产品及动力电池的使用要求。针对锂离子电池技术的发展需求，研究者们在传统聚烯烃隔膜的基础上发展了各种新型锂电隔膜材料。

非织造隔膜通过非纺织的方法将纤维进行定向或随机排列，形成纤网结构，然后用化学或物理的方法进行加固成膜，使其具有良好的透气率和吸液率。大孔纤维基质是通过干法、熔喷或湿法工艺制造的。湿法类似于造纸工艺，纤维通过化学或热耦合黏合在一起。熔喷法是一种无黏合剂的工艺，其中聚合物纤网纤维被挤出。静电纺丝是一种替代技术，被广泛用于制造各种无纺膜，如纤维素、聚四氟乙烯（PTFE）、聚偏二氟乙烯（PVDF）、聚乙烯醇（PVA）、聚丙烯腈（PAN）、聚对苯二甲酸乙二醇酯（PET）、聚酰亚胺（PI）、聚醚酰亚胺（PEI）和尼龙。一些非织造膜，如PEI和聚醚醚酮（PEEK）、聚苯并咪唑（PBI）、聚间苯二甲酰胺（PMIA）、聚苯硫醚和聚苯醚是通过相反转法制备的。这些隔膜具有高孔隙率（高达80%）、高热稳定性（200℃）和较大的电解质亲和力。

聚对苯二甲酸乙二醇酯（PET）是一种力学性能、热力学性能、电绝缘性能均优异的材料。PET类隔膜最具代表性的产品是德国某公司开发的以PET隔膜为基底，陶瓷颗粒涂覆的复合膜，表现出优异的耐热性能，闭孔温度高达220℃。

聚酰亚胺（PI）同样是综合性能良好的聚合物之一，具有优异的热稳定性、较高的孔隙率和较好的耐高温性能，可以在−200～300℃下长期使用。其次，由于PI极性强，对电解质润湿性好，所制造的隔膜表现出极佳的吸液率。静电纺丝制造的PI隔膜具有较低的阻抗和较高的倍率性能，0.2*C*充放电100圈后容量保持率依然为100%。

间位芳纶是一种芳香族聚酰胺，在其骨架上有元苯酰胺型支链，具有高达400℃的热阻，由于其阻燃性能高，应用此材料的隔膜能提高电池的安全性能。此外，羰基基团的极性相对较高，使得隔膜在电解质中具有较高的润湿性，从而提高了隔膜的电化学性质。一般而言，PMIA隔膜通过非纺织的方法制造，如静电纺丝法，但是由于非纺织隔膜自身存在的问题，如孔径较大会导致自放电，从而影响电池的安全性能和电化学表现，在一定程度上限制了非纺织隔膜的应用，相转化法由于通用性和可控制性而具备商业化的前景。

新型高分子材料 PBO（聚对亚苯基苯并二噁唑）是一种具有优异力学性能、热稳定性、阻燃性的有机纤维。其基体是一种线型链状结构聚合物，在 650℃以下不分解，具有超高强度和模量，是理想的耐热和耐冲击纤维材料。PBO 纤维表面极为光滑，物理化学惰性极强，因此纤维形貌较难改变。PBO 纤维只溶于 100%的浓硫酸、甲基磺酸、氟磺酸等，经过强酸刻蚀后 PBO 纤维上的原纤会从主干上剥离脱落，形成分丝形貌，提高了比表面积和界面黏结强度。

4.1.4.3　复合隔膜

非织造隔膜的缺点是在生产过程中较难控制孔径大小与均一性，另外，非织造隔膜的机械强度较低，很难满足动力电池的需求。近年来，复合隔膜已成为动力锂离子电池隔膜的发展方向，该类隔膜是以干法、湿法以及非织造布为基材，在基材上涂覆无机陶瓷颗粒层或复合聚合物层的复合型多层隔膜。

在隔膜表面涂覆无机陶瓷材料能有效改善隔膜性能，首先无机材料特别是陶瓷材料热阻大，可以防止高温时热失控的扩大，提高电池的热稳定性；其次陶瓷颗粒表面的—OH 等基团亲液性较强，从而提高隔膜对于电解质的浸润性。研究者们研究了陶瓷隔膜，例如 $CaCO_3$、Al_2O_3、SiO_2、$MgAl_2O_4$、$LiAlO_2$、ZrO_2、玻璃纤维和羟基磷灰石。这些隔膜具有高孔隙率和大表面积的纤维结构。由于其亲水性，这些隔膜在有机电解质中表现出良好的润湿性，尤其是那些含有环状碳酸盐的电解质，如碳酸乙烯酯（EC）、碳酸丙烯酯（PC）和具有高介电常数的丁内酯。此外，即使在高温（200℃）下，这些隔膜也表现出良好的尺寸稳定性。

简单的涂覆复合会发生一系列问题，如将陶瓷颗粒涂覆在隔膜表面时会发生颗粒团聚分散不均，涂覆后陶瓷颗粒脱落以及陶瓷复合隔膜易受潮等问题，在涂层浆料中加入特殊性质的添加剂能缓解这些问题。陶瓷离子尺寸较大，涂覆后隔膜较小的比表面积限制了隔膜表面与电解质的接触，会导致陶瓷复合隔膜的离子电导率提升并不明显。

尽管无机涂层有上述一些优点，但是涂覆层也会造成严重的孔洞堵塞和较大的离子转移电阻等问题，影响电池的循环性能。为了解决这些问题，可以使用聚合物纳米颗粒或者聚合物纤维作为涂层材料来代替传统的致密涂层，高孔隙率的纳米多孔结构，不仅提高了电解质的润湿性，也促进了离子电导率。

有机/无机杂化涂层隔膜是在聚合物涂层浆料中分散加入无机粒子，混合均匀后涂覆在隔膜基材上。这种隔膜材料结合了陶瓷材料和聚合物材料各自的优点，力学性能、电化学性能及热稳定性等综合性能提高。无机材料分布在复合隔膜的三维结构中，形成一定的刚性骨架，在高温环境下具有极高的稳定性，从而防止隔膜在热失控条件下发生严重热收缩。另外加入陶瓷颗粒能阻止聚合物结晶，并在陶瓷颗粒与聚合物之间形成界面，有助于隔膜电化学性能的提高。陶瓷颗粒的加入为隔膜表面引入了大量微孔，从而提高了隔膜的比表面积，直接提高了隔膜的离子电导率。

4.2 钠离子电池

钠离子电池是一种新型的可再充电电池，其正极和负极采用钠离子进行电荷传递。与传统的锂离子电池相比，钠离子电池具有更低的成本以及更广泛的资源储备。钠离子电池的正极材料具有多样性，包括层状金属氧化物、聚阴离子型正极材料、普鲁士蓝类正极材料和有机正极材料等。这些材料各具特点，适用于不同的应用场景和需求。

4.2.1 正极材料

4.2.1.1 层状金属氧化物

层状金属氧化物是钠离子电池正极材料中较为重要的一类，这类材料具有较高的理论比容量，适合用于发展高能量密度的二次电池。然而，其产气问题较为严重，且碱金属与过渡金属的组成对空气稳定性有较大影响，因此安全性能和稳定性能有待提高。常见的层状金属氧化物正极材料包括以下 3 种。

① 钠镍氧化物（NNO）：其结构类似于锂离子电池中使用的镍氧化物，具有良好的循环稳定性和高的比容量。

② 钠锰氧化物（NMO）：其结构与锂离子电池中使用的锰氧化物相似，具有较高的比容量和较低的成本，适用于大规模能源存储应用。

③ 钠铁氧化物（NFO）：具有优异的电化学性能和良好的循环稳定性，在高温下表现出色，因此可用于高温应用场景。

层状氧化物化学通式为 Na_xMO_2（M 为过渡金属元素镍钴锰铁等）。根据钠离子的配位环境和氧的堆积方式不同，可分为 O3、P3、P2、O2 等。O3 和 P2 是主流构型。O3 型层状金属氧化物具有 ABCABC 的堆叠方式，其中钠离子倾向占据八面体空隙点位。通常由过渡金属（如 Mn、Co、Ni 等）和氧元素组成，钠离子作为电荷载体。O3 构型具有更高的钠含量，能量密度更高，但由于钠离子迁移时要经历狭小的四面体位置，扩散能垒高，循环寿命差。P2 型层状金属氧化物具有 ABBA 的堆叠方式，钠离子倾向占据三角棱柱间隙点位。同样由过渡金属和氧元素组成，但钠离子的排列方式与 O3 型不同。相对于 O3 型，P2 型层状金属氧化物通常具有更好的循环稳定性和热稳定性，但比容量略差。

除了 O3 型和 P2 型层状金属氧化物外，还存在其他类型的层状金属氧化物，如隧道结构氧化物。这类材料具有独特的晶体结构和化学组成，同样具有作为钠离子电池正极材料的潜力。然而，关于这类材料的详细理化性质和特点，目前的研究还相对较少。

层状氧化物工艺简单，电化学活性较高，储钠效果良好，具有更多样的结构种类，更高的比容量和其他优异的电化学性能。目前更能兼顾能量密度和循环稳定性能，走在商业化的前端。且三元正极和钠离子层状氧化物的正极都是层状氧化物，产线相似度高，只是元素不同。主流厂商材料体系采用铜、铁等元素，前驱体价格较锂离子三元的镍、钴等便宜。但是充放电过程体积变化较大，材料循环稳定性较差，具有显著的粒径依赖性。

层状金属氧化物的制备方法主要包括液相法和固相法。①液相法：通过电池级硫酸锰制备多元前驱体，再烧结而成。这种方法与锂电三元正极材料制备工艺高度一致，锂电设备复用率高，易于钠离子电池的迅速产业化。但液相法需要解决前驱体制备步骤的复杂性以及烧结时电池材料的一致性和均匀性问题。②固相法：无须前驱体制备步骤，但烧结温度更高。固相法可以直接通过电解二氧化锰直接烧结而成，设备和合成工艺简单，制备条件容易控制。然而，固相法需要解决产品批次的一致性以及烧结过程中可能产生的结构缺陷等问题。

为了提高层状金属氧化物的电化学性能和稳定性，可以通过元素掺杂、表面改性、纳米化技术进行改善。通过引入其他元素（如铝、铁等）进行掺杂，可以改善材料的电子导电性，提高材料的倍率性能。同时，掺杂元素可以调整材料的晶格结构，优化钠离子的扩散路径，从而提高材料的循环稳定性。采用表面包覆技术对材料进行表面改性，可以防止材料在充放电过程中与电解质发生副反应，从而提高材料的循环稳定性。常用的包覆材料有碳、氧化物等。例如，聚吡咯包覆层状金属氧化物可以提高材料的比容量和循环稳定性。将材料纳米化可以缩短钠离子的扩散路径，提高材料的倍率性能。同时，纳米化的材料具有更大的比表面积，有利于与电解质充分接触，从而提高电池的能量密度。

层状金属氧化物作为钠离子电池的正极材料，在储能和电动车领域具有广阔的应用前景。特别是在对能量密度要求较低的领域，如低速二轮车、启停电源等，钠离子电池凭借其综合性能优势和高环保性，有望替代传统的铅酸电池。此外，随着技术的不断进步和成本的降低，钠离子电池在储能市场和A00级车市场也将具有巨大的潜力。

4.2.1.2　聚阴离子型正极材料

钠基聚阴离子类化合物是指由聚阴离子多面体和过渡金属离子多面体通过强共价键连接形成的具有三维网络结构的化合物。聚阴离子类化合物主要包括：磷酸盐［橄榄石结构 $NaMPO_4$、NASICON型结构 $Na_3M_2(PO_4)_3$ 和焦磷酸盐结构 $Na_2MP_2O_7$］、硫酸盐［$Na_2M(SO_4)_2 \cdot 2H_2O$，M为过渡金属元素］、硅酸盐（$Na_2MSiO_4$，M为Fe、Mn）、硼酸盐、混合聚阴离子化合物（氟化聚阴离子化合物、磷酸根和焦磷酸根混合聚阴离子化合物、磷酸和碳酸根混合聚阴离子化合物）。过渡金属磷酸盐系列性能较差，大规模应用受阻，可利用钒（V）来提高性能，但钒成本较高且具有毒性。对比来看，过渡金属硫酸盐系列在性能、成本等方面具有优势，是聚阴离子型正极材料的主流路线。

聚阴离子型正极材料具有较高的化学稳定性，能够在较宽的电压范围内保持稳定，不易发生副反应。这类材料通常具有较好的热稳定性，能够在高温下保持结构稳定，从而提高电池的安全性。聚阴离子型正极材料具有较高的氧化还原电势和比容量，能够实现较高的能量密度和较长的循环寿命。

聚阴离子型正极材料的制备方法主要有溶液法、溶胶-凝胶法和燃烧法。溶液法是将金属盐和聚阴离子前驱体溶解于适当的溶剂中，通过调节溶液的pH值、温度等条件，使金属离子与聚阴离子发生反应，生成所需的正极材料。这种方法具有操作简便、成本低廉和易于控制等优点。溶胶-凝胶法，首先将金属盐和聚阴离子前驱体溶解于溶剂中形成溶胶，然后通过水解和缩合反应形成凝胶状物质，最后经过干燥和热处理得到正极材料。这种方法具有反应条件温和、所得材料性能稳定等特点。燃烧法通过高温加热使金属盐和聚阴离子前驱体发生燃烧反应，生成所需的正极材料。这种方法具有合成速率快、操作简便、成本低、产物纯度高等优点。

与层状金属氧化物等正极材料相比，聚阴离子型正极材料的能量密度较低，导致电池的体积和重量较大。在充放电过程中，电压的变化不均匀，会影响电池的性能和寿命。部分聚阴离子型正极材料（如钒酸盐）的制造成本较高，不利于大规模应用和推广。

为了改善聚阴离子型正极材料的性能，目前主要研究的改性方法如下。

（1）碳包覆

碳包覆是正极材料改性的常用方法，它通过在颗粒表面包覆一层无定形碳来提高活性物质的电子电导率，从而优化其高倍率性能。碳包覆层不仅可以作为导电层提高粒子表面的电导率，还可以抑制晶粒生长，得到粒径较小的颗粒。此外，碳的还原性在热处理过程中可以有效阻止某些离子的氧化，从而得到纯度较高的单相材料。例如，在 Na_2FePO_4F 材料的改性中，碳包覆被证明是一种有效的改性策略，可以提高材料的电化学性能。

（2）离子掺杂

离子掺杂是通过掺杂与被掺杂离子半径相近的离子来改变材料的晶体结构，进而改善其电化学性能。掺杂后的晶体中会出现缺陷，这有助于减小离子扩散引起的极化。例如，在 $Na_3V_2(PO_4)_3$ 材料的改性中，研究者采用了双离子（Fe^{2+} 和 Ti^{4+}）共掺杂策略，实现了材料电导率以及电化学性能的大幅度提高。低价态的 Fe^{2+} 的 p 型掺杂和高价态的 Ti^{4+} 的 n 型掺杂均可以提高电导率，同时，Fe^{2+} 和 Ti^{4+} 的引入还可以在一定程度上改变材料活性颗粒的形貌并提高材料的工作电压。

（3）纳米化

纳米化是一种通过减小材料粒径来提高其电化学性能的方法。粒径更小的材料能有效缩短粒子迁移路径，提高锂离子或钠离子的扩散效率。例如，采用水热法制备 $Li_3V_2(PO_4)_3$ 材料时，高温高压的反应环境有利于制备粒径更加微小的产物，从而提高电池的电化学性能。

（4）优化合成工艺

除了上述三种改性方法外，还可以通过优化合成工艺来制备具有特定形貌和粒径的聚阴离子型正极材料。例如，采用高能球磨剂研磨、改变烧结气氛等方法可以进一步提高材料的性能。

聚阴离子型正极材料在钠离子电池领域具有广阔的应用前景。特别是在对能量密度要求较低的领域，如低速电动车、电动自行车等。聚阴离子型正极材料因其长寿命和高稳定性，适用于分布式储能和大规模储能系统，有助于满足电网调峰、调频和备用电源等需求。此外，聚阴离子型正极材料还可应用于智能电网、可再生能源发电站的储能系统以及电动工具等领域。

4.2.1.3 普鲁士蓝类正极材料

普鲁士蓝类正极材料主要包括普鲁士蓝（PB）及其衍生物，如 $Na_2MnFe(CN)_6$ 等。普鲁士蓝的化学式为 $Fe_4[Fe(CN)_6]_3$，是一种具有三维网状结构的配位聚合物。普鲁士蓝类正极材料属于过渡金属的氰化配位聚合物。普鲁士蓝的结构中含有大量的氰基（CN—），这些氰基可以与钠离子发生强烈的相互作用，使得普鲁士蓝具有很高的储钠能力。目前报道的普鲁士蓝类化合物主要分为贫钠态和富钠态。普鲁士蓝具有良好的导电性，这有助于电池中的电子传输。普鲁士蓝具有可逆的电化学性质，能够在充放电过程中保持较好的电化学性能。普鲁士蓝还具有良好的化学稳定性和结构稳定性，能够在长时间循环充放电过程中保持结构不变。

普鲁士蓝类正极材料的制备方法多种多样，主要包括以下几种。

① 共沉淀法：将含有铁、钴、镍等金属离子的溶液与含有氰化物的溶液在一定条件下混合，通过共沉淀反应生成普鲁士蓝类化合物。这种方法工艺简单、成本低廉、适用性广，是主要的生产方法。

② 水热法：在高温高压下，将含有金属离子和氰化物的溶液进行反应，生成普鲁士蓝类化合物。这种方法能够加快反应速率，产物分散性高，但对生产设备要求较高。

③ 球磨法：将普鲁士蓝类化合物与其他材料一起进行球磨处理，通过机械力作用使其混合均匀并细化粒径。这种方法操作过程简单，但粒子容易团聚且容易混入杂质。

氰根双配位的独特电子结构，以及开放的三维空间，使得该材料具有结构稳定、嵌脱速率快、比容量大等优点。此外，此类材料的核心过渡金属主要为 Fe、Mn 等廉价金属，原料易得、成本低廉，无毒或低毒，对环境友好。普鲁士蓝类化合物虽然优点众多，但是在实际研究中却出现了倍率性能差、循环不稳定、库仑效率低（$\leqslant 90\%$）等问题。主要原因是化合物中 $Fe(CN)_6$ 空位和 H_2O 的存在。晶格中的配位水难除尽，在实际使用中会参与各种副反应，影响电池的容量和循环性能。最近研究人员发现，应用普鲁士蓝类正极材料的钠离子电池在热失控情况下会释放出剧毒的氢氰酸、氰气等，而热分解机理与晶格水、空位缺陷密切相关，可见该技术对材料质量的要求较高。此外，该材料的制备涉及剧毒的氰化钠，在生产供应上需要具备特殊资质。

普鲁士蓝类正极材料可以应用于新能源汽车、家庭储能系统、电网储能等领域，为可再生能源的储存和利用提供有力支持。

4.2.1.4 有机正极材料

钠离子电池有机正极材料主要包括导电聚合物、共轭羰基化合物等类型。这些材料通常具有大的共轭体系且含有孤对电子的基团（如 N、O、S），有利于电子的传输和电荷的离域化，从而表现出良好的电化学性能。有机正极材料具有多样的分子结构，可以通过调整分子结构来定制其电化学性能。钠离子电池中的有机正极材料主要包括以下几类。

① 导电聚合物类：包括聚苯胺（PANI）及其衍生物、聚吡咯（PPy）及其衍生物、聚噻吩（PTh）及其衍生物。聚苯胺（PANI）及其衍生物具有良好的导电性和电化学活性，是较早被研究的有机正极材料之一。在钠离子电池中表现出较高的比容量和较好的循环稳定性；聚吡咯（PPy）及其衍生物具有较高的电化学稳定性和良好的电容性能，适用于高功率密度的电池应用。在钠离子电池中，聚吡咯可以作为正极材料，提供稳定的电化学性能；聚噻吩（PTh）及其衍生物，如聚（3,4-乙二氧基噻吩）（PEDOT），具有优异的导电性和电化学活性，是钠离子电池中常用的有机正极材料之一。

② 有机小分子类：包括醌类化合物、羧酸类化合物。醌类化合物，如1,4-苯醌、萘醌等，具有较高的氧化还原电位和比容量，在钠离子电池中，醌类化合物可以提供较高的能量密度和较好的循环性能。羧酸类化合物，如柠檬酸、琥珀酸等，具有良好的溶解性和电化学活性，适用于钠离子电池的有机正极材料，表现出稳定的电化学性能和较高的比容量。

③ 有机自由基化合物：主要是硝基化合物，如硝基苯、硝基甲烷等，具有稳定的自由基结构，可以作为钠离子电池的有机正极材料。

④ 其他有机材料：如有机硫化物、有机硒化物等，这些材料通过多电子反应参与电池的电化学过程，具有较高的比容量和较好的电化学性能。

有机正极材料不含重金属，可以无限合成，不会造成资源枯竭，且易于回收处理。在正负极均为有机材料的二次电池中，电解质中的阴阳离子均可参与电极反应过程，表现出可逆的电化学反应特性。部分有机正极材料具有较高的比容量，可以提供更高的能量密度。

有机正极材料的制备方法多种多样，主要包括化学法和物理法。化学法包括溶胶-凝胶法、水热法、共沉淀法等。物理法则包括溶液法、气相法、磁控溅射法等。此外，还可以采用机械法，如球磨法和机械合成法，通过机械加工来制备正极材料。

有机正极材料虽然优点很多，但是部分有机正极材料的电导率较低，需要采取改性措施来提高其导电性能。部分有机正极材料在循环充放电过程中容易发生结构变化，导致循环稳定性下降，可以通过掺杂、表面包覆、纳米化等技术进行改性。通过掺杂其他元素或化合物来改变有机正极材料的晶体结构和电子结构，提高其导电性能和电化学性能。在有机正极材料表面包覆一层导电材料或保护材料，可以提高其导电性能和循环稳定性。将有机正极材料制备成纳米级颗粒，减小其粒径和比表面积，提高其反应活性和电化学性能。

有机正极材料钠离子电池在能源存储、电动汽车、智能电网等领域具有广阔的应用前景。特别是在大规模储能系统中，有机正极材料钠离子电池因其成本低廉、环境友好、资源丰富等优势，有望成为未来储能领域的主流技术之一。

4.2.2 负极材料

作为钠离子电池的核心部件之一，负极材料对电池的能量密度、倍率性能、循环性能以及首次库仑效率等有着重要影响。

通常来说，良好的钠离子电池负极材料应具备以下特性：①较高的储钠比容量；②在钠离子脱嵌过程中，结构变化尽可能小；③与电解质有良好的兼容性，不发生副反应；④较高的离子迁移率、电子电导率，较好的化学稳定性、热力学稳定性；⑤环保性和经济性。

相对正极材料，钠离子电池负极材料的研究和产业化进度明显偏慢，导致成本相对较高。主要原因是钠离子的半径大于锂离子，难以在石墨中有效嵌入和脱出，因此，锂离子电池的石墨负极体系难以应用于钠离子电池。

目前，被广泛研究的钠离子电池负极材料主要有碳基材料（软碳/硬碳等）、钛基嵌入型负极材料、有机材料和合金类材料等。这些材料的储钠性能都表现良好，但非碳基材料在循环过程中均表现出体积膨胀、稳定性差、导电性差等问题，实际应用较少。

4.2.2.1 碳基材料

碳基材料按照石墨化程度，可分为石墨类碳和无定形碳两大类，以无定形碳为主。

石墨在锂离子电池中得到广泛应用，当用石墨作负极时，锂的比容量接近372mAh/g，而钠的比容量仅为35mAh/g。因为钠离子的摩尔质量是锂离子的3倍、直径是锂离子的1.3倍，在有效的电位窗口内，无法在石墨层间可逆地嵌入、脱出。因此，难以用作钠离子电池的负极材料。

无定形碳内部微晶结构比较无序，层间距更大，因此，对钠离子的嵌入、脱出更加有利，成为钠离子电池的首选负极材料。无定形碳储钠电位低，储钠容量适中，嵌钠后体积形变小，循环性能好，在众多负极材料中综合表现最好，并且，无定形碳前驱体来源广泛，易于制备。因此，无定形碳在钠离子电池负极材料领域率先实现了产业化。按照石墨化的难易程度，无定形碳可分为软碳和硬碳。

经过2800℃以上的高温处理，可以石墨化的碳材料，容易消除它的无序结构，被称为软碳，也称为易石墨化碳。

硬碳经过2800℃以上高温处理也难以完全石墨化，其无序结构在高温下难以消除，所以，也称其为难石墨化碳。

储钠容量较高是硬碳的主要优势，但它的前驱体一般为生物质或其衍生物，炭化后产碳率偏低，所以，经济性略差。

在微观结构上，硬碳由弯曲的类石墨片堆叠形成短程有序的微区，留下了较多纳米孔洞。同时，硬碳的层间距0.38nm左右，大于石墨0.335nm的层间距，储钠性能较好，其理论比容量为530mAh/g。硬碳材料有较高的储钠比容量、较低的储钠电压（平台电压0.1V），加之稳定的循环性能，成为钠离子电池理想的负极材料。

目前，硬碳产业化的瓶颈在于无法找到廉价、适合大规模量产的前驱体原材料，国外高端产品价格20万元/吨左右，国产价格8万元/吨左右，迫切需要开发低成本的硬碳材料。硬碳合成工艺路线较长，构效关系复杂，具备较高的Know-How壁垒。最终的空心率、孔径一致性决定硬碳的容量，这很大程度上取决于前驱体本身的性质，需要严格的原料管控。

软碳材料通常具有无定形结构、乱层结构及石墨化结构，其石墨层间距较大，并具有大量的储钠活性位点，适合高功率的应用需求。软碳使用石油焦、针状焦、无烟煤等作为前驱体，成本低、产碳率高，但理论储钠量相对较低。比如，某企业通过裂解无烟煤制备的软碳具备较高的无序度，产碳率高达90%，储钠比容量245mAh/g，具备较高的性价比。

软碳材料的导电性较好，因为其结构中包含大量的sp^2结构。软碳材料的可逆比容量一般大于300mAh/g。由于软碳材料的导电性较好，其倍率性能也较好，适合用作功率型钠离子电池的负极材料。但软碳的层级结构更加有序，层间距更短，所以，储钠量较低。结构的差异使软碳的克容量低于硬碳。且软碳材料的容量衰减较快，这影响了其长期循环稳定性。

软碳在高温下可石墨化，因此，具有与石墨相近的石墨微晶排列和碳层间距，具备更高的电导率和倍率性能。同时，软碳往往具有液相热解的特性，比表面积相对硬碳较低。因此，软碳材料可作为硬碳材料的包覆层，减少电极材料与电解质的副反应，增大首次库仑效率。

4.2.2.2 钛基嵌入型负极材料

钠离子电池的钛基嵌入型负极材料因其环境友好、安全性好、稳定性高等优点而备受关注。钛基材料主要包括 TiO_2、$Na_2Ti_nO_{2n+1}$、$NaTi_2(PO_4)_3$ 等，这些材料具有不同的结构和电化学性能，以及各自的储钠机理。

$Na_2Ti_3O_7$ 具有单斜层状结构，由 TiO_6 八面体组成 zig-zag（锯齿形）链状结构，并通过八面体顶角连接形成层状结构。$Na_2Ti_3O_7$ 因其结构特性，展现出优异的高倍率性能，适合快速充放电应用。理论比容量为 310mAh/g，具有超低的工作电压，平均电势为 0.3V（相对于 Na^+/Na）。钠离子占据层间位置，钠离子可以在层间迁移，但其导电性较差，需要添加大量的导电添加剂来提高电子电导率，这会导致首周库仑效率和循环性能不稳定。可以通过掺杂稀土元素（如钇）来提高 $Na_2Ti_3O_7$ 的电导率和循环稳定性，显著提高其可逆容量和循环寿命。

$Li_4Ti_5O_{12}$ 属于尖晶石结构，其晶体结构中的 O^{2-} 位于 32e 位置，构成面心立方点阵，部分 Li^+ 位于四面体 8a 位置，剩余的 Li^+ 和 Ti^{4+} 位于八面体 16d 空位中。这种结构在充放电过程中体积形变小，有利于维持电池的结构稳定性和长循环寿命。在钠离子电池中，Na^+ 嵌入 $Li_4Ti_5O_{12}$ 的晶格会导致新型的三相反应。$Li_4Ti_5O_{12}$ 已经在锂离子电池中得到广泛应用，特别是在需要高安全性和长循环寿命的应用中。在钠离子电池中，$Li_4Ti_5O_{12}$ 也显示出作为负极材料的潜力，但仍然面临一些挑战，如提高其电子电导率和优化电解质配方。

TiO_2（二氧化钛）具有多种晶体结构，如锐钛矿和金红石结构，其中锐钛矿结构因其较快的钠离子传输速率在钠离子电池中有较多研究。TiO_2 具有成本低、资源丰富、环境友好等优点。具有优异的循环稳定性和出色的半电池速率能力。在钠离子电池中，TiO_2 表现出良好的电化学动力学和循环性能。

TiO_2 固有的导电性差、Na^+ 扩散率低等特性，严重影响了其电化学储钠表现。同时，TiO_2 纳米颗粒在 Na^+ 脱/嵌过程中会发生结构收缩/膨胀，导致其电极容量随反应循环而过快衰减。到目前为止，人们已经做了大量的工作来解决这些问题，包括形貌或结构修饰以及包裹碳涂层等。例如，将碳基体（多孔碳或石墨烯）作为电极材料高导电性网络，可支持高效的电子传递，有效限制活性材料的结构应变，缩短离子扩散途径，提高 TiO_2 的储钠性能。

4.2.2.3 有机材料

作为钠离子电池负极的有机材料具有丰富的化学组成、可调的氧化还原电位、多电子转移能力以及原料来源广泛、成本低廉、环境友好等特点。目前研究的有机负极材料主要包括以下几种。

① 聚酰亚胺（PI）：聚酰亚胺及其衍生物是一类具有共轭结构的有机材料，可以作为钠离子电池的负极材料。例如，聚酰亚胺作为 ARSB 负极材料（砷掺杂硅基负极材料，指石墨烯增强的硅基负极材料），其结构中的共轭羰基基团可以发生可逆的氧化还原反应，实现电荷储存。在 5mol/L $NaNO_3$ 电解质中，平均充电电位、放电电位分别为－0.50V和－0.39V［相对于饱和甘汞电极（SCE）］，50mA/g 下，充放电比容量分别为 184mAh/g 和 165mAh/g，循环 20 圈后，容量衰减 17％。

② 蒽醌结构聚合物：蒽醌基团的聚合物，如聚（2-乙烯基蒽醌）［聚（2-vinylanthraquinone），PVAQ］，在蒽醌基团两电子还原过程中通过两个钠离子嵌入聚合物链段以维持电荷平衡。这种聚合物在 pH＝14 的 NaCl 水溶液中表现出平稳的电压平台。以 5A/g 电流密度充放电，可逆比容量高达 217mAh/g，循环 300 次后比容量保持率为 91％。

③ 2,5 苯醌-1,4 二钠（$Na_2C_6H_2O_4$）：作为一种新型钠离子电池有机负极材料，$Na_2C_6H_2O_4$ 具有较高的嵌钠电位（平均 1.4V），首周可逆比容量 265mAh/g。由于其电导率较低，通过喷雾干燥方法制备了 $Na_2C_6H_2O_4$/CNT（碳纳米管）复合材料，表现出良好的循环和倍率性能，在 7*C* 倍率下，可逆比容量达到 136mAh/g，1*C* 倍率下 30 周循环后比容量保持在 195mAh/g。

④ 非共轭体系羧酸类化合物：以 1,4-环己烷二羧酸（CHDA）为例，首次提出了非共轭体系羧酸类化合物作为负极电极材料的氢转移储钠机制。这种材料具有良好的可逆性和相对恒定的电压。

4.2.2.4 合金材料

合金类材料的比容量（质量比容量和体积比容量）较高，可有效提高电池的能量密度，因此钠合金得到了广泛的研究。Na 可以与很多金属或半导体元素形成合金，主要集中在第ⅣA 和ⅤA 族元素，N、P、As、Sb、Bi 可以结合 3 个 Na，Sn 和 Pb 可以与 3.75 个 Na 发生合金反应。不过合金类材料在嵌钠过程中体积形变比较大，易导致材料粉化，合金材料颗粒聚集长大造成极片脱落，从而使电池循环性能变差。为了解决上述问题，科研人员将合金材料分散在没有电化学活性的基质（如 Fe、Cu、$FeSi_2$、Al_2O_3、SiC 等）中，这类方法可有效缓冲活性物质的体积膨胀，但是由于这些基质本身不具备电化学活性，所占比重不宜太大。另外也有人将合金材料分散到有电化学活性的基质中，利用两种元素活性电位的不同，当一种元素发生反应的时候，而另一种元素不参与反应，这样也可起到缓冲体积膨胀的作用（如 Sn-Sb 合金），或者利用合金反应和转换反应的不同步来缓冲体积膨胀（SnS、SnS_2 等）。当然也有研究者利用碳材料机械强度高、体积膨胀小、离子电导率好的优点将电极活性物质与碳材料复合来进行改性，或将材料纳米化而使其能承受更大的内应力，进而抑制材料的体积膨胀和粉碎脱落。

研究较多的主要有锡基合金、锑基合金、锡磷化合物、SnGeSb 三元合金。

锡（Sn）及其合金如 SnSb 合金，因其高理论比容量（SnSb 合金理论比容量高达 853mAh/g）和较低的工作电位（0.2～0.6V），在钠离子电池中显示出作为负极材料的巨大潜力。然而，锡基合金在充放电过程中体积膨胀严重，导致材料粉化和电池性能迅速衰减。为了解决这一问题，常用的改进方法是纳米化和碳包覆。例如，通过球磨方法制备的SnSb/C复合材料，在循环50周后，比容量保持在400mAh/g左右。

锡磷化合物（如Sn_4P_3）作为钠离子电池负极材料，具有协同储钠效应，先合金化生成的钠锡合金可以作为导电剂提升非导电的Na_3P活性，而分散良好的Na_3P基体又可以阻止纳米颗粒的聚集。Sn_4P_3/C负极在$50mA/cm^2$电流密度下具有850mAh/g的高可逆比容量，循环稳定性好。

锑（Sb）及其合金也是钠离子电池负极材料的研究重点。锑（Sb）为褶皱的层状结构（如图4-2所示），具有高密度和较高的电导率（$2.5\times10^4S/cm$）；3.8Å的层间距能够容纳大量钠离子，且能与钠离子形成不同种类的合金。与锑和锂离子经历逐步晶体转化的合金化/去合金化过程不同，锑和钠离子表现出特殊的两阶段合金化/去合金化机制，中间产物表现出了更好的力学性能和更弱的原子间相互作用，有利于减轻机械断裂并提高结构稳定性。由于锑负极在循环过程中面临巨大的体积膨胀（约390%），SEI的开裂导致锑钠合金暴露出大量的新鲜表面，与电解质持续发生副反应，导致SEI不断增厚及活性钠的持续消耗。同时活性材料的粉化以及从电极上的脱落问题也会导致电池的失效。为提高锑负极的循环寿命，结构纳米化、与多孔导电介质复合、表面改性等是常用的有效策略。

此外，锑能够以二维（如纳米片）、一维（如纳米棒、纳米线）、零维（如纳米颗粒、纳米球、量子点）等结构存在，低维结构具有更高的比表面积，且能够构建定向通道，从而提升钠离子/电子传输能力。研究人员将微米级的Sb作为负极材料，设计了Sb//$Na_3V_2(PO_4)_2O_2F$全电池体系，展现出109mAh/g的比容量和277Wh/kg的能量密度（基于正极质量）。

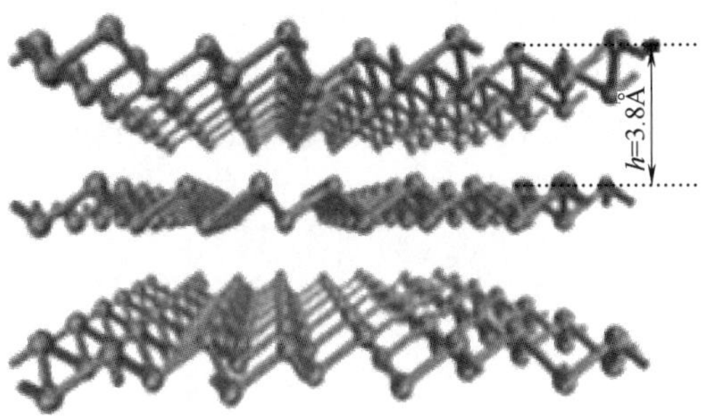

图4-2 锑的原子结构

也可以将铋与碳等基质材料复合，构建层状复合结构、中空结构、核壳结构等，通过高导电基质提升材料的导电性并改善反应动力学，通过弹性外壳提升纳米材料的分散性并缓解体积膨胀。

铋锑合金也被成功应用于钠离子电池的负极。铋锑合金具有以下3个优点：①铋和锑能够以任意物质的量比形成合金，赋予组成和结构的高度可调控性；②铋锑合金兼具铋的低体积膨胀和锑的高容量特点；③铋和锑具有相似的理化性质，均有平坦的电压平台。铋的价格约为锑的3倍，而锑的首效（首次库仑效率）较低（<80%），因此在低铋含量的基础上提升首效成为了一大难题。

SnGeSb三元合金作为钠离子电池负极材料的相关研究展现了其作为高比容量负极材

料的潜力。这种合金结合了锡（Sn）、锑（Sb）和锗（Ge）的特性，旨在提高钠离子电池的电化学性能，尤其是在充放电过程中的体积膨胀和循环稳定性方面。

膨胀石墨复合作为电极材料，体积比容量可以达到传统硬碳材料的2～3倍。与钠锰铁氰化物组装的钠离子电池在3*C*倍率下充电、20*C*下放电的电压滞后与0.1*C*倍率下充放电相比仅仅增加了600mV，容量保持率还有50%，即使在3*C*的倍率下循环40次仍有80%的容量保持率，表现出良好的倍率性能，可以与高功率锂离子电池相匹敌。SnGeSb三元合金的设计利用了各组分金属的特性，其中Sn和Sb的氧化还原电位不同，可以极大地减缓充放电过程中材料内部的应力。Sn在合金中提供了稳定的结构，缓解了嵌入时的体积膨胀。随后，钠离子在更低的电位与Sn结合，这种分步反应会极大程度减少电极材料粉化。尽管SnGeSb三元合金具有高比容量和良好的循环稳定性，但在实际应用中仍面临体积膨胀和导电性差的问题。为了提高其电导率和结构稳定性，研究人员正在探索通过纳米化、结构优化和复合化等策略来改进材料的性能。通过将SnGeSb合金纳米化，可以显著减小活性物质在脱嵌钠过程中产生的形变应力，提高其反应利用率，并能有效缓冲合金纳米颗粒在循环过程中的体积变化，从而有效抑制粉化与团聚。对SnGeSb合金进行多孔化结构设计，可以提供额外的空间来适应充放电过程中的体积变化，维持电极结构的完整性。

SnGeSb三元合金作为钠离子电池负极材料的研究正在积极进行中，通过材料改性和结构设计，其在钠离子电池中的应用前景逐渐明朗。未来的研究可能会集中在进一步提高其电导率、循环稳定性以及与电解质的兼容性上。

4.2.2.5 其他负极材料

金属氧化物（MO_x）以其低廉的价格，较高的理论比容量而得到广泛研究。其储钠机理可分为两类：①当M为电化学非活性元素（如Fe、Co、Ni、Cu等）时，与钠发生转化反应生成M和Na_2O，如式（4-1）所示；②当M为电化学活性元素（如Sn、Sb等）时，先发生转化反应，生成金属单质M和Na_2O，而后金属M再与Na进行合金化反应生成Na_nM，如式（4-2）所示。

$$M_xO_y + 2yNa^+ + 2y4e^- \longrightarrow xM + yNa_2O \tag{4-1}$$

$$M + nNa + ne^- \longrightarrow Na_nM \tag{4-2}$$

从电化学角度说，单质磷（P）具有较小的原子量和较强的钠离子嵌入能力，其理论嵌钠比容量可达2600mAh/g。在各种单质磷的同素异形体中，红磷是电子绝缘体，并不具备电化学活性，而正交结构的黑磷由于具有类似石墨的结构，且具有较大的层间距，是一种比容量较高的储钠材料，目前需要解决的问题主要是如何抑制钠离子嵌脱过程中材料的体积膨胀。金属磷化物由于具备高初始放电容量以及电极极化小等特点而被应用于钠离子电池，其中CuP的理论质量比容量为377mAh/g。部分研究还以过渡金属二硫化物作为钠离子电池的负极材料，通过优化电解质和电化学窗口，来获得高倍率性能和长循环稳定性钠离子电池。

4.2.3 电解质

钠离子电池的电解质主要由以下几部分组成。

① 溶质：钠离子电池采用钠盐作为溶质，常用的钠盐包括含氟钠盐（如 $NaPF_6$、NaOTF、NaFSI、NaTFSI 等）、含硼钠盐（如 $NaBF_4$、NaBOB、NaDFOB 等）以及其他钠盐（如 $NaClO_4$ 等）。其中，$NaPF_6$ 因其生产工艺、设备及成本与六氟磷酸锂基本一致，且离子导电性更好，常被用作钠离子电池电解质中的钠盐。

② 溶剂：钠离子电池的溶剂通常采用碳酸酯类和醚类溶剂。碳酸酯类溶剂包括碳酸乙烯酯（EC）、碳酸丙烯酯（PC）、碳酸二甲酯（DMC）、碳酸二乙酯（DEC）等。醚类溶剂包括四甘醇二甲醚（TGM）、二甘醇二甲醚（DGM）和乙二醇二甲醚（DME）等。这些溶剂对电解质的电化学行为和电池性能有着重要影响，通过选择合适的溶剂和控制比例，可以提高电解质的离子导电性和稳定性。

③ 添加剂：钠离子电池电解质中可能包含一些添加剂，用于改善电池性能，例如抑制钠金属电极的枝晶生长、增加电池的耐高温性和稳定性等。常见的添加剂包括氟代碳酸乙烯酯（FEC）等。

④ 离子液体电解质：离子液体（IL）作为钠离子电池电解质的研究多集中在咪唑、吡咯烷（Pyr^+）阳离子以及双三氟甲磺酰亚胺（$TFSI^-$）和双氟磺酰亚胺（FSI^-）阴离子等。离子液体具有可设计性好、电化学窗口宽、安全性能高的优点。

⑤ 水系电解质：水系电解质因其安全性高、成本低等优点也被研究用于钠离子电池，但需要解决电化学窗口窄的问题。

综上所述，钠离子电池的电解质组成多样，不同的组成和配方对电池的性能和安全性有着直接影响。

4.2.4 隔膜材料

隔膜是 SIB 内部结构的关键部分，可以隔离正极和负极，储存电解质以便钠离子自由传输，它显著影响电池的电化学性能，并决定电池的安全性。良好的隔膜应具有丰富的孔洞结构、适宜的孔径和孔隙率、合适的厚度、达标的机械强度、良好的润湿性、热稳定性和化学稳定性，以及自闭合性能。PP 膜、PE 膜由于耐腐蚀性强、强度高等优点，被广泛应用于锂电池中。钠电池技术与锂电池一脉相承，所以目前钠电池基本沿用锂电池隔膜。

目前，商业化锂电池隔膜主要是聚乙烯（PE）隔膜、聚丙烯（PP）隔膜以及 PE 和 PP 复合多层微孔膜。虽然商用 PP 和 PE 隔膜拥有优异的力学性能、化学稳定性以及低廉的价格，但对钠离子电池适配性能一般。因此，仍需寻找新的可以与钠离子电池体系匹配的隔膜。根据隔膜的类型，可以分为有机、无机和混合类型。

4.2.4.1 有机隔膜

PP、PE、聚酰亚胺（PI）和聚偏二氟乙烯（PVDF）等聚烯烃隔膜是最常用的市售隔膜。这些隔膜对钠离子电池的影响各不相同。涂层改性是一种常见的方法，但它通常会导致孔径减小和隔膜厚度增加，并且会对电池性能产生负面影响。此外，接枝化学基团是修饰隔膜的方法之一。除了 PE 和 PP 等传统聚烯烃隔膜外，钠离子电池中还出现了新的隔膜，如 PVDF、PI 和改性功能隔膜。

聚多巴胺（PDA）被认为是一种有效的表面改性材料，因为它的高亲水性可以增加隔膜与液体电解质的润湿性。可以涂覆在PE隔膜上，增强表面润湿性，从而提高电导率。聚偏二氟乙烯（PVDF）是一种纳米纤维隔膜，由于其优异的电解质亲和力而被广泛用作电池隔膜。然而，PVDF的力学性能较差，无法承受电池组装过程中的缠绕。为了提高隔膜的机械强度，可以通过静电纺丝将PVDF涂覆到聚烯烃表面。MXene是一系列很有前途的二维材料，具有良好的导电性和化学耐久性，显示出用作隔膜材料的巨大潜力。与PP隔膜组成的三层隔膜表现出更好的多孔结构，改善了润湿性，并减少了多硫化物的穿梭效应，从而显示出更好的容量和倍率性能。

纤维素是一种丰富且可再生的天然高分子材料，因其优异的结构性能和低廉的价格而被广泛应用于储能领域。纤维素可用作电极和隔膜材料。纤维素膜通常是多孔的、离子导电的、机械稳定性和化学稳定性的，能够在锂离子电池中制造高性能隔膜。同样，纤维素膜在钠离子电池中也引起了广泛关注。纤维素隔膜具有优异的润湿性、热稳定性和高孔隙率，但孔径大、机械强度低，这阻碍了电池的安全性和循环性能。将纤维素和PEI结合，可以很好地提高机械强度，同时具有优异的润湿性、高离子电导率、优异的耐热性。

4.2.4.2 无机隔膜

无机材料（玻璃纤维和氧化物陶瓷颗粒）通常在高温下表现出高稳定性和优异的电化学性能，因此它们适宜作电池隔膜。

玻璃纤维（GF）由于高孔隙率、优异的热稳定性和高离子电导率，在实验室中被广泛用作钠离子电池的隔膜。GF的高机械强度可有效防止枝晶穿刺，可承受高达550℃的温度，以及高离子电导率（3.8mS/cm），从而促进离子传输。然而，玻璃纤维孔隙较大且不均匀，可能会导致短容量衰减，这不适合钠离子电池的商业应用。研究人员利用淀粉样蛋白原纤维改性玻璃纤维隔膜解决了钠金属成核不均匀的问题。利用氮和硫共掺杂的碳纳米纤维/炭黑涂覆到商用玻璃纤维隔膜上也可改善玻璃纤维隔膜的循环稳定性。

陶瓷隔膜具有耐高温、安全性高、润湿性好等特点。然而，纯陶瓷隔膜（例如Al_2O_3、ZrO_2和SiO_2）很少报道，尽管它们表现出耐高温性和高化学惰性，但是这些陶瓷隔膜很脆，很容易形成缺陷。因此，陶瓷隔膜通常用作涂层材料，利用其良好的热稳定性来提高隔膜的安全性能。

4.2.4.3 混合隔膜（有机-无机隔膜）

在有机隔膜基材上涂覆无机涂层是制备高性能隔膜的趋势。

将SiO_2涂覆于多孔PE隔膜，结果证明其电压稳定性高于玻璃纤维隔膜，热稳定性优于PE隔膜。用这种隔膜组装的电池表现出优异的循环稳定性和高倍率能力。

在PE表面涂覆一层聚偏二氟乙烯-六氟丙烯（PVDF-HFP）和ZrO_2的微孔陶瓷涂层的复合隔膜比纯PE隔膜（接触角＝78.75°）具有更高的电解质润湿性（接触角＝48.07°），并且表现出优异的循环性能。

在PP表面涂覆一种二维介孔聚多巴胺-石墨复合结构可以有效改善隔膜性能。由于丰富的极性基团，多巴胺层、有缺陷的石墨烯层和介孔结构增强了钠离子传输，在分子水平上很好地抑制了钠枝晶的生长，实现了均匀的钠沉积。具有 12nm 均匀介孔的 mPG@PP 隔膜表现出优异的电解质润湿性（接触角=8°），这有利于钠离子的扩散。Na/mPG-12 @ PP/Cu 电池表现出稳定的电镀/剥离过程，循环 550 次后库仑效率高达 99.8%。在 25mA/cm^2 的高电流密度下表现出优异的倍率性能（过电位≈83mV）。

无机纳米颗粒涂层不仅可以应用于聚合物表面，也可以应用于纤维素表面。ZrO_2 陶瓷膜改性的醋酸纤维素（MCA）隔膜，其连续相骨架结构 ZrO_2 层防止隔膜在高温下收缩，ZrO_2@MCA 分离器在 250℃时无明显收缩，拉伸强度高达 1.15MPa。

在复合隔膜中同时使用有机和无机材料已被证明可以有效提高电池的安全性，具有大功率快速充电和放电性能。由此产生的复合隔膜结合了有机材料的柔韧性和自闭合功能与无机材料的耐热性，从而延长了电池寿命。此外，无机陶瓷材料在商用聚烯烃隔膜中的应用最大限度地提高了其热稳定性和电解质润湿性。此外，还可以使用促进界面处离子传输的夹层、防止钠枝晶生长的聚合物/陶瓷复合材料的设计，或使用低弹性模量的无机固体电解质。

4.3 铅酸蓄电池

4.3.1 正极材料

铅酸蓄电池是一种历史悠久且广泛应用的蓄电池类型。铅酸蓄电池正极板上的活性物质即为二氧化铅，它呈现出棕红色的外观。在电池放电过程中，正极的二氧化铅会与硫酸发生化学反应，生成硫酸铅和水。在充电过程中，硫酸铅则会重新转化为二氧化铅，并释放出电能。铅酸蓄电池的正极板在未充电前与负极板在化学成分上基本一样，但在添加剂的比例、氧化度、假比重以及外观（如厚度、颜色、数量）上有所不同。

传统方法的二氧化铅是通过铅的氧化物与硫酸反应，再经过一系列化学处理，最终得到二氧化铅。这种方法工艺成熟，但可能产生一定的环境污染。现在也采用“铅晶型 PbO_2”正极板制备技术来得到更好性能的正极材料。首先，在金属箔（一般为铅或铅锑合金）上涂覆铅和镉的复合层，可通过喷溅法、粉末烧结法或电沉积法实现。然后，对铅镉复合层进行阳极氧化处理，以除去镉并制得“聚晶态过氧化铅”活性物质。

铅酸蓄电池利用二氧化铅作为正极材料，具有很高的电导率，有利于电流的传导和电池性能的提升。铅钙合金（常用于正极板）具有良好的耐腐蚀性，能够抵御电池内部产生的酸性环境。采用高性能正极制备技术，可以显著提高铅酸蓄电池的循环寿命。但铅酸蓄电池的理论比能量低，仅为 167Wh/kg，实际能量密度在 20～35Wh/kg 之间。其中含有铅元素，如果处理不当，会对环境造成污染。

科研人员正在积极探索新型铅合金、添加剂以及高比能量正极材料的研发，以显著提升铅酸蓄电池的能量密度、循环寿命和环保性能。为了提高铅酸蓄电池的综合性能，研究人员正在设计新型电池结构，如采用更高效的极板布局、优化电池内部空间等，以提高电池的储能效率和安全性。

铅酸蓄电池在备用电源、UPS系统、电信基站等传统应用领域仍占据主导地位。随着这些领域的持续发展，对铅酸蓄电池的需求将保持稳定增长。

4.3.2 负极材料

铅酸蓄电池的负极板通常由纯铅制成，这些铅板在制造过程中会被制成海绵状结构，以增加与电解质的接触面积，提高反应效率。在铅酸电池的负极中，海绵状铅在放电过程中与硫酸反应生成硫酸铅（$PbSO_4$），而在充电过程中，硫酸铅又被还原回海绵状铅。这一过程可以表示如下：

放电反应：$Pb^{2+}+SO_4^{2-} \longrightarrow PbSO_4$ (4-3)

充电反应：$PbSO_4 \longrightarrow Pb^{2+}+SO_4^{2-}$ (4-4)

纯铅电池理论上具有更长的电池寿命。纯铅的晶格结构较为致密，与传统的重力浇铸型铅钙合金板栅相比，腐蚀速率仅约为常规重力浇铸铅钙合金板栅的1/6，因此其耐腐蚀性能更好，失水率低，自放电小，每月自放电率小于2%，使得电池有较长的储藏寿命，无须再充电时间可达两年。纯铅电池可以接受高达10C的充电电流，充电3h电池容量达到90%以上，而一般GEL胶体电池（胶体电解质铅酸蓄电池）需要8～10h。这种快速充电能力对于需要快速充电的应用场景非常有用。纯铅薄极板电池极板数量更多、反应面积更大、内阻较小，可以接受大电流放电，使得电池在短时间放电能力上比传统铅酸电池的放电能力提高40%左右。

然而，铅作为重金属，其产业链存在较高的铅污染风险，管理不善可能会对环境和人体健康造成危害。传统的铅酸蓄电池质量和体积能量密度偏低，只有锂离子电池的1/3左右，氢镍电池的1/2左右。这意味着铅酸蓄电池在相同能量需求下体积和重量较大，不适合在质量轻、体积小的应用场合使用。铅酸蓄电池的循环寿命相对较短，理论循环次数大约为锂离子电池的1/3。铅酸蓄电池需要定期检查和维护，以确保无腐蚀、工作状态良好以及单只蓄电池之间连接紧密。免维护铅酸蓄电池虽然减少了维护的频率，但仍需要定期检查。铅酸蓄电池的工作温度范围较宽，但对于温控系统要求较低，性能随温度的变化不如锂离子电池剧烈。当电量长时间不足时，蓄电池的极板可能发生不可逆转的硫化，最终造成报废。

4.3.3 电解质

铅酸蓄电池的电解质通常是由硫酸和水混合而成的稀硫酸溶液。在使用前，将电解质从注液孔注入电池内部，电解质一般为27%～37%（质量分数）的硫酸水溶液。电解质在铅酸蓄电池中起到传递离子的作用，同时也承担着液体通道的角色，使得电池能够进行电能和化学能之间的转换。电解质的多少、纯度将直接影响到铅蓄电池的电气性能和使用寿命。在普通铅酸蓄电池的电解质中加入硅酸胶（Na_2SiO_3）等凝聚剂，可以使电解质成为胶状物，形成一种胶体电解质，采用胶体电解质的铅酸蓄电池使用起来更加方便。

4.3.4 隔板

在铅酸蓄电池中隔板需具备以下条件。①将电池正负极板隔开，防止电池短路。这是所有电池隔板最基础也是最重要的一项功能，否则，电池就会因正负极板相连而短路，导致电池报废。②作为电解质的储存物，吸收足够的电解质保证放电容量。③允许电解质在其中自由流动，为氧循环和化合提供气体通道。在电池充电后期，部分电量用于电解水，正极会生成氧气，负极生成氢气，正极生成的氧气通过隔板的孔隙扩散到负极，发生复合反应，减少电解质中水的损失。④保证电池内部有一定的装配压力，抑制活性物质脱落。⑤防止铅枝晶穿过造成短路。⑥隔板必须有足够的抗拉伸和机械强度，以适应机械化生产的需要。⑦隔板必须在酸液中不溶，且杂质含量应小，防止杂质溶入电解质中影响电池性能。

铅酸蓄电池中的隔板主要有超细玻璃纤维隔板（AGM 隔板）、微孔聚乙烯隔板、烧结聚氯乙烯隔板。

聚乙烯（PE）和聚氯乙烯（PVC）材料制成的隔板，具有多孔性，允许电解质中的离子通过，同时防止正负极板直接接触导致短路，具有很高的耐腐蚀性、强度以及化学稳定性。但是制备过程中要注意原料的选择，原料颗粒较粗时容易造成隔板孔径过大。

AGM 隔板具有良好的化学稳定性和机械强度，能够承受电池内部的化学腐蚀和物理压力，但传统的 AGM 隔板在电池灌酸后或电池失水后会发生收缩，而隔板的收缩减小了极板间的压力，从而缩短了电池的循环寿命，主要是因为 AGM 隔板中超细玻璃纤维之间的结合力很小，当水的表面张力大于纤维间的结合力时超细玻璃纤维间的结合力将会被破坏。另外，AGM 隔板中超细玻璃纤维的弹性不够好，以至于 AGM 在受压缩后无法恢复到原来状态。

SWP 隔板（湿法聚烯烃基隔板）克服了上述缺点，它由聚丙烯或聚乙烯纤维组成，其间掺有低熔点的聚合物纤维。该隔板具有良好的回弹性能，在被压缩后仍能较好地恢复原状。使用 SWP 隔板的电池在充放电过程中始终使极板处于被压缩状态，从而提高了铅酸蓄电池的使用寿命。但是 SWP 隔板的孔率较 AGM 隔板的小，其内阻相对较大，是传统 AGM 隔板的 4～6 倍。因而在电池放电初期容量较低，当水损失超过 10%时，使用 SWP 隔板的电池比使用 AGM 隔板的电池放电容量高。因此，用 SWP 隔板作为电解质的载体，有助于提高电池的循环寿命和循环中后期电池的放电容量。

4.4 液流电池

液流电池是一种活性物质存在于液态电解质中的电池技术，一般由电堆单元、电解质、电解质存储供给单元以及管理控制单元等部分构成。其利用正负极两侧溶液中活性物质氧化还原状态的改变来实现充放电。其中电解质通过泵输送至电堆内部，在电极处进行氧化还原反应，反应后的活性物质随着电解质流回外部储罐。在阳极和阴极之间是隔膜，可选择性地允许支持电解质透过以保持电解质平衡。

液流电池系统主要由电池堆、电解质和其他系统控制部分组成，如图 4-3 所示。电解质充当正负极活性物质，电堆充当电的反应场所。电池功率和容量相互独立，功率由电堆的规格和数量决定，容量由电解质的浓度和体积决定。

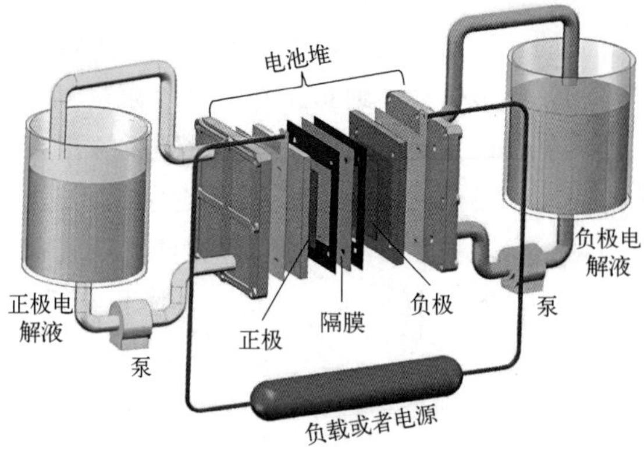

图 4-3 液流电池结构

4.4.1 电极

液流电池的特点是正负极电解质中储存的活性物质在充放电过程中通过泵送系统流动通过电池堆，进行氧化还原反应。液流电池的正负极本身通常不参与电化学反应，而是作为电极材料，提供电子传输的通道。这使得液流电池具有以下优点。

① 长寿命：电极材料不会因为化学反应而损耗，从而延长了电池的使用寿命。

② 可逆性：由于电极材料不参与反应，液流电池可以实现高度可逆的充放电循环。

③ 灵活性：可以通过调整电解质的浓度和体积来调节电池的功率和能量。

总的来说，液流电池的正负极材料主要起到导电和支撑的作用，属于惰性电极，活性物质通过循环泵输送至电极表面进行电化学氧化还原反应。电解质中存在很强的酸，因此，对电极材料提出了更高的活性、导电性和稳定性要求，同时还要求具备优良的机械特性和廉价等优点。

液流电池的电极材料因其类型和应用场景不同而有所不同。全钒液流电池中电极采用的是以金属、碳及石墨为基础的 3 种新型电极。金属电极（如铅、钛铂、金等）具有优异的力学性能和导电性，但其电化学可逆性能极差，成本较高，限制了规模化应用。由聚乙烯、聚丙烯等高分子基团与导电性碳材料复合而成的复合电极，其价格低廉，质量轻，加工方便，被认为是一种比较理想的电极材料。另一方面，碳基材料，包括石墨、石墨毡、碳布和碳纤维等，具有耐高温、耐腐蚀、良好的机械强度、表面积大和导电性好等优点，在液流电池研究中被广泛用作正极材料。

锌溴液流电池的电极材料主要基于碳材料，如碳毡、碳布、炭黑、玻璃碳、活性炭颗粒、活性炭纤维等。例如碳纸，这种新的电极材料可以在较高的电流密度下工作，在电流密度为 40mA/cm^2 下 EE（能量效率）达到 83.5%，当电流密度高达 100mA/cm^2 时，EE 也超过 70%，表现出碳纸正极材料较低的内阻和优秀的稳定性。石墨毡经过氧气、氮气和等离子体处理修饰后作为电极使用，其总表面积增加，电极活性得到改善。在多溴离子浓度较高时，大量的氧官能团能够提高电池的电化学性能。与传统电极相比，优化后的正极展现出了良好的电化学性能，EE 可以达到 77%。通过高温下的氨蚀刻得到的氮掺杂碳电极表现出高电子电导率、大比表面积和丰富的含杂原子官能团，在 80mA/cm^2 的电流密度下，EE 和 VE（电压效率）分别高达 82.5%和 83%。还有研究人员提出多功能碳毡基富氮缺陷电极，这种电极通过空间位阻阻碍了多溴离子的扩散，实现了选择性的溴传导过程。这种含氮基团增加了电解质的润湿性和比表面积，为溴和溴离子的反应提供高催化活性，并且由于富氮缺陷对锌沉积有较低的能量势垒，还原的锌原子倾向于沉积在富氮缺陷内，因此可以避免锌枝晶的形成。在电流密度 $80mA/cm^2$ 下循环 140 次后库仑效率保持在 98.93%以上。

铁/铬液流电池的正极是在 0.5mm 厚 Ti 板上涂 Ru-Co-Ti 涂层作为电极的正极板，极板不易被氧化，导电性好。负极板是在 0.5mm 厚 Ti 板上喷涂 PTFE-乙炔黑涂层，导电性较好，不易被腐蚀。

4.4.2 电解质

液流电池是一种利用正负极电解质分开、各自循环的高性能蓄电池，具有容量高、使用领域广、循环使用寿命长等特点。按电极活性物质分类可分为全钒液流电池、锂离子液流电池、铁铬液流电池、锌溴液流电池、全铁液流电池。

4.4.2.1 全钒液流电池

全钒氧化还原液流电池（vanadium redox battery，VRB）是利用电解质中不同价态的钒离子在电极表面发生的氧化还原反应，来储存和释放电能的一种电化学装置。电解质是其储能介质的核心部分，由活性物质、基质和添加剂三部分组成。

电解质的基质通常为硫酸溶液。硫酸提供了质子，可以根据酸碱度改变电池的电势。商业化应用的全钒液流电池电解质以硫酸介质为主，比较稳定的电解质组成为 1.5～1.8mol/LV 溶解到约 3mol/L H_2SO_4 中。

为了提高电解质的稳定性和电化学活性，研究者们尝试添加不同的添加剂。例如，有研究将 $Na_2C_2O_4$、Na_2SO_4、K_2SO_4 等作为电解质的添加剂，发现含 3%（质量分数）添加剂的电解质具有最好的稳定性，适量的添加剂可提高电解质的电导率和电化学活性。另外，磷酸二氢钠、磷酸二氢铵或磷酸二氢钾作为添加剂加入电解质中，可以提高电解质的稳定性和电化学活性。有机溶剂和表面活性剂也常作为电解质的有机添加剂，以提高电解质的热稳定性和化学活性。

全钒液流电池的正极采用钒的高价态离子作为活性物质。这些离子在电池充放电过程中参与氧化还原反应，从而实现能量的转换和储存。钒离子的浓度是影响正极电解质稳定性的关键因素。浓度过高可能导致离子间相互作用增强，降低电解质的稳定性；而浓度过低则可能影响电池的性能。不同价态的钒离子具有不同的氧化还原电位和反应活性，从而影响电池的充放电性能和稳定性。添加剂可以改善电解质的物理化学性质，如降低黏度、提高电导率等，从而提高电池的稳定性。

负极主要是基于钒离子的 V^{2+}/V^{3+} 氧化还原电对。负极活性物质为还原态二价钒离子（V^{2+}），具有极强的还原性，负极电解质由 V^{3+} 和 V^{2+} 溶液组成，在放电时，负极反应为 $V^{2+} \longrightarrow V^{3+} + e^-$。这意味着在全钒液流电池的负极，二价钒离子（$V^{2+}$）被氧化成三价钒离子（$V^{3+}$），同时释放出一个电子。

制备电解质时先通过化学反应制备含有不同浓度和价态钒离子的溶液；再向钒离子溶液中加入适量的支持电解质和添加剂，以改善其物理化学性质；最后将上述溶液混合均匀，得到电解质。

全钒液流电池具有高安全性、长寿命、大容量等优点，适用于多种应用场景，可用于电网调峰、可再生能源并网、分布式能源系统等大规模储能，提高电网的稳定性和可靠性；为医院、通信基站、数据中心等重要场所提供可靠的备用电源；在一些特定的电动交通工具，如电动公交车、叉车等方面具有广阔的应用前景。

4.4.2.2 锂离子液流电池

与全钒液流电池类似，锂离子液流电池的正极活性物质通常是含有锂离子的可溶性盐类溶液，这些溶液在充放电过程中会进行锂离子的氧化还原反应。电解质中的锂盐具有稳定的化学性质，能够在较宽的电压范围内进行可逆的氧化还原反应。同时，这些锂盐还应具有良好的溶解度和离子传导性，以确保电池的正常运行。常用的锂盐有以下几种。

① 六氟磷酸锂（$LiPF_6$）：具有良好的离子电导率和电化学稳定性，是最常用的电解质锂盐之一，在锂离子电池和锂离子液流电池中都有广泛应用。

② 双氟磺酰亚胺锂（LiFSI）：作为一种新型锂盐，LiFSI 具有比 $LiPF_6$ 更好的热稳定性及更高的锂离子迁移数，因此被认为是有希望取代 $LiPF_6$ 应用于高性能锂离子电池中的锂盐。LiFSI 在 200℃以下不分解，具有优异的热稳定性和水解稳定性，并且对环境更友好。

③ 双三氟甲磺酰亚胺锂（LiTFSI）：双三氟甲磺酰亚胺锂具有较大的阴离子半径，容易解离出锂离子，进而提高电导率。同时，它还具有良好的热稳定性。虽然 LiTFSI 在 3.7V（相对于 Li^+/Li）的电位下会对正极集流体铝片造成腐蚀，但随着技术的进步和电池设计的优化，它有望在未来成为锂离子液流电池正极材料的有力候选者。

除了上述几种常见的锂盐外，还有一些其他类型的锂盐也可能被用于锂离子液流电池的正极材料，如 LiODFB（一种结合了四氟硼酸锂和双草酸硼酸锂结构的新型锂盐）等。

锂离子液流电池的电解质溶剂主要作为运输锂离子的载体，对电解质盐进行溶剂化作用，保证锂离子的传输。常用的溶剂包括碳酸乙烯酯（EC）、碳酸二乙酯（DEC）、碳酸二甲酯（DMC）、碳酸甲乙酯（EMC）等。这些溶剂通常以一定的比例混合使用，以获得更好的性能。

锂离子液流电池的电解质中还含有不同功能的添加剂，主要有成膜添加剂，如氟代碳酸乙烯酯（FEC），能够形成稳定的 SEI 膜，提高电池的循环稳定性和安全性；碳酸亚乙烯酯（VC），有助于提高电池的容量和循环寿命；硫酸乙烯酯（DTD），能够抑制电池初始容量的下降，增大初始放电容量，减少高温放置后的电池膨胀，提高电池的充放电性能及循环次数。阻燃添加剂，例如磷酸三甲酯（TMP）、磷酸三乙酯（TEP）、磷酸三苯酯（TPP）、磷酸三（2,2,2-三氟乙基）酯（TFP）等，用于降低电解质的可燃性，提高电池的安全性。过充保护添加剂碳酸亚乙烯酯（VC），在过充电时能够分解，提供保护，防止电池过充。还可用于控制电解质中的水分和 HF 含量，以提高电池的性能和安全性。

相较于其他类型的电池，锂离子液流电池具有更长的循环寿命，能够经受多次充放电循环而不显著降低性能。由于其独特的液流电池结构，正极与负极电解质通过离子交换膜进行分离，降低了电池短路和爆炸的风险。锂离子液流电池的正极可以根据具体需求进行调整，如改变活性物质的浓度和种类，以适应不同的应用场景。但是锂离子液流电池的电解质以及电池整体的成本相对较高；锂离子液流电池需要额外的储液罐、泵和管道等组件来确保电解质的循环和储存，增加了系统的复杂性和维护成本。尽管锂离子液流电池具有高能量密度和长循环寿命，但其能量转换效率相对较低，这限制了其在某些高能量需求场景中的应用。

4.4.2.3 铁铬液流电池

铁铬液流电池的电解质活性离子为 Fe^{2+}/Fe^{3+} 和 Cr^{2+}/Cr^{3+} 电对。通常采用盐酸（HCl）作为支持电解质，水作为溶剂。

铁铬液流电池采用水溶液作为电解质，安全性较高，不易发生火灾或爆炸。铁和铬作为地壳中丰富的元素，其原材料价格相对较低，有助于降低电池的成本。铁铬液流电池具有较长的循环寿命，能够经受多次充放电循环而不显著降低性能。铁铬液流电池在充放电过程中不产生有害物质，对环境影响较小。缺点是电解质是水溶液，铁铬液流电池的能量密度相对较低，导致电池体积和重量较大；铁离子和铬离子在充放电过程中可能发生交叉污染，影响电池的性能和寿命；在充放电过程中，负极可能会产生氢气，这不仅会消耗电能，还可能对电池的安全性构成威胁。

为了提高电池性能，可以将可溶性物质作为添加剂溶解在电解质中。例如，In^{3+} 作为添加剂加入负极电解质中，可以抑制负极的析氢反应，并对 Cr^{2+}/Cr^{3+} 的反应过程有促进作用。另外，也有研究使用氯化铵作为添加剂，通过 NH_4^+ 的络合作用，有效抑制 Cr^{3+} 在水溶液中的去活化现象，使 Cr^{2+}/Cr^{3+} 电对具有良好的氧化还原可逆性和稳定性。

铁铬液流电池适合用于大规模储能。在智能电网中作为电力系统的“调峰填谷”工具，平衡电网的供需关系；提高电网的电能质量和可靠性，减少停电事故的发生；支持可再生能源的大规模接入和分布式电源的并网运行。铁铬液流电池以其高能量密度、长寿命和环保性能受到电动汽车制造商的青睐，与传统的锂离子电池相比，铁铬液流电池具有更高的安全性、更低的成本和更长的寿命。此外，它还可以实现快速充电和深度放电，满足电动汽车在行驶过程中的各种需求。在发电侧，铁铬液流电池能够提高风电和光伏基地的功率输出平滑性，优化并网操作。同时，它还可以通过火储联调技术增强火电场合的调频和调峰能力。在核电站，铁铬液流电池可以作为应急电源使用，有助于减少核电站在调峰时的压力。此外，铁铬液流电池还被用于城市的应急备用电源系统中，为政府机关、医院及关键工业负载提供可靠的应急电力。

4.4.2.4 锌溴液流电池

锌溴液流电池的电解质由溴化锌水溶液构成，辅以溴络合剂和可能的支持性电解质及添加剂，以提高电池的性能和安全性。

溴化锌（$ZnBr_2$）水溶液是锌溴液流电池电解质的主要活性成分。在电池的充放电过程中，正负极电解质均为 $ZnBr_2$ 水溶液，通过泵循环流过正/负电极表面。

在电解质中还含有溴络合剂，在充电过程中，正极生成的溴会迅速被电解质中的溴络合剂络合成油状物质，这种物质的密度大于电解质，会在液体循环过程中逐渐沉积在储罐底部，大大降低了电解质中溴的挥发性，提高了系统安全性。

除了活性成分外，电解质中还可能包含一些支持性电解质，如氯化锌、氯化钾、高氯酸锂和高氯酸钠等，这些添加剂可以提高溶液的导电性，增强溴化锌电解质的电化学稳定性。

为了改善电池性能，电解质中还可能添加一些添加剂。例如，有研究表明 Bi^{3+} 和四丁基溴化铵同时作为电解质添加剂使用，可以抑制锌侧电极的枝晶生长。另外，聚山梨醇酯（P20）作为添加剂可以改善整个电极表面的锌沉积层和去镀层的均匀性，提高电池多个周期的电流效率。

4.4.2.5 全铁液流电池

全铁液流电池有着与全钒液流电池相同的优势，即正负极采用相同的元素，可以尽量减少交叉污染。全铁液流电池目前有碱性体系、中性体系和酸性体系三种。

在碱性体系中，通常采用铁氧化物或者铁的有机螯合物作为负极活性物质，正极活性物质可以是 $Fe(CN)_6{}^{3-}/Fe(CN)_6{}^{4-}$ 电对、Fe(Ⅲ)/Fe(Ⅱ)-三乙醇胺（TEOA）螯合物电对、$Fe(TEOA)OH^-/Fe(TEOA)(OH)_2{}^-$ 电对，氢氧化钠（NaOH）和氢氧化钾（KOH）单独或组合使用作为支持电解质，水为溶剂。它们在碱性环境中具有较好的稳定性和较快的反应动力学特性。由于碱性环境，析氢反应不易发生，铁络合物一般为可溶性物质，可以有效消除沉淀与枝晶生成问题。缺点是铁离子产生的氢氧化物钝化层会导致电池存在倍率性能较差的问题，同时也伴随着与酸性条件类似的析氢反应，从而降低电池效率。为了提升电池性能，会在电解质中引入极性溶剂作为添加剂。例如，二甲基亚砜（DMSO）被用作负极溶液添加剂，以改善 Fe^{2+} 的溶剂化鞘层并促进其在电极表面的均匀沉积。

中性体系的全铁液流电池通常采用 $Fe(CN)_6{}^{3-}/Fe(CN)_6{}^{4-}$ 电对作为正极活性物质，负极可以采用铁的有机螯合物或其他铁基化合物。在中性条件下，$Fe(CN)_6{}^{3-}/Fe(CN)_6{}^{4-}$ 电对提供了较高的能量效率和功率密度，电流效率可达 93%以上。优点是避免了酸性体系中的金属枝晶问题和碱性体系中的氢氧化物钝化层问题，提供了较好的倍率性能和循环稳定性。但需要精确控制电解质的 pH 值，以避免活性物质的沉淀或溶解不足。

酸性全铁液流电池在商业开发上较为成熟，主要由 Fe(Ⅲ)/Fe(Ⅱ)和 Fe(Ⅱ)/Fe 氧化还原电对组成。通常氯化铁（$FeCl_3$）和氯化亚铁（$FeCl_2$）作为活性物质，盐酸（HCl）作为支持电解质，溶剂为水。酸性体系下 Fe(Ⅱ)/Fe(Ⅲ) 的溶解性好，理论上可以提供较高的能量密度。通过控制 pH 值和添加络合剂，可以有效提高活性物质的溶解度和电池性能。但是析氢反应和氢氧化铁沉淀的生成可能导致电池效率降低和容量衰减，因此需要精确控制电解质的 pH 值，以避免活性物质的沉淀和枝晶生成。铁离子产生的氢氧化物钝化层也可能导致电池倍率性能较差。

全铁液流电池适用于长时间储能需求，如电网削峰填谷、负荷平衡和频率调节等。全铁液流电池可以与太阳能、风能等可再生能源系统结合，提高能源利用效率和电网稳定性。全铁液流电池已成功投运多个百千瓦级至兆瓦级的新型全铁液流储能系统，实现了商业化应用。例如，湖北某科技园 80kW/80kWh 全铁液流储能用户侧示范项目投入使用，电池能量效率达 70%。全铁液流电池可用于住宅和社区级别的储能系统，提供备用电源和峰谷削峰。德国某公司开发的全铁液流电池（铁盐电池）可用于住宅应用，存储容量为 8kWh，可与太阳能和风能装置兼容。

4.4.3 离子交换膜

作为液流电池的关键组成部分，离子交换膜在防止正极和负极电解质的交叉污染方面发挥着重要作用，同时仍然允许载流子的运输以完成电路。高性能电池的理想膜应具备以下特性：①良好的离子电导率；②高离子选择性；③良好的化学和机械稳定性；④低成本。

根据聚合物基质，可分为全氟膜和非氟膜。全氟膜（如杜邦 Nafion）是目前液流电池中最常用的膜。

4.4.3.1 Nafion（全氟磺酸离子交换膜）

Nafion 膜是由美国科慕公司生产的一类全氟磺酸膜。Nafion 含有聚四氟乙烯的疏水主链和磺酸基团的亲水侧链，疏水主链和亲水侧链使 Nafion 膜容易发生微相分离，亲水相形成物质传输的通道，这是 Nafion 膜用于液流电池领域时其对离子和质子具有分离性能的基础。此外，位于主链上的碳氟键具有较高的键能（485kJ/mol），使得 Nafion 膜具有良好的化学稳定性。侧链上的磺酸基团为 Nafion 膜提供了较好的导电性。上述优异的综合性能使 Nafion 膜在液流电池领域得到广泛应用。

Nafion 膜的质子传导通道尺寸为 1.5～5nm，大于离子的尺寸，且 Nafion 膜的亲水基团容易吸收水分发生溶胀，在离子束内部形成空腔，降低了 Nafion 膜对离子的阻隔能力，导致液流电池自放电严重且循环稳定性较差。针对上述问题，为了使 Nafion 膜在液流电池中保持优异的稳定性，一般采用复合膜或者通过其他有机、无机颗粒修饰等方式提高离子阻隔能力。但是引入无机颗粒以堵塞部分溶胀后的离子通道也可以降低 Nafion 膜对离子的渗透性。

目前 Nafion 膜最大的问题是其高昂的成本。杜邦 Nafion 膜的成本为 600～800 美元/m^2，限制了大规模应用。

由于全氟磺酸膜的高成本，近年来非氟类质子交换膜的研发备受关注。中国科学院大连物理化学研究所研发的多孔离子传导膜，具有较高的离子选择性和电解质的容量保持率，为非氟类质子交换膜的发展提供了新思路。中国科学技术大学的科研人员设计的新型离子传导膜，解决了传统离子膜传导性与选择性的矛盾，使得电池充放电电流密度得以大幅提升，同时具备更好的稳定性和耐老化性。

4.4.3.2 多孔膜

针对 Nafion 系列隔膜用于液流电池领域对离子阻隔性较差、成本高的问题，研究者提出了基于孔径筛分的机理，利用多孔膜实现离子与质子的分离，其思路是避免离子交换基团的使用，提高稳定性，且与 Nafion 膜相比成本较低，在液流电池领域具有较好的应用潜力。使用多孔膜打破了传统全钒氧化还原液流电池（VRB）隔膜需具有致密的结构并带有离子交换基团作为离子传输载体的设计概念，对于聚合物的选择，多孔膜可以由聚丙烯（PP）、聚丙烯腈（PAN）、聚偏二氟乙烯（PVDF）和聚醚砜（PES）等制成。此外，多孔膜还具有许多其他优点，例如多种制备方法和可变的膜形态。

考虑到全氟材料成本高、离子交换基团化学稳定性差等问题，研究者设计开发了无带电基团的非氟化多孔膜。通过设计适当的孔结构，无氟多孔膜被证明可替代下一代液流电池。

4.4.3.3 磺化聚醚醚酮（SPEEK）膜

聚醚醚酮［poly（ether ether ketone），PEEK］是一种新型高分子材料，具有较高的热稳定性、力学稳定性和化学稳定性。磺化是高分子聚合物改性的常用手段之一，通过磺化可以提高一些聚合物的可溶性、亲水性、离子传导率等。聚醚醚酮的磺化反应所用到的反应溶剂一般有浓氯磺酸和浓硫酸两种，但是氯磺酸作为磺化溶剂，其反应激烈不易控制且常有副反应发生，因而通常磺化反应主要采用浓硫酸。磺化聚醚醚酮是将聚醚醚酮磺化后得到的聚合物。与 Nafion 相比，磺化聚醚醚酮膜具有较低的钒离子渗透率、质子传导率可控，并且容易制备、成本较低等特点。

高磺化度的 SPEEK 因高吸水率和较大的膨胀率，导致较高的钒离子渗透率。但高吸水率造成膜过度溶胀，从而导致其阻钒性能下降，力学性能和化学稳定性也明显下降。另外，尽管低磺化度可确保膜具有良好的力学性能和阻钒性，但质子传导率太低，不利于提高全钒液流电池的运行效率。与纳米粒子（如 WO_3、SiO_2、TiO_2 等）复合能够限制其膨胀，调节其离子通道，进而降低钒离子的渗透率。

除了与无机粒子复合，将 SPEEK 跟高分子聚合物复合也是提升其综合性能的有效手段之一。将 PVDF 与高磺化度 SPEEK 复合，一方面可以提高其力学稳定性，减少膨胀率，降低钒离子渗透率；另一方面也可以提升膜的整体化学稳定性，有利于提升其在钒液流电池中的性能。将木质素添加到 SPEEK 中，木质素中大量的羟基不仅有利于其在 SPEEK 基体中的均匀分散，而且增加了复合膜的质子传导率和离子选择性。

SPEEK 膜已在钒液流电池、铁铬液流电池、锌溴液流电池中得到了应用。

在本章节中，我们简单介绍了电化学储能材料的多样性及其在现代能源存储技术中的应用。从锂离子电池到钠离子电池，再到液流电池和铅酸电池，讨论了各种电池技术的关键材料以及它们在实际应用中的优势和挑战。随着科学的进步和技术发展，未来会出现越来越多的新材料来提高电池的性能和降低成本。我们相信，未来的储能材料将更加高效、安全，能够满足从个人电子设备到大规模电网储能的多样化需求。这些技术的发展不仅将推动能源转型，还将为实现可持续发展目标作出重要贡献。

参考文献

［1］ 张超博，高筠，田然．锂离子电池钴酸锂正极材料的改性研究进展［J］．化学工程师，2024，38

(4): 69-75.

[2] Lee K T, Jeong S, Cho J. Roles of surface chemistry on safety and electrochemistry in lithium ion batteries. accounts of chemical research [J]. 2013, 46 (5): 1161-1170.

[3] 李莹，来雪琦，曲津朋，等. 钠离子电池用高性能锑基负极材料的调控策略研究进展 [J]. 物理化学学报，2022，38 (11): 51-77.

[4] Yang Y C, Shi W, Leng S L, et al. Multidimensional antimony nanomaterials tailored by electrochemical engineering for advanced sodium-ion and potassium-ion batteries [J]. Journal of Colloid and Interface Science, 2022, 628: 41-52.

[5] Wang C, Wu K, Cui J, et al. Robust room-temperature sodium-sulfur batteries enabled by a sandwich-structured MXene @ C/polyolefin/MXene @ C dual-functional separator [J]. Small, 2022, 18 (43): e2106983.

[6] Wang J, Xu Z, Zhang Q C, et al. Stable sodium-metal batteries in carbonate electrolytes achieved by bifunctional, sustainable separators with tailored alignment [J]. Advanced Materials, 2022, 34 (49): e2206367.

[7] Wang J M, Gao Y , Liu D, et al. A sodiophilic amyloid fibril modified separator for dendrite-free sodium metal batteries [J]. Advanced Materials, 2024, 36 (11): e 2304942.

[8] Dong C W, Zhou H Y, Liu H, et al. Inhibited shuttle effect by functional separator for room-temperature sodium-sulfur batteries [J]. Journal of Materials Science & Technology, 2022, 113: 207-216.

[9] Kim J I, Heo J, Park J H . Tailored metal oxide thin film on polyethylene separators for sodium-ion batteries [J]. Journal of The Electrochemical Society, 2017, 164: 1965-1969.

[10] Mun J, Yim T, Kwon Y G, et al. Self-assembled nano-silica-embedded polyethylene separator with outstanding physicochemical and thermal properties for advanced sodium Ion Batteries [J]. Chemical Engineering Journal, 2021, 405: 125844.

[11] Suharto Y, Lee Y, Yu J S, et al. Microporous ceramic coated separators with superior wettability for enhancing the electrochemical performance of sodium-ion batteries [J]. Journal of Power Sources, 2018, 376: 184-190.

[12] Qin J Q, Shi H D, Huang K, et al. Achieving stable Na metal cycling via polydopamine/multilayer graphene coating of a polypropylene separator [J]. Nature Communications, 2021, 12 (1): 5786.

[13] Zhu T M, Zuo X X, Li Y W, et al. A novel membrane based on cellulose acetate nanofibers with a ZrO_2 reinforcement layer for advanced sodium-ion batteries [J]. Journal of Membrane Science, 2021, 620: 118917.

[14] Wang Y R, Yang Y F, Yang Y B, et al. Enhanced electrochemical performance of unique morphological $LiMnPO_4$/C cathodem material prepared by solvothermal method [J]. Solid State Communications, 2010, 150 (1-2): 81-85.

[15] Arora P, Zhang Z J. Battery separators [J]. Chemical Reviews, 2004, 104 (10): 4419-4462.

[16] Orendorff C J. The role of separators in lithium-ion cell safety [J]. Interface Magazine, 2012, 21 (2): 61-65.

[17] 王振华，彭代冲，孙克宁. 锂离子电池隔膜材料研究进展 [J]. 化工学报，2018，69 (1): 282-294.

[18] Shi G, Ju S, Huang C F, et al. Tensile strength of surface treated PBO fiber [J]. Materials Science Forum, 2015, 815: 622-628.

5 热（冷）能储能材料

热（冷）能储存是重要的储能方式之一，是技术和经济上可实现规模化的能源储存技术之一。其核心和关键在于储热（冷）材料，因此储热（冷）材料成为国内外学者研究的热点。

储热材料主要分为显热、潜热和热化学三类，三者均有各自的优缺点。显热材料运行方式简单，成本低廉，使用寿命长，热传导率高，但缺点在于其储热量小，并且放热时不恒温。潜热材料由于其高储能密度、温度稳定性以及能够在相变过程中保持恒定温度等优点，被广泛应用于太阳能热能储存、建筑节能、电子设备散热等领域，但其作为储热介质通常有过冷、相分离和热导率较小、易老化等缺点。热化学储能材料的储热密度最大（约为显热储能的10倍及潜热储能的5倍），但其在使用时存在技术复杂、一次性投资大以及整体效率不高等缺点。

5.1 显热储能材料

显热储能（sensible heat storage）通过改变储热材料的温度来实现热量的储存与释放。这一技术相对成熟，材料种类丰富，成本较低，因此被广泛用于储热与蓄冷的应用。如式（5-1）所示，显热储能的总能量与储热材料的质量、比热容、温度变化成正比关系，通常根据材料的比热容、运行温度范围以及使用环境特征等因素来选择合适的显热储能材料。

$$Q = V_{sm}\int_{T_1}^{T_2}\rho_{sm}C_p\,dT \tag{5-1}$$

式中，T 为储能材料的温度；V_{sm} 为储能材料的体积；ρ_{sm} 和 C_p 分别为储能材料的密度和比热容。根据其物质状态的不同，常见的显热储能材料主要分为液态和固态两类。

5.1.1 液态显热储能材料

目前应用比较广泛的液态储能材料主要有水、导热油、熔融盐等。其中，水作为显热储能材料主要在太阳池、太阳能热水系统的短期与长期储热、转移高峰负荷的电锅炉水储能等应用场合有重要作用，水作为储能材料的研究主要在换热装置与储热系统方面，在材料方面的研究少有开展和报道。在储能材料方面的研究主要集中于导热油和熔融盐两大类。

5.1.1.1 导热油

导热油也称热载体油，其凭借优秀的传热效果、较宽的使用温度范围、高温度上限、抗氧化性好、使用寿命长、在合理操作下不易发生意外、对设备腐蚀性小和经济实用、原料充足等优点，近年来被广泛应用于各种场合。根据化学组成的不同将其分为矿物型和合成型两类。

矿物型导热油是一种用于传递热能的液体热载体，通常用于加热系统和工业过程的热交换器中。这种导热油主要成分是重石油馏分，基本为环烷烃和链烷烃混合物，具有长、直链化学结构，容易发生断裂，因此其热稳定性差，多数工作温度低于 300℃，一般来说需要添加抗氧化剂等添加剂。此外，矿物型导热油在低温时黏度很大，不可再生。其优点在于安全性高、成本低、原料广泛、产物毒性小。广泛应用于各种工业领域，如化工、石油、制药和食品加工等。表 5-1 列出了几种典型的矿物型导热油。

表 5-1 几种主要矿物型导热油

生产单位	规格型号	适用温度/℃	闪点/℃
美国美孚	Mobiltherm 605	−12～315(封闭系统)	230
美国壳牌	Shell Themia oil B	−12～320	232
美国埃克森	32	−42～329	218
英国石油	Transcal	−12～320	221

合成型导热油通常由对称烷基苯结构的芳香烃类化合物组成，通过合成、分离和提纯基础化工原料而来。窄的馏程、高的初馏点以及分子结构中的完整共轭结构，使导热油具备良好的高温热稳定性和导热性。此外，它的黏度低、流动性好、热焓高，并且可以进行再生处理。

联苯-联苯醚是使用最早、使用时间最长的合成型导热油产品，优点是热稳定性好，积炭倾向小，缺点是渗透性强，气味难闻，有致癌作用。虽然一直要求被取缔，但由于其性能优良，在一定程度上仍被广泛使用。

氢化三联苯目前在国外使用广泛，为许多热载体装置的首选导热油，其特点是高温稳定性好、蒸气压低，而且在生产过程中可根据使用温度的不同来选择氢化的程度，但低温流动性稍差。

苄基甲苯和二苄基甲苯，这两种导热油性能都较好，单苄基甲苯沸点为 280℃，但在 300℃以上要作为气相导热油使用，二苄基甲苯则可在 350℃高温下长期使用。

烷基萘类导热油主要是甲基萘、二甲基萘、异丙基萘等，具有低毒、低腐蚀性、导热性好的特点，且凝点低，易于输送，适用于寒冷地区，但其高温稳定性较上述三种略差。

近年来，尹湘等制备了 TiO_2 纳米油，通过高温导热仪测量其在 50～300℃温度范围内的热导率，采用回归分析方法进行分析，得出 TiO_2 纳米油的热导率和热导率增加百分比与纳米颗粒的粒径和质量分数成正比，其中质量分数的影响较大，但是随着温度的升高，纳米油的热导率有所降低。刘腾跃等采用两步法制备出 SiO_2-导热油纳米流体，利用旋转黏度计测定了不同体积分数、不同转速下纳米流体的黏度值。结果表明，添加纳米颗粒可以增加纳米流体的黏度，且加入量越大，其黏度越大，而转速几乎不影响纳米流体的黏度值。随着温度升高，纳米流体的黏度值显著下降。某研究开发中心以 HVI 150 为基础油，加入高温抗氧剂、清净分散剂、防锈剂和金属减活剂等添加剂后，研制出满足 GB/T 23971—2009《有机热载体》指标要求的热传导油，其具有良好的热稳定性能、氧化稳定性能等，克服了挥发性大、不稳定、易结焦等缺陷。

5.1.1.2 熔融盐

熔融盐是一种用途广泛的工程液体，在煤催化气化、传热蓄热与废物氧化处理等众多方面发挥着关键作用。与其他的高温导热介质相比，具有温区广、比热容高、良好的换热性、较低的饱和蒸气压、高温稳定性能优越等优点，近些年来大量应用于储能技术中。熔融盐通过储热设备将储存的热能提供给热发电设备使用，目前已在太阳能热发电中大规模应用。

以 Solar Salt 为代表，熔融盐最高的使用温度为 565℃，装机容量由 20MW 到上百 MW 不等，实现了商业化运行和并网发电。此外，熔融盐以其高传热、高储热热流密度等特性已经应用于民用供热领域。但 Solar Salt 熔融盐较高的凝固点使得系统运行维护成本较高，近年来多家研究机构都在争相研发低熔点熔融盐，如吴玉庭团队提出的四元硝酸盐体系 HTS 将材料熔点降低到 86℃，RAADE 团队提出的五元混合硝酸盐将熔融盐的熔点降低到了 65℃。除了硝酸盐外，在氯化盐、碳酸盐等方面也取得了一定的研究进展。此外，熔融盐还具有较低的黏度和成本，常压下，高温液态熔融盐的饱和蒸气压大多数是负压，300℃时混合硝酸盐的黏度仅为常温水的 3 倍左右，具有较好的流动性。

5.1.2 固态显热储能材料

目前已经得到研究应用的固态显热储能材料主要有天然岩石、鹅卵石＋导热油、水泥、铸铁等，其主要物性参数如表 5-2 所示。

表 5-2 固态显热储能材料主要物性参数

材料名称	工作温度/℃	密度 /(kg/m^3)	热导率 /[W/(m·K)]	比热容 /[kJ/(kg·K)]
砂岩矿物油	200～300	1700	1.0	1.3
钢筋混凝土	200～400	2200	1.5	0.85
固体氯化钠	200～500	2160	7.0	0.85
铸铁	200～400	7200	37.0	0.56
铸钢	200～700	7800	40.0	0.6
硅质耐火砖	200～700	1820	1.5	1.0
镁质耐火砖	200～1200	3000	5.0	1.15

5.1.2.1 天然岩石

Kukkonen 和 Lindberg 分析了在芬兰不同地点采集的岩石样本的热物性，确定了比热容、扩散系数和热导率等参数。采用了分杆法、量热法、瞬态热传导法和理论计算法等多种方法，发现不同地点的岩石热物性平均值存在显著差异。

Gunerhan 等人重点研究了玄武岩作为储热介质的热物性和材料性能，结果表明玄武岩具有理想的蓄热能力［可达 $4.2\times10^6 J/(m^3 \cdot K)$］，适合高温储热应用。

Jemmal 等人通过参考岩石特性方面的文献，制定了选择具有高温储热潜力岩石类型的标准，确定了岩浆岩和变质岩因其优越热性能适合作为储热介质。摩洛哥的玄武岩、花岗岩、片麻岩和橄榄岩等被认为是显热储存中良好的材料。

在进一步研究中，Jemmal 等人探索了片麻岩作为太阳能发电储热系统中的潜力。从摩洛哥的两个地区采集样品，测试了其热稳定性（通过热重分析）、热扩散率（激光闪光仪测量）和热导率（理论计算），研究表明，片麻岩在 550℃ 的高温下具有优异的热稳定性和储热性能，是显热介质存储的理想选择。

通过对摩洛哥不同地点 16 种岩石样本的机械、热物性和化学性质测试，进一步验证了不同类型岩石的显热储能适用性。热循环测试结果表明，与目前 CSP（concentrated solar power，聚光太阳能发电）技术中使用的其他储热材料相比，辉长岩因其在高温（高达 650℃）条件下的热稳定性和优良性能，被认为是太阳能热电厂储热系统的最佳选择材料。

此外，Palacio 等人研究了聚光太阳能发电（CSP）电站储热介质的技术与设计优化。提出岩床感应热能储存（TES）系统是 CSP 电厂的重要组成部分，实验显示，天然岩石类型的热性能显著影响 TES 系统效率。同时，研究强调了储罐设计、储存材料粒径及流体流量等因素对系统性能的关键影响。然而，目前多数研究仍处于实验室或原型阶段，需要进一步推广至大规模应用。

5.1.2.2 混凝土材料

研究表明，混凝土已被应用于 CSP（聚光太阳能发电）电厂储热系统中，作为一种可靠的固体储热材料，在西班牙的阿尔梅里亚太阳能平台和德国航空航天中心（DLR），混凝土储热系统已成功完成了一些测试。这些研究结果显示，混凝土蓄热系统具有多项优势：易于设计，无毒，不易燃且相对成本较低。然而，技术应用中也存在挑战，主要问题在于混凝土的使用寿命。在高温下运行时，混凝土会因反复热循环产生裂缝，导致热膨胀与收缩的不均匀效应。为此，研究者建议，在更高工作温度下对混凝土材料的热力效应进行深入研究，同时开展更多的示范项目，以评估其长期可靠性和相关技术风险。

在建筑蓄热与供热的可行性研究中，Ozrahat 和 Ünalan 利用方形截面的混凝土柱进行实验，他们采用热空气作为导热流体（HTF），并在不同气流流速和入口温度（最高可达 162℃）条件下，测量了混凝土柱的热性能。结果表明，混凝土柱的蓄热效率受空气流速和温度的影响显著，且其作为建筑结构中的加热器和储热介质表现良好，具有潜在的应用价值。

5.1.2.3 其他固态显热储能材料

Diago 等人探索了利用沙漠沙作为热能储存（TES）材料的潜力，测量了阿拉伯联合酋长国不同沙漠地区沙样的热物性和力学性能。通过热重分析发现，这些样品在 650～

1000℃初始加热循环期间发生质量损失后表现出良好的热稳定性。比热容实验表明，其数值随温度的升高而增加，在200～1000℃温度范围内的平均值为790～1000J/(kg·K)，这表明沙漠沙有可能作为一种成本低廉且可持续的储热材料。

Xu和Chung研究了添加沙子和不同掺合料对水泥砂浆热性能的影响。他们采用差示扫描量热法（DSC）、理论计算和激光闪蒸技术，测定了比热容、热导率和扩散系数。结果表明，使用硅烷处理的硅粉和碳纤维作为掺合料时，水泥浆的比热容增加了12%，热导率降低了40%。碳纤维的加入增加了比热容，主要归因于纤维-基体界面滑移。硅烷处理后，硅粉与水泥的界面滑移效应显著增强，提高了比热性能。该研究揭示了通过调节掺合料类型和处理方式，可以优化水泥砂浆的热性能，为固体储热材料的改性设计提供了参考。

据报道，铸铁、铸钢和耐火砖是适合储热的潜在固体材料，这些材料因其较高比热容和热导率被认为在高温储热应用中具有优势。

Liu等人探讨了玄武岩玻璃作为高温储热材料的适用性。他们利用不同的天然玄武岩矿石（中性、基性和超基性）制备了三种玄武岩玻璃，并分别用差示扫描量热计、激光闪蒸技术和数学方法对比研究了其比热容、热扩散率和热导率与原矿石的差异。研究结果表明，玄武岩玻璃的比热容、热扩散率和热导率均优于相应矿石。玄武岩玻璃的热稳定性显著提高，可承受高达1000℃的温度，而原矿石的热稳定性仅限于500℃，这一改进归因于玻璃制备过程中除去了易挥发和可分解的杂质，从而增强了材料的高温性能。这表明玄武岩玻璃是一种极具潜力的高温储热材料。

5.2 潜热储能材料

潜热储能是利用相变材料在相变过程中吸收或释放热量，以实现能量存储，相变通常发生在较窄的温度范围内，具有单位质量（体积）蓄热量大、温度波动小、化学稳定性好等特点。常见的相变材料包括熔盐、石蜡和水/冰系统等。在潜热储能系统中，主要有两种储热方式：直接储热和间接储热。直接储热指的是传热流体与相变材料直接接触，通过直接热传递实现能量交换；而间接储热指的是传热流体与相变材料之间通过固体传热边界进行热交换，通常需要使用热交换器等设备。

相变是指物质在特定条件下发生的聚集状态变化过程，包括蒸发与冷凝（气-液相变）以及结晶与熔化（固-液相变），通常在固态和液态之间发生，且不会改变物质的化学结构。在这个过程中，根据所选材料的特性，可以储存大量的热或冷。当温度升高时，固体会转变为液体，且相变过程中体积变化通常较小（一般小于10%），压力变化也不显著。这使得相变材料的熔化和凝固能够在相对恒定的温度下进行，该温度被称为“相变温度”，是设计储能系统时的关键参数之一。当熔化完成时，进一步的传热导致显热再次被储存。

固-液相变材料的内部分子体系在温度超过临界阈值（即相变温度）时发生变化。当温度降至相变温度以下时，成核过程的开始取决于冷却速率、颗粒类型和杂质的存在。固-固相变材料具有储能密度高、体积变化小的特点。此外，它们不会出现泄漏问题，也不需要封装。因此，在某些应用中比气体和液体材料更具优势，然而，固-固相变材料的研发仍面临成本高、相变温度控制困难等挑战。

边界条件对气-液相变的温度有影响，通常与充能和放能过程中所涉及的压力和温度差相关。液态热储能（LHS）系统的能量存储密度通常高于固态热储能（SHS）系统，因为 LHS 系统利用了相变过程中材料分子结构中化学键的转变，从而实现更高效的能量转化和存储。

典型的相变材料（PCM）如石蜡、酯类、脂肪酸和盐水合物广泛应用于废热回收系统、太阳能加热系统及建筑能效提升中，有助于减少能源消耗和提高系统效率。

5.2.1 相变材料（PCM）

PCM 材料的分类依据多种标准。根据化学性质，PCM 可以分为：①有机材料，主要包括石蜡或非石蜡（酯、脂肪酸、醇和乙二醇等），通常具有较好的热稳定性和可加工性；②聚合物材料，即聚乙二醇，具有较好的循环稳定性和较低的成本，适用于低温储能应用；③无机材料，如盐水合物、合金和金属，具有高能量密度和较宽的相变温度范围，但可能存在较差的导热性；④共晶与混合 PCM，如有机-有机、无机-无机和无机-有机材料，通过混合优化性能。根据相变特征，PCM 可以分为固-液、固-固、固-气和液-气四类。根据形状稳定性，PCM 可以分为纳米封装、微观封装和宏观封装等类型，其中封装技术有助于提高相变材料的热导率并提高其循环稳定性。

5.2.1.1 有机相变材料

有机相变材料主要包括直链烷烃、脂肪酸、脂肪醇、多元醇以及高分子相变材料等，可以分为固-固相变和固-液相变两种。常用的固-固相变有机储热材料有层状钙钛矿、高分子聚合物和多元醇等。其中聚合物类主要由“软相”大分子借助化学键连接“硬相”聚合物骨架形成。“软相”作为相变过程的主体，升温至转变温度发生固-液转变；而“硬相”骨架限制其宏观流动，起到维持固体形态的作用。多元醇在低温下呈现层状晶体结构，层间分子通过氢键相连接，进行固相转变时部分氢键断裂，分子转向面心立方晶体结构。层状钙钛矿则是由有机层的长链烷烃以及无机层的金属配位四面体交替组合而成的夹层状晶体结构，其固-固相变机理与高聚物相似，即有机层的长烷基链进行有序-无序转变，而无机层结构保持不变。固-液相变材料比较常见，主要包括石蜡、酯酸及多元醇等。这类材料在固态时具有良好的成型性和稳定性，无腐蚀性，适合与建筑材料结合使用。有机相变材料物理化学性质稳定，具有过冷度小、相变潜热较大、热稳定性好等优点，但热导率较小，传热能力较差。

石蜡是最常用的商业有机储热 PCM 之一。它主要由直链碳氢化合物组成，其熔化温度为 23～67℃。石蜡具有较好的化学稳定性，且不易分离，适用于长期循环使用。Sharma 等报道了商品级石蜡在经过 1500 次熔融/冷冻循环后，热性能未出现显著退化，这表明其良好的循环稳定性。石蜡具有较高的熔化潜热，如表 5-3 所示，并不容易发生过冷现象，因此无须使用成核剂，进一步提升了其使用的简便性和安全性。石蜡与所有金属容器兼容，并且可以轻松集成到储热系统中，适合大规模应用。但是使用塑料容器时，需要小心石蜡可能对某些塑料材料产生渗透或软化作用，特别是在高温下。石蜡在固体状态下的低热导率限制了其在快速热交换中的应用，因此在冷却/加热循环过程中，其传热效率较低。为了解决这个问题，可以采用翅片式容器、金属填料或潜热/显热储能系统的组合来提高热传导性能。石蜡在固-液两级之间的体积变化很大，这给容器设计带来了一定的挑战，尤其是在控制膨胀和收缩方面。Lane也指出，石蜡的体积变化可能会降低储热能力。与盐水合物相比，商品级石蜡的熔化温度范围较宽，缺乏明确的熔点，这可能对一些精确控制温度的应用有不利影响。同时，石蜡的易燃性也限制了其在某些高安全性要求环境中的应用。

表5-3 不同石蜡的熔点和熔化潜热

石蜡种类	熔点/℃	密度/(kg/m^3)	热导率/[W/(m·K)]	熔化潜热(熔化热)/(kJ/kg)
十二烷	−12	750	0.21	—
十三烷	−6	756		—
十四烷	4.5～5.6	771		231
十五烷	10	768	0.17	207
十六烷	18.2	774	0.21	238
十七烷	22	778		215
十八烷	28.2	814^S,775^L	0.35^S,0.149^L	245

注：上标S表示固态，L表示液态。

脂肪酸是一种有机相变材料（通常称为非石蜡PCM），其化学式为$CH_3(CH_2)_{2n}COOH$。脂肪酸是由植物和动物产生的，具有良好的热学和物理性质，适合用于潜热储能。然而，脂肪酸的成本是石蜡的两到三倍，并具有轻微的腐蚀性，这可能限制其在某些应用中的普及。

有机PCM材料具有诸多优点，如良好的热稳定性和化学稳定性，对金属无腐蚀性，易于回收，并且具有较高的熔化潜热。然而，它们也存在一些缺点，如易燃性、相变焓较低、热导率较低，并且与某些聚合物容器或封装材料的相容性较差，这可能影响其在实际应用中的表现。

5.2.1.2 无机相变材料

无机固体相变材料（SS-PCM）能够在固相中通过相变或其他能量转换过程（如磁性转换、晶体结构转换、有序-无序转换、非晶结构与晶体结构之间的转换等）存储和释放热能。无机相变材料通常具有高热导率和低热膨胀系数等优点，适用于制造高效热能储存装置。由于使用潜热存储，这些材料通常具有较低的成本、高相变焓和较好的导热性。然而，无机PCM也存在一些缺点，如腐蚀性、过冷现象、相分离热不稳定性，因此，它们更适用于工业应用，特别是在高温废热回收系统中。

无机类包括结晶熔融盐、金属及合金、水合盐等。

熔融盐类相变材料由碱金属的氟化物、氯化物、硝酸盐、碳酸盐等组成，可以是单组分、双组分或多组分的混合物。它们主要被应用于中高温领域，如120～1000℃及以上的温度范围。熔融盐类相变材料在吸收、储存了热量后，能够为其他设备或应用场合提供热动力，因此被广泛应用于小功率电站、太阳能发电、工业余热回收等方面。

金属及合金类相变材料一般由低熔点金属及其合金组成，如锰、铁、铬等金属元素的合金，以及富含 Al、Si、Cu、Mg、Zn 等元素的二元和多元合金系列。它们具有很高的相变焓值、良好的热稳定性及高导热能力，因此被用于发电厂回收余热或存储热量。

水合盐是无机相变材料中最为常见且研究最多的一类 PCM，这类材料一般为无机结晶水合盐，如碱及碱土金属的卤化物、氟化物、硝酸盐、硫酸盐、磷酸盐、醋酸盐、碳酸盐等盐类。它们具有较高的熔化热和密度，以及较高的热导率（如水合盐的热导率几乎是石蜡的两倍）。可以单独使用，也可以与其他材料共晶混合使用。水合盐在潜热储能系统中的应用已广泛研究，是重要的相变介质之一。在 5.3 小节将重点介绍水合盐的相关内容。

5.2.1.3 共晶物

共晶相变材料是由两种或两种以上组分形成的具有最小熔融组合的一类相变材料。在熔化或结晶发生时，共晶混合物几乎总是同时熔化或结晶，没有相分离产生。

共晶相变材料一般包含无机-无机、有机-有机和无机-有机三大类。这些材料在合适的温度和压力下，不同成分既能够在相界面上迅速复合，同时又能够保留各自的本性和化学性质。共晶相变材料在相变过程中能够吸收和释放大量的潜热，这使得它们在热能储存领域具有显著优势。例如，在建筑节能中，共晶相变材料可以嵌入建筑材料中，有效减缓建筑温度的变化，提高居住的舒适度。共晶相变材料在多次相变循环后仍能保持良好的性能，具有较长的使用寿命，这一特性使得共晶相变材料在需要长期稳定运行的应用场合中具有优势。共晶相变材料可用于电子存储器、热控制器、微机械系统、生物传感器等领域，具有广阔的应用前景。但是共晶相变材料的相变过程受到温度、压力、湿度等外界因素的影响，这会影响其相变的可靠性和稳定性。例如，在高温下，材料可能会发生非正常相变；在潮湿环境下，材料易受潮变形，从而影响其性能和使用寿命。共晶相变材料的相变过程会引起体积和形状的变化，这会对材料的使用产生限制。对于一些需要精确控制材料形状和体积变化的场合，共晶相变材料可能并不是最佳选择。共晶相变材料的制备工艺有一定的复杂性，需要精确的温度控制和配料技术，因此其制造成本较高。另外，共晶相变材料的使用寿命相对较短，需要定期更换，这增加了使用成本。

5.2.1.4 光热转换相变复合材料

最近几年，随着太阳能的发展，还发展出了一类光热转换相变复合储能材料，这是一种结合了光热转换能力与相变储能特性的新型材料。这种材料可以利用太阳能进行储热和能量转换，能够在吸收光能的同时，通过相变过程存储大量的热能，并在需要时释放这些热能。

光热转换相变复合储能材料的构成通常包括以下几个关键部分。

① 相变储能材料：这是光热转换相变复合储能材料的核心部分，负责在相变过程中存储和释放热能。常见的相变储能材料包括石蜡、聚乙二醇（PEG）、脂肪酸、盐类水合物以及高分子材料等。这些材料在相变时能够吸收或释放大量的热量，从而实现高效的储能。

② 光热转换材料：光热转换材料负责将光能转换为热能。这类材料通常具有良好的光学性能和热学性能，能够有效地吸收光能并将其转换为热能。常见的光热转换材料包括碳纳米管、石墨烯、金属纳米颗粒以及某些有机染料等。这些材料在光照下能够迅速升温，并将热能传递给相变储能材料。

③ 基体材料：基体材料用于支撑和固定光热转换材料和相变储能材料，确保整个复合材料的稳定性和可靠性。常见的基体材料包括聚合物、陶瓷、金属以及碳泡沫等。这些材料具有良好的力学性能和化学稳定性，能够有效地保护光热转换材料和相变储能材料免受外界环境的破坏。

④ 其他添加剂：为了改善光热转换相变复合储能材料的性能，还可以添加一些其他添加剂，如导热剂、增塑剂、抗氧化剂等。这些添加剂能够进一步提高材料的导热性能、加工性能以及使用寿命。

除了上述材料组成外，光热转换相变复合储能材料的结构设计也至关重要。通过合理的结构设计，可以优化材料的热传导路径，提高光热转换效率和储能密度。例如，可以采用核壳结构、多孔结构或三维网络结构等设计策略，以实现更高效的光热转换和热能存储。

典型的光热转换复合材料包括金属纳米颗粒复合材料、碳基复合材料、半导体复合材料和聚合物复合材料。这些材料能够高效地将光能转换为热能，具有广阔的应用前景。

① 金属纳米颗粒复合材料：金属纳米颗粒复合材料是由金属纳米颗粒和基体材料组成的复合材料。金属纳米颗粒具有优异的光学性能，能够吸收光能并将其转换为热能。这种材料在太阳能热水器、光热发电等领域具有广泛的应用前景。

② 碳基复合材料：碳基复合材料是以碳纳米管、石墨烯等碳纳米材料为基础的复合材料。碳纳米材料具有优异的导热性能和光学性能，能够有效地将光能转换为热能。这种材料在光热治疗、光热探测等领域具有广阔的应用前景。

③ 半导体复合材料：半导体复合材料是由半导体材料和基体材料组成的复合材料。半导体材料具有优异的光电转换性能，能够吸收光能并将其转换为电能和热能。这种材料在太阳能电池、光热发电等领域具有重要的应用价值。

④ 聚合物复合材料：聚合物复合材料是以聚合物为基体，通过添加光热转换剂、导热填料等制备而成的复合材料。这种材料具有优异的加工性能和可塑性，能够方便地加工成各种形状和尺寸的光热转换器件。这种材料在太阳能热水器、光热探测等领域具有广泛的应用前景。

其他类型的相变储热材料还包括塑晶，这类材料具有固体的晶体结构，类似于液晶，能够在不改变相态的情况下储存热量，通过固-固相变实现储热。

5.2.2 PCM的封装

封装是防止相变材料（PCM）与外界环境直接接触的一种方法，旨在减少泄漏风险、延长使用寿命并抑制相分离问题。封装还可以提高 PCM 的性能，在储能系统中发挥重要作用。

提高 PCM 系统性能的常见方法有三种。第一种方法是增加传热表面积，例如通过封装 PCM 或使用翅片管，以促进热量传递；第二种方法是加入纳米添加剂，以增强 PCM 的导热性；第三种方法是提高传热均匀性，通过热力学优化来改善 PCM 的整体热性能，这些方法主要改善 PCM 的传热表面和热导率，从而提升储能效率。除了一些水/冰的应用外，绝大多数情况下，PCM 需要封装以维持其液相状态，避免 PCM 与环境直接接触，防止对环境造成危害或改变 PCM 的化学成分。此外，封装还可以增加系统的机械稳定性。

PCM 的封装可分为宏封装、微封装和纳米封装，不同形态封装各有优缺点。常见的微封装方法包括物理-机械方法（如喷雾干燥、离心挤压、振动喷嘴、溶剂蒸发等），化学方法（如悬浮聚合、微乳液聚合等），物理-化学方法（如凝聚、离子凝胶等），这些方法可根据有机 PCM 的不同特性进行选择，以达到理想的封装效果。

5.2.2.1 PCM 的宏观封装

宏观封装技术是将 PCM 材料封装在大于 5mm 的壳体内，封装形式可以是立方体、袋状、圆柱体、管状或其他形状。由于其多样的形态和尺寸，宏观封装特别适用于建筑围护结构中的热能储存系统，提供灵活的设计选项。

宏观封装材料主要分为以下几类。

① 有机壳材料：包括三聚氰胺甲醛（MF）树脂、脲醛（UF）树脂、聚氨酯（PU）、聚甲基丙烯酸甲酯（PMMA）等。这些材料通常通过原位聚合、界面聚合、乳液聚合等方法与 PCM 进行复合。

② 无机壳材料：如二氧化硅（SiO_2）、二氧化钛（TiO_2）、碳酸钙（$CaCO_3$）、氧化锌/二氧化硅（ZnO/SiO_2）等。这些无机材料可以提供较好的热稳定性和化学稳定性。

③ 有机-无机复合壳材料：结合了有机材料和无机材料的优点，如 MF-SiO_2、PMMA-硼氮化物/二氧化钛（BN/TiO_2）、聚氨酯丙烯酸酯-二氧化钛（PUA-TiO_2）等，这些材料旨在提高 PCM 的热导率和力学性能。

④ 金属胶囊：在一些研究中，金属胶囊被用来封装无机相变材料（如六水合氯化镁 $MgCl_2 \cdot 6H_2O$），以补偿 PCM 的体积变化并提供较大的传热面积。

⑤ 陶瓷基复合材料：以红柱石蜂窝陶瓷为基体，将相变材料（如 K_2SO_4 和 NaCl）封装在陶瓷孔中，制备高温复合储热材料。

这些宏观封装材料的选择依赖于 PCM 的类型、应用场景以及所需的性能。例如，有机壳材料具有良好的柔韧性和加工性，而无机壳材料则提供更高的热稳定性和化学稳定性。有机-无机复合壳材料则结合了两者的优点，旨在提高材料的整体性能。金属胶囊和陶瓷基复合材料则适用于特定的高温或高压应用。通过选择合适的封装材料，可以有效解决 PCM 的泄漏问题，提高其在热管理应用中的性能和可靠性。

5.2.2.2 微胶囊封装

微胶囊化通过优化比表面积来提高相变材料的传热性能，广泛应用于建筑材料，尤其是被动热能储存。此外，微胶囊化还适用于纺织品、传热流体、隔热泡沫及 MPCM（微胶囊相变材料）浆料中的冷却与加热应用，具有广泛的应用前景。

微胶囊技术是通过将一种将直径为1～1000mm的固体或液体颗粒包裹在固体层内，保护储能材料免受降解、蒸发等影响，并提高其溶解度和稳定性。

微胶囊具有多种形态，包括最简单、最典型的球形颗粒、不规则核心颗粒、同一胶囊内不同核心的颗粒、多壁微胶囊以及嵌入连续矩阵的颗粒。微胶囊合成效率通常通过样品中外壳完全成型的微胶囊质量与总质量之比来评估。壳体材料直接影响MPCM的性能，尤其是导热性。相比无机材料，有机材料的导热性较差，因此选择合适的壳体材料至关重要。

微胶囊封装的材料与宏观封装材料相似，主要是有机材料、无机材料和有机-无机杂化外壳材料。

① 有机材料：包括三聚氰胺甲醛（MF）树脂、脲醛（UF）树脂、丙烯酸树脂、聚苯乙烯（PS）、聚甲基丙烯酸甲酯（PMMA）、聚氨酯（PU）等。这些材料通常具有良好的密封性能、结构柔性和出色的抗相变体积变化能力。

② 无机材料：如二氧化硅（SiO_2）、氧化锌（ZnO）、二氧化钛（TiO_2）和碳酸钙（$CaCO_3$）等。这些无机材料通常具有更高的刚性、机械强度和更好的导热性。

③ 有机-无机杂化外壳材料：为了结合有机和无机材料的优点，研究人员已经开始将有机-无机杂化壳材料用于微胶囊化，如PMMA-SiO_2、PMMA-TiO_2、PMF-SiC等。这类材料中，无机材料增强了机械刚度、热稳定性和导热性，而有机材料提供了结构柔性。

这些外壳材料的选择依赖于微胶囊的具体应用需求，包括所需的热性能、力学性能和化学稳定性。通过选择合适的外壳材料，可以有效提高微胶囊的热稳定性、防止泄漏，并改善热传导性能。

5.2.2.3　纳米封装

传统相变材料存在易燃、低热导率、热不稳定性、腐蚀性等问题。为了解决这些问题，研究者采用封装技术将相变材料制成纳米/微胶囊，相较于微胶囊，相变材料的尺寸被缩小到纳米级，显著提高了热传递面积和热导率。此外，纳米尺寸的胶囊减少了材料在使用过程中的破损风险，并有效抑制了过冷现象，减小了相变过程中的体积变化。

纳米/微胶囊相变材料的组成如图5-1所示，由芯材和外层包裹的壁材组成。芯材部分可以是单一的相变材料，也可以是相变材料与稳定剂、稀释剂、赋形剂等物质的混合物。相变材料一般可分为无机相变材料、有机相变材料、复合相变材料和金属基相变材料。常用的壁材为化学稳定、柔软且无毒的聚合物材料，能够在芯材表面形成薄膜，避免与芯材发生反应并保证化学相容性。目前有50多种聚合物可以用于制备纳米/微胶囊相变材料的壁材。壁材材料可以是单一的聚合物，也可以是多种聚合物的混合物。HAN等研究表明，采用甲基丙烯酸甲酯聚合物和脲醛作为混合壁材，正十四烷作为芯材制成微胶囊相变材料，相较于单一材料的壁层，具有更好的热稳定性、更高的热焓值及更优的包裹性能。

纳米材料的粒径范围通常为1～100nm。纳米材料的生产方法主要有自上而下技术或自下而上技术。自上而下技术通过机械、激光烧蚀或其他物理手段减小原材料的尺寸以得到纳米材料，例如乳化法和溶剂蒸发法常用于此类方法；自下而上技术则依赖于溶液化学反应、分子自组装等方式，通过控制浓度、离子性质、温度和 pH 等因素，使分子在特定条件下聚集或反应形成纳米材料，常见的技术包括凝聚和纳米沉淀。

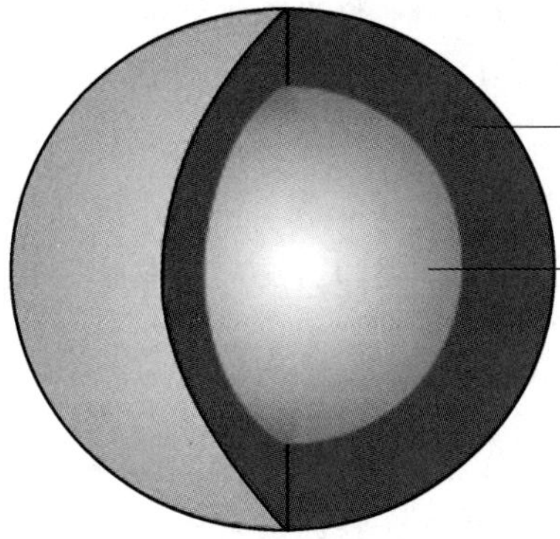

图 5-1 纳米/微胶囊相变材料示意图

纳米颗粒在相变材料（PCM）中的扩散可以显著提高其热导率。Mahdi 等研究表明，通过在 PCM 材料中插入固体高导热成分（如金属翅片、泡沫和热管），可以直接改善材料的传热性能，这些高导热部件通过构建热流通道，有效降低了 PCM 的热阻。另一种方法是使用微纳米添加剂间接提升 PCM 的热物理性质，如热导率、潜热储能能力，这些添加剂的形式包括碳纳米管、金属纳米粒子和碳纳米纤维等，他们通过增强热传导路径或改变材料微观结构来提高整体热性能。此外，使用纳米 PCM 在冷却光伏/热系统中的应用已被证明可以有效提升功率输出并增强面板的传热效率。

纳米/微胶囊相变材料的制备方法通常分为化学法、物理法和物理化学法。其中常用方法包括原位聚合法、界面聚合法、乳液聚合法、类悬浮聚合法等。为了提高纳米/微胶囊相变材料的热导率、热稳定性、颗粒分布均匀性及封装率，国内外许多研究者已针对这些制备纳米/微胶囊的工艺进行了深入的研究。

在原位聚合法中，首先需要在水中制备相变材料乳化液，随后对乳化液进行持续搅拌，并加入预聚体以形成纳米/微胶囊相变材料。GRAHAM 等采用原位聚合法，成功制备了以 2-氰基丙烯酸乙酯聚合物为壁材，硝酸镁六水合物为芯材的微胶囊，这项研究首次实现了以盐类相变材料为芯材的长寿命微胶囊的制备，所得微胶囊粒径为 100～200nm，热焓值为 83.2J/g，并在超过 100 次吸热/放热循环后，其热焓值保持稳定。傅里叶变换红外光谱和宏观观察结果均表明，这种微胶囊在化学和结构上具有良好的稳定性。Zhang 等通过原位聚合方法制备了一种以石蜡为核体、三聚氰胺甲醛树脂为壳体、氧化石墨烯纳米片为屏障层的微胶囊，实验结果显示，在特定的渗漏测试条件下，添加氧化石墨烯纳米片后，渗透率降低了 93.1%，封装比例可达 93.9%，这表明氧化石墨烯作为屏障层显著提高了微胶囊的封装性能和结构稳定性。

界面聚合法是一种常用于制备纳米/微胶囊的技术，该方法至少需要一类油溶性的单体和一类水溶性的单体。当两者混合时，相面处发生聚合反应，形成包覆芯材的壳体，从而阻止油溶性单体的扩散，最终形成纳米/微胶囊。Liang 等采用界面聚合法，以正十八烷为芯材，二氧化硅为壁材成功制备了微胶囊，其热焓值达到 109.5J/g，封装率为 51.5%，经过 500 次吸热/放热循环后，该微胶囊的相变性能仍能保持稳定。研究表明，通过调节反应溶剂中水与乙醇的比例，可以有效控制微胶囊的尺寸。更小的微胶囊尺寸还伴随相变温度的降低，这与 Gibbs-Thomson 现象的作用密切相关，即颗粒尺寸减小时，其热力学性能会受到显著影响。

悬浮聚合法是一种常用的制备纳米/微胶囊相变材料的方法。该工艺通过剧烈搅拌和稳定剂的作用，将单体分散成液滴，随后在一定的温度下发生聚合反应，形成稳定的微胶囊结构。Li 等利用悬浮聚合法，以正十八烷为芯材，分别选用 4 种共聚物为壁材：苯乙烯-1,4-丁二醇二丙烯酸酯共聚物（PSB）、苯乙烯-二乙烯基苯共聚物（PSD）、苯乙烯-二乙烯基苯-1,4-丁二醇二丙烯酸酯共聚物（PSDB）和聚二乙烯基苯（PDVB），研究者着重探讨了壁材种类和引发剂对微胶囊制备和性能的影响。结果表明，壁材类型对微胶囊的形貌有显著影响，其中以 PSDB 为壁材的微胶囊表现出最佳的形态特性。然而，壁材种类对微胶囊的热稳定性影响较小。研究者还发现，经过高温处理后，相变胶囊的热焓值变为 0。这可能是由芯材在高温下分解为气体并逸出胶囊导致。

乳液聚合法是一种以液态相变材料作为芯材的纳米/微胶囊相变材料的制备方法。目前的研究通常使用烷烃类物质为芯材，聚苯乙烯或甲基丙烯酸甲酯聚合物作为壁材。Li 等利用乳液聚合法，以正十八烷为芯材、甲基丙烯酸甲酯聚合物为壁材，成功制备了微胶囊相变材料。制得的微胶囊直径范围在 1.4～2.0μm 之间，热焓值在 95～123J/g 之间，表面光滑，并且在高温下（218.3℃）仍保持良好的热学和化学稳定性。研究者在合成过程中引入了 *N*-异丙基丙烯酰胺（NIPAm），结果表明，NIPAm 的加入会显著提高异相成核焓值，增加了 2～4 倍，并且使胶囊颗粒的直径变小，封装率和封装效率也有所提升。但是 NIPAm 的存在也导致一些不规则孔洞的形成，并且加剧了微胶囊的过冷结晶现象。

溶胶-凝胶法是一种适用于制备以烷烃、棕榈酸或铟为芯材，二氧化硅为壁材的纳米/微胶囊相变材料的技术，其特点是制备温度相对温和。Latibari 等利用溶胶-凝胶法，在 pH 值 11～12 的条件下成功制备了以棕榈酸为芯材、二氧化硅为壁材的纳米胶囊相变材料。制得的纳米胶囊形态规整呈球形，粒径分布均匀，在经过 2500 次热循环实验后，材料仍呈现出优异的热稳定性和化学稳定性。研究进一步表明，随着 pH 值的升高，胶囊的封装率略有提升，而颗粒的尺寸则显著减小。

5.2.2.4 复合定形相变材料

为有效解决泄漏问题，采用封装技术将相变材料与基体材料复合，制备得到的复合定形相变储能材料具有良好的形状稳定性和较高的潜热值，能有效增强固液相变材料的实用性和安全性。复合定形相变材料由工作材料和支撑部件两部分组成。工作材料在熔化或凝固过程中吸收或释放潜热，而支撑结构则防止材料在熔化时泄漏，确保系统在整个使用过程中保持固态。为了增强结构稳定性，研究者使用了多种材料来作为 PCM 的支撑结构，主要包括多孔材料、纳米材料和聚合物等。然而，值得注意的是，支撑材料的添加可能会导致能量存储密度的降低，因为这些支撑结构通常会占用一部分储能空间，从而影响整体的能量密度。

研究发现，纳米多孔复合相变材料（PCM）能够有效地解决传统 PCM 的泄漏问题，具有优异的化学一致性和热循环性能。这些复合材料的缺点是提供的焓值比纯 PCM 要低得多。然而，与微胶囊封装相变材料相比，多孔形状稳定的 PCM 在结构上更加开放，具有更连续的多孔支撑系统，从而显著提高了导热性能。根据支撑材料的孔径大小，多孔形状稳定的 PCM 可分为宏观多孔和纳米多孔两种类型。部分人工合成的多孔材料，如金属泡沫、膨胀蛭石、硅藻土、高岭土、膨胀珍珠岩和膨润土、黏土等，都被用于作为 PCM

的支撑材料。然而，由于 PCM 与大孔支撑材料之间的相互作用较差，这些传统的多孔材料在承载大负荷 PCM 时，难以有效防止泄漏。

为了制备复合定形相变材料，通常采用两种封装方法：一步原位合成法和两步浸渍法，如图 5-2 所示。一步原位合成法是指 PCM 材料在多孔支撑网络形成的同时被封装，形成一体化的复合材料。两步浸渍法时首先将液态 PCM 浸渍在预先合成的纳米孔载体中，确保 PCM 被有效包裹。研究表明，支撑材料的表面特性、孔径大小和结构设计对复合 PCM 的热性能有着重要影响。通过这些方法，形状稳定的 PCM 不仅能够提高储能密度，还能解决泄漏问题，提升系统的可靠性和热性能。不同的封装方法和支撑材料选择，取决于实际应用中的需求，如导热性、稳定性和力学性能等。

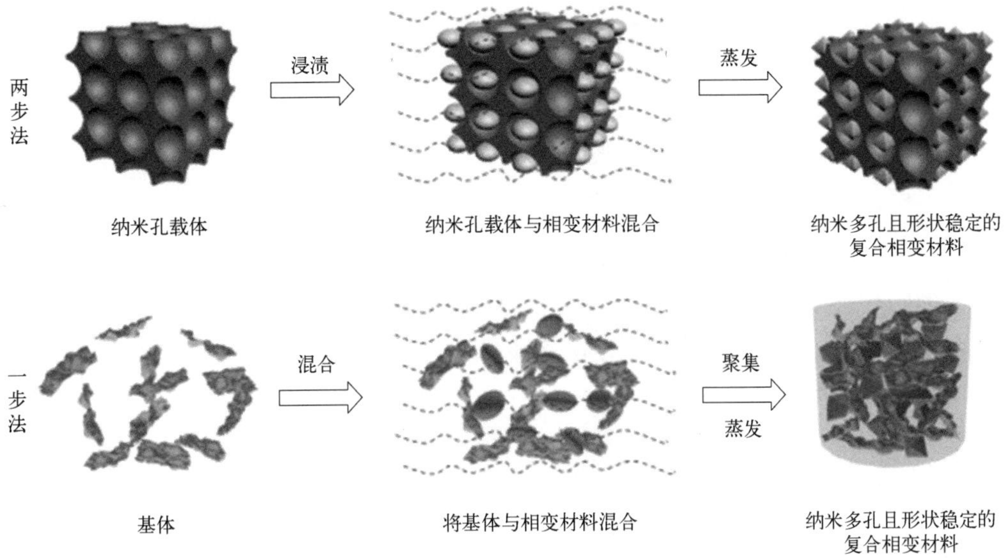

图 5-2 两步法和一步法制备

纳米多孔定形复合 PCM 的应用正变得越来越广泛，涵盖了电-热、光-热、磁-热转换以及肿瘤热化疗和电子热控制等多个领域。研究表明，这些纳米多孔定形复合材料的孔径、结构设计和表面特性对其热存储和热利用效率有显著影响。例如，较小的孔径和良好的表面特性能显著提高材料的导热性和热循环稳定性。研究发现，与微胶囊相比，利用聚合物基质实现有机定形 PCM 不仅更为简单，而且具有更高的成本效益。

5.2.3 PCM 的应用

5.2.3.1 PCM 在建筑中的应用

相变材料（PCM）与储热系统的结合使用可以显著降低能耗，并有助于调控环境温度。建筑中的蓄热技术可以分为被动式和主动式的，主要用于在 15～30℃的舒适温度范围内，从建筑围护结构中储存或释放热量。

研究发现，PCM 的熔化范围主要受材料所在位置、所需冷却设定点和应用类型的影响。Suayfane 等研究表明，建筑部门的制冷需求急剧增加，原因包括：对居住者舒适度的高要求；建筑物内部热量增益的增加；玻璃作为建筑立面材料的广泛使用；城市过度拥挤导致城市热岛效应，以及冷却设备成本的降低。因此，将 PCM 集成到建筑物中，可以减少与暖通空调相关的能源消耗和冷却成本，同时在炎热的季节提升居住者的热舒适性。

太阳能烟囱的概念展示了 PCM 有效应用于建筑冷却的一种成功策略。Li 等通过数值分析研究了基于 PCM 的太阳能烟囱的热效率，如图 5-3 所示，发现 PCM 能显著提高热效率。该研究采用参数化方法，研究了空气流量、熔化时间和环境温差对 PCM 熔化过程的影响。

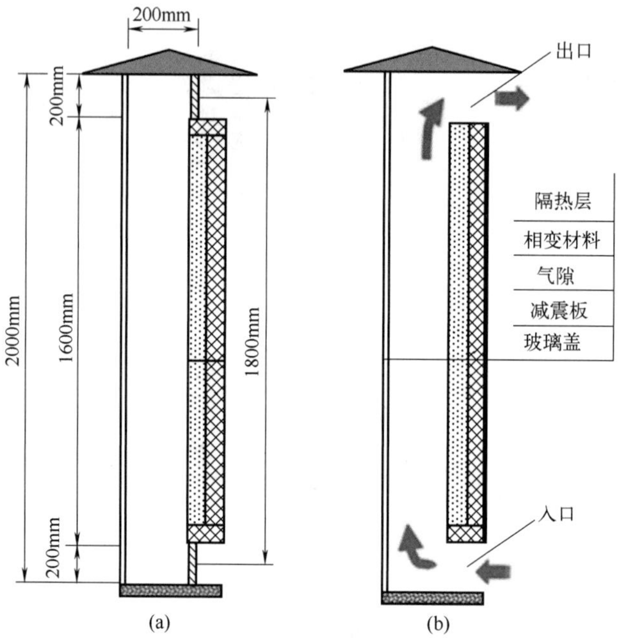

图 5-3 与 PCM 集成的太阳能烟囱在日夜间的运行模式

使用传统暖通空调系统的建筑与在建筑结构中加入 PCM 的直埋式辐射供冷供暖空调系统（thermally active building system，TABS 智慧蓄能系统）之间的差异如图 5-4 所示。该图说明了与 PCM 技术相结合的 TABS 智慧蓄能系统如何有效减少内部温度波动，从而保持建筑围护结构内的热舒适性。

蓄热技术在新建和改造的建筑物中实施，成为一种有吸引力且灵活的解决方案，例如，结合可再生能源与暖通空调系统，可以提高现有装置的效率，改善空间加热或冷却，并可能实施峰值负荷转移策略。

在建筑物内安装 TES 系统可应用于各种结构，如中央系统、底座、墙壁、外部太阳能立面、天花板、通风系统、光伏和储水系统。在主动式建筑系统中，热能储存的一个关键功能是低温环境下可利用冷却进行充电。当需要冷却时，储存的冷量将被释放。

此外，结合蓄热和太阳能系统的建筑能够转换间歇性能源，满足供暖和生活热水的要求。最常见的太阳能蓄热系统包括将太阳能空气集热器集成到建筑墙壁中，或在通风控制

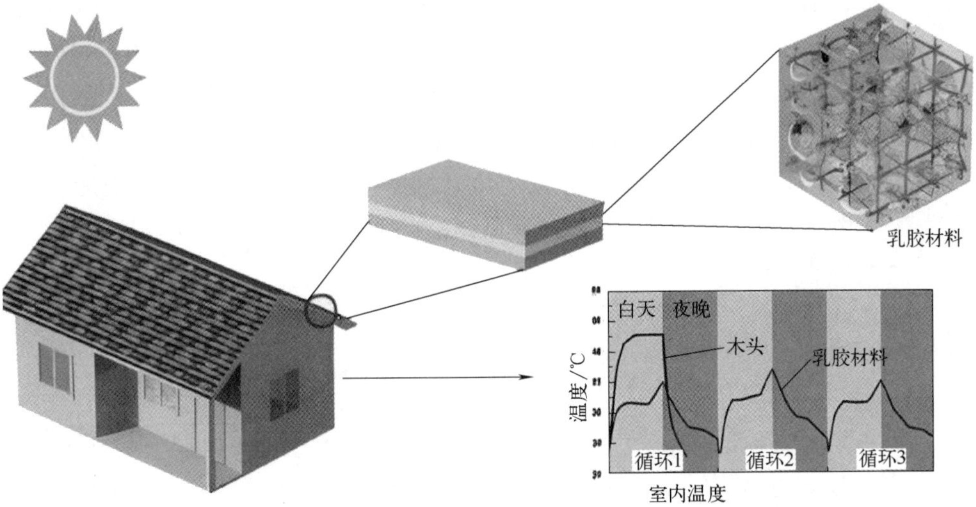

图 5-4 传统暖通空调系统制冷办公室与集成 TABS 和 PCM 的办公室之间的区别

的立面中使用 PCM，如图 5-5 所示。

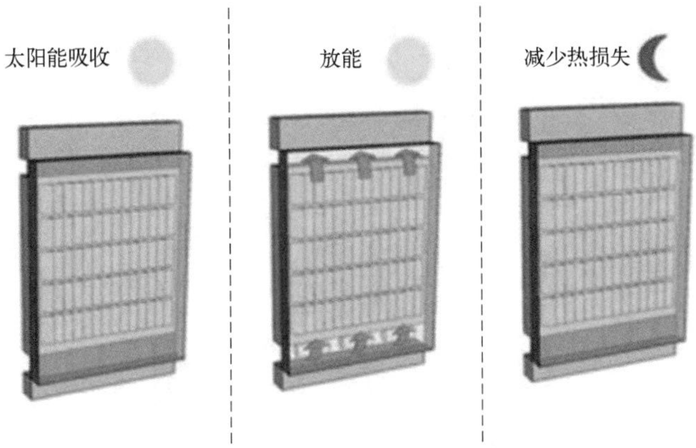

图 5-5 PCM 通风立面的运行模式

各种应用，如食品储存、过程冷却和空调系统，已成为冷热能储存或冷热储能系统（CTES）制冷应用的热点。相变材料具有理想的热性能，是空调应用的理想选择。研究表明，在空调和制冷应用中，储热温度为 5～15℃最为理想，在较低温度下，基于相变的储热材料通常比传统反应性物质（如水）表现更好。使用 PCM 可以实现被动冷却。主动冷却和被动冷却的区别在于，主动冷却需要使用风扇或泵等机械装置，而被动冷却则无须输入额外能量，主要通过自然传导、辐射或对流来实现冷却。例如，将 PCM 放置在光伏板背面，电池的冷却可以完全依赖于 PCM 的潜热储存能力，从而实现被动冷却。为了提高系统性能，能量平衡分析表明，使用高能量密度的 PCM 至关重要。同时，设计这样的系统时，确保光伏面板和 PCM 材料之间的最佳热接触也是一个关键因素。

5.2.3.2 在发电中的应用

研究发现，大约 47%的现有聚光太阳能发电厂使用熔盐储存来发电。然而，熔盐系统面临一些关键问题，包括大容量存储的要求、昂贵的热交换器成本以及对重型安装设施的需求。此外，辅助加热器可能需要被引入，以防止传热回路中熔盐冻结。Li 等研究了熔盐与相变材料（PCM）集成的进展，发现该技术在 200～1000℃的中高温范围内，对聚光太阳能发电厂具有良好的应用前景。图 5-6 展示了采用熔盐蓄热系统的聚光太阳能电站的安装方法。实验结果表明，系统的顶部 25％区域使用具有 H525（熔融温度为 525℃）高温能力的熔盐，而中部 50％区域用混凝土填充，底部则填充 H325（熔融温度为 325℃）低温熔盐。如图 5-7 所示，这种配置在所有测试中提供了最佳的循环性能。

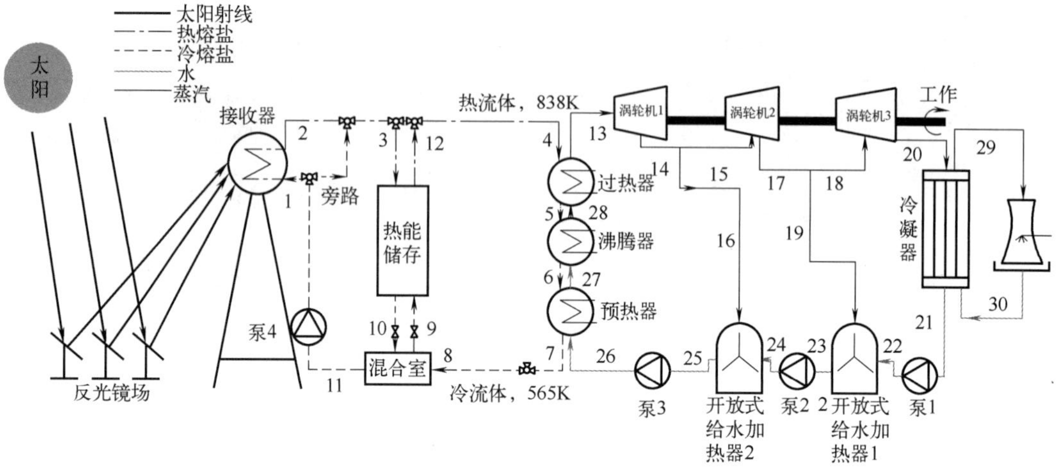

图 5-6　采用熔盐蓄热技术的聚光电厂配置

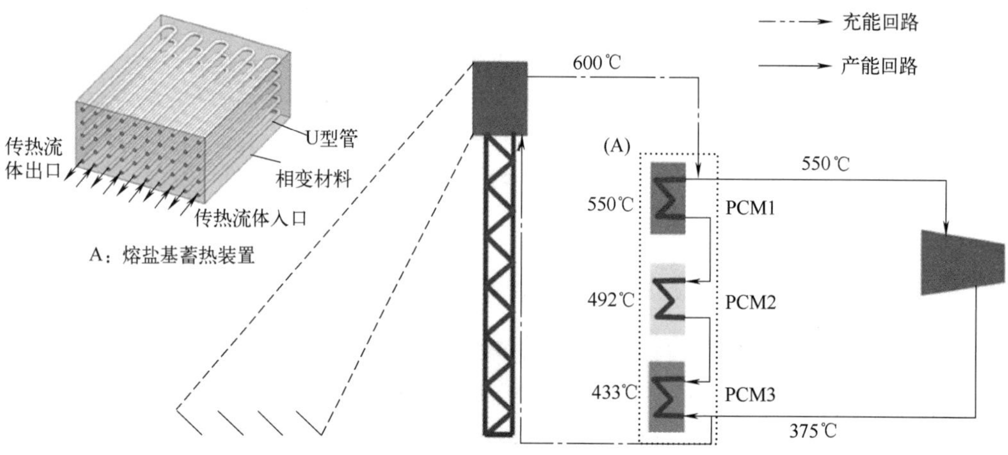

图 5-7　太阳能塔式电站采用级联熔盐基蓄热装置

5.2.3.3　余热回收系统

空调系统排放的热量包括显热和潜热，其中显热占总排热量的 15％～20％。在使用氟利昂制冷剂的系统中，压缩机排气温度较高（通常<65℃）。因此，可以利用蓄能器回收这些热量并获得较高温度的热能。Gu 开发了一种利用 PCM 回收空调系统废热的热回收系统，用于生产低温热水（如洗涤和沐浴）。研究表明，该热回收系统不仅减少了加热生活热水的一次能源消耗，还由于回收空调系统的废热，减少了对周围环境的加热。结果显示，当空调系统显热和潜热全部回收后，系统效率得到了显著提升。技术级石蜡和液体

石蜡与月桂酸的混合物可作为空调系统热回收的 PCM。

城市热电联产系统的废热通常在 60～100℃的温度下。Ona 等研究了赤藓糖醇（熔点 118℃，熔化潜热 339.8kJ/kg）在较高温度下处理工业废热的潜力。另有研究表明，硬脂酸（熔点 60～70℃）虽然价格昂贵，但在废热系统中应用有限。Nagano 提出将 $Mg(NO_3)_2 \cdot 6H_2O$ 与 $MgCl_2 \cdot 6H_2O$ 混合以调节熔点。研究显示，添加 5～10%（质量分数）的 $MgCl_2 \cdot 6H_2O$ 可以将 $Mg(NO_3)_2 \cdot 6H_2O$ 的熔点从 80℃降低到 60℃，同时熔化潜热为 150kJ/kg，即使经过 1000 次加速热循环后，熔点和熔化潜热保持稳定。

Yagi 等进行了传热基础性研究，开发了一种潜热蓄热工艺，用于回收 500K 以上的高温余热。他们对单个封装相变材料和填充床进行了传热实验。结果发现，由于胶囊内温度均匀，金属 PCM 具有优异的储热性能。模拟结果表明，蓄热和放热的并行流动比逆流流动能更有效地利用储热。

5.2.3.4 温室供暖

太阳能农业温室在过去的二十年中得到了广泛的应用，旨在提高植物的质量和生产力，并减少化石燃料在加热和冷却中的消耗。最有效的温室需要控制温度、湿度、太阳辐照度和内部气体组成，同时合理消耗能源。该领域的研究集中在新材料、储热和热交换装置的开发，涌现出一些有前景的示范装置，并迅速得到商业化应用。最常用的 PCM 是 $CaC1_2 \cdot 6H_2O$、$Na_2SO_4 \cdot 10H_2O$、PEG 和石蜡。

Kurklu 总结了使用 PCM 的温室应用情况。$CaCl_2 \cdot 6H_2O$ 和 $Na_2SO_4 \cdot 10H_2O$ 因成本低、蓄热能力高、熔点合适而被广泛使用，但过冷现象和对水分敏感是其长期使用中的主要缺点。Takakura 等在 7.2m^2 的温室中测试了聚乙二醇和 $CaCl_2 \cdot 6H_2O$ 作为 PCM 储热材料，他们比较了传统温室和 PCM 储热温室的性能。当室外温度降至－0.6℃时，集成了 PCM 储热和太阳能集热器的温室效率为 59%，并能在夜间保持温室内 8℃的温度。为了对日光温室系统进行更精确、更精密的控制，研究者研制一种微机控制系统。法国国家自然研究中心进行的一项研究中，使用了 13.5 吨 $CaC1_2 \cdot 6H_2O$（熔化温度为 28℃）进行 500 平方米的单玻璃温室玫瑰生产。与传统温室相比，使用 PCM 储热的温室能够在保持相同温度的情况下节省了 80%的丙烷气体。此外，潜热储存材料还可以堆放在温室内的架子上，由太阳辐射直接加热。在该系统中，热风通过储罐在温室内循环，以提高 PCM 的充放电速率，储存的热量在非日照时间被用来维持温室所需的温度。

5.2.3.5 空间制冷

空间制冷最常见的存储介质是水、冰和 PCM，其中冰作为一种商业 PCM 已使用多年。为了适应不同需求，开发了多种冰蓄冷技术，如冰收集储存系统、外部融冰盘管储存系统、内部融冰盘管储存系统和封装冰系统。在这些系统中，内部融冰盘管系统和封装冰系统使用标准的包装冷却器，这些冷却器已配置为将二次冷却剂冷却到制冰温度。外部熔体系统可以与包装冷却器或现场组装的制冷装置配合使用。自 19 世纪以来，PCM 已广泛用于储热系统，但直到最近才被用作空间冷却。到目前为止，大多数用于冷藏的 PCM 是无机盐水合物、有机石蜡和它们的混合物。BoHe 等人探讨了 PCM 在冷藏系统中的应用潜力，讨论了静态和动态冷藏过程。他们发现，RubithermRT5（熔点 7℃，熔化潜热 158.3kJ/kg）是一种优秀的冷藏 PCM，原因是其成本经济、完全熔化、具有自成核特性、无过冷性且在多次冷却和加热循环中保持稳定。他们还指出，冷藏系统中的相变过程的体积收缩应被充分考虑。如果提供足够的传热面积（如地板或工厂热交换器），静态存储系统可有效工作。动态存储系统则通过存储材料与传热介质之间的直接接触，提高了热传导效率。

潜热储存系统已被广泛应用于空调，尤其是无机盐作为冷藏材料的使用。Farid 等研究了二甲基亚砜（熔点 15.5℃）作为 PCM 在矩形容器中用于冷藏的可行性。实验结果表明，二甲基亚砜可作为有效的冷藏 PCM，且冷却萃取时间与凝固 PCM 的量有关。当 PCM 段出口空气温度达到 25℃时，冷却萃取期完成。这个温度被认为是人类可接受的最高舒适温度。Kondepudi 等人讨论了 Biot（毕奥）数、Stefan（斯特藩）数和傅里叶数对冷库热性能的影响。Laybour 则利用热阻理论，包括对流阻力、壁面阻力和冰层阻力，计算了矩形胶囊罐的冷藏能力。Arnold 通过实验分析了冻结和熔化过程中的传热性能。Chen 开发了通用块模型来预测冷库系统的热性能。结果表明，该模型是一种简便有效的计算方法。Ryu 等通过一系列实验，研究了带铜管容器的矩形储罐在垂直和水平配置下的传热特性。Chen 进一步研究了在圆柱体内使用成核剂和不含成核剂的水的过冷现象和冻结概率，研究表明，加入成核剂可有效改善过冷现象。Chen 还进行了封装式储热罐的压降实验，研究了冷却剂为乙二醇水溶液时，加入成核剂的水作为 PCM 的效果。结果表明，当进口冷却液温度低于成核概率为 100%的温度时，冷却能以潜热的形式充分储存。研究结论指出，较低的进口冷却液温度和较高的流量有助于提高冷库效率，传热系数随冷却剂流量的增大而增大，但也会导致流经罐体的压降增大。

5.3 水合盐储能材料

在众多的储热技术中，潜热储存技术中的水合盐相变材料因其相变温度低、储热能力强而备受关注。目前已有的研究表明，水合盐不仅可以平衡有限的能源供应与不断增长的社会需求之间的不匹配，还可以提高能源系统的容量和稳定性。与有机材料相比，水合盐具有储能密度大、不易燃烧和成本低等优点。

5.3.1 基本物理性质

水合盐是指含有结晶水的盐类物质，由无机盐和水分子组成。一般来说结晶水和盐都有一个固定的比例。在加热到不同的温度时，会脱出不同份数的结晶水。结晶水与盐的相互作用很强，在脱去结晶水的时候会发生不同的热化学反应，因此水合盐也可划分为化学热储能材料。水合盐的相变过程分为同组分转变和不同组分转变。前者是指盐和水分子的组成在熔融前后没有变化，而后者是指一些水合盐分子失去了部分结晶水，变成了较难溶解的水合盐，这通常会在相变过程中造成相分离。水合盐的相变机理可以通过以下过程来表示：

$$AB \cdot xH_2O \rightleftharpoons AB + xH_2O + Q(1) \tag{5-2}$$

$$AB \cdot xH_2O \rightleftharpoons AB \cdot yH_2O + (x-y)H_2O + Q \tag{5-3}$$

式中，x、y 为结晶水数；Q 为水合盐的反应热。

从公式可以看出，水合盐的相变过程分为正向熔融过程（加热过程）和反向凝固过程（冷却过程）。在加热过程中，当温度 $T>T_m$（相变温度）时，反应由左向右进行，水合盐吸收热量，脱出结晶水形成盐 AB，或脱出部分结晶水并形成新的结晶水合盐 $AB \cdot yH_2O$，完成储热。反之，在冷却过程中，即 $T<T_m$ 时，两式分别由右向左进行，盐 AB 或新的结晶水合盐 $AB \cdot yH_2O$ 与脱出的结晶水重新结合生成水合盐 $AB \cdot xH_2O$，储存的热量被释放出来完成放热。理想情况下，这两个过程是可逆的，但容易失去结晶水，因此不能保证反向相变过程的完整性，同时系统的循环稳定性很差。

表 5-4 列出了常见水合盐的热物性参数，这些水合盐相变温度多在 15～90℃，相变潜热在 100～330J/g。水合盐的潜热有三个来源，即脱水过程、无机盐在结晶水中的溶解热和浓度差的热效应。其主要来源是水合盐的脱水过程，由于水合盐中结晶水的顺序和方向致密而有规则，需要较高的能量才能完成脱水和水合过程。一般情况下，未改性的高潜热水合盐不能满足实际使用所需温度的规定，改性水合盐的潜热损失巨大。因此，有必要采用合理的方法，尽量增加水合盐的潜热。

表 5-4 常见水合盐的热物性参数

组分	相变温度/℃	潜热/(J/g)	密度/(kg/m^3)		热导率/[W/(m·K)]	
			固	液	固	液
$LiClO_4 \cdot 3H_2O$	8.1	253	1.72	1.53		
$KF \cdot 2H_2O$	18.5	231	1.447	1.45		
$CaCl_2 \cdot 6H_2O$	29.6	191	1.802	1.562	1.088	
$LiNO_3 \cdot 3H_2O$	30.0	125				
$CaNO_3 \cdot 4H_2O$	35.2～44.6	280	1.52	1.44	0.514	0.476
$Ba(OH)_2 \cdot 8H_2O$	78.0	266.0	2.07	1.94	1.255	0.653
$MgCl_2 \cdot 6H_2O$	117.0	168.6	1.57	1.45	0.694	0.570
$Mg(NO_3)_2 \cdot 6H_2O$	89.9	163.0	1.636	1.55	0.669	0.490
$Na_2SO_4 \cdot 10H_2O$	32.4	251				

水合盐相变材料虽然具有潜热值高和相变温度稳定的优点，却也存在“过冷”“相分离”、低热导率以及对金属容器有腐蚀作用等不利因素。

5.3.2 改性方法

5.3.2.1 减小过冷度

过冷是指当液态水合盐在冷却到其理论相变温度后，不会立即发生相变（即从液态转变为固态），而是需要继续冷却到低于理论相变温度的某一温度时才会开始结晶的现象。理论结晶温度与实际结晶温度的差值称为过冷度，过冷度越大，结晶驱动力越大，物质的实际结晶温度越低。发生过冷时，水合盐凝固释放的热量，一部分会加热过冷的熔体，使其温度升高，继续发生相变放热。过冷度越大，用来加热过冷熔体所消耗的热量就越多，甚至有时不能使其达到相变温度，无法结晶，从而降低热能的利用率。一般来说，水合盐相变材料在相变过程中成核性差，结晶缓慢，所以常会产生过冷现象，过冷现象会导致储放热性能不稳定，因此必须设法降低其过冷度。目前可降低过冷度的措施有添加成核剂法、多孔基体吸附法、微胶囊法、超声波成核法等。

（1）成核剂法

晶体的成核分为均匀形核和非均匀形核，多数成核都是非均匀形核，成核剂对水合盐结晶过冷的改善以非均匀形核为理论依据。体系自由能和界面自由能构成了系统的总自由能。当形成小于稳定晶核的微小晶核时，界面自由能起主导作用，界面自由能随着微小晶核的生长而增加，因此系统的总自由能是不断升高的，这与相变的自发方向是相反的，使得这些晶核难以长时间存在，处于亚稳态。当晶核大到某一尺寸时，体积自由能起主导作用，随着晶核的增大，系统的自由能不断降低，最终会整体趋于稳定，这一尺寸就是成核临界半径。因此，在过冷液体中，晶核须达到临界半径值才能形成稳定晶核。而达到临界半径值时，临界形核功的大小 ΔG^* 与成核剂和晶核之间的接触角 θ 有关。θ 角越小，所需的形核功越小，越有利于成核。为使 θ 角减小，应使成核剂与晶核间的比表面能尽可能降低，故要求成核剂与水合盐晶体具有相似的原子结构配置、相接近的结合键类型。这就是为结晶水合盐体系选择合适成核剂的理论依据，同时成核剂法也是最为经济、有效的方法。所以成核剂法就是在水合盐相变材料中添加一种晶体，它的微粒结构与水合盐体系结构相类似，在整个体系相变降低到理论凝固点附近时，起到诱导成核的作用。拥有相同晶型、晶格参数相差 15%以内的物质可以有效解决水合盐结晶的过冷问题。

成核剂包括无机水合盐类和纳米粒子类。国内外学者最早研究的结晶水合盐之一是 $CH_3COONa \cdot 3H_2O$，它的过冷与冷却温度和加热温度有很大的关系。杨宜帆发现，在 $CH_3COONa \cdot 3H_2O$ 中加入 2%（质量分数）的 $Na_2HPO_4 \cdot 12H_2O$ 作为成核剂时，其过冷度可由原来的 15℃降低至 3℃；当加入 1%的 $Na_2HPO_4 \cdot 12H_2O$ 和 2%的羧甲基纤维素（CMC）时，过冷度再降低至 2.6℃。丁红雨等研究认为，$Na_2HPO_4 \cdot 12H_2O$、$Na_4P_2O_7 \cdot 10H_2O$ 都与 $CH_3COONa \cdot 3H_2O$ 有相似的晶格结构，因此都可作为有效成核剂来改善过冷问题。当加入 3%的 $Na_2HPO_4 \cdot 12H_2O$ 或 6.1%的 $Na_4P_2O_7 \cdot 10H_2O$ 时，均可使 $CH_3COONa \cdot 3H_2O$ 的过冷度降低至 2℃。纳米粒子与水合盐流体分子尺度接近，水合盐结晶晶核与纳米粒子之间的接触角接近 0°，因此纳米粒子的加入可以促进非均匀成核，从而降低其过冷度。

不管是水合盐成核剂还是纳米粒子成核剂，其本质上都是通过减小成核剂与晶核之间的接触角来促进成核。使用与水合盐相似的原子配置结构、相接近的结合键类型的无机类成核剂可通过降低成核剂与晶核之间的比表面能来减小接触角，起到促进成核的作用，且晶格参数相差 15%以内的物质可更有效地解决水合盐结晶的过冷问题。

（2）微胶囊法

微胶囊法也可起到限制过冷的作用。微胶囊相变材料由壳材和芯材两部分组成，通过壳材将作为芯材的水合盐封装在其中，使其不团聚，提高其分散性，为水合盐结晶提供了较大的比表面积，加速了其结晶，同时又可以防止水合盐在发生固-液相变时的泄漏现象。

这种方式不仅可以限制过冷，还可在一定程度上防止相分离。壳材在结构中占有一定质量分数，可能会导致储能材料相变潜热的降低，因此封装所用的材料及其配比是微胶囊相变储能材料制备的关键。微胶囊结构的相变储能材料多是通过原位聚合法制备而成的。该结构既可起到限制过冷的作用，又可防止相分离现象的发生。但壳材料的添加量是一个重要的问题。过少的壳材料会使微胶囊结构易破裂，不利于实际应用，过多的壳材料则会导致复合材料的相变潜热降低，因此探究合适的壳材加入量是制备微胶囊结构相变储能材料的重点。

另一个重要问题是，现阶段壳材料多是由有机大分子聚合物构成，如PMMA、脲醛树脂、聚氨酯等，但这些材料多数是易燃、有毒的，不利于实际应用，因此开发无机类壳材料或者天然树脂等无毒材料会使微胶囊复合相变材料的应用更具广泛性。Huang等制备了以聚甲基丙烯酸甲酯（PMMA）为壳材、$Na_2HPO_4 \cdot 7H_2O$为芯材的微胶囊相变材料。微胶囊球的平均直径为6.8μm，相变潜热为153.9J/g，相变温度为50.11℃，过冷度几乎为0，相分离程度也大大降低。Zhang等制备了$CaCl_2 \cdot 6H_2O$/硅藻土/石蜡微胶囊结构的相变储能材料。用石蜡包裹的复合材料过冷度为3.2℃，相变潜热为109J/g，经过100次储放热循环后，材料的相变潜热降为96.1J/g，但无相分离现象。表明用石蜡包裹的复合材料中六水氯化钙与硅藻土的接触面是新的促进结晶的因素，与硅藻土表面共同作用促进水合盐的结晶。Fu等制备了以$Na_2S_2O_3 \cdot 5H_2O$为芯材，聚2-氰基丙烯酸乙基酯为壳材的微胶囊相变储能材料。芯材的最高含量为51.1%，最低含量为35.4%，此配比可以较好地封装水合盐，防止微泄漏现象的发生。黄金等通过原位聚合法制备了以$Na_2HPO_4 \cdot 12H_2O$为芯材、脲醛树脂为壳材的微胶囊相变储能材料。与纯$Na_2HPO_4 \cdot 12H_2O$相变材料相比，微胶囊相变材料的步冷曲线具有明显的放热平台，过冷度几乎为0，可能是壳材脲醛树脂为芯材$Na_2HPO_4 \cdot 12H_2O$提供了相对大的成核比表面积，因而加速了芯材的结晶成核。Salaün等制备了一种以$Na_2HPO_4 \cdot 12H_2O$为芯材、聚氨酯为壳材的微胶囊相变材料，有效解决了$Na_2HPO_4 \cdot 12H_2O$的过冷及相分离现象。但过少的壳材料（21.2%）会使整个结构易破裂，过多的壳材料会使复合材料的相变潜热降低。

不仅如此，微胶囊的加入也可以避免发生泄漏的现象。先前关于微胶囊化的研究大多集中在有机PCM上，如石蜡、烯烃和烷烃，而无机盐水合物的微胶囊化很少被讨论。无机盐水合物与有机PCM相比，具有相变潜热高、相变温度灵活、成本低、导热性好等优点。用多孔材料对无机盐水合物进行微胶囊化处理，可以解决泄漏问题。例如，膨胀黏土、EP（膨胀珍珠岩）、硅藻土、沸石、泡沫碳、多孔二氧化硅、膨胀石墨（EG）等具有较大比表面积的材料，可有效克服PCM泄漏和相分离问题。Liu等采用溶胶-凝胶法制备了以$Na_2S_2O_3 \cdot 5H_2O$为核心，多孔二氧化硅为外壳的微胶囊。$Na_2S_2O_3 \cdot 5H_2O$由于封装在多孔二氧化硅中，性能得到改善，同时解决了泄漏问题。在少数无机盐水合物的包封研究中，主要采用溶胶-凝胶法和界面聚合的方式包封$Na_2SO_4 \cdot 10H_2O$，其原始核心材料为硫酸钠水溶液，而非$Na_2SO_4 \cdot 10H_2O$。当消耗多余的水形成饱和溶液时，结晶$Na_2SO_4 \cdot 10H_2O$在微胶囊核中沉淀。Liu等直接以结晶$Na_2HPO_4 \cdot 12H_2O$（DSP）为核心材料，在不添加引发剂的情况下，采用界面聚合结合溶胶-凝胶工艺将$Na_2HPO_4 \cdot$

$12H_2O$ 与二氧化硅微胶囊化。结果表明，在核壳质量比为 4∶1 时，微帽的包封效率为 75.3%，40℃时的熔化潜热为 177.0J/g。无机盐水合物的包封防止了快速脱水，制备的微胶囊具有良好的热可靠性和耐久性。

5.3.2.2 避免相分离

水合盐在熔化过程中形成了一些无水盐或低水合盐，在被加热到熔点以上时，有些无水盐（或低水合物）仍然不能溶于其结晶水中，导致水合盐相变材料因与水形成密度差而沉积到底部。在结晶过程中易产生固、液分层现象，脱水后的盐在结晶水中已达饱和状态。体系呈现未溶解的固态盐因密度大而沉到容器底部、中间为结晶水合盐层、上层为饱和溶液层的固-液相分离现象。随着熔化-凝固相变的反复循环进行，储热性能随容器底部固体脱水盐沉积量的增多而变得越来越差，当循环达到一定次数便失去储热能力，这一过程称为水合盐的相分离。解决相分离的问题仍是个难点，目前采用较多的方法是：①加入增稠剂或悬浮剂；②加入晶形结构改变剂；③采用薄层结构盛装相变材料；④摇晃或搅动等。

（1）增稠剂

根据分子量，增稠剂可以分为低分子增稠剂和高分子增稠剂。低分子增稠剂有氯化钠等无机盐类、脂肪醇类以及脂肪醇聚氧乙烯醚硫酸盐（AES）等醚类。高分子增稠剂有膨润土等无机类、CMC 等纤维素类、聚丙烯酸类、聚氨酯类、天然胶类等。增稠剂的使用使液态无机盐水合物的固体颗粒更均匀地分布在溶液中，而不会很快沉积在容器底部。常用的增稠剂包括羧甲基纤维素（CMC）、丙烯酸共聚物、聚丙烯酰胺和黄原胶（X-gum）。在这些增稠剂中，CMC 的有益作用已得到广泛认可。Wu 等用 3%CMC 作为增稠剂对三水乙酸钠（SAT）进行了改性。3%CMC 的黏度提高了 14 倍，有效地阻止了乙酸钠在熔体中的沉降，抑制了终相分离现象。随着 CMC 比例的增加，PCM 的热导率和潜热值都有所降低，说明增稠剂比例对 PCM 的潜热有显著影响。大多数增稠剂都能有效地提高溶液的黏度；然而，它们的热导率也较低，这在改善相分离现象的同时降低了材料的热性能。后续研究需要确定高导热的高质量增稠剂。

（2）多孔材料

PCM 固体颗粒均匀分布在多孔材料的孔隙中，因此随着溶液黏度的增加，固体颗粒分布更加均匀。Wu 等采用溶胶-凝胶法将水合盐（$Na_2SO_4 \cdot 10H_2O$-$Na_2HPO_4 \cdot 12H_2O$）的混合物浸渍在多孔二氧化硅基体中，制备了一种新型形状稳定的复合材料。发现水合盐被限制在二氧化硅基体中，相分离受到抑制，过冷现象也略有缓解。Liu 等人报道了一种利用水合盐真空浸渍吸附在中微孔膨胀蛭石的材料。从图 5-8 可以清楚地看出，水合盐填充了膨胀蛭石的大部分层状微孔，说明水合盐在膨胀蛭石上吸附良好。热重分析结果表明，相变过程中相分离问题基本被克服，在 150 次加热/冷却循环后，复合 PCM 仍保持稳定。水合盐性能的提高主要归因于膨胀蛭石孔隙中的微尺度相变和传热。多孔材料的微尺度相变和传热可以大大提高复合相变材料的热稳定性。

除了多孔碳、多孔硅、多孔黏土矿物材料外，还可用一些金属和高分子材料作为无机 PCM 的支撑材料，防止相分离。然而，这些材料，如金属和聚合物泡沫，它们是泡沫状

(a) 200次 (b) 500次 (c) 1000次

图 5-8 膨胀蛭石吸附三水合乙酸钠复合相变材料的 SEM 图像

材料，只能形成一类特殊的具有固定形状的复合 PCM。Xiao 等研究了泡沫铜对 SAT 相变性能的影响，采用 Cu 泡沫吸附 SAT/X-gum，制备了 SAT/X-gum/Cu 泡沫复合材料 PCM。加入 Cu 泡沫后，相分离现象完全消失，显示了其作为太阳能储能材料的前景。

多孔材料虽然可以解决相分离问题，但相变过程中无机盐水合物产生的体应力，使多孔材料容易开裂。因此近年来开始大量研究结构可调且具有良好力学和流变性能的水凝胶材料。这些水凝胶材料可以快速自我修复，并用于各种各样的应用。利用富含亲水性基团的聚合物凝胶作为支撑材料，是维持无机盐水合物形状稳定的一种新方法。制备凝胶形式的无机盐水合物可以提高 PCM 性能。Karimineghlani 等人发现，聚乙烯醇凝胶很有希望用作无机 PCM 的支撑材料，其中水合盐的相分离被抑制，并且可以承受反复加热/冷却循环。Karimineghlani 等人报道了一种具有可塑性和自愈能力的新型无机盐凝胶，该凝胶使用物理交联剂精确控制凝胶温度。聚（丙烯酸钠）共聚物由亲水性聚合物链（—COO-Na）交联网络组成。Liu 等以聚丙烯酸钠共聚物为基体，采用机械混合法制备了改性的无机水合盐/聚丙烯酸钠共聚物水凝胶复合材料 PCM。实验结果表明，含有 7%（质量分数）聚丙烯酸钠的改性 PCM 在熔融状态下能保持原有的凝胶结构而不泄漏盐水合物，能抑制相分离，具有良好的形状稳定性。

5.3.2.3 提高热导率

相对较差的导热性也是无机水合盐面临的挑战之一，这导致其在某些应用中的传热速率较慢，从而导致其熔化和凝固速度较慢，限制了其在相变储热领域的发展。表 5-4 列出了一些无机水合盐的热导率数据。由表可知，纯水合盐的热导率集中在 0.4～1.3W/(m·K)，相对偏低。这会直接影响其储放热速度，从而影响相变材料的热响应速度和效率，不利于实际应用。在太阳能热利用的实际应用中，热导率低导致吸热和放热速率慢，降低了太阳能利用率。

低热导率直接影响储能系统的传热性能。因此，有必要提高 PCM 的导热性。通常的方法是在 PCM 基体中添加纳米材料，在各种纳米材料中，多壁碳纳米管（MWCNT）被认为是提高导热性能的良好候选材料。Liu 等采用 MWCNT 作为高导热添加剂，改善了格劳伯盐（GS，$Na_2SO_4 \cdot 10H_2O$）的低导热性。纯 GS 和 GS/聚（丙烯酸钠）共聚物（PAAS）复合材料的热导率分别为 0.572W/(m·K) 和 0.744W/(m·K)，当 MWCNT 含量达到 3%时，MWCNT-GS/PAAS 复合材料的热导率为 1.38W/(m·K)；热导率和热扩散系数分别提高了 142%和 167%。Li 等研究了泡沫铜对改性 SAT 导热性能的影响。实验结果表明，复合 PCM 的导热性能比纯 SAT 提高了 11 倍。他们还发现，高孔隙率的泡沫有利于提高储热能力。而多孔泡沫铜基体的使用可以有效提高复合材料的导热性。

多孔碳基材料也可以作为高导热添加剂来提高 PCM 的导热性，常见的碳基材料包括 EG、碳纤维、碳纳米管和石墨烯纳米片。在众多多孔碳基材料中，EG 因其高导热性、低密度、高耐腐蚀性而受到研究者的广泛关注。Fang 等利用搅拌和超声分散技术合成了高性能的 SAT/SiC/EG 复合 PCM，以改善过冷性和相分离。多孔 EG 的引入显著抑制了 SAT 的相分离，复合 PCM 在 200 次加热/冷却循环后表现出良好的分散稳定性。同时，2%和 3%（质量分数）EG 的加入使复合 PCM 的热导率分别提高了 1.09 倍和 1.77 倍，制备的复合相变材料具有较大的相变潜热容量和良好的热循环性能。

然而，疏水性 EG 与无机 PCM，特别是无机水合盐不相容。因此，在将 EG 用作无机水合盐的多孔支撑材料之前，必须对其进行改性。Xiao 等以 $Ba(OH)_2 \cdot 8H_2O$ 为 PCM，以辛基酚聚氧乙烯醚为乳化剂对 EG 表面进行改性，得到改性 EG(MEG)。以 MEG 为支撑材料，采用浸渍法制备了稳定的复合 PCM，随着 MEG 基质密度的增加，复合 PCM 热导率增大。当 MEG 基质密度为 200g/L 时，其热导率达到 3.58W/(m·K)。同时，$Ba(OH)_2 \cdot 8H_2O$ 与 MEG 之间的毛细作用力为 PCM 的吸附提供了丰富的微孔，使 MEG 与 PCM 的相容性良好，无泄漏。不同构型翅片的插入也提高了相变材料的换热系数。

Lv 等对以 $Ba(OH)_2 \cdot 8H_2O$ 为 PCM 的换热器进行了数值模拟。在加热过程中，$Ba(OH)_2 \cdot 8H_2O$（351K）与加热壁面（368K）的温差为 17K，而在冷却过程中，$Ba(OH)_2 \cdot 8H_2O$ 与冷却壁面的温差高达 53K，整个冷却过程的时间远小于加热过程。模拟结果表明，PCM 与热/冷壁面之间的温差越大，换热效率越高。

使用 EG、金属泡沫和纳米颗粒等高导热添加剂是解决水合盐热导率低的较好方法。特别是孔隙率较大的多孔材料，如 EG、金属泡沫等，在吸附水合盐的同时，可以提高导热性，从而提高 PCM 的稳定性。在实际应用中，在 PCM 中加入合适间距和尺寸的翅片也可以提高 PCM 最终实际应用的热导率。

5.3.3 应用技术

水合盐作为蓄能的相变材料，在一定温度下能储存和释放大量的潜热，具有“移峰填谷”的功能，具有经济性和热可靠性。因此，在太阳能利用、工业余热回收、建筑节能、热管理、沥青路面温度控制、温室、调温纺织品、冷链运输、空调制冷系统等诸多领域得到了广泛的应用。不可否认，它已经引起了广泛的关注，成为储能研究的热点。

5.3.3.1 热能存储

水合盐储热能在许多领域（如太阳能的储存与应用、工业废热回收、建筑节能和热管理等）有重要作用。

（1）太阳能的储存和应用

太阳能具有无污染、成本低、取之不尽、用之不竭的优点。如果能够合理利用太阳能，将大大缓解化石能源消费带来的危机。水合盐作为与太阳能集热器相结合的储热PCM，可以更有效地存储和利用太阳能，克服了不连续和不稳定的缺点。一般来说，太阳能在低温领域最常见的应用是太阳能热水器。如图 5-9（a）所示，将 PCM 与水箱相结

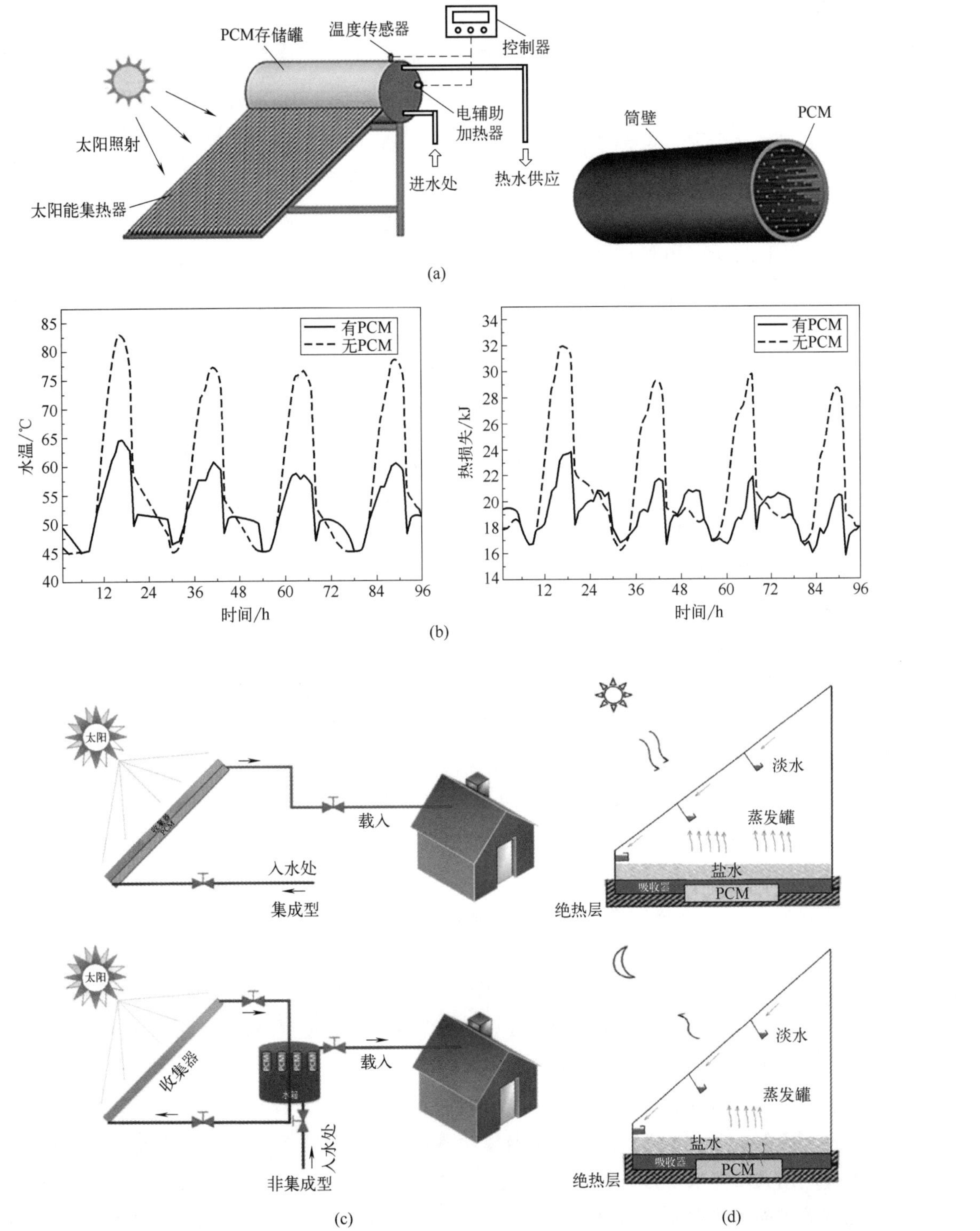

图 5-9

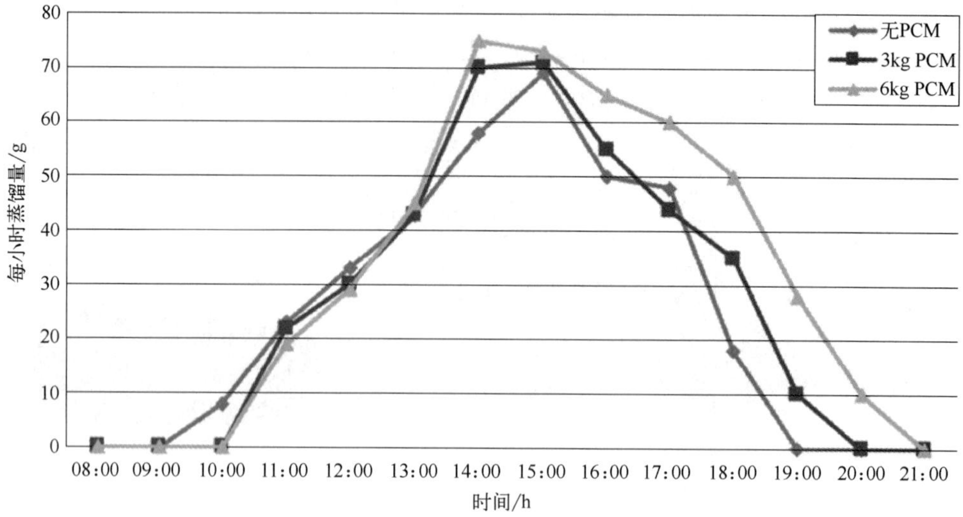

(e)

图 5-9 水合盐在太阳能储存利用领域的应用

(a) 带 PCM 储罐的太阳能热水系统图；(b) 带 PCM 和不带 PCM 的太阳能热水系统的水温和热损失；(c) 结合 PCM 太阳能生活热水系统；(d) PCM 增强型太阳能蒸馏装置的白天性能和夜间性能；(e) 太阳能蒸馏器每小时淡水生产力的变化

合，在阳光充足时，PCM 本身的感热可以用于室温下加热水，而多余的热量以潜热的形式储存，在夜间释放出来加热冷水。从图 5-9 (b) 可以看出，采用 PCM 的太阳能热水器的水温低于普通太阳能热水器的水温。这样的水温更适合直接使用，另外，采用 PCM 的热水器可以有效减少热量损失。它可以储存比传统太阳能热水器多 7 倍的热能，并提供全天的热水供应。Ling 等制备了六水氯化镁（$MgCl_2 \cdot 6H_2O$）和六水硝酸镁［$Mg(NO_3)_2 \cdot 6H_2O$］二元共晶水合盐（EHS），并将共晶混合物与 15%二氧化硅复合，形成相变温度为 54℃、潜热为 88.13J/g 的复合相变材料（CPCM）。结果表明，经过 100 次循环后，复合材料的热性能基本保持不变，在家用太阳能热水器中具有很大的应用潜力。Canbazoglu 等研究了结合五水硫酸钠的太阳能热水器系统的性能，并将其与不含 PCM 的传统热水器进行了比较。他们认为，采用 PCM 的储热槽累积的总热量是传统太阳能热水器系统的 2.59～3.45 倍，显著提高了系统的蓄热性能。他们还发现，在太阳能热能储存中使用的最有效的水合盐是十二水磷酸氢二钠和十水硫酸钠。

当这些水合盐被填入太阳能热水器系统时，可以使用更小的水箱容积，从而降低成本。因此，在家用太阳能热水器中集成合适的蓄热系统至关重要，可以促进可再生能源的合理利用。近年来，即热式太阳能热水器引起了研究人员的关注，与传统太阳能热水器相比，它具有结构紧凑、与高层建筑一体化的优点，如图 5-9 (c) 所示。此外，基于 PCM 蓄热密度高的优点，集成太阳能热水器集蓄热功能于一体，实现了水的快速加热。此外，在充分利用太阳能来淡化海水方面也进行了相关研究。基于水合盐为 PCM 储热的 PCM 增强型太阳能蒸馏器原理如图 5-9 (d) 所示。可以观察到，PCM 放置在具有集热功能的装置底部，当阳光充足时，由集热器收集热量并转移到海水中实现蒸馏，而剩余的热量则储存起来供夜间或阴天运行。图 5-9（e）描述了三种测试情况下太阳能蒸馏器每小时淡水生产力的变化情况，分别对应于无 PCM 蒸馏器、添加了 3kg PCM 的蒸馏器和添加了 6kg PCM 的蒸馏器。在太阳能蒸馏装置中应用 PCM 的最重要目标是通过日落后的连续脱盐来提高整体淡水生产率。研究发现，添加 3kg 和 6kg PCM 的装置的生产率优于不添加 PCM 的装置，并且淡水产量会随着 PCM 含量的增加而增加。总之，太阳能可利用能量的波动给能量的高效储存和利用带来了极大的挑战，这就要求相变蓄热系统在热损失最小的情况下，合理提高能量转换率。

（2）工业废热回收

发电厂是主要利用燃烧和动力设备实现能量转换，进行发电的装置，每年向环境排放大量的废热。虽然其中一部分已通过热电联产等节能技术回收利用，但仍有大量低品位热能被浪费，余热损失主要来自低品位热的烟气和循环冷却水。电厂的余热利用方式包括余热发电、加热冷却、煤粉干燥、锅炉余热直接利用等。余热的回收大多局限于使用 100℃以上的热量，几乎没有使用低温低品位的热量。因此，利用效率和热电转换能力受到限制。

为了合理利用这部分热量，可以利用热泵技术对电厂的余热进行回收。其工作原理是为热泵发生器的热源提供锅炉旁通烟气，从而带动热泵的运行。蒸发器从脱硫塔出口烟气（40～50℃）和循环冷却水（约 30℃）中吸收热量，热量通过吸收器和冷凝器传递给凝结水，低温凝结水被加热后进入锅炉给热水器。循环冷却水和烟气的温度和流量相对稳定，适合作为热泵系统的低温热源。热泵技术利用低品位余热作为热源，将 20～50℃的凝结水加热成 50～90℃的热水，使这部分能量得到更广泛的应用。热泵装置使余热返回热力系统对冷凝水进行加热，降低了低压加热器相应的抽汽耗量，从而提高了电厂的发电能力，降低了发电煤耗值。

此外，相关研究表明，将热泵技术与充注水合盐的相变蓄热系统相结合，可以进一步提高热泵的工作效率，使热能具有更高的品位，大大提高能源利用率。因此，可以考虑将水合盐作为相变蓄热材料的蓄热系统与热泵耦合，然后应用于余热回收利用，进一步提高电厂的经济效益。此外，100℃以下的烟气余热可直接由填充水合盐的蓄热系统储存，用于住宅供暖。

移动蓄热技术开创了余热资源利用的新模式，实现了能源的分层利用，改变了传统的供热方式，成功实现了安全、稳定、高效、经济的供热。余热回收设备主要由热交换器组成，将废气的余热储存起来，必要时释放出来加热其他介质。通过在金属管道中加入高导热性材料，如泡沫铜和铝网织物，再加上水合盐，可以增强传热效果。通过 PCM 对余热进行储热再利用，有利于节能减排，大大提高了能源利用率。Zhu 等研究了一种新型 PCM 换热器的蓄热特性，该换热器在传统双管换热器的基础上，在管内与外管之间的环形区域填充六水氯化钙（$CaCl_2 \cdot 6H_2O$）。结果表明，这种新型换热管通过环形区域的 PCM 将热空气中的热能储存起来，并将储存的热量释放到所需的流体中。因此，它具有传热和蓄热的功能，适用于工业余热的回收利用。要成功开发有效的低品位热量长期储存系统，需要考虑两个主要因素：①选择温度适宜、储热密度高的水合盐；②寻找和合成适用的多孔支架至关重要。应筛选机械强度高、承载能力大的多孔基质，进一步提高系统性能。综上所述，采用水合盐为核心的蓄热系统，不仅可以有效地存储和利用工厂排放的余热，而且可以节省投资，解决热岛现象的扩大。

（3）建筑节能

目前，建筑能耗是世界上最大的能耗行业，占总能耗的比重超过 33.33%，也是碳排放的主要来源之一。水合盐的潜热高，相变温度最接近人体的舒适温度范围，所以目前研究的建筑结构蓄热系统主要选择水合盐作为其 PCM。如图 5-10 所示，将水合盐与一些建筑材料结合，安装在建筑围护结构中，如天花板、地板、墙壁等，实现了 PCM 与建筑的融合，将峰值负荷转移到一天中更合适的位置。

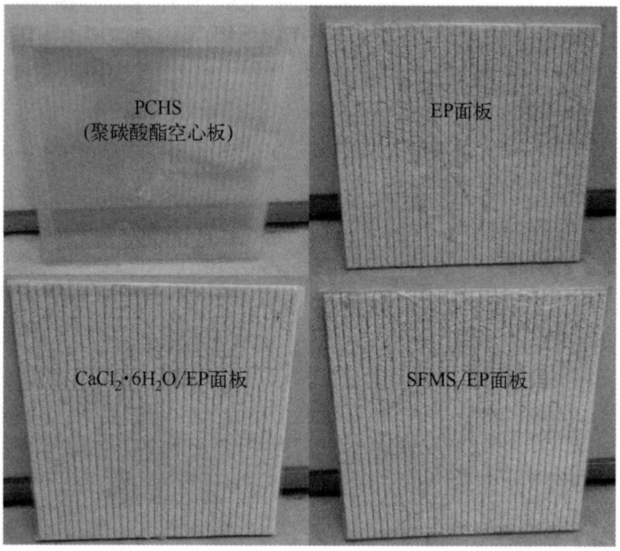

图 5-10　一些主要由水合盐制成的面板的照片

此外，水合盐的使用可以显著提高房间的中心温度，并使热泵保持关闭状态，减少耗电量。通过对比加 PCM 和不加 PCM 墙体内表面的热红外图像可以发现，加 PCM 的墙体温度始终高于不加 PCM 的墙体温度，这会增强室内温度的热惯性，从而达到节能的效果。据估计，采用 PCM 建筑节能可节约 12.8%的供暖能源和 1%的制冷能源。Ye 等将 $CaCl_2 \cdot 6H_2O$ 和 $Mg(NO_3)_2 \cdot 6H_2O$ 按不同比例混合，将混合物与 EG 在真空中压缩合成单层板，然后将单层板制成两种双层 CPCM 板，相变温度分别为 21℃和 14℃。结果表明，不同的 $CaCl_2 \cdot 6H_2O$-8%$Mg(NO_3)_2 \cdot 6H_2O$/EG 和 $CaCl_2 \cdot 6H_2O$-15%$Mg(NO_3)_2 \cdot 6H_2O$/EG（质量分数）在屋顶和南墙的组合会导致不同的房间热性能。两块 CPCM 板分别安装在屋面和南墙时，整个房间的建筑能耗最低，经济节能效益最高。重要的是，两种不同相变温度的共晶盐的组合实现了房间全年的温度控制。

Huang 等将 SAT-formamide（甲酰胺，FA）混合物与 EP 结合制备了一种新型 CPCM，即 SFMS/EP，如图 5-11 所示。研究了 SFMS/EP 复合面板的热学性能，并将其与 $CaCl_2 \cdot 6H_2O$/EP 面板和 EP 面板在屋顶上的应用进行了比较。在冷却过程中，水合盐/EP CPCM 屋顶内表面温度高于 EP 面板。与 EP 面板相比，室内温度下降速度较慢，最高温度降低，热舒适性提高。SFMS/EP面板的热学性能优于$CaCl_2 \cdot 6H_2O$/EP面板，这是由于其更大的潜热和相变温度更适合在屋顶上使用，因此显示出很大的实际应用潜力。

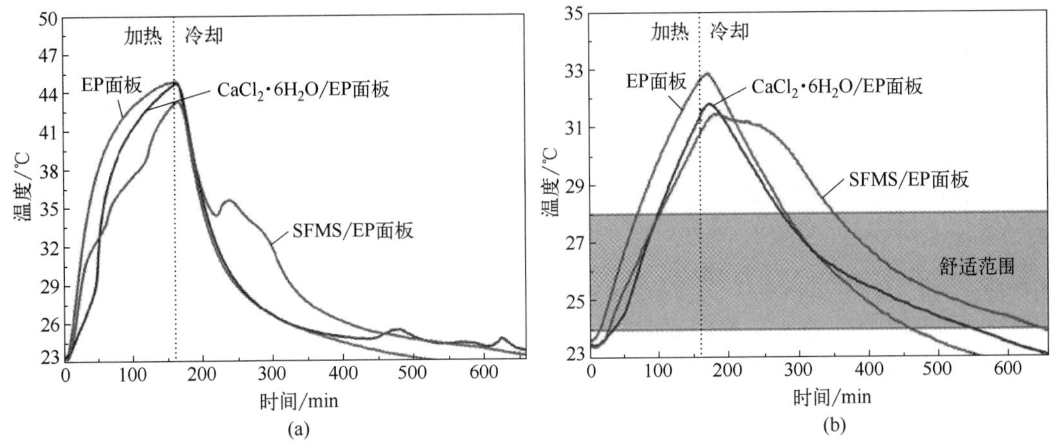

图5-11 以不同面板为屋顶的试验室的屋顶内表面(a)和室内中心(b)随时间变化的温度

总之，水合盐与建筑围护结构相结合，不仅可以延缓达到最高温度的时间，还可以降低室内最高温度，具有比普通建筑围护结构更好的热调节性能。然而，只有适当的温度并不能满足人们的需求，房间的相对湿度也决定了房间的舒适度。随着建筑节能技术的发展，吸湿相变复合材料逐渐进入科技领域。它是由水合盐与硅藻土、木材等吸水性材料结合而成，可用于控制室内温度和相对湿度。水合盐在相变过程中具有良好的控温功能，能有效去除建筑物内的冷、热负荷，而吸湿材料则依靠其吸放水的特性来控制室内湿度负荷。显然，这种新型CPCM在建筑节能的前提下提供了更加舒适的环境，具有非常可观的应用前景。

此外，不可低估的是，建筑外壳造成的50%以上的热损失可归因于配备的玻璃。因此，建筑节能的实现在很大程度上取决于高效玻璃材料的发展。目前已经出现了涂覆隔热材料的透明玻璃、热致变色或电致变色智能玻璃、真空玻璃等能够有效控制太阳能热能输入的高性能玻璃。在此基础上，将水合盐填充到双层玻璃夹层中，可以有效提高储热能力，同时可以增加室内热惯性，大大缓解建筑内的温度波动。Xie等将0.75%（质量分数）的纳米粒子Cs_xWO_3均匀分散到熔融的$CaCl_2 \cdot 6H_2O$中，然后与双层玻璃结合，得到了一种具有热调节性能的新型玻璃。他们分别以$CaCl_2 \cdot 6H_2O/Cs_xWO_3$和$CaCl_2 \cdot 6H_2O$作为夹层填料对玻璃的性能进行了研究，并与未填充任何PCM的玻璃进行了比较。结果表明，普通玻璃的表面温度在短时间内达到很高的值，而填充PCM的两块玻璃板的表面温度较低。与普通玻璃窗相比，以其为窗的室内峰值温度可降低10℃。随后对两种填充PCM的玻璃进行比较，发现$CaCl_2 \cdot 6H_2O/Cs_xWO_3$填充后的玻璃表面温度较高，室内温度较低，且波动小，热惯性较大，温度范围长期保持在22～28℃。这可归因于Cs_xWO_3纳米颗粒对近红外线（NIR）的吸收能力，从而增强了其光热转换和热吸附性能。综上所述，水合盐玻璃窗确实具有降低室内峰值温度、增加热惯性的功能，可以有效降低建筑能耗。

（4）温度调节

太阳能光伏发电极大地促进了新能源的高效利用，与其他可再生能源技术相比，它可以实现最低的运行成本和最高的功率密度，因此得到了广泛的应用和发展。但在实际的光伏应用中，大部分太阳能主要以热能的形式存在，只有少数被用来发电。这可能会使光伏板局部温度过高，导致停电，光伏电池快速退化，因此有必要对光伏板温度进行调节，以最大限度地提高功率输出和寿命。根据相关研究，太阳能光伏板的最佳发电温度为25～35℃，水合盐具有适合光伏板冷却的相变温度范围，将其作为间歇性热源的储能载体与光伏板集成时，可有效降低光伏电池表面温度，使光伏板长时间在最佳温度下运行，大大提高了发电效率。Karthick 等人提出了一种利用熔点合适、潜热高的六水氯化钙和六水氯化铁调节光伏板温度的方法，以提高电效率和功率输出，结合 PCM 的光伏板最大温差比普通光伏板低9℃。Zhang 等以 $CaCl_2 \cdot 6H_2O$ 和 $MgCl_2 \cdot 6H_2O$ 为 PCM，以8%（质量分数）EG 为基体，合成了相变温度为27.1℃，潜热为171.4J/g，热导率为3.359W/(m·K) 的高性能 CPCM。在 CPCM 的调节下，光伏板可以稳定散热，使表面温度保持在40℃以下，并且在工作时间内延长了达到额定功率的时间，输出功率比普通光伏板高7.9%。

对于手机、笔记本电脑等内部电子元件集成度较高的设备，在长期高负荷工作下会产生大量热量，导致机身局部温度过高，从而缩短设备的使用寿命。但是，在手机中使用带有 PCM 的散热器时，在相同的功耗下，机身温度最高可降低3℃。同样，笔记本电脑可以设计一个相变热管，将电子元件的峰值热负荷传递出去，并通过出口将热量排到外部环境中。显然，使用水合盐作为 PCM 来调节装置表面温度，不仅可以对设备起到一定的保护作用，还可以提高工作效率。

沥青路面具有很强的太阳能吸收能力。在夏季，路面每天从太阳辐射中吸收大量热能，可使普通沥青路面的温度达到62.3℃。高温条件会加速沥青材料的老化过程，从而降低沥青路面的耐久性。沥青路面微囊化或定形水合盐能有效调节极端温度，改善路面性能。在保证道路安全的前提下，PCM 对调节路面温度、降低城市热岛效应具有决定性作用。PCM 的加入实现了热负荷在时间和空间上的传递，收集的热能可用于建筑节能和融雪。沥青路面具有收集面积广的优点，因此集热器设备产生的电能可以为路灯供电。

温室是现代农业的关键生产技术之一，其蓄热能力和蓄热条件决定着作物的品质和产量。温室里昼夜温差大，从而减慢了作物的生长速度。将水合盐作为低温 PCM 引入温室是一个有吸引力的解决方案，因为它可以在白天储存多余的热量，并在夜间释放，以减少温差。同时，该技术为作物提供了适合作物生长的温度和湿度，即使在淡季也可以收获优质的农作物。

智能调温纺织品也是水合盐在热能储存领域的重要应用之一，它可以保证人体在炎热的天气中保持舒适的温度。研究人员设计并制备了一种水合盐石蜡 CPCM，该 CPCM 具有较高的储热密度，减少了所需材料的体积，从而提高了布料的舒适性和柔韧性。将该复合材料作为夹克的衬里，测试了服装的温度管理性能。结果表明，夹套中有 PCM 衬里的区域保持的温度低于没有 PCM 衬里的区域，表现出优异而持久的热调节性能。此外，

DHPD（十二水磷酸氢二钠）作为 PCM 被其他研究者整合到聚丙烯酰胺（PAM）有机水凝胶的三维网络中。制备的相变有机水凝胶（PCOH）具有抗干性、柔韧性、形状稳定性、热循环稳定性和温度管理潜力等优点。PCOH 满足了将温度调节到人体舒适区域的需要，为构建一种亲肤柔性材料提供了思路，实现了可穿戴式温度管理，并扩展了其在智能“冷却凝胶贴片”中的应用。

5.3.3.2 冷能储存

冷储能技术是指利用物理、化学或机械方法将热能储存在环境温度以下的技术。随着全球能源危机的爆发，以 PCM 为核心的冷库技术开始迅速发展，成为一个重点研究领域。目前，除空调和工业冷库外，冷储能技术已被应用于药品储存、冷链运输等领域。

冷链运输各环节的温度要严格控制，否则在储运过程中温度波动会导致产品质量下降。由于水合盐具有储能能力强、相变过程温度恒定等优点，使用水合盐作为 PCM 可以有效解决运输过程中温度波动的问题，从而减少产品的损耗，解决时间和空间上能量不匹配的问题，提高能源利用率。Wu 等以六水氯化镁（$MgCl_2 \cdot 6H_2O$）和去离子水为主要制冷剂，采用简单的机械搅拌和超声振动制备纳米流体相变材料（NFPCM）。结果表明，NFPCM 具有适合冷储能的相变温度（34.54℃）、较高的相变潜热（146.9J/g），循环 400 次后热物性参数基本保持不变，具有应用于生鲜食品冷链运输的潜力。短距离运输用的冷链运输箱箱体通常采用高分子材料制成，具有良好的保温性能。箱顶或箱内放置一定数量的装有 PCM 的冰柜，箱内所需温度由不同相变温度的 PCM 决定。

冷藏车是在隔热的车体上安装冷库板，采用冷能储存的 PCM 作为冷源，可保持罐内持续低温。运输设备可根据不同的温度等级分别进行保鲜、冷藏、冷冻。与传统的机械冷藏车相比，新型冷藏车主要具有可靠性高、温度场恒定均匀、成本低、无噪声、安全、环保和低能耗的优点。随着近年来冷库技术的发展，在果蔬、疫苗药品等保鲜产品中逐渐得到推广和应用。无 PCM 冷库板的冷藏车罐内温度场呈圆形，能耗大，保鲜效果差。而装有 PCM 冷库板的储罐可以长时间保持低温，其温度场呈条状分布，如图 5-12 所示，满足冷链运输的实际需要，有利于货物的保存。目前较为常用的是冷库冷藏车，其制冷机组只需要一个电源就可以及时充电，由于其优良的冷藏性能，在运输过程中有效地保持了易腐食品的新鲜度，大大缓解了产品的腐败变质。

空调系统是民用中主要的耗能设备之一，其用电量占总用电量的 50%以上。由于空调系统的社会普及，建筑能耗占总能耗的比例越来越大，使得建筑能源供需差异日益突出。因此，降低建筑能耗是一个迫切需要解决的问题。如图 5-13 所示，空调与相变冷库技术的结合，将低电价期的电能以冷能的形式储存起来，在高电价期释放出来，缓解了能源供需不匹配的问题，大大降低了能源消耗。以冰为储存介质的传统冷库空调存在储气量差、相变温度低、体积大等缺点，而采用水合盐作为新型储存介质有效地解决了这些问题，具有相当的理论意义和研究价值。Zou 等以尿素和乙醇为熔点调节剂，六水氯化锶为成核剂，甲基纤维素（MC）为增稠剂，制备了基于 $CaCl_2 \cdot 6H_2O$ 的 CPCM。含 15%尿素和 5%（质量分数）乙醇的 CPCM 相变温度为 11.62℃（空调冷却水所需温度范围为 5～12℃），潜热高（127.2J/g）。在 50 个冻融循环中，复合材料热物性参数的变化几乎可

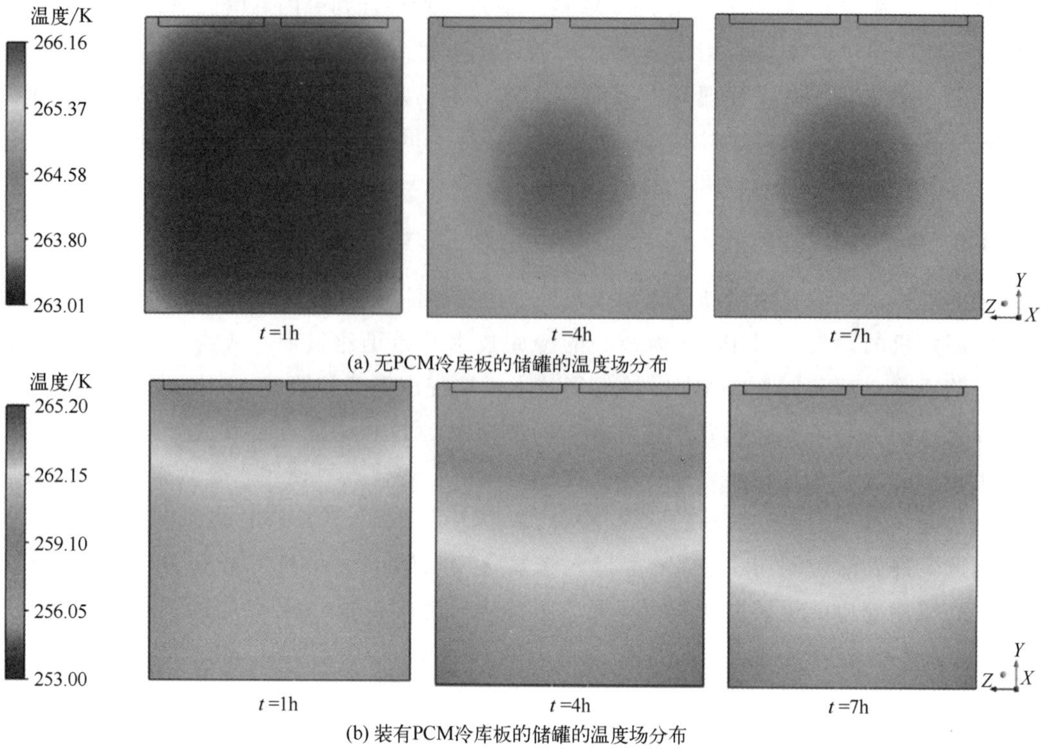

图 5-12　PCM 冷库板对储罐温度场分布的影响

扫码阅读彩图

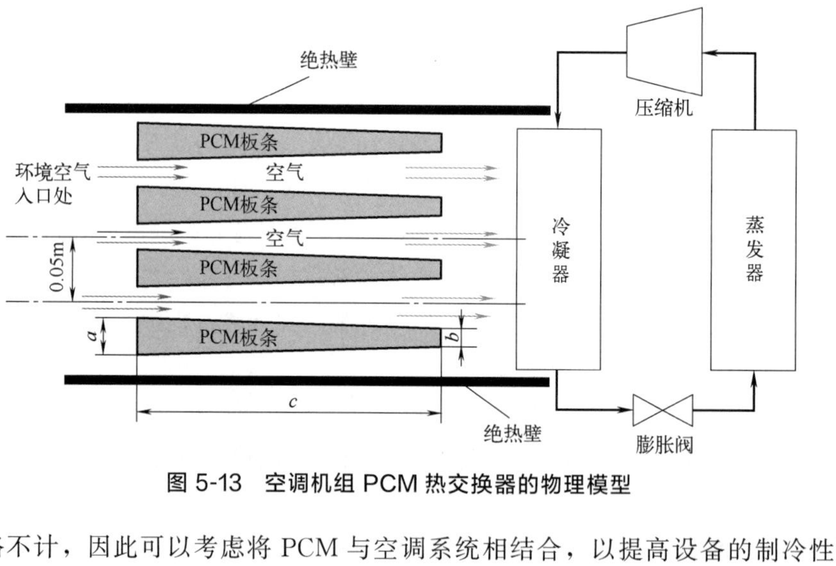

图 5-13　空调机组 PCM 热交换器的物理模型

以忽略不计，因此可以考虑将 PCM 与空调系统相结合，以提高设备的制冷性能。

将填充 PCM 的天花板和地板与空调系统相结合，可以有效地实现电力系统的移峰填谷，提高室内舒适度，并大大减少能量损失，如图 5-14 所示。空调系统在夜间用于冷却结构中的水合盐，白天将储存的能量释放到房间中。在此基础上，相关研究人员还开发了一种将地-气能量交换器与相变冷库系统相结合的系统。总体思路是利用土壤作为介质冷却空气，然后将冷空气通过管道吹入天花板，从而将冷量存储到 PCM 中。最后，在白天将冷能量释放到室内，以控制室内温度。该系统只需要少量的风机作为耗能设备，无须额外的能耗，具有良好的经济性和节能效益。

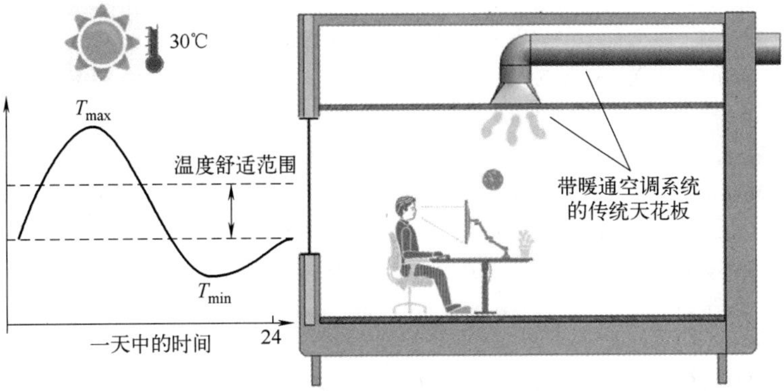

(a)

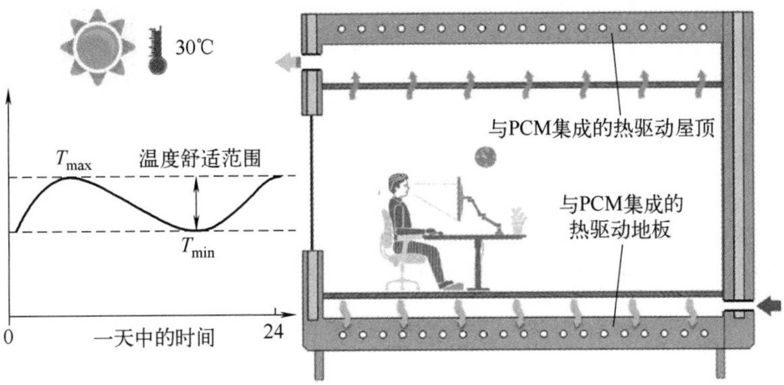

(b)

图 5-14 传统冷却办公室（a）和集成 PCM 的办公室（b）示意图

随着技术的不断进步和创新，储热蓄冷材料的研究正朝着提高能量密度、改善热导率、增强化学稳定性和降低成本的方向发展。这些材料的应用范围已经从简单的热能储存扩展到复杂的能源系统集成，包括太阳能热利用、建筑节能、电力调峰、工业余热回收等多个领域。

我们期待未来在材料科学、热力学和能源工程等领域的交叉合作能够带来更多突破，以实现更高效、更环保、更经济的储热蓄冷解决方案。这些解决方案不仅将推动能源技术的发展，还将为保护我们的环境和实现社会的可持续发展目标作出重要贡献。随着全球对清洁能源和绿色建筑的需求日益增长，储热蓄冷材料的研究和应用必将成为能源领域的一个重要分支，继续引领我们走向一个更加可持续的未来。

参考文献

[1] 冷光辉，曹惠，彭浩，等. 储热材料研究现状及发展趋势［J］. 储能科学与技术，2017，6（5）：1058-1075.

[2] 尹湘，寇广孝，徐爱祥，等. 纳米 TiO_2 对导热油导热系数的影响［J］. 中南大学学报，2019，26（8）：2129-2135.

[3] 刘腾跃，胡芃，钱辉，等. SiO_2 导热油纳米流体的黏度研究 [J]. 工程热物理学报，2016，37 (1)：25-28.

[4] 孙成杰，高显振. L-QC320 导热油的研制 [J]. 润滑油，2007，22 (2)：31-36.

[5] Wu Y T, Liu S W, Xiong Y X, et al. Experimental study on the heat transfer characteristics of a low melting point salt in a parabolic trough solar collector system [J]. Applied Thermal Engineering, 2015, 89: 748-754.

[6] Raade R W, Padowitz D. Development of molten salt heat transfer fluid with low melting point and high thermal stability [J]. Journal of Solar Energy Engineering, 2011, 133 (3): 031013.

[7] Kukkonen I T, Lindberg A. Thermal properties of rocks at the investigation sites : Measured and calculated thermal conductivity, specific heat capacity and thermal diffusivity [R]. Espoo: Geological Survey of Finland, 2011.

[8] Gunerhan H, Hepbasli A. Utilization of basalt stone as a sensible heat storage material [J]. Energy Sources, 2005, 27 (14): 1357-1366.

[9] Jemmal Y, Zari N, Maaroufi M. Study of rock suitability for high temperature thermal energy storage in concentrated solar tower power plants [C]. Proceedings of the 2015 3rd International Renewable and Sustainable Energy Conference (Irsec), 2015.

[10] Jemmal Y, Zari N, Maaroufi M. Thermophysical and chemical analysis of gneiss rock as low cost candidate material for thermal energy storage in concentrated solar power plants [J]. Solar Energy Materials and Solar Cells, 2016, 157: 377-382.

[11] Tiskatine R, Aharoune A, Bouirden L, et al. Identification of suitable storage materials for solar thermal power plant using selection methodology [J]. Applied Thermal Engineering, 2017, 117: 591-608.

[12] Palacios A, Barreneche C, Navarro M E, et al. Thermal energy storage technologies for concentrated solar power-a review from a materials perspective [J]. Renewable Energy, 2020, 156: 1244-1265.

[13] Laing D, Steinmann W D, Tamme R, et al. Solid media thermal storage for parabolic trough power plants [J]. Solar Energy, 2006, 80 (10): 1283-1289.

[14] Laing D, Lehmann D, Fiss M M, et al. Test results of concrete thermal energy storage for parabolic trough power plants [J]. Journal of Solar Energy Engineering, 2009, 131 (4): 041007.

[15] Özrahat E, Ünalan S. Thermal performance of a concrete column as a sensible thermal energy storage medium and a heater [J]. Renewable Energy, 2017, 111: 561-579.

[16] Diago M, Iniesta A C, Soum-Glaude A, et al. Characterization of desert sand to be used as a high-temperature thermal energy storage medium in particle solar receiver technology [J]. Applied Energy, 2018, 216: 402-413.

[17] Xu Y S, Chung D D L. Increasing the specific heat of cement paste by admixture surface treatments [J]. Cement and Concrete Research, 1999, 29 (7): 1117-1121.

[18] Liu J X, Chang Z C, Wang L B, et al. Exploration of basalt glasses as high-temperature sensible heat storage materials [J]. Acs Omega, 2020, 5 (30): 19236-19246.

[19] Lane G A, Shamsundar N. Solar heat storage: latent heat materials, vol. I: background and scientific principles [J]. Journal of Solar Energy Engineering, 1983, 105 (4): 467.

[20] Sharma S D, Kitano H, Sagara K. Phase change materials for low temperature solar thermal Applications [R]. Tsu City: Research Reports of Faculty of Engineering Mie University, 2004.

[21] Han P J, Qiu X L, Lu L X, et al. Fabrication and characterization of a new enhanced hybrid shell micropcm for thermal energy storage [J]. Energy Conversion and Management, 2016, 126: 673-685.

[22] Milián Y E, Gutiérrez A, Grágeda M, et al. A review on encapsulation techniques for inorganic

phase change materials and the influence on their thermophysical properties [J]. Renewable and Sustainable Energy Reviews, 2017, 73: 983-999.

[23] Mahdi J M, Lohrasbi S, Nsofor E C. hybrid heat transfer enhancement for latent-heat thermal energy storage systems: A review [J]. International Journal of Heat and Mass Transfer, 2019, 137: 630-649.

[24] Graham M, Shchukina E, De Castro P F, et al. Nanocapsules containing salt hydrate phase change materials for thermal energy storage [J]. Journal of Materials Chemistry A, 2016, 4 (43): 16906-16912.

[25] Zhang L, Yang W B, Jiang Z N, et al. Graphene oxide-modified microencapsulated phase change materials with high encapsulation capacity and enhanced leakage-prevention performance [J]. Applied Energy, 2017, 197: 354-363.

[26] Liang S E, Li Q B, Zhu Y L, et al. Nanoencapsulation of N-octadecane phase change material with silica shell through interfacial hydrolysis and polycondensation in miniemulsion [J]. Energy, 2015, 93: 1684-1692.

[27] Li W, Song G, Tang G, et al. Morphology, structure and thermal stability of microencapsulated phase change material with copolymer shell [J]. Energy, 2011, 36 (2): 785-791.

[28] Li D, Wang J, Wang Y, et al. Effect of N-isopropylacrylamide on the preparation and properties of microencapsulated phase change materials [J]. Energy, 2016, 106: 221-230.

[29] Tahan Latibari S, Mehrali M, Mehrali M, et al. Synthesis, characterization and thermal properties of nanoencapsulated phase change materials via sol-gel method [J]. Energy, 2013, 61: 664-672.

[30] Umair M M, Zhang Y, Iqbal K, et al. Novel strategies and supporting materials applied to shape-stabilize organic phase change materials for thermal energy storage-a review [J]. Applied Energy, 2019, 235: 846-873.

[31] Gao H, Wang J, Chen X, et al. Nanoconfinement effects on thermal properties of nanoporous shape-stabilized composite pcms: A review [J]. Nano Energy, 2018, 53: 769-797.

[32] Gasia J, Miró L, Cabeza L F. Review on system and materials requirements for high temperature thermal energy storage. Part 1: General requirements [J]. Renewable and Sustainable Energy Reviews, 2017, 75: 1320-1338.

[33] Li Q, Li C, Du Z, et al. A review of performance investigation and enhancement of shell and tube thermal energy storage device containing molten salt based phase change materials for medium and high temperature applications [J]. Applied Energy, 2019, 255: 113806.

[34] Mohan G, Venkataraman M B, Coventry J. Sensible energy storage options for concentrating solar power plants operating above 600℃ [J]. Renewable and Sustainable Energy Reviews, 2019, 107: 319-337.

[35] Souayfane F, Fardoun F, Biwole P H. Phase change materials (PCM) for cooling applications in buildings: A review [J]. Energy and Buildings, 2016, 129: 396-431.

[36] Li Y, Liu S, Lu J. Effects of various parameters of a pcm on thermal performance of a solar chimney [J]. Applied Thermal Engineering, 2017, 127: 1119-1131.

[37] Pavlov G K, Olesen B W. Building thermal energy storage-concepts and applications [C]. 12th International Conference on Air Distribution, 2011.

[38] De Gracia A, Navarro L, Castell A, et al. Experimental study of a ventilated facade with Pcm during winter period [J]. Energy and Buildings, 2013, 58: 324-332.

[39] Gu Z, Liu H, Li Y. Thermal energy recovery of air conditioning system——heat recovery system calculation and phase change materials development [J]. Applied Thermal Engineering, 2004, 24 (17-18): 2511-2526.

[40] Ona E P, Zhang X, Kyaw K M, et al. Relaxation of supercooling of erythritol for latent heat storage [J]. Journal of Chemical Engineering of Japan, 2001, 34 (3): 376-382.

[41] Nagano K, Ogawa K, Mochida T, et al. Thermal characteristics of magnesium nitrate hexahydrate and magnesium chloride hexahydrate mixture as a phase change material for effective utilization of urban waste heat [J]. Applied Thermal Engineering, 2004, 24 (2-3): 221-232.

[42] Yagi J, Akiyama T. Storage of thermal energy for effective use of waste heat from industries [J]. Journal of Materials Processing Technology, 1995, 48 (1-4): 793-804.

[43] Kürklü A. Energy Storage applications in greenhouses by means of phase change materials (PCMs): A review [J]. Renewable Energy, 1998, 13 (1): 89-103.

[44] Takakura T, Nishina H. A solar greenhouse with phase change energy storage and a microcomputer control system [J]. Acta Horticulturae, 1981, 115: 583-590.

[45] Farid M M, Ahmad Hamad F, Abu-Arabi M. Phase change cool storage using dimethyl-sulfoxide [J]. Energy Conversion and Management, 1998, 39: 819-826.

[46] Kondepudi S, Somasundaram S, Anand N K. A simplified model for the analysis of a phase-change material-based, thermal energy storage system [J]. Heat Recovery Systems and Chp, 1988, 8 (3): 247-254.

[47] 孟令然，郭立江，李晓禹，等. 水合盐相变储能材料的研究进展 [J]. 储能科学与技术，2017，6 (4): 623-632.

[48] 杨宜凡，顾晓滨，刘鹏. 添加剂对三水醋酸钠的储热性能影响研究 [J]. 广州化工，2017，45 (19): 84-86，92.

[49] 丁红雨，李慧星，冯国会. 基于相变材料三水醋酸钠蓄热性能实验研究 [J]. 建筑节能，2014，42 (10): 42-45.

[50] Huang J, Wang T Y, Zhu P P, et al. Preparation, characterization, and thermal properties of the microencapsulation of a hydrated salt as phase change energy storage materials [J]. Thermochimica Acta, 2013, 557: 1-6.

[51] Zhang X X, Li X, Zhou Y, et al. Calcium chloride hexahydrate/diatomite/paraffin as composite shape-stabilized phase-change material for thermal energy storage [J]. Energy & Fuels, 2018, 32 (1): 916-921.

[52] Fu W W, Zou T, Liang X H, et al. Characterization and thermal performance of microencapsulated sodium thiosulfate pentahydrate as phase change material for thermal energy storage [J]. Solar Energy Materials and Solar Cells, 2019, 193: 149-156.

[53] 黄金，王婷玉. 无机芯微胶囊相变储能材料制备、表征及其热物性研究 [J]. 功能材料，2013，44 (12): 1758-1762.

[54] Sharma A, Tyagi V V, Chen C R, et al. Review on thermal energy storage with phase change materials and applications [J]. Renewable and Sustainable Energy Reviews, 2009, 13 (2): 318-345.

[55] Wu Y P, Wang T. Preparation and characterization of hydrated salts/silica composite as shape-stabilized phase change material via sol-gel process [J]. Thermochimica Acta, 2014, 591: 10-15.

[56] Liu J W, Zhu C H, Liang W Z, et al. Experimental investigation on micro-scale phase change material based on sodium acetate trihydrate for thermal storage [J]. Solar Energy, 2019, 193: 413-421.

[57] Xiao Q Q, Zhang M D, Fan J X, et al. Thermal conductivity enhancement of hydrated salt phase change materials employing copper foam as the supporting material [J]. Solar Energy Materials and Solar Cells, 2019, 199: 91-98.

[58] Karimineghlani P, Emmons E, Green M J, et al. A temperature-responsive poly (vinyl alco-

hol) gel for controlling fluidity of an inorganic phase change material [J]. Journal of Materials Chemistry A, 2017, 5 (24): 12474-12482.

[59] Karimineghlani P, Palanisamy A, Sukhishvili S A. Self-healing phase change salogels with tunable gelation temperature [J]. ACS Applied Materials & Interfaces, 2018, 10 (17): 14786-14795.

[60] Liu Y S, Yu K Y, Gao X J, et al. Enhanced thermal properties of hydrate salt/poly (acrylate sodium) copolymer hydrogel as form-stable phase change material via incorporation of hydroxyl carbon nanotubes [J]. Solar Energy Materials and Solar Cells, 2020, 208: 110387.

[61] Li T X, Wu D L, He F, et al. Experimental investigation on copper foam/hydrated salt composite phase change material for thermal energy storage [J]. International Journal of Heat and Mass Transfer, 2017, 115: 148-157.

[62] Fang G H, Zhang W T, Yu M H, et al. Experimental investigation of high performance composite phase change materials based on sodium acetate trihydrate for solar thermal energy storage [J]. Solar Energy Materials and Solar Cells, 2022, 234: 111418.

[63] Xiao Q Q, Yuan W H, Li L, et al. Fabrication and characteristics of composite phase change material based on $Ba(OH)_2 \cdot 8H_2O$ for thermal energy storage [J]. Solar Energy Materials and Solar Cells, 2018, 179: 339-345.

[64] Lv Y J, Zhou W B, Yang Z J, et al. Characterization and numerical simulation on heat transfer performance of inorganic phase change thermal storage devices [J]. Applied Thermal Engineering, 2016, 93: 788-796.

[65] Tian B, Yang W, He F, et al. Paraffin/carbon aerogel phase change materials with high enthalpy and thermal conductivity [J]. Fullerenes, Nanotubes and Carbon Nanostructures, 2017, 25 (9): 512-518.

[66] Li Y X, Li C C, Lin N Z, et al. Review on tailored phase change behavior of hydrated salt as phase change materials for energy storage [J]. Materials Today Energy, 2021, 22: 100866.

[67] Zhu X Q, Cao Z, Zhu Z Y, et al. Heat energy storage characteristics of a new type of PCM heat exchange tube [J]. Advanced Materials Research, 2012, 550-553: 3131-3134.

[68] Ye R D, Zhang C, Sun W C, et al. Novel wall panels containing $CaCl_2 \cdot 6H_2O$-$Mg(NO_3)_2 \cdot 6H_2O$/expanded graphite composites with different phase change temperatures for building energy savings [J]. Energy and Buildings, 2018, 176: 407-417.

[69] Huang R, Feng J X, Ling Z Y, et al. A sodium acetate trihydrate-formamide/expanded perlite composite with high latent heat and suitable phase change temperatures for use in building roof [J]. Construction and Building Materials, 2019, 226: 859-867.

[70] Xie N, Niu J Y, Wu T, et al. Fabrication and characterization of $CaCl_2 \cdot 6H_2O$ composite phase change material in the presence of Cs_xWO_3 nanoparticles [J]. Solar Energy Materials and Solar Cells, 2019, 200: 110034.

[71] Karthick A, Ramanan P, Ghosh A, et al. Performance enhancement of copper indium diselenide photovoltaic module using inorganic phase change material [J]. Asia-Pacific Journal of Chemical Engineering, 2020, 15 (5): e2480.

[72] Zhang Y, Zhang X L. Thermal properties of a new type of calcium chloride hexahydrate-magnesium chloride hexahydrate/expanded graphite composite phase change material and its application in photovoltaic heat dissipation [J]. Solar Energy, 2020, 204: 683-695.

[73] Wu T, Xie N, Niu J Y, et al. Preparation of a low-temperature nanofluid phase change material: $MgCl_2$-H_2O eutectic salt solution system with multi-walled carbon nanotubes (MWCNTs) [J]. International Journal of Refrigeration, 2020, 113: 136-144.

[74] Zhao Y, Zhang X L, Xu X F. Application and research progress of cold storage technology in

cold chain transportation and distribution [J]. Journal of Thermal Analysis and Calorimetry, 2020, 139 (2): 1419-1434.

[75] Said M A, Hassan H. Parametric study on the effect of using cold thermal storage energy of phase change material on the performance of air-conditioning unit [J]. Applied Energy, 2018, 230: 1380-1402.

[76] Zou T, Fu W W, Liang X H, et al. Preparation and performance of modified calcium chloride hexahydrate composite phase change material for air-conditioning cold storage [J]. International Journal of Refrigeration, 2018, 95: 175-181.

[77] Faraj K, Khaled M, Faraj J, et al. Phase change material thermal energy storage systems for cooling applications in buildings: A review [J]. Renewable and Sustainable Energy Reviews, 2020, 119: 109579.

6 氢能储能材料及应用

6.1 氢能储能材料概述

目前全球能源供应主要依赖于化石燃料，包括煤、石油和天然气。自工业革命开始以来，这些传统能源赋予人类非凡的农业和工业技术能力。然而，由化石燃料的消耗引起的环境相关问题日益引起公众对全球气候变化的关注。2022 年，全球大气中二氧化碳的平均浓度达到了 418×10^{-6}g/L，并将随着人口和经济的增长而持续增长，这可能导致进一步的环境和气候风险。为此，将现有的化石能源转变为可再生替代能源，在近期和长期都是非常重要的。在这些潜在的能源中，氢能被认为是一种清洁和可持续的能源载体。氢能作为能源，在消耗过程中形成的唯一副产品是水，可以实现无碳的能源循环，并被设想为未来的燃料，其中氢能在燃料电池汽车中的使用可以减轻温室气体排放和空气污染的问题。

与汽油相比，氢具有更高的质量密度和更低的体积能量密度，尽管氢能具有良好的能量密度，但高效的储氢系统是限制零排放氢能动力燃料电池发展和大规模商业化的主要技术障碍之一。为了激励轻型汽车车载储氢材料的发展，美国能源部（DOE）设定了 2025 年系统级技术储氢目标为 5.5%（质量分数）和 40g/L，最终目标为 6.5%（质量分数）和 50g/L，为了使汽车的实际续驶里程与汽油动力汽车相当，目前现有的车载储氢技术主要依靠压缩氢气或液氢储罐来获得合理的能量密度。压缩氢气需要使用昂贵的碳纤维增强复合材料储罐来装载高达约 70MPa 的氢气。而液氢是通过多次循环的绝热膨胀来实现的，为了实现液氢的存储，需要将其冷却至临界温度并储存在低于沸点（20K，1atm，1atm＝101325Pa）的真空绝热容器中。

这两种方法不仅复杂，成本高，并且它们的极端操作条件容易引起安全问题，从而限制了氢能在相关领域的应用。储氢材料为这些传统技术提供了另一种解决方案，旨在降低操作压力的同时保持高储氢能力，即通过使用尽可能少的额外材料来温和储氢条件并达到高的体积密度。

本章重点介绍了不同类型材料的基本性质、储氢的工作原理、基本性能以及相关的应用，并简单介绍了这些材料在储氢方面的最新研究进展，希望这部分内容能为大家提供关于材料在储氢方面应用的见解，并激励他们努力开发下一代储氢材料，以最终实现碳中和的能源循环。

6.2 金属储氢材料

金属储氢材料利用金属或金属合金与氢气的化学键作用来储存和释放氢气。当氢气与金属或金属合金接触时，氢气分子与金属原子相互作用形成化学键，使得氢气被吸附在金属表面，当需要释放氢气时，只需要通过加热或降低压力等手段来断开这种化学键，使得氢气从金属表面释放出来。这种材料具有高密度、高安全性、快速吸放氢等特点，因此被广泛应用于能源储存和氢能领域。

金属储氢材料可分为三类，一类是金属氢化物材料，一类是金属配位氢化物材料，最后一类是近些年被广泛研究的金属有机骨架（MOF）材料。

6.2.1 金属氢化物储氢材料

6.2.1.1 金属氢化物储氢的基本原理

金属氢化物是由氢气与金属/金属合金发生化学反应形成的。首先氢气分子在金属或合金表面解离成氢原子，然后扩散到本体中并化学吸附在金属或合金结构中，最终形成金属氢化物。在金属氢化物形成过程中，还伴随着晶格膨胀，根据金属的吸氢量不同，膨胀率为20%～30%。如图6-1所示为金属氢化物储氢的简化模型。金属氢化物形成的反应机理分为两种，一种是通过氢与金属的直接反应形成，另一种是通过水分子的电化学解离反应形成。两种反应机理为：

$$M+x/2H_2 \rightleftharpoons MH_x \tag{6-1}$$

$$M+H_2O+e^- \rightleftharpoons MH+OH^- \tag{6-2}$$

其中M是金属或者合金，目前已经开发并投入生产使用的金属氢化物有很多种，根据金属或合金的结构类型及元素组成等，将其分为以下几类：稀土系AB_5型，Zr、Ti系Laves相AB_2型，Mg系A_2B型，V系固溶体型以及稀土-镁-镍（RE-Mg-Ni）系超晶格型。其中A指的是放热型金属，电负性较低，可以与氢形成稳定的氢化物，反应过程为放热反应即$\Delta H<0$，常见的A侧金属有ⅠA～ⅤB族的Ti、Zr、Mg、V，以及稀土金属La、Ce和Mm（混合稀有金属）等。B指的是吸热型金属，这类金属难以与氢形成稳定氢化物，但是具有氢催化活性，可以起到调节金属氢化物生成热与分解压力的作用，常见的B侧金属有Fe、Co、Ni、Cu、Al、Mn等。金属氢化物的通式可以用AB_x表示，当x的数值由大变小时，对应合金的储氢容量是不断减小的，与之相对的是储氢合金的反应速率变快，反应温度降低。金属氢化物可以提供比高压储氢和液态储氢更高的储氢容量，操作温度和压力适中，是比较安全的功能材料，应用广泛。

在评估各种金属氢化物材料的适用性之前，必须讨论相关的材料特性，第一个关键参数通常是重量存储容量和体积能量密度。对于金属氢化物，重量容量可以计算为最大氢气吸收质量与氢化物材料质量之比（%，质量分数）。体积能量密度通常表示为：

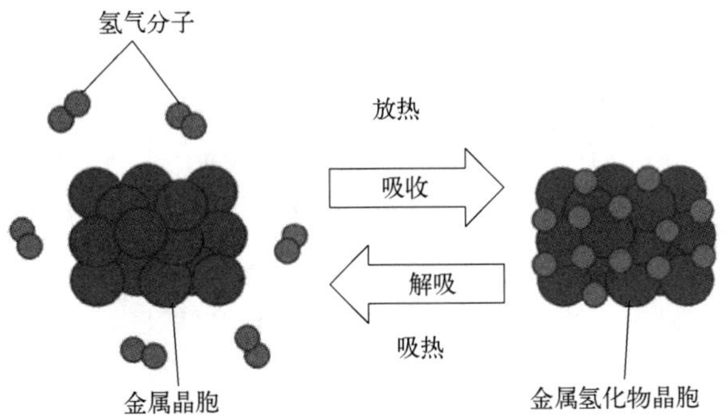

图 6-1 金属氢化物储氢的简化模型

$$v_{ed}=\frac{m_{H_2}\mathrm{LHV}}{V_{MH}}\quad (\mathrm{kWh/dm^3}) \tag{6-3}$$

式中，m_{H_2} 为最大氢气吸收质量；LHV 为氢的低位热值（约为 120MJ/kg）；V_{MH} 为氢化物物料的体积。一般来说，金属氢化物材料的重量存储容量在 1%～2%之间。

另一个参数就是金属氢化物的工作范围，为了确定不同金属氢化物材料的压力和温度的工作范围，使用了压力-浓度等温线［PCI，图 6-2（a）］，也称为压力-成分-温度（PCT）图，以及范霍夫图［图 6-2（b）］。范霍夫图中的曲线可以用下式来描述：

$$\ln\frac{p_{eq}}{p_0}=-\frac{\Delta H}{RT}+\frac{\Delta S}{R} \tag{6-4}$$

式中，R 为摩尔气体常数；T 为温度；p_0 为参考压力（通常是大气压，0.1MPa）；ΔH 和 ΔS 分别为摩尔解吸反应的反应焓和熵，这两个值都取决于所使用的材料。反应熵的值主要被反应过程中气态氢熵的变化所影响，因此大多数金属氢化物的 ΔS 在相似的范围内。反应焓代表范霍夫图的斜率，在低温氢化物和高温氢化物之间有很大的不同。低温氢化物具有较低的反应焓，可以在环境或近环境条件下工作。因此，通过不同的方法如元素掺杂或取代来降低反应焓是有益的。此外，ΔH 在热管理方面尤其重要，因为它与解吸过程中的热释放/需求密切相关。p_{eq} 是 PCI 曲线平台中间的平衡压力，见图 6-2（a）。

要使吸收反应发生，气态氢的压力必须高于给定温度下的平衡压力。相反，在解吸过程中，氢的压力低于平衡压力。由式（6-4）可知，温度升高，平衡压力增大。大多数氢化物材料的吸收反应是放热的，释放的热量导致温度升高，这反过来又导致进入的气态氢所需的压力水平大大增加。如果没有合适的热管理系统，反应会自我抑制，导致氢吸收时间长。同样，对于解吸反应，必须在足够高的温度水平上提供足够的热量，以维持所提取的氢的所需压力水平。在实际应用中，PCI 图中的等温线具有倾斜的平台和迟滞，见图 6-2（c）。一些材料甚至出现不止一个压力平台。因此，在选择工作范围时，要考虑压力平台斜率作为吸收氢含量的函数以及滞后效应的影响，以最大限度地提高工作时的可逆容量。

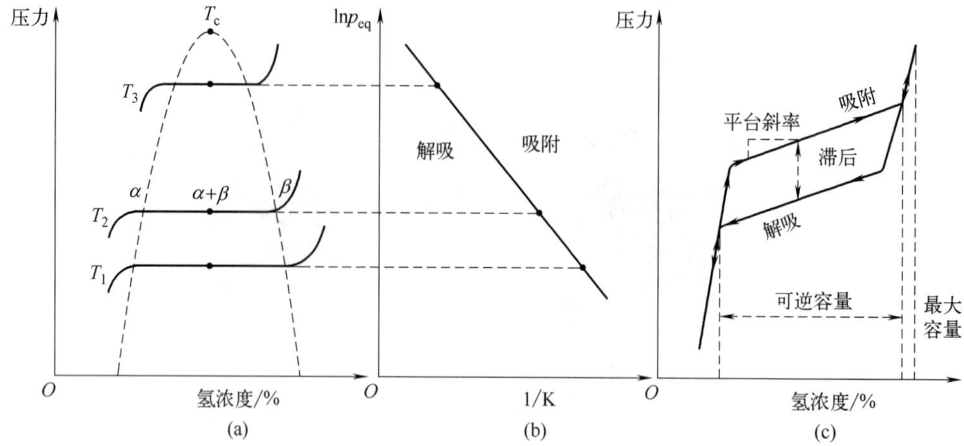

图 6-2　不同温度下的理想 PCI（a）、相应的范霍夫图（b）及具有滞后和平台斜率的真实 PCI（c）

大多数的金属氢化物材料可以在环境条件或接近环境条件下工作，根据不同的应用，吸放氢的温度压力范围在 0～100℃和 1～4MPa 之间，这是金属氢化物最大的优势之一。金属氢化物最常讨论的缺点之一是动力学慢，氢气吸收和解吸时间长。动力学速率因材料而异，取决于材料性质和操作条件。通过不同的强化来调整金属合金的特性是很常见的，目前最有前途的强化技术如下。

① 掺杂（添加催化剂）：通过添加催化剂可以显著改善金属氢化物的储氢性能，例如，在 $NaAlH_4$ 中添加催化剂可以提升其储氢性能。

② 结构纳米化：将金属氢化物纳米化可以增加其比表面积，从而提高其反应活性和储氢能力。例如，通过溶剂热加氢反应合成纳米锂/镁基氢化物，显著提高了这些氢化物的储氢性能。

③ 严重塑性变形（SPD）：严重塑性变形可以有效细化金属的晶粒，使其达到亚微米或纳米量级。晶粒细化可能改变氢化反应的动力学，影响氢化物的形成和稳定性。细小的晶粒可能提供更多的表面积，促进氢的吸附和脱附过程。

④ 退火处理：退火处理可以使金属氢化物的吸放氢平台更为平坦，从而提高吸放氢速率和动力学性能，增加有效吸氢量；可以降低放氢平台压，提高氢化物的稳定性；还可以细化晶粒，调整组织，消除组织缺陷，从而改善金属氢化物的整体性能。

6.2.1.2　金属氢化物材料的分类及发展

金属氢化物的应用范围很广，从各种移动和固定应用中的储氢到压缩、净化、（同位素）分离、储热以及热泵。在不同的应用背景下，需要根据金属氢化物的特性来选择适当的材料。此部分列举了在文献中被认为最有前途的储氢材料以及那些具有商业或示范应用的材料，单质氢化物族中最具代表性的是 Mg/MgH_2，金属合金氢化物中选取 TiFe、$TiMn_2$ 和 $LaNi_5$ 作为 AB、AB_2 和 AB_5 类型的代表。

（1）MgH_2

目前已知的合成 MgH_2 的制造方法有机械铣削、薄膜技术、氢等离子体金属反应、氢化化学气相沉积、熔体纺丝、剧烈塑性变形、化学还原或电化学沉积等。首次报道的合成方法是在 175℃下真空热解乙基碘化镁，随着时间的推移，产品纯度逐渐提高。其他方法包括均相催化（例如使用 $CrCl_3$ 作为催化剂），需要在受控气氛中通过铣削进一步活化材料（机械化学处理）。制备 MgH_2 的一种更简单的方法是在更高的温度（>400℃）和氢气压力下，氢与镁直接相互作用。但镁与空气接触时会发生表面氧化，这大大抑制了氢化速率，因此需要一个活化过程来分解氧化层，该过程通常包括在氢气气氛下的冷却和加热（高达 400～450℃）循环。另外，也可以采用机械活化处理，如氢气气氛中的球磨，活化后的 MgH_2 处理需要惰性或氢气气氛，以避免重复的表面氧化。

除了表面氧化外，MgH_2 的主要缺点包括氢化速率缓慢（氢原子在生长的 MgH_2 层中扩散缓慢）和反应温度高。球磨技术（机械研磨、合金化、反应球磨）可通过机械作用产生高表面积来改变氢化性能，活性表面的增加大大提高了吸附动力学。然而，这种类型的铣削需要高比能，使得大规模生产成本高昂。降低能垒（E_a＝160kJ/mol）和反应焓（ΔH＝76kJ/mol）是进一步提高材料性能的途径。Mg/MgH_2 增强方法主要分为四类：合金化/掺杂、纳米尺度化、纳米约束和添加剂。

用过渡金属和合金掺杂 MgH_2 被认为是改善动力学最简单的方法之一，包括从单金属催化剂（Ni、Fe 或 Ti）、二元合金（例如 $ZrMn_2$、$TiMn_2$）到复杂的多组分合金（例如 $Ti_{0.4}Cr_{0.15}Mn_{0.15}V_{0.3}$），通过添加 5%～10%（质量分数）的上述合金催化 MgH_2，脱氢温度可降低 100℃，能垒可减半。但这些合金的重量容量比 MgH_2 低，因此存储重量容量从原来的 7.6%降低了 1%～2%，而通过石墨烯或碳纳米管（CNT）掺杂 MgH_2，可以观察到循环性能的改善。

前面已经讨论通过机械铣削增加表面积有利于吸附动力学，而将 MgH_2 纳米颗粒缩小到 3～50nm 之间，可以进一步改善动力学。除了增加解吸的表面积外，晶界处氢原子的比例增加，会导致更快的扩散，可以使用高能球磨、化学沉积或等离子球磨等方法来实现。

在重复的氢吸收/解吸循环中，温度、压力以及纳米颗粒聚集生长导致存储性能的退化。纳米约束是一种阻止晶粒生长和保持纳米结构的方法，可以通过将 MgH_2 纳米颗粒限制在气凝胶、介孔碳和二氧化硅模板构成的支架中来实现。在氢吸收/解吸循环中，支架需要具有化学惰性且结构稳定，具有高表面积。虽然这种方式可以实现更长的循环时间，但由于负载能力有限，纳米约束 MgH_2 的存储容量会降低。

另一种改善动力学的方法是加入其他轻金属氢化物，通过改变脱氢/加氢途径，不仅可以改善动力学，而且加入的金属氢化物也有助于储氢能力的提高。

尽管以上方法表现出较好的性能，但 MgH_2 与添加剂之间的相互作用及作用机理仍需更深入的研究，以便进一步开发高效添加剂、稳定纳米结构 MgH_2。

(2) TiFe

金属氢化物合金如 TiFe，通常由高纯度（工业级）原料在惰性气氛下通过熔炼工艺（电弧熔炼、感应熔炼或电子束）合成，但该工艺耗时耗力，且需要高纯度的钛，成本昂贵，不适合大规模生产。一种具有成本效益的替代方法是在熔盐（$CaCl_2$）浴中电化学还原钛矿。但该过程尚不成熟，反应速度缓慢。将 Ti 和 Fe 粉末在高能球磨机中进行机械合金化，也得到纳米晶粉末，这种方法的缺点是生产原料粉末的成本高，而且是一个多步骤的过程。除此之外，TiFe 的生产路线包括燃烧合成的变体，虽然一些燃烧合成变体节省了时间和能源，但由于需要高纯度的钛粉，成本很高。

钛铁基合金的主要缺点是它们需要活化，而通过机械加工（球磨），剧烈塑性变形，高压扭，添加过渡金属 Zr、Pd、Ni、Mn 等可以改善 TiFe 活化。根据合成方法的不同，活化处理略有不同。

钛铁基合金的另一个问题是当 TiFe 暴露于氧气或空气中时，合金表面会形成 TiO_2 显著抑制氢的扩散，从而降低储存容量。因此，在准备物料时必须避免与氧气接触。TiFe 长时间暴露于空气后的首次氢化是惰性的，然而，通过采用机械处理（球磨、冷轧），可以恢复部分储存能力，其中冷轧几乎可以完全恢复存储容量，球磨只能恢复到大约原有容量的三分之一，这主要是由于球磨过程中颗粒和晶粒尺寸的变化。

（3）$TiMn_2$

与 TiFe 类似，$TiMn_2$ 合金通常采用氩弧熔炼或在氩气气氛中使用射频感应炉制备。熔化过程通常要重复三到四次以达到均匀性。通常使用纯度＞99.9%的市售 Ti 和 Mn 进行熔炼，然后在 1000℃左右的氩气气氛中退火 24～72h，其中 Ti-Mn 二元合金是非化学计量的 Laves（拉弗斯）相，这意味着 Ti 和 Mn 之间的原子比可以变化（$TiMn_x$，其中 $x=0.75\sim2$）。当 Mn 原子比超过 60%时，氢气容量和循环行为显著恶化。$TiMn_2$ 和大多数金属间化合物在室温下无须热活化或机械处理即可达到较高的吸氢率和可接受的动力学，这些性能可以通过退火和/或球磨进一步增强，特别是由于 Mn 的存在，$TiMn_2$ 合金具有氧亲和性，因此需要惰性气氛来避免暴露在 O_2（或空气）中。

虽然 Ti-Mn 基合金具有易活化、动力学好、成本低等优点，但仍有一些缺点需要克服。这些因素包括相对较高的平台压力和氢吸收/解吸之间的高滞后。改善这些性能的主要方法是用其他元素如 Zr、Cr、Fe、V、Ni、Co、Cu、Al 等部分取代 Ti 和 Mn，观察到随着 Zr 含量代替 Ti 含量的增加，PCI 曲线的平台压降低，吸收过程中的储存容量增加，然而也有研究表明在较高的 Zr 含量下，氢的解吸明显减少。这表明了存在最佳 Zr 含量，使得平台压力降低的同时仍保持高可逆性。为了获得基于 Ti-Mn 合金应用的最佳性能，必须找到取代元素的最佳组成。

（4）$LaNi_5$

与其他金属间氢化物一样，$LaNi_5$ 通常是在真空或氩气气氛中通过感应、电弧或电子束熔化产生的。与电弧熔炼相比，感应熔炼以更高的成本提供了更精确的成分控制。粉末形式的金属 La 对空气和水分高度敏感，因此通常以致密铸锭的形式生产。另一种生产途径是通过 CaH_2 处理氧化物和金属混合物，将 Ni 粉末、La_2O_3 和 CaH_2 混合，加热至 1000～1200℃，10h，生成固体 $LaNi_5$ 和 CaO（以及气态 H_2），然后可以用水和盐酸分离 CaO，$LaNi_5$ 的 PCI 曲线呈平坦的平台。

$LaNi_5$ 的活化是比较快的，只需要在相对较低的温度（＜100℃）和压力（＜10MPa）下进行氢吸收/解吸循环。与 TiFe 和 $TiMn_2$ 可以通过机械处理来激活和改善动力学性能情况不同，氩气中进行长时间的机械研磨、球磨和机械磨削都会导致 $LaNi_5$ 的存储容量下降，这主要是因为在纳米尺度下，La 对 H_2 的亲和力高，在晶界区域形成了过于稳定的氢化物，因此与大多数其他金属间化合物相比 $LaNi_5$ 具有良好的抗杂质性，空气（氧气）暴露的问题较少，这使得材料更容易处理。此外还观察到了活性表面的自修复机制，其机理与每次加氢循环生成新的 Ni 有关。

虽然 $LaNi_5$ 已经表现出易于活化、良好的动力学和对杂质的抗性，但通过部分取代可以进一步改善，例如降低平台压力，增加循环寿命。Ni 常被少量 Al、Co 和 Mn 取代（其他可能的元素有 Cu、Cr、Sn、Fe、Ga、Ge、Zn、Pt 等），其中 Al 取代对平台压力的降低有显著影响，Al 原子间的金属半径比 Ni 原子间的金属半径大，导致了单晶体积的增加，循环性能也有所提高；Mn 取代也有助于降低平台压力，保持存储容量；Co 取代则提高循环稳定性。La 通常部分被 Ce、Pr 或 Nd 取代，或被稀土元素的混合金属取代。Ce、Pr 和 Nd 的取代，使晶胞体积减小，导致平台压力升高，但是可以观察到更好的循环性能。

6.2.2 配位氢化物储氢材料

配位氢化物是指氢原子与配位络合物的中心原子以共价键结合时形成复杂的金属氢化物。配位络合物分为以 Al 为中心的铝氢化物 $[AlH_6]^{3-}$ 和 $[AlH_4]^-$，以 B 为中心的硼氢化物 $[BH_4]^-$，以 N 为中心的氮氢化物 $[NH_2]^-$。阳离子有碱金属 Li、Na 和 K 以及碱土金属 Mg、Zn 和 Ca。配位氢化物的组成可以表达为 $A_x[M_yH_z]_n$，其中 A 为碱金属或碱土金属离子，M 为配位络合物中心原子。配位氢化物主要由元素周期表中Ⅰ、Ⅱ和Ⅲ族的较轻元素形成，因此具有较高的重量储氢密度。但是氢原子与配位络合物中心原子的共价键非常稳定，所以配位氢化物的放氢温度较高，可逆性能较差。其中讨论最多的络合金属氢化物之一是 $NaAlH_4$，而理论重量容量最高的配位金属氢化物材料为 $LiBH_4$。

（1）$NaAlH_4$

$NaAlH_4$ 的一种常见合成方法是将 NaH 和 Al 粉末进行球磨，然后在 9MPa 和 130℃下暴露于 H_2 中 1h。使用这种方法可以低成本，获得高纯度的产品。也可以采用高能反应球磨合成为一步反应。

$$2NaH+2Al+3H_2 \rightleftharpoons 2NaAlH_4 \tag{6-5}$$

$NaAlH_4$ 中氢的解吸需要两个反应步骤，在 0.1MPa 压力下，第一个反应发生在 30℃，第二个反应发生在 100℃［在实际应用中需要更高的工作温度（>150℃）］和 6～15MPa 的压力下以实现更快的动力学。

$$3NaAlH_4 \rightleftharpoons Na_3AlH_6+2Al+3H_2(3.7\%H_2,\text{质量分数}) \tag{6-6}$$

$$Na_3AlH_6+2Al+3H_2 \rightleftharpoons 3NaH+3Al+4.5H_2(1.8\%H_2,\text{质量分数}) \tag{6-7}$$

在式（6-7）的基础上进一步解离 NaH 需要 450℃以上的温度，这使得它不适合大多数实际应用。需要注意的是，在处理材料时，必须避免与水接触，否则会释放出可自燃的可燃气体。此外，该物质有毒，可导致严重的皮肤烧伤。

$NaAlH_4$ 作为储氢材料的主要缺点是动力学慢，可逆性差，在没有掺杂剂、催化剂或替代品的情况下，$NaAlH_4$ 需要高温（200～400℃）和一定的压力（10～40MPa）进行氢化。为了在实际条件下实现可逆操作，使用了作为催化剂的掺杂剂，掺杂剂通常在惰性条

件下与 $NaAlH_4$ 混合，其中 Ti 催化剂（$TiCl_3$）和 Sc 催化剂（$ScCl_3$）掺杂的 $NaAlH_4$ 都具有更快的吸收率和更高的存储容量，解吸速率保持不变。在较低压力下操作时，Sc 的性能尤为突出。其他可能的掺杂剂包括金属氧化物（TiO_2 纳米粉末、Nb_2O_5 等）、金属卤化物（$CeCl_3$ 等）、碳基材料（活性炭、纳米管、石墨烯）以及 MOF 基添加剂［Ti 掺杂 MIL-125（Ti）］。

（2）$LiBH_4$

20 世纪 40 年代就开始了 $LiBH_4$ 和其他硼氢化物的合成。最早的合成线路之一如下：

$$LiH+\frac{1}{2}B_2H_6 \longrightarrow LiBH_4 \tag{6-8}$$

后来通过在乙醚（EE）或四氢呋喃（THF）溶剂中利用 LiBr（或 LiCl）与商业 $NaBH_4$ 之间的阳离子交换，发现了一种更实用的方法。在磁力搅拌器 25℃下，经过 48h 后 EE 的转化率达到 100%。使用 THF 在 67℃的机械搅拌器中 8h 后可以实现 100%的转化。反应如下：

$$NaBH_4+LiBr \xrightarrow{EF/THF} LiBH_4+NaBr \tag{6-9}$$

$LiBH_4$ 也可以通过 Li（或 LiH）和 B 的直接加氢制得，然而，由于元素 B 的惰性，反应温度要达到 600～700℃，氢气压力为 7～35MPa。这对于大规模生产来说并不具备成本效益。此外处理材料时需要小心，因为有报道称该反应暴露在潮湿空气中会发生闪爆。随着温度的升高，$LiBH_4$ 对氢的解吸有四个吸热峰。高达 275℃时有两个吸热峰，大约能释放理论最大储氢量值 18.5%中的 1%（质量分数）；最大解吸（>9%）发生在 400～680℃，在更高温度下会发生 LiH 的分解。不分解 LiH 的总脱氢反应为：

$$LiBH_4 \longrightarrow LiH+B+\frac{3}{2}H_2 \tag{6-10}$$

综上，恶劣的操作条件加上缓慢的动力学是 $LiBH_4$ 的最大问题。可以通过金属掺杂使 $LiBH_4$ 失稳、使用催化剂、将颗粒尺寸减小到纳米级来改善，与之前讨论的金属氢化物材料类似。

6.2.3 金属有机骨架储氢材料

自 20 世纪 60 年代中期以来，以有机配体桥联金属离子形成的配位聚合物概念已广为人知，并且在 20 世纪 80 年代末首次合成了具有明确通道和分子尺寸空腔的三维网络结构。随后，研究发现使用羧酸盐类刚性有机配体来聚集金属离子团簇，是构建结构稳定、高孔隙率的骨架的理想方法，这促成了一类新型晶体材料，即金属有机骨架（MOF）的发展。实际上，强金属—氧键赋予了这些有机骨架出色的稳定性，即使在合成过程中去除溶剂分子后，骨架结构也不会崩溃，保持低密度和高比表面积的特性。设计 MOF 材料的关键在于将金属-羧酸盐单元作为构建骨架的节点，并组装有机连接体以形成期望的网络拓扑结构，多样的有机配体和金属离子为设计一系列具有特定孔隙尺寸和金属中心的网络提供了广阔的可能性。

2003 年首次对 MOF 进行了储氢研究，结果表明，在 77K 时，MOF 相比于其他晶体微孔材料，能储存更多的氢，低温吸附和过程的可逆性清楚地表明 MOF 中储氢的过程是物理吸附，即分子吸附。这些最初的研究引起了人们的极大兴趣，并引发了一系列关于MOF和类似配位聚合物中氢吸附的报道。特别是，骨架结构MOF-5或IRMOF-1（同构扩展金属有机骨架-1）由于其高比表面积以及该材料简单和廉价的化学成分而得到了广泛的研究。事实上，MOF-5是一个由$Zn_4O(CO_2)_6$簇与三个对苯二甲酸（BDC）配体形成的立方晶系三维网络结构，在八面体$Zn_4O(CO_2)_6$亚基的中心共享一个氧原子。在立方体的一个角，每个金属羧酸盐簇都是由苯基团连接到它的六个相邻的羧酸盐簇，形成一个立方体多孔骨架。改变有机配体，比如，芘、联苯或萘二羧酸盐会产生一系列等正交MOF，即具有相同的骨架拓扑结构，但由于配体的长度差异而具有不同的孔尺寸。

MOF-5的吸氢值异常高，在室温下为1%（质量分数），在77K和0.8bar下为4.5%，后来被修正为吸附了一些杂质气体。然而，最近在三个不同的实验室独立测定了在大约50bar和77K条件下MOF-5的最大吸收量为4.5%～5.2%，该值比沸石高出两倍以上，与最佳碳质材料即高级活性炭AX-21相当。然而，不同的合成和活化程序也可能导致晶体MOF-5样品具有较低的比表面积，因此在77K下存储不到2%。

另一种广为研究的MOF结构是具有不饱和配位金属离子中心的结构，即开放金属位，其典型结构是Cu-BTC［铜（Ⅱ）苯-1,3,5-三羧酸金属有机骨架，又名HKUST-1］，它是由铜二聚体和有机配体苯-1,3,5-三羧酸盐（BTC）配位形成的立方骨架结构。MOF-5和Cu-BTC吸附等温线比较显示出吸氢方面的明显差异（图6-3），在低压（约6bar）下，Cu-BTC具有比MOF-5更大的吸氢量。在两种MOF的吸附等温线上存在交叉，在高压下MOF-5表现出更大的存储容量。这种差异与决定储氢能力的两个不同性质有关：吸附热和比表面积。Cu-BTC的吸附热高于MOF-5，这是低压下吸附等温线急剧升高的原因。在较高的压力下，MOF-5的高比表面积决定了更大的最大吸附量，对应于等温线的平台。Cu-BTC对氢分子的亲和力较强可能有两个原因。首先，因为氢分子被配位不饱和金属位极化得更强，Cu-BTC中Cu（Ⅱ）开放金属位的存在可能会增强氢-骨架相互作用；其次，Cu-BTC具有比MOF-5更小的孔隙，因此两种MOF与氢分子相互作用的不同可能归因于孔径的差异。事实上，众所周知，小微孔会增加吸附剂-吸附剂的相互作用，这可能是影响吸附热的主要因素，因为两种具有不饱和配位的MOF（Cu-BTC和MOF-74）的比较表明，孔隙较小的骨架结构具有更高的吸附热。因此，为了增强氢-吸附剂的

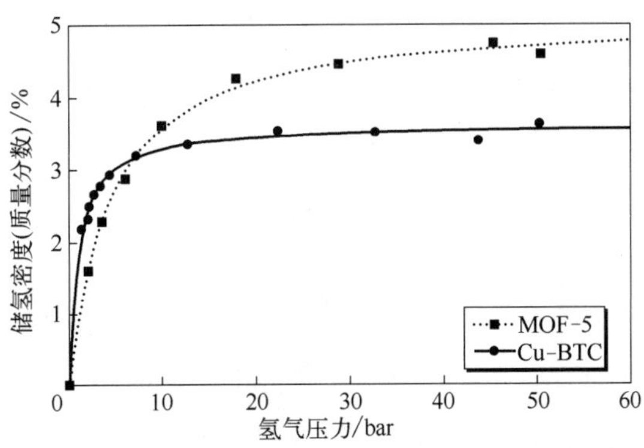

图6-3 MOF-5和Cu-BTC在77K时的氢吸附等温线

相互作用，并在低压下获得存储容量的急剧增加，调整小孔隙的 MOF 是必不可少的步骤。

影响储氢能力的另一个特性是微孔吸附剂的比表面积或孔体积。对于沸石和碳材料，储氢容量和比表面积的关系在文献中是众所周知的，MOF 的最大吸氢量（对应于 77K 时吸附等温线的平台）与比表面积几乎呈线性相关，这种相关性与图中所示的骨架结构和中心金属离子无关。然而，必须考虑到，达到最大值的压力对于每个 MOF 是不同的，并且取决于吸附热。在低覆盖率下，氢气吸收率与吸附热之间存在线性关系，而在较高压力下，吸收率与吸附焓无关，与比表面积相关。这些结果表明，基于物理吸附的最佳储氢 MOF 应具有小孔隙和高比表面积。

然而，孔隙非常小的材料通常具有较小的比表面积。例如上述的 Mg 基 MOF，其孔隙直径仅为 3.5Å，该材料的比表面积小于 $200m^2/g$，在 77K 时仅能储存 0.5%的氢（质量分数）。因此，最大的挑战是合成既具有最佳孔径又具有高比表面积的 MOF。然而，即使对于具有最佳孔径的骨架，吸附热也可能增加到满足室温储氢要求的值，具有高比表面积或强吸附位点的 MOF 在室温、100bar 的压力下，其存储容量也远低于 1%。因此，MOF 用于 H_2 吸附的应用将限制在低温范围内，需要一个冷却系统。

6.3 化学储氢材料

化学储氢是利用储氢材料在一定条件下能与氢反应生成稳定化合物，再通过改变条件实现放氢的技术，主要包括有机液体储氢（LOHC）、液氨储氢与甲醇储氢。

6.3.1 有机液体储氢材料

1975 年，SULTAN 等基于 π-共轭体系中共轭效应使体系氢化热降低的特点，借助有机液体化合物［环烷烃催化加（脱）氢］开展了汽车储氢研究，首次提出了 LOHC 概念，为氢气储运提供了一种新方法。LOHC 技术的原理见图 6-4，烯烃、芳烃等有机化合物与氢气发生催化加氢反应，生成相应的储氢载体，储氢载体通过催化脱氢反应，将氢气释放出来，而 LOHC 载体被回收。通过这种方式，储氢材料可以多次使用而不被消耗，储氢量大、能耗相对较低且安全性较好。

早期关于液态有机物储氢的研究主要集中在环烷烃，即环己烷、甲基环己烷和十氢化萘等。然而，由于不利的焓变，环烷烃脱氢成为相应的芳烃发生在相对较高的温度下，而

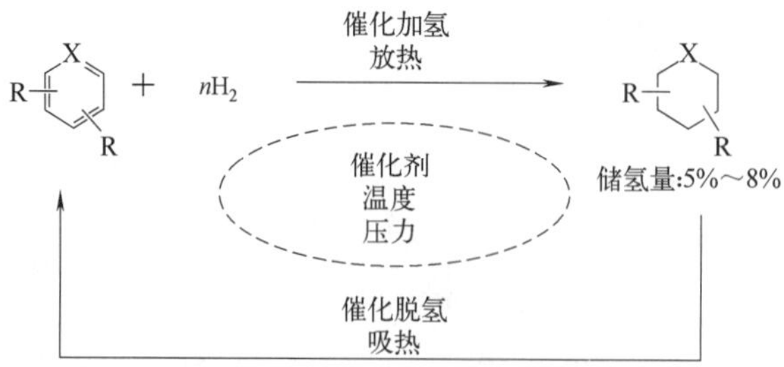

图 6-4　LOHC 技术原理示意图

将杂原子（如 N 或 B）掺入 LOHC 中可以减少脱氢的能量输入，这些发现引发了对杂环的大量研究。最近，能量密度为 4.4%（质量分数）的甲酸（FA）被证明是一种很有前途的氢载体。显然，氢化和脱氢的催化是 LOHC 作为储氢介质应用的重要问题。下面将对具有代表性的 LOHC（即环烷烃、*N*-杂环和 FA）的性质以及催化剂的发展进行回顾和讨论。

（1）环烷烃

环烷烃具有较高的氢气容量（6%～8%，质量分数）、常温下为液态、高沸点、产生无 CO_x 产物的氢和低毒性等优点，已被提出并研究作为液氢载体。目前报道的环烷烃包括环己烷、甲基环己烷和十氢化萘。然而，由于环烷烃的脱氢是高度吸热的（63～69kJ/mol），必须施加高温以释放氢气，甲基环己烷因为存在侧甲基，比环己烷更容易脱氢，十氢化萘的脱氢在热力学上甚至比甲基环己烷更受青睐。几十年来，关于环烷烃脱氢催化剂的开发有大量研究，特别是铂基催化剂已经得到了很好的研究。然而，由结焦导致高活性催化剂失活是需要克服的主要问题，添加第二金属（如 W、Ir、Re、Rh 和 Pd）、促进剂（如 Ca）和选择合适的载体（如 CNF 和 Al_2O_3）对结焦有效。除铂基催化剂外，非贵金属基催化剂，如 Ni 和 Mo，因其成本低廉且具有相当的催化活性而成为脱氢的替代品。对于环己烷，有两种脱氢机制：六重态机制和双重态机制。如图 6-5 所示，这两种机理的区别在于脱氢过程中是否有中间产物。在六重态机制中，环己烷覆盖在催化剂表面并直接脱氢为苯［图 6-5（a）］。然而，由于通过 C═C 双键在催化剂表面的侧吸附，氢将在双重态机制中逐步释放［图 6-5（b）］。

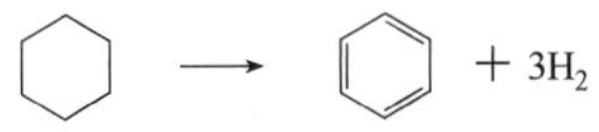

(a) 六重机制

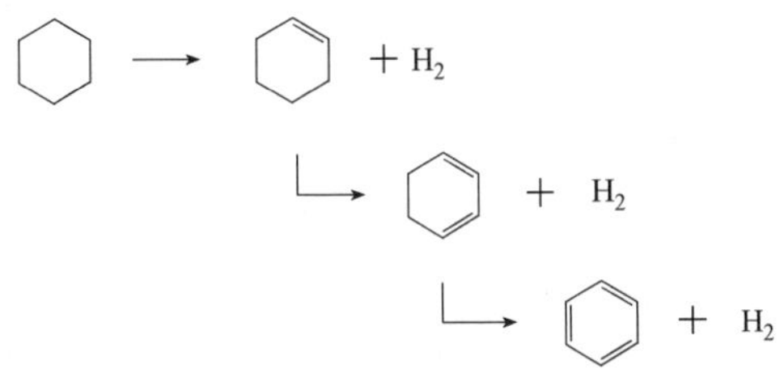
(b) 双重机制

图 6-5　环己烷脱氢反应机理研究

尽管在过去几十年中，人们非常关注用于储氢的环烷烃的开发，但这种碳氢化合物在实际应用中仍存在问题，即需要超过 300℃ 的工作温度，这就使得脱氢催化剂的稳定性成为一个挑战。然而，这些环烷烃因其价格低廉、产生的氢气纯度高且丰富（例如，世界上苯和甲苯的年产量分别约为 5×10^7 吨/年和 1×10^7 吨/年），仍是大规模和长距离输氢的技术方案之一。

（2）*N*-杂环

采用合适的催化剂，可以在动力学上缓解烷烃-芳烃工作温度的降低。然而，热力学的改进只能通过组成改变来完成，例如，将杂原子引入环烷烃中以形成杂环，通过使用高度共轭和杂原子（如 N、O、P 或 B 等）取代的碳氢化合物，可以获得更好的可逆脱氢/氢化性能。特别是，将 N 掺入 LOHC 有利于它们在脱氢/氢化过程中的焓变，环己烷脱氢温度对环己烷中氮含量的依赖性如图 6-6 所示。研究还表明通过将 N 原子掺入环（特别是在 1，3 位）或环取代基中，可以有效地降低氢释放温度，而且 N 取代的五元环的脱氢焓变化比六元环的脱氢焓变化下降得更显著。此外，用其他杂原子（如 O、B 和 P）取代 C 也可以通过改变脱氢焓来改变 LOHC 的性质。

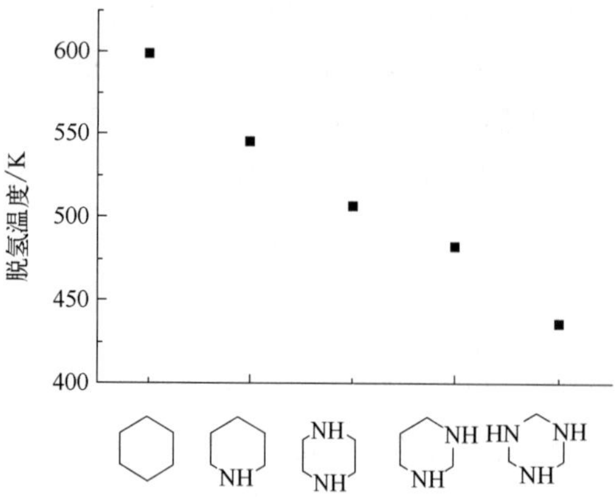

图 6-6 环己烷脱氢温度对 N 含量的依赖性

载体是影响非均相催化剂活性和稳定性的重要因素，其中碱性载体上的贵金属（PVPy 或 MgO）催化 *N*-杂环的氢化速率比酸性载体（SiO_2 或 Al_2O_3）快，并且在喹啉加氢反应中，反应速率随着载体碱度（即 MgO＜CaO＜SrO）的增加而单调增加。由于 *N*-杂环中 C═N 键的极性，提出了一种在金属/碱性载体界面上进行杂解氢分解和离子氢化的催化机理，最近的研究结果也表明，与活性炭负载的催化剂相比，共价三嗪框架（CTF）负载的 Pd 纳米颗粒在 *N*-杂环的加氢反应中表现出显著的活性，证实了碱性负载的促进作用。

在 *N*-杂环中，十二氢-*N*-乙基咔唑（12H-NEC）和 *N*-乙基咔唑（NEC）的饱和-不饱和对作为有潜力的储氢材料已被广泛研究。虽然 12H-NEC 脱氢的 ΔH 与十二氢咔唑相似，并且将乙基连接到咔唑上不可避免地会牺牲一定量的氢气容量，但通过连接取代基，熔点会急剧降低，例如，NEC 的熔点为 68℃，比咔唑（247℃）低约 180℃。与咔唑相比，NEC 的另一个优点是氮原子被乙基阻断，无法与催化剂表面相互作用，因此可以减缓催化剂的失活。

NEC 催化加氢制得 12H-NEC 可采用 Ru 和 Rh 基催化剂进行。商业 Ru/Al_2O_3 催化剂在 7MPa 和 130～150℃下对完全氢化产物的选择性为 97%，其中 Ru 是 NEC 加氢反应中最活跃的过渡金属。然而，由于动力学稳定的中间体 8H-NEC 的积累，Ru 催化剂对所需产物的选择性相对较低；另一方面，Rh 基催化剂在可比条件下对 12H-NEC 表现出更高的选择性。

除 *N*-杂环外，B-N 基杂环，包括 1,2-*BN*-环己烷和 3-甲基-1,2-*BN*-环戊烷等，具有适度的脱氢温度，近年来被开发为一类新型液态氢材料。然而，为了满足未来的大规模应用，需要解决两个主要问题，即 B-N 基杂环的成本和燃料再生的经济可行方式。

尽管通过掺入杂原子可以优化环烷烃的热力学性能，从而降低工作温度，但仍有成本、毒性、稳定性和动力学势垒等问题需要进一步评估和研究。开发高效催化剂可以克服动力学障碍，然而，由于 N 中存在孤电子对，金属催化剂容易中毒。此外，一些 *N*-杂环在环境条件下加氢或脱氢后不再处于液态，这不利于实际应用。因此，需要寻找在低至 −40℃的温度下也能保持其液态的有机化合物。如上所述，均相催化剂在加氢或脱氢中通常表现出优异的活性。然而，均相催化剂的热稳定性仍然不尽如人意。此外，失活后均相催化剂和反应物的分离将是一个复杂的过程。

（3）甲酸（FA）

FA 的氢含量为 4.4%（质量分数），在环境条件下稳定且毒性低，易于运输、处理和储存，有望成为一种安全方便的液态氢载体。如图 6-7 所示，FA 的分解遵循两个竞争反应：R1—脱氢反应，产生 H_2 和 CO_2；R2—脱水反应，产生 CO 和 H_2O。此外，水气变换（WGS）反应可能会对分解产物的分布产生影响。脱水途径是副反应，应严格控制以尽量减少 CO 的浓度。此外 R1 是一个可逆过程，通过使用高效催化剂可以令 CO_2 和氢气重新反应得到 FA。

$$\mathrm{HCOOH} \longrightarrow \mathrm{H_2} + \mathrm{CO_2} \quad (1) \qquad \Delta G^{\ominus} = -32.9\mathrm{kJ/mol}$$

$$\text{(R)WGS} \ \rightleftharpoons$$

$$\mathrm{HCOOH} \longrightarrow \mathrm{H_2O} + \mathrm{CO} \quad (2) \qquad \Delta G^{\ominus} = -20.7\mathrm{kJ/mol}$$

图 6-7 甲酸分解的可能反应途径：脱氢 (1) 和脱水 (2)

早期对甲酸（FA）的均相和非均相催化分解研究并非以储氢为目的，而是将甲酸分解反应作为研究催化机理的模型反应。直到 2008 年，甲酸的催化脱氢反应才重新成为研究热点，其后的广泛研究主要聚焦于储氢应用。针对甲酸的催化分解，Rh（铑）和 Ru（钌）基均相催化剂受到了关注。研究了不同配体环境下 Rh 的催化活性，包括 $[RhCl_2(p\text{-cymene})]_2$、$RhCl_2(PPh_3)_3$、$[RhCl_3(benzene)_2]_2$ 和 $RhBr_3 \cdot xH_2O$，以及在胺存在的条件下的催化活性。研究发现，$RhBr_3 \cdot xH_2O$ 和 $RhCl_2(PPh_3)_3$ 作为前驱体时表现出更高的活性，未检测到 CO 作为副产物生成，并且在该体系中，在 90℃下超过 100 次的循环中，未观察到催化剂活性有明显下降。

另一方面，针对甲酸（FA）的非均相催化分解，近期研究聚焦于单金属贵金属催化剂，涉及金（Au）、钯（Pd）、铱（Ir）、铂（Pt）、钌（Ru）和铑（Rh）等。研究者合成了以氧化铝（Al_2O_3）为载体的纳米金颗粒，发现其在甲酸分解中表现出较高的活性，且未检测到一氧化碳（CO）的释放。同时，也发现商用的 Pd/C、Au/TiO_2 和 Au/C 催化剂在气相中对甲酸分解具有活性。将金或银与钯形成合金，可以显著提高钯的活性和选择性，这可能归因于活性钯合金的电子性质发生了变化。除了合金催化剂外，核壳结构的催化剂也展现出卓越的性能。例如，支撑在活性炭上的 PdAu@Au 核壳纳米颗粒，其活性和稳定性显著提升。为了降低贵金属的使用量，研究者还开发了含有多种金属组分且具有高甲酸分解活性的催化剂。

CO_2 加氢再生甲酸（FA）需要在热力学上有利于甲酸生成的环境中进行，加氢后无需去除碱，因为在甲酸的分解过程中同样需要碱。Rh（铑）、Ru（钌）和 Ir（铱）基均相催化剂已经得到了广泛的研究。Leitner 等人发现，含不同配体的 Rh 基催化剂在水或 DMSO 溶液中对 CO_2 加氢表现出很高的活性。Himeda 等人报道了一种 pH 依赖性的催化剂 $[Cp^* Ir(dhbp)\ Cl]^+$，用于 CO_2 加氢，并发现该催化体系具有高效、易分离、可循环利用、无废弃物产生以及在水中催化的优点。研究还表明，通过使用具有质子响应配体的均相 Ir 催化剂，可以开发出可逆和可回收的系统，氢气的产生和消耗可以通过调节 pH 值来控制。然而，CO_2 和 H_2 在溶剂中的溶解度不足，导致反应动力学不利，转化率低。因此，在超临界条件下进行 CO_2 加氢可以促进传质，显著提高甲酸的产率。向 CO_2 溶液中添加碱会使甲酸与溶液的分离过程复杂化，并降低氢的容量，因此不加碱性添加剂的 CO_2 加氢更具前景。

6.3.2 液氨储氢材料

如今，氨的工业生产是通过 Haber-Bosch（哈伯-博施）工艺［式 (6-11)］合成的，而氢气则是使用天然气或其他化石燃料来生产。

$$N_2+3H_2 \longrightarrow 2NH_3,\ \Delta H_{298K}=-92.2kJ/mol \tag{6-11}$$

使用铁基催化剂从氢气和氮气中合成 NH_3 需要高达 500℃的温度和 20MPa 的压力。目前通过 Haber-Bosch 工艺用于合成氨的氢气中约有 96%是从化石燃料中获得的，只有约 4%是由水电解产生的。该反应所使用的能源也主要是化石燃料，只有约 0.7%来自可再生能源。这就造成该工艺的 CO_2 高排放。为了使氨成为无碳排放能源循环的能量载体，合成过程中氢气的产生必须基于可再生能源，如光、电、光电化学分解水或生化制氢等措施。

化学循环过程将一个复杂的化学反应分解为在不同空间或不同时间进行的多个子反应。通过这种化学循环过程，可以针对每个子反应分别调整其热力学和动力学特性，从而优化整个反应过程。化学循环氨合成（CLAS）技术能够在较低压力下运行。为了改进 CLAS 工艺，需要设计和优化氮载体材料，并为每个子反应开发高效的催化剂。

最常用的氮载体是金属氮化物（MNs）。根据反应物的氢源，报道的 CLAS 过程可分为两类：H_2O+N_2 化学环（表示为 H_2O-CL）和 H_2+N_2 化学环（表示为 H_2-CL）。在 H_2O-CL 中，氨是通过水解 MNs 产生的，N_2 通过与金属或金属氧化物反应固定。对于该循环，MNs 或金属再生的反应通常是强吸热的，只能在极高温度（≥1000℃）下进行。AlO-Al_2O_3、Cr-Cr_2N-Cr_2O_3 等是 H_2O-CL 型的代表。在 H_2-CL 工艺中，氨是通过富氮 MNs 加氢生成的，N_2 通过与贫氮氮化物反应固定，典型体系包括 Mn_4N-$Mn_6N_{2.65}$ 或 Co_6Mo_6N-Co_3Mo_3N，其中富氮 MNs 与氢气的反应通常在低温下遇到动力学阻碍，在高温下是热力学非自发的。

化学循环氨合成（CLAS）研究中面临的一个关键挑战是反应动力学缓慢，因此需要开发更高效的催化剂以提高氮载体的固氮率和氨产量。在这一领域，三维过渡金属（TMs），如镍（Ni）、铁（Fe）和钴（Co）或它们的氮化物（如 Mn_4N），可以显著降低固氮步骤的表观活化能。例如，镍催化剂可以将活化能从 109kJ/mol 降低至 46kJ/mol，从而在 300℃时将氨合成循环（AH-CL）的产氨速率提高一个数量级以上。此外，通过在惰性载体上分散活性组分，可以进一步增强 AH-CL 的动力学。对于氧化铝（Al_2O_3）支撑的镍-氢化钡（Ni-BaH_2）样品，即使在较慢的速率下，也能在 100℃下产生氨，在 300℃和 0.1MPa 的条件下，其氨产量比在 300℃和 1.0MPa 下使用高效的铯-钌/氧化镁（Cs-Ru/MgO）催化剂的热催化效率高约 5 倍。最近，一些技术被用于设计 CLAS，例如电/光驱动 CLAS 和多功能氮载体的使用，证明了锂-锂氮化物-氢氧化锂（Li-Li_3N-LiOH）介导的 CLAS 通过电化学还原实现了热力学上不利的反应，即将氢氧化锂还原为锂；将氮化锰（Mn_xN）和氢化锂/氢化钡（LiH/BaH_2）两种氮载体结合，形成复合氮载体介导的 AH-CLAS，提高了氨的产率。其中氮化锰作为氮载体和催化剂，显著提高了固氮和加氢制氨的动力学过程。氢化物还能促进贫氮锰氮化物的固氮和富氮锰氮化物的加氢。随着新型氮载体、高效催化剂和新工艺的发展，CLAS 在不久的将来有望实现绿色合成氨。

6.3.3 甲醇储氢材料

甲醇是最简单的脂肪醇，呈无色极性液体，在环境条件下具有中等的蒸气压。它可溶于水、酒精及多种有机溶剂。自 20 世纪 60 年代以来，甲醇的催化合成主要采用以铜纳米颗粒（Cu NPs）、氧化锆（ZrO_2）和氧化铝（Al_2O_3）作为载体的三元催化剂。这些催化剂最初是为合成气制甲醇（STM）而设计的，但也被广泛应用于二氧化碳加氢制甲醇（CTM）。本节将分析甲醇的生产过程及其脱水衍生物二甲醚的化学性质。

式（6-12）～式（6-14）描述了以 $CO/H_2/CO_2$ 为原料生产甲醇的主要途径。甲醇合成是一个热力学限制的平衡反应，高压和低温条件有利于甲醇的生成，这是因为三个正向反应都是体积减小的放热反应。然而，由于动力学缓慢，低压甲醇（LPM）生产通常在低于 8MPa 的压力下进行，且温度通常高于 230℃。

$$CO + 2H_2 \rightleftharpoons CH_3OH \tag{6-12}$$

$$\Delta H_R(298K, 5MPa) = -90.4kJ/mol$$

$$CO_2 + 3H_2 \rightleftharpoons CH_3OH + H_2O \tag{6-13}$$

$$\Delta H_R(298K, 5MPa) = -49.2kJ/mol$$

$$CO + H_2O \rightleftharpoons CO_2 + H_2 \tag{6-14}$$

$$\Delta H_R(298K, 5MPa) = -41.2kJ/mol$$

$$SN = (n_{H_2} - n_{CO_2})/(n_{CO} + n_{CO_2}) \tag{6-15}$$

化学计量比 SN 的定义见公式（6-15），是衡量合成气原料质量的常用指标。甲醇合成的化学计量比 SN 值一般在 2.0～2.08 之间。在不含 CO_2 的条件下，高甲烷天然气重整的化学计量比 SN 值在 2.8～3.0 之间。通过调整原料组成、注入 CO_2 或蒸汽、将多余的 H_2 作为重整燃料再掺入，或优化工艺设计，都有助于达到理想的化学计量比。

水蒸气重整工艺（SRM）是当前甲醇制氢技术的主要方法之一。在转化器中，甲醇与脱盐水的蒸气混合物在加压加热的条件下，通过催化裂解和转化一步完成，生成氢气和二氧化碳。反应温度控制在 180～280℃，压力维持在 0.3～4MPa 之间。之后，通过变压吸附（PSA）法提纯氢气，其纯度最高可达 99.9%。

在甲醇脱氢领域，已经实现商业化应用的是铜基催化剂。通过向催化剂中添加辅助剂、改变催化剂负载的载体酸碱性等手段，可以提升催化剂的催化活性和稳定性。研究发现，掺杂的镧（La）元素可以均匀嵌入氧化铈（CeO_2）晶格中，减弱了 CeO_2 对 CuO 还原温度的降低程度。在低温区间，两种催化剂的甲醇转化率相近，但掺杂 La 的催化剂的氢气产率明显高于未掺杂的催化剂，显示出在低温区间掺杂 La 的催化优势。

基于分子层面设计的均相、低温、水相甲醇脱氢催化剂能够实现每个甲醇分子产生三个氢分子，这为利用质子交换膜（PEM）燃料电池的废热进行甲醇重整提供了可能性。然而，要实现实际应用，必须通过设计和优化新型催化剂以及减少贵金属的使用，进一步显著提升催化剂的活性和稳定性。特别是，开发高活性的非均相催化剂是发展方向之一。

6.4 吸附储氢材料

物理储氢的主要工作原理是利用范德华力在具有较大比表面积的多孔材料上吸附氢

气。使用多孔材料进行物理储氢的优点包括：吸氢和放氢过程速率快、物理吸附的活化能较低、氢气吸附量主要受储氢材料物理结构的影响。物理吸附储氢材料主要包括：碳基储氢材料，如活性炭、碳纳米管等；无机多孔材料，如金属氧化物和某些类型的陶瓷；金属有机骨架（MOF）材料，这类材料因其高比表面积和可调节的孔隙结构而备受关注，已在金属储氢材料的章节中进行了详细描述，本节不再赘述；共价有机骨架（COF）材料，这类材料由共价键连接的有机单元构成，具有规则的孔隙结构。

6.4.1 碳基储氢材料

6.4.1.1 碳基材料概述

碳基储氢材料因其种类多样、结构多变和来源广泛而较早受到关注。由于碳基材料与氢气之间的相互作用较弱，其储氢性能主要依赖于适宜的微观形态和孔隙结构。因此，提升碳基材料的储氢能力通常需要通过调整材料的比表面积、孔道尺寸和孔隙体积来实现。碳基储氢材料主要包括活性炭、石墨、石墨烯、碳纳米结构等。

活性炭（AC）是一种由含碳有机前驱体经过热处理（干馏）合成的碳质材料，其中包含非常小的石墨晶体和无定形碳。其孔径通常小于 1nm，比表面积可达到 $3000m^2/g$。活性炭的制备过程包括碳化和活化两个步骤，可以通过热或化学活化来增加孔隙体积。

热活化方法：在氧化气氛中（如蒸汽、二氧化碳、蒸汽/二氧化碳混合物或空气），将碳化后的有机前驱体在 700～1000℃的温度下处理。

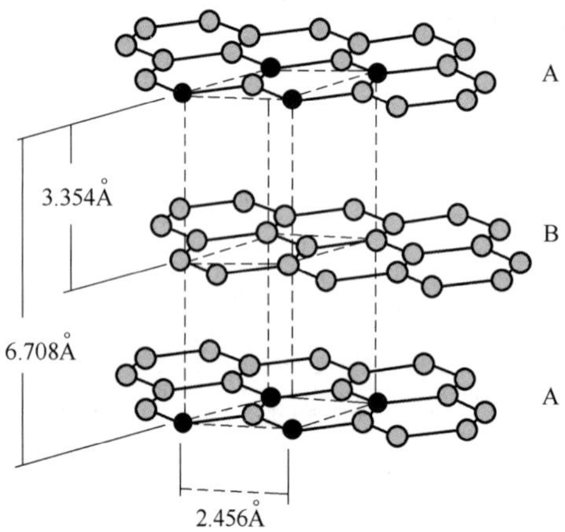

图 6-8 石墨结构

化学活化方法：在 500～800℃的温度下，将碳化后的有机前驱体在脱水剂（如氯化锌 $ZnCl_2$、磷酸 H_3PO_4 或氢氧化钾 KOH）存在下处理，之后将这些脱水剂浸出。

四种有序碳同素异形体包括金刚石、石墨、富勒烯和碳炔。石墨具有层状结构，其中所有原子都位于同一平面内，并通过较弱的范德华力与相邻的石墨层相互结合。石墨具有很好的层间解理（如图 6-8 所示）。石墨是一种天然存在的矿物，但含有高达 20%的杂质。石墨也可以通过人工方法制造，通常是将石油焦或煤沥青在约 2500℃的高温下加热制得。

石墨烯并非碳的同素异形体，而是由 sp^2 杂化碳原子构成的单层平面薄膜，与石墨结构中的单层相同，但彼此独立。这种薄膜的尺寸是有限的，其边缘可能出现其他元素。典型的石墨烯片的化学式为 $C_{62}H_{20}$，其中氢原子用于饱和边缘的未成键碳原子，具有芳香性。通常，石墨烯仅由六边形晶格组成。如果存在五边形晶格，平面会弯曲成锥形，12 个五边形的排列可以促成“富勒烯”的形成。纯粹的平面石墨烯在自由状态下被认为是不稳定的，因为它倾向于形成弯曲结构，如富勒烯和碳纳米管。然而，为了研究石墨烯的电学性质，科学家们已经尝试通过机械剥离法（反复剥离）从高定向热解石墨的小碎片中分离出单个石墨烯片。据报道，石墨烯中的电子和空穴的迁移率可高达 $10^4 cm^2/(V \cdot s)$。

碳纳米结构包括富勒烯、碳纳米纤维（CNF）和石墨纳米纤维。富勒烯最初是在分子束实验中被发现的，实验中观察到了 C_{60} 和 C_{70} 分子对应的离散峰。富勒烯是一类碳分子，其中碳原子以 12 个五边形和多个六边形排列。富勒烯的结构可以想象为（尽管实际上并非如此）一层卷起的单层石墨烯。石墨由多个六边形碳原子连接构成的石墨烯片组成，而富勒烯则由五边形（有时包括七边形）碳环构成，这阻止了平面结构的形成。这些富勒烯分子可以呈现球形、椭球形或管状。球形富勒烯通常被称为“巴基球”，而圆柱形富勒烯则被称为“巴基管”或“纳米管”。球形和圆柱形富勒烯都是中空的。最小的富勒烯分子可以由 20 个碳原子组成。富勒烯是由碳汽化（例如，通过脉冲激光或电弧放电），与惰性气体混合，然后缓慢凝结而形成的。如果在这个过程中加入金属催化剂，就会形成纳米管。如果没有，则形成球形富勒烯。

目前最常见的富勒烯是 C_{60}、C_{70}、C_{76}、C_{84}，甚至 C_{240}、C_{540} 等也是广为人知的。C_{60} 分子结构为球形 32 面体，是由 60 个碳原子通过 20 个六元环和 12 个五元环连接而成的具有 30 个碳碳双键的足球状空心对称分子，所以，富勒烯也被称为足球烯，又被称为巴克敏斯特富勒烯或简称巴克球。其直径约为 7 埃（Å）。C_{60} 为黄色粉末，可溶于一些溶剂，例如甲苯和二硫化碳。纯净的巴克敏斯特富勒烯溶液呈深紫色。当富勒烯内部存在添加剂时被称为内嵌富勒烯，添加剂可以位于球体之间或球体内部。更大的富勒烯，如含有 82 个或更多碳原子的富勒烯，更易于形成内部塌陷。当内部嵌入的原子为金属时，这些分子被称为金属富勒烯。如果每个 C_{60} 分子中加入三个碱金属原子，富勒烯在 10～40K 的温度下会呈现超导性，具体温度取决于碱金属的类型。

1985 年巴克敏斯特富勒烯（C_{60}）被发现，1991 年碳纳米管被发现。碳纳米管可以被设想为一个圆柱形的单层石墨烯（图 6-9）。石墨烯薄片可以以不同的方式形成管状，因此存在不同类型的碳纳米管，即扶手椅型、锯齿型和螺旋型（图 6-10）。其中螺旋型的碳纳米管具有手性，而锯齿形和扶手椅型碳纳米管没有手性。碳纳米管可以看作是石墨烯片层卷曲而成，因此按照石墨烯片的层数可分为：单壁碳纳米管（或称单层碳纳米管，single-walled carbon nanotubes，SWCNT）和多壁碳纳米管（或多层碳纳米管，multi-walled carbon nanotubes，MWCNT）。多壁管在开始形成的时候，层与层之间很容易成为陷阱中心而捕获各种缺陷，因而多壁管的管壁上通常布满小洞样的缺陷。与多壁管相比，单壁管直径大小的分布范围小，缺陷少，具有更高的均匀一致性。单壁管典型直径在

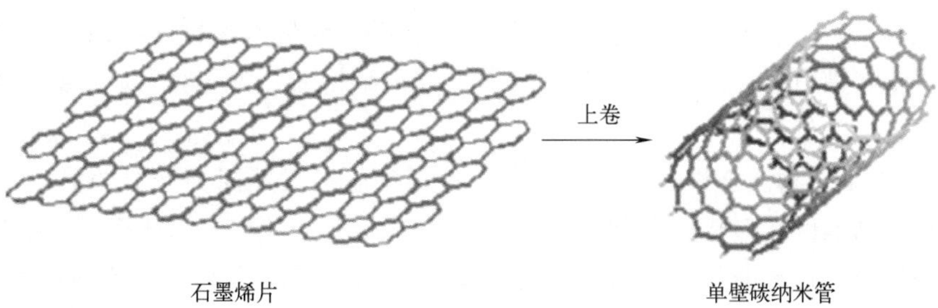

图 6-9 碳纳米管的结构示意图

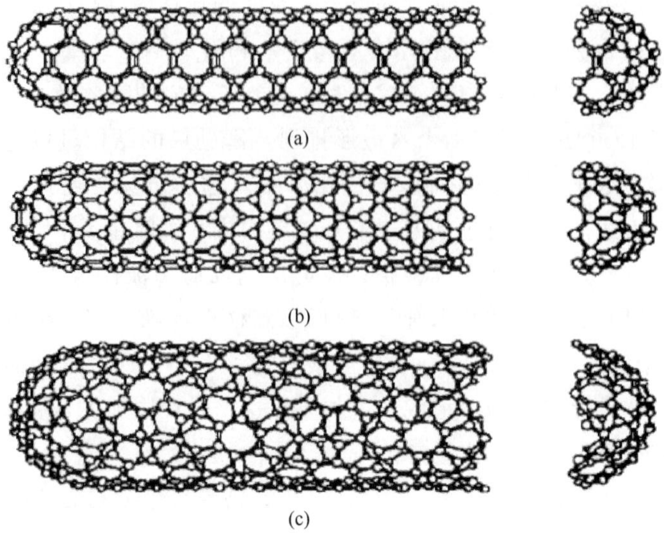

图 6-10 不同的单壁纳米管 (SWNT) 结构方案

(a) 扶手椅；(b) 锯齿形；(c) 螺旋形

0.6～2nm，多壁管最内层可达 0.4nm，最粗可达数百纳米，但典型管径为 2～100nm。

碳纳米管中碳原子采取 sp^2 杂化，相比 sp^3 杂化，sp^2 杂化中 s 轨道成分比较大，使碳纳米管具有良好的力学性能。CNT 抗拉强度达到 50～200 GPa，是钢的 100 倍，密度却只有钢的 1/6，至少比常规石墨纤维高一个数量级，它的弹性模量可达 1TPa，与金刚石的弹性模量相当，约为钢的 5 倍。对于具有理想结构的单层壁的碳纳米管，其抗拉强度约 800 GPa。碳纳米管的结构虽然与高分子材料的结构相似，但其结构却比高分子材料稳定得多。碳纳米管是目前可制备出的具有最高比强度的材料。若以其他工程材料为基体与碳纳米管制成复合材料，可使复合材料表现出良好的强度、弹性、抗疲劳性及各向同性，给复合材料的性能带来极大的改善。

碳纳米管的硬度与金刚石相当，却拥有良好的柔韧性，可以拉伸。在工业上常用的增强型纤维中，决定强度的一个关键因素是长径比，即长度和直径之比。材料工程师希望得到的长径比至少是 20∶1，而碳纳米管的长径比一般在 1000∶1 以上，是理想的高强度纤维材料。2000 年 10 月，某大学的研究人员称，碳纳米管的强度比同体积钢的强度高 100 倍，重量却只有后者的 1/7～1/6。碳纳米管因而被称为“超级纤维”。

纳米纤维（CNF）首次被观察到（大约在 1970 年）是在对碳氢化合物的催化脱氢的研究中，在那里人们发现 CNF 引起了催化剂的失活，这是深入研究碳纳米纤维的起点。富勒烯和纳米管是中空的，而纳米纤维不是。CNF 结构在高温下由含碳气体和氢的混合物形成，或仅由碳氢化合物形成，催化剂主要由镍基和铁基合金组成。根据催化剂的性质和形状、烃/氢反应物混合物的比例和反应条件，可以形成不同类型的 CNF。具体来说，它们在形态、结晶度和形状上有所不同。

纳米纤维形成过程的关键步骤可以参考图 6-11：碳氢化合物被吸附在催化剂颗粒 B 的表面 A，碳—碳键断裂。一个碳原子扩散到催化剂颗粒和膜板 D 之间的界面 C，形成碳纳米结构。生长纤维由碳纳米纤维和催化剂颗粒组成。生长的纤维可以通过酸浸催化剂来提纯，形成的膜板主要是石墨。但根据催化剂晶面的不同，也可能长出无序碳。石墨薄片的排列取决于催化剂的几何形状。

纤维长度通常在 5～100μm 之间，直径在 5～100nm 之间。这些有序结晶固体的比表面积（BET）通常在 100～300m^2/g 之间，有时可以达到 700m^2/g。在“人字形”结构中，石墨层之间的距离为 3.4Å。薄片的结构在纳米纤维上提供了许多边缘，代表了一个大的表面，有许多相互作用的吸附位点。

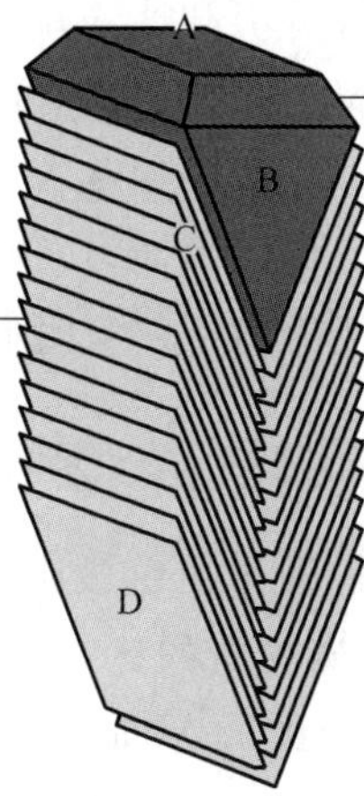

图 6-11 带有催化剂颗粒的碳纳米纤维

碳纳米管是由块状碳蒸发生成碳分子和碳原子，然后再凝聚成碳纳米管。蒸发源可以是以下任何一种。

① 电弧放电：在有或没有催化剂的情况下，两个碳电极之间的电弧放电，大量不纯的碳纳米管通过这种方式产生。

② 激光烧蚀：脉冲或连续的钕钇铝石榴石激光撞击石墨靶，将其放置在 1200℃ 和 500Torr（1Torr＝133Pa）的氩气或氦气烘箱中。如果靶材由混合钴、镍或铁的石墨组成，则形成单壁碳纳米管。如果使用纯石墨靶材，则会产生 MWCNT。

③ 化学气相沉积（CVD）：CVD 与三维金属催化剂，如二茂铁，主要形成 MWCNT。一小部分产品包含单壁碳纳米管，但它们的质量很差，例如直径范围大。催化剂对产物的影响较大。

碳纳米管的合成没有很强的选择性。通常情况下，碳纳米管的末端由类似富勒烯的半球形结构封闭。这些管子可以通过一种化学药剂（HNO_3）打开或超声处理，打开的碳纳米管可以通过热处理关闭。

6.4.1.2 碳基材料储氢机理

氢气可以通过两种不同的机制储存在碳基材料中：物理吸附（或分子被弱范德华力束缚）和化学吸附（分子被强化学键束缚）。在物理吸附过程中，氢分子与吸附物分子之间存在明显的弱范德华力吸附作用。物理吸附过程通常发生在很低的温度（＜273K）下，即吸附质与吸附剂之间的相互作用能为 1～10kJ/mol，表明吸附表面与吸附质之间存在弱相互作用。

（1）物理吸附

物理吸附是基于气体和固体之间的范德华相互作用（电荷分布中的共振波动）。底物（S）和氢分子（H_2）之间的相互作用能，也称为色散力（$E_{S\text{-}H_2}$）（又称伦敦力），由式（6-16）给出：

$$E_{S\text{-}H_2} \sim \frac{\alpha_{H_2}\alpha_S}{R^6} \tag{6-16}$$

式中，α 为极化率；R 为相互作用距离。由于 α_{H_2} 是固定的，增加 $E_{S\text{-}H_2}$ 的唯一方法是使用高极化底物，例如具有 π-共轭电子对的底物。

固体表面气体吸引和气体排斥之间平衡的能量最小值在 1～10kJ/mol 之间。氢气在平坦碳表面上的吸附量取决于吸附的几何构型。平均吸附能为 4～5kJ/mol，这表明氢气与碳表面之间的相互作用非常弱。因此，随着温度的升高，氢气会从碳表面解吸。在高温条件下，碳对氢气的吸附能力较弱，通常在吸附剂的沸点以上，碳表面上只能发生单层吸附。在这种情况下，朗缪尔吸附等温线模型较为适用。图 6-12 展示了三种不同碳材料的吸附等温线。

从图中可以清楚地观察到，所有样品均表现出可逆的物理吸附现象。特定材料对氢气的最大吸附量可以通过单层吸附中所能容纳的氢分子量来估算。基于此，理论储氢容量（m_{ads}）可以通过碳材料的比表面积（S_{spec}）来计算：$m_{ads} \approx S_{spec} \times 2.27 \times 10^{-3}\%$。若假定吸附氢气形成的结构为面心立方紧密堆积，则吸附 1 摩尔氢气所需的最小表面积为 $S_{ml}(H_2)=85.917m^2/mol$。基于单个石墨烯片的表面积（$1315m^2/g$），可以计算出石墨吸附氢的理论最大储氢容量约为 3%（质量分数）。但这一最大值通常只能在极低温度下达到。因此，吸附氢气的量与碳材料的比表面积直接相关。根据这一方程，理论上需要碳材料的比表面积达到 $2600m^2/g$ 才能满足 2010 年美国能源部设定的储氢目标。

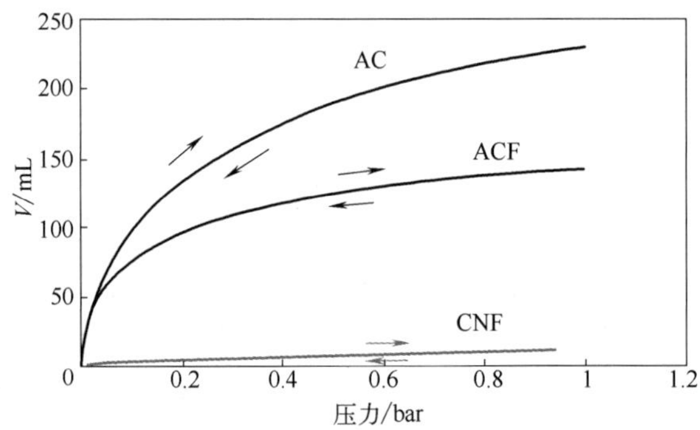

图 6-12 活性炭（AC）、活性炭纤维（ACF）和碳纳米纤维（CNF）的吸附等温线

纵坐标表示在一定条件下单位质量碳材料吸附氢气的体积（标准状况下）

石墨因其相对较高的比表面积，以及所具有的 π-共轭电子导致的较高极性，理应具备良好的储氢性能。氢气在石墨烯片上的物理吸附能为 7.2kJ/mol。但由熵的贡献（3.4kJ/mol）以及取向引起的问题，使该吸附能在室温下（适宜实际储氢的温度）降低到约 2.5kJ/mol。且石墨层间距（3.354Å）过小，无法容纳动力学直径为 4.06Å 的游离氢分子，导致无法观测到吸氢现象。

为了改善这一状况，可以通过以下方法增加石墨层间距及其比表面积。

① 插层法：通过插入碱金属或金属卤化物等物质来增加石墨烯层之间的距离。据计算，这种方法预计可以将层间距扩大至 10Å。

② 石墨纳米纤维：石墨烯薄片沿着纤维轴平行、垂直或成一定角度排列形成石墨纳米纤维。这些薄片的边缘为吸附剂提供了一个具有大量相互作用位点的表面积。

③ 石墨纳米管：石墨纳米管可以视为卷起的石墨烯片，其内外表面及管内腔体提供了增强的吸附位点。

④ 球磨石墨：球磨过程通过减小石墨的基本颗粒尺寸，显著增加了其比表面积。

⑤ 碳泡沫：基于石墨的刚性连接，碳泡沫具有一种独特的结构。这种假设的新型系统可能通过纳米结构石墨的分层自组装过程形成。由此产生的“泡沫”结构覆盖了从六边形金刚石到石墨的各种结构相空间。此外，金属纳米颗粒可以相对容易地掺杂其中，以催化石墨结构的形成。

这些方法通过改变石墨材料的结构，增加了其比表面积和吸附位点，从而提高了其储氢能力，使其更接近理论储氢能力。

除了高极化率和高表面积外，碳表面结构的弯曲还可以增加吸附。这种弯曲结构导致碳原子的势场重叠，吸附能可提高至 30kJ/mol。弯曲碳结构形成于：

① 微孔活性炭：这类活性炭的孔径处于分子直径级别。在这种情况下，不同孔壁两侧的势场可以显著重叠。活性炭通常具有较宽的孔径分布，因此只有部分孔隙能够实现有利的重叠。孔径为 0.5～1.0nm 的孔隙最为理想。图 6-13 展示了孔径与氢气吸附量之间的关系。因此，相较于碳材料的比表面积，微孔体积与储氢能力的相关性更高。

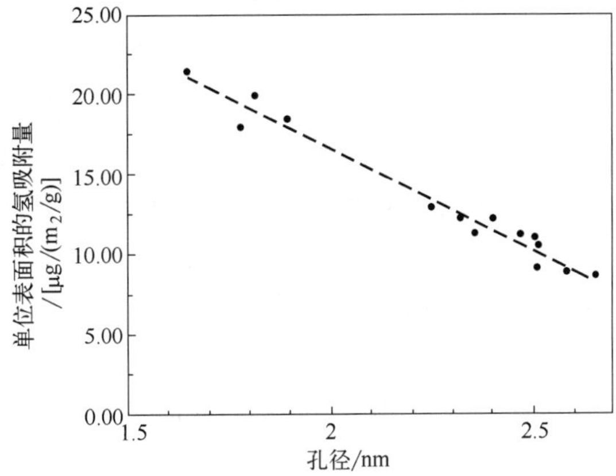

图 6-13 氢吸附与活化 PEEK（聚醚醚酮）碳的平均孔径关系

② 直径约为 1nm 的碳纳米管：对于单壁碳纳米管（SWCNT），其解吸氢的活化能出奇地高，达到 19.6m^2/g。根据 Feynman-Hibbs 有效势近似计算，在 50K 时，碳纳米管上吸附氢的吸附能约为 9kJ/mol，这种由曲率引起的效应在低温下尤为显著。在 50K 的条件下，曲面上的氢吸附量是平面表面的 55 倍。然而，当温度上升至 77K 时，这个倍数降至 11。吸附能和氢容量取决于多个不同的参数，如管的直径、管的手性和吸附位点的类型。对碳纳米管束的格林函数蒙特卡洛研究表明，碳纳米管束内部通道的内腔位置的吸附能为 11kJ/mol，其次是管束外表面的凹槽（9kJ/mol）和表面（6kJ/mol），而管内位置的吸附能仅为 5kJ/mol。

据推测，对于碳纳米管，除了势场的重叠外，由于毛细管储存，储氢容量也可能增加，其中几层氢可以在管内甚至碳晶片之间凝结。在毛细力的影响下，氢气会从 2.6Å 的有效气体直径（气体碰撞与动力学直径乘积的平方根）收缩到 1.28Å 左右，因此利用室温下的毛细力来实现氢气在 MWCNT 不同位置上的存储，储存容量相当于用液态氢填充碳纳米管。氢气在室温下呈现类似液态的状态，这样就省去了制冷的步骤。然而，到目前为止，尚未发现这种效应的实际证据。

（2）化学吸附

若要充分利用碳原子之间的键合作用，每个碳原子理论上都能成为一个氢原子的化学吸附位点。研究已发现，在高压（50～3000MPa）和高温（500～600K）条件下，氢分子能与富勒烯（C_{60}）发生反应。高压下处理的纳米管解吸结果显示，在 400K 以上的温度区间内出现了一个峰值，这表明存在化学吸附现象，该现象归因于纳米管外壁上形成了一层完整的化学吸附氢层。

第一性原理计算表明，氢分子在碳纳米管上的解离化学吸附是可能的。氢分子的键断裂（键能为 4.52 eV）与在两个相邻碳原子上形成新的碳—氢键是一致的，高压条件使得纳米管之间的距离从常压下的 1.2nm 缩短至高压下的约 1.05nm，这有助于促进氢分子的解离。这种变化使得两个相邻管之间的碳—碳（C—C）距离从 3.8Å 缩短至 2.6Å，为解离后的氢原子吸附提供了有利条件。然而，通过化学吸附固定的氢原子只能在更高的温度下释放。因此，化学吸附对于实际的氢气储存并不实用。

6.4.1.3 碳基材料储氢应用

1967 年最早报道了高比表面积活性炭在 80K、2.5MPa 下可以吸附约 2.0%（质量分数）的氢气。随后 1980 年提出采用低温吸附剂促进氢气在活性炭上的吸附，在 78K、6.2MPa 下可存储氢气 68g/kg；在 87K、5.98MPa 下利用改性处理的活性炭吸附了 4.8% 氢气，并重点研究了吸附储氢机理。通过提高比表面积、多种表面官能团改性以丰富活性炭的微孔结构，可以增加对氢气的结合吸附作用。为了增大吸附量，人们制备比表面积超过 $2000m^2/g$ 的超级活性炭开展吸附储氢的研究，其中比表面积达 $3000m^2/g$ 的超级活性炭 AX-21 在 77K、3MPa 下储氢 5%。用生物质碳化得到多孔活性炭并用 KOH 进行表面活化，可以在 77K、8MPa 下得到约 6.3% 的最大氢储量。研究人员还制备了一种具有 $3771m^2/g$ 比表面积和 17.9% 的表面含氧量的富氧超级活性炭材料，并在 77K、3MPa 下将质量储氢密度提升至 8.9%，但尚未考察其可逆储氢容量。随后通过 KOH 活化聚吡咯和锯屑混合物料成功制备了比表面积高达 $3815m^2/g$、氧含量 11.3% 的活性炭材料，可以在 77 K、10MPa 下存储 12.6% 的氢气。

石墨烯是通过碳原子的 sp^2 杂化紧密堆积形成具有二维六元环单层结构的碳材料。自从 2004 年制备出能够稳定地在室温下存在的石墨烯薄片材料后，其研究得到了快速发展。但有研究认为纯的石墨烯具有化学惰性，不利于其吸附气体，因此人们尝试通过原子掺杂或基团修饰来提高石墨烯的储氢性能。研究人员最先利用第一性原理对原子结构进行优化计算，使用 Li 对石墨烯进行掺杂改性，结果显示改性后石墨烯的储氢量可以提高到 3.23%；而将钙原子掺杂到石墨烯中，使用平面波方法计算得到 8.4% 的储氢量；同样用钙掺杂石墨烯，通过提升每个钙原子与氢气分子的结合数量，使体系储氢量达到 9.6%；先用氮原子取代部分碳原子进行掺杂，然后再用锂和钙原子修饰表面，计算得到了 9.17% 的理论储氢密度。研究人员还设计了一种新型碳基富勒烯结交叉纳米管周期网络结构，通过密度泛函理论计算和分子模拟，得到 $Li@C_{158}B_{22}$、$Na@C_{132}B_{24}$ 和 $Be@C_{132}B_{24}$ 体系，分别可以吸收 13.95%、10.09% 和 10.85% 的氢气。从计算结果上看，修饰改性的石墨烯具有很高的储氢量，但目前从实验方面并未达到预期效果。截至目前，通过改性制备石墨烯的方法，可以在 77K 和标准大气压下达到储氢密度 1.7%；将温度升至 298K、压力提高 100 倍后，储氢量能提高到 3.0%；而通过钯修饰石墨烯并在 298K、2MPa 下进行实验，对比发现储氢量可以从 0.5% 提高到 1.76%；制备的一种平板状石墨纳米纤维，可以在室温和 9MPa 的条件下实现 4% 的储氢。虽然实验结果远低于理论计算值，但证明通过修饰手段可以提高石墨烯的储氢能力。

1991 年使用电弧法制备 C_{60} 过程中意外发现碳纳米管后，研究人员对碳纳米管的应用进行了各种探索。早期在碳纳米管储氢实验中取得了很好的储氢量数据，但随着研究的深入和不断验证，发现之前的测量存在一定误差。发现单壁纳米管、多壁纳米管和纳米纤维在环境温度和高达 8MPa 下的储氢质量没有超过 0.43%；同样在不同碳纳米结构的储氢材料研究中发现，纯化的单壁碳纳米管在室温和 4.5MPa 下的可逆储氢容量仅为 0.63%。研究发现具有 729.4m^2/g 比表面积的纯化多壁碳纳米管可以在室温和 12.79kPa 下最大吸收 3.46%氢气。随后的碳材料储氢都证明了碳纳米管需要在低温高压下才能具有一定的吸附氢气的能力。近年来为了提升碳纳米管的储氢量，其表面改性研究不断深入。从不同碳纳米管储氢能力来看，纯化可以提升碳纳米管的储氢能力，另外酸处理、金属修饰也可以起到促进储氢的作用。由于氢气与材料的相互作用较弱，基于物理吸附机制的储氢材料往往需要低温高压才能实现储氢，而较高的比表面积和纳米限域效应有利于碳纳米材料的储氢。但也正是由于低维材料具有较高的表面能，容易发生颗粒团聚从而容易失去因低维而产生的特殊效应。所以，保持限域稳定性、提高比表面积是改善物理吸附储氢性能的重要途径。

6.4.2 无机多孔储氢材料

无机多孔材料指具有纳米孔道的多孔材料，代表材料为沸石、海泡石等。沸石因它有着规整的孔道结构、分子一样大小的孔径尺寸、可观的内表面积与微孔体积，因而拥有许多特殊的性能，其储氢量一般在 3%（质量分数）以下。在 77℃、0.11MPa 条件下，降低 Si/Al（摩尔比）可以明显地增加氢气的吸附量。但沸石材料本身的单位质量比较大，且需要在温度较低的环境下使用，所以它在储氢应用方面存在不足。

沸石是由铝硅酸盐材料构成的微孔吸附剂，具有明确的结构和可调控的孔隙。沸石通常含有能影响客体分子结合能和相互作用的反离子。尽管如此，硅中 H_2 的结合能与碳的结合能大体相当。此外，沸石是由相对较重的元素构成，这使得它们无法作为吸氢剂。因此，关于使用沸石储氢的研究非常有限。关于沸石 A 型、X 型、Y 型和 RHO 型的研究，包括各种不同的成分和孔隙几何形状，在 77K 和 1.5MPa 条件下，NaX、NaY 和 MgY 的氢容量分别为 1.79%、1.81%和 1.74%（质量分数），其他关于沸石的报道也表明，与其他多孔材料相比，在 77K 和 298K 时，沸石的吸氢和送氢量相对较低。

6.4.3 共价有机骨架储氢材料

金属有机骨架（MOF）是近年来备受关注的储氢材料，自报道后掀起了全世界的研究热潮。MOF 是由有机配体与过渡金属离子自组装而形成的配位聚合物，其储氢优势在于 MOF 系列的化合物具有极高的比表面积（1500～3000m^2/g）和孔容，使得 MOF 在低温下能够储存更多的氢气。但是 MOF 系列材料在室温附近的储氢性能不是很理想，近年来国内外学者正致力于这方面的改善。

在 MOF 的研究基础上，研究者们又报道了另一种有机化合物——共价有机骨架（COF）。与 MOF 不同的是，COF 的骨架全部由轻元素（H、B、O、C、Si 等）构成，因此晶体密度较 MOF 要低得多。轻元素通过很强的共价键（C—C、C—O、B—O、Si—C 等）连接起来可以形成一维或三维的多孔结构，具有很高的比表面积，适合于气体储存、催化等领域。作为一类新型的储氢材料，COF 具有很多的优点：①多孔、比表面积大，相关文献中报道的多数 COF 的比表面积超过 $1000m^2/g$，COF-102 和 COF-103 的比表面积更达到了 $3472m^2/g$ 和 $4210m^2/g$，能够与 MOF 相媲美；②密度低，COF 结构中不含金属元素，因此其晶体密度较 MOF 低得多，COF-108 的密度为 $0.17g/cm^3$，是目前报道中晶体密度最低的；③结构的可调控性，与 MOF 和多数多孔材料一样，可以通过变换母体来控制其晶体结构；④气体吸附机理多为物理吸附，特别是低压区，可以在室温、安全压力下快速可逆地吸放氢气；⑤很高的热稳定性，多数 MOF 对热的稳定性超过了 500℃。

COF 的合成基于分子内羟基间的脱水缩合反应。相同分子间脱水会形成一个 B_3O_3 的六元环结构，而不同分子间的脱水反应会形成 BO_2C_2 的五元环结构。按照结构维数可以将 COF 概括为两大类：二维 COF（2D-COF）和三维 COF（3D-COF）。2D-COF 如 COF-1、COF-10、COF-18 等，具有二维的骨架结构和一维孔道。主体骨架结构为层状，层与层之间的堆叠形式类似于石墨 α-氮化硼。骨架结构中含有排列规整的 B_3O_3 六元环或 BO_2C_2 五元环，且孔道多为六边形，孔径为 9～32nm。3D-COF 是指具有三维骨架结构和三维孔道的共价有机化合物，研究较多的包括 COF-102、COF-103、COF-105、COF-108 等。由于其结构的特殊性，3D-COF 较 2D-COF 具有更高的比表面积和更低的晶体密度，从而具有更大的应用范围。

研究发现，COF 的高比表面积、低密度等优点使其在储氢领域具有很大的优势。COF 的储氢以物理吸附为主，仅在低温下才有较好的储氢性能，在温和条件下储氢能力不是很高。改善其常温下储氢性能的根本方法在于提高孔吸附材料与氢之间作用的结合能，例如在孔表面引入带电荷的物种（Li、Na、K 等金属离子）。利用化学还原的方法研究 Li-MOF 的储氢性能时已证实将带正电荷的金属原子引入 MOF 中能够提高其储氢量。受这一研究的启发，国内外很多学者开始研究将锂元素引入 COF（以 3D-COF 为主）后的储氢性能，结果其储氢量有很大提高，锂离子能够自发地吸引多个氢分子，这是由于 Li^+ 与 H_2 的结合力很强。氢气分子 σ 键的电子与锂离子空的 2s 轨道之间能够形成配位键，因此带正荷的锂离子对 H_2 有很强的亲和力。同样研究通过在 COF 中掺杂 Pt PCA 催化剂 [活性炭表面负载 5.0%（质量分数）的铂]，利用一种简单的方法将桥联溢出结构引入 COF 结构中，大大提高了其储氢量和对水的稳定性。

研究表明，共价有机骨架（COF）的储氢能力与其结构骨架的组成关系不大，而更多地取决于骨架的孔径大小。这为材料的设计提出了物理上的挑战，因为需要具有较大孔隙体积的 COF 来实现高的氢气吸附能力。但是，较大的孔隙体积可能会牺牲微孔隙度和强吸附位点。强吸附位点是提高材料气体吸收密度的关键因素。这种趋势在具有高孔隙体积的材料中尤为明显，因为在 77 K 下，小孔或不平整表面的低压氢气吸附比平坦表面或边缘的吸附更为强烈。

简而言之，COF 的储氢性能依赖于其孔隙结构的特性，需要在保持较大孔隙体积以增强吸附能力的同时，也要维持足够的微孔隙度和强吸附位点以提高气体吸收密度。

与其通过牺牲共价有机骨架（COF）的高孔隙体积来获得更高密度的强结合位点，不如采用金属掺杂的方式来引入高亲和力位点，由此提高室温下的储氢性能。研究计算了一系列掺杂锂的COF与未掺杂COF的氢气吸附量。除了展现出更强的H_2亲和力外，锂掺杂的COF-105和COF-108的氢气吸收率在298K和10MPa的条件下分别提高了一倍以上，达到了6.84%和6.73%（质量分数）。这种高亲和力是由于H_2分子和Li原子之间形成了一个具有负键能的化学键。类似的策略也已扩展到其他三维COF中。最后，尽管实验和计算结果表明COF是潜在的储氢材料，但COF的实际应用尚未实现。

参考文献

[1] Luo Q，Li J D，Li B，et al. Kinetics in Mg-based hydrogen storage materials：enhancement and mechanism [J]. Journal of Magnesium and Alloys，2019，7 (1)：58-71.

[2] Klopčič N，Grimmer I，Winkler F，et al. A review on metal hydride materials for hydrogen storage [J]. Journal of Energy Storage，2023，72：108456.

[3] Jain I P，Lal C，Jain A. Hydrogen storage in Mg：A most promising material [J]. International Journal of Hydrogen Energy，2010，35 (10)：5133-5144.

[4] 付垚坤. 过渡金属（Fe、Co、Ni）基化合物的制备及对MgH_2储氢性能的影响 [D]. 秦皇岛：燕山大学，2022.

[5] Murray L J，Dincǎ M，Long J R. Hydrogen storage in metal-organic frameworks [J]. Chemical Society Reviews 2009，38 (5)：1294-1314.

[6] Rosi N L，Eckert J，Eddaoudi M，et al. Hydrogen storage in microporous metal-organic frameworks [J]. Science，2003，300 (5622)：1127-1129.

[7] He T，Pei Q J，Chen P. Liquid organic hydrogen carriers [J]. Journal of Energy Chemistry，2015，24 (5)：587-594.

[8] Sultan O，Shaw H. Study of automotive storage of hydrogen using recyclable liquid chemical carriers [C]. NASA STI/Recon Technical Report N，1975.

[9] He T，Liu L，Wu G T，et al. Covalent triazine framework-supported palladium nanoparticles for catalytic hydrogenation of N-heterocycles [J]. Journal of Materials Chemistry A，2015，3 (31)：16235-16241.

[10] Himeda Y，Onozawa-Komatsuzaki N，Sugihara H，et al. Simultaneous tuning of activity and water solubility of complex catalysts by acid-base equilibrium of ligands for conversion of carbon dioxide [J]. Organometallics，2007，26 (3)：702-712.

[11] Ulucan T H，Akhade S A，Ambalakatte A，et al. Hydrogen storage in liquid hydrogen carriers：Recent activities and new trends [J]. Progress in Energy，2023，5 (1)：012004.

[12] Zhu Q L，Xu Q. Liquid organic and inorganic chemical hydrides for high-capacity hydrogen storage [J]. Energy & Environmental Science，2015，8 (2)：478-512.

[13] Salehabadi A，Umar M F，Ahmad A，et al. Carbon-based nanocomposites in solid-state hydrogen storage technology：An overview [J]. International Journal of Energy Research，2020，44 (14)：11044-11058.

[14] Ströbel R，Garche J，Moseley P T，et al. Hydrogen storage by carbon materials [J]. Journal of Power Sources，2006，159 (2)：781-801.

[15] Wei T Y，Lim K L，Tseng Y S，et al. A review on the characterization of hydrogen in hydrogen storage materials [J]. Renewable and Sustainable Energy Reviews，2017，79：1122-1133.

[16] Chen Z J，Kirlikovali K O，Idrees K B，et al. Porous materials for hydrogen storage [J]. Chem，2022，8 (3)：693-716.

7

水合物储能材料及应用

7.1 气体水合物概述

气体水合物亦称为笼型水合物，是水分子与小分子气体（甲烷、乙烷、氢气、氮气、二氧化碳、四氢呋喃等）通过范德华力形成的一种空间笼型非化学计量的晶体。

气体水合物生成或分解过程可以认为是客体分子与主体分子特异性结合或解离的过程。利用气体水合物生成和分解过程中热力学和动力学特性衍生出来的技术可应用于气体储运、气体分离、海水淡化、储能等领域。

水合物法气体储运技术可用来储存天然气、二氧化碳、氢气等气体，研究重点在于如何使气体水合物储运条件更温和、储气速率更快、能量密度更大、安全性更高、成本更低。Kyung 等利用水合物法储存 CO_2+N_2O 混合气时开发出一种高效捕获温室气体的方法。该团队借助拉曼光谱和 X 射线粉末衍射技术研究了 CO_2 与 N_2O 摩尔比为 7∶3 和 1∶1 时形成的 sⅠ型水合物的结构特征，CO_2 和 N_2O 分子可同时进入 sⅠ型水合物的大笼和小笼，并发现当 N_2O 增多时水合物相平衡条件更加温和，更加有利于水合法储存二氧化碳以及温室气体的捕获。Lee 等研究了 CH_4 +环戊烷（CP）和 N_2 +CP 体系水合物相平衡及在水合物生成时客体分子在水合物笼内的变化，借助 X 射线粉末衍射技术发现 CH_4 +CP 和 N_2 +CP 体系生成的水合物均为 sⅡ型，且客体分子 CH_4 或 N_2 存在与否不会影响 CP 水合物的晶体结构，通过 ^{13}C NMR（C-13 核磁共振谱仪）发现在 CH_4 + CP 中 CH_4 只占据水合物中 5^{12} 小笼，且笼占比小于在纯 CH_4 水合物中 5^{12} 小笼的笼占比。通过原位拉曼实验发现在客体分子进入 CP 水合物后其晶格参数也会发生一些细微变化。Wang 等将 2～5nm 的纳米银颗粒负载到含有十二烷基硫酸钠（SDS）的纳米球载体（polymer nano spheres）中形成 Ag&SDS@PSNS 颗粒用于快速水合储甲烷，研究表明当 Ag 负载量在 5%～50%（质量分数）时储气速率有显著提升，当 Ag 的负载量为 25%时储气时间仅需（42.3±3.9）min，储气量可达（144±1.4）V/V，而未负载 Ag 时储气时间（422.7±63.5）min，储气量（155±6.2）V/V。该团队还用金属银或铜纳米颗粒修饰过的氧化碳纳米管（OCNTs）强化水合储甲烷过程，在 40×10^{-6} Ag@OCNTs 体系和 40×10^{-6} Cu@OCNTs 体系中水合物生成时间分别缩短至 125.1min 和 141.8min；Ag@OC-

NTs 体系中 Ag 浓度为 10×10^{-6} 时储气量最大，达到 153V/V，而 Cu@OCNTs 体系中在 20×10^{-6} 浓度时达到最大储气量 148.3V/V。Abdi-Khanghah 等用类似的思路用氧化锌（ZnO）和 SDS 促进水合物储甲烷过程，结果表明 ZnO＋SDS 可以通过增加甲烷在水中溶解度和溶解速率来加快水合物储甲烷的速度，但是对最终的储量没有提升作用。

上述强化水合储气研究让水合物的生成条件变得更加温和、速率更快，但是水合储气量均未获得提升或有小幅下降。针对此问题，华南理工大学樊栓狮教授团队提出了一系列针对水合物快速、高效储甲烷的方法。例如采用泡沫铝＋SDS 的方法，可以将甲烷水合物的生长时间缩短至 20min 以内，最大储气量达到 168V/V，使用 SDS 干溶液，储气量可以达到 176V/V。为了提高甲烷储气量，进行了吸附-水合耦合储气研究。樊栓狮团队通过优化碳材料表面性质与结构，发现具有超疏水性能纳米结构的氟化石墨烯与水体高速混合后可获得均匀的碳包水结构，具有微小水滴的同时保留了气体的传输通道。在最佳水碳比（$R_w=10$）体系中，水合物能够在颗粒堆积孔中平稳生长。在 273.2K、6.5MPa 下，甲烷储气量达到 229.4cm^3 STP/g H_2O，实现了在润湿的碳材料中进行吸附-水合的耦合储气。

水合物储气的研究近年来越来越贴近工业实际，Parh 等提出了用水合物法捕捉 CO_2 后再对 CO_2 水合物浆液（水合物质量分数为 8%～32%）进行管道运输的方法，该团队认为用 CO_2 水合物浆液运输 CO_2 可以降低气体压缩能耗并且避免生成水合物堵塞管道，同时发现在环路中添加的阻聚剂（质量分数 0.3%、0.5%、0.7%和 1%）对于 CO_2 水合物浆液运输有强化作用。新加坡国立大学 Linga 教授团队Veluswamy 等在前人水合物储气的基础上提出固化天然气（solidified natural gas，SNG）储存技术的新概念，并设计一条水合物法气体储存的工艺链，该工艺链的核心思想为高压生成、低压低温保存，整个工艺链包括水合物生成、水合物颗粒脱水、造粒（球）和储存四个环节。日本某公司也建设了一套水合物造球和水合物球储存的小型工厂，并进行了水合物球储存三个月的长测（图 7-1），结果表明经过三个月的低压低温储存后水合物质量分数仍超过 70%，表明水合物法气体储存在工业上有很好的应用前景。韩国工业技术研究所（KITECH）的研究人员也进行过类似的研究，并装备有工业化水合物造球和储存设备（图 7-2）。

图 7-1 日本某公司水合物造球机及中国水合物球样品

图 7-2 韩国工业技术研究所 (KITECH) 水合物工厂

除储气外，利用水合物还可以进行气体分离。水合物法气体分离技术是利用不同气体分子生成水合物热力学或者动力学条件不同实现分离的一种技术。水合物法气体分离技术可用于生物质气分离、烟气分离和空气分离等领域。Yang 等通过核磁共振成像技术研究了 5%TBAB+5%THF 混合液和 19%（质量分数）THF 溶液水合连续分离 19.96% CO_2/80.04%（摩尔分数）N_2 混合气，并考察了恒压分离和恒流速分离对体系水合分离效果的影响，研究结果表明水合物法恒压分离效果好于恒流速分离，且流速大小几乎不影响水合分离效果。日本庆应大学 Horii 等研究了分别在水和四丁基溴化铵（TBAB）溶液体系中利用水合物法连续分离氢气和二氧化碳，研究发现在水中通过水合物法可较好地分离氢气和二氧化碳，其中水合物相只有二氧化碳、残余气相中氢气占 87%，分离因子为 0.76；当用 0.05%（质量分数）TBAB 溶液进行分离时，分离因子最大可到 0.64，水合物相中二氧化碳占 82%，残余气相中氢气占 81%（质量分数）。华南理工大学樊栓狮教授团队对水合物法分离生物质气、烟气有着系统研究，Qi 等研究了叔丁醇和一氟二氯乙烷对甲烷/二氧化碳混合气水合物相平衡的影响，并指出其在沼气分离领域的应用前景。Fan 等采用恒压水合分离的方法在 TBAB 溶液中实现了 67%（摩尔分数）CH_4/33%CO_2 的高效分离，当水合分离工况条件为 281.3K、1.14MPa 时在 0.293%（摩尔分数）TBAB 溶液中分离（67.00%）CH_4/CO_2 后，气相空间内甲烷浓度可高达 93.52%。Fan 等利用过氧化 2-乙基己酸叔丁酯溶液水合法分离（67.00%）CH_4/CO_2，在 287K、2MPa 的操作条件下用 28%（质量分数）过氧化 2-乙基己酸叔丁酯溶液通过一步分离可以将气相中甲烷的浓度从 67%提高至 89.6%，实现在中温、低压的温和条件下高效分离甲烷。

除了对沼气、烟气、合成气等气体进行水合分离外，韩国的 Seo yongwon 团队对水合物法分离氟化物气体（F-gas）进行了系列研究，包括混合气水合物相平衡、水合物笼型结构分析等理论研究，亦包括混合气体水合分离研究。该团队 Kim 等研究了水合物法分离温室气体 CHF_3，测定了 CHF_3 含量为 10%、20%、40%、60%和 80%的 CHF_3+N_2 的水合物相平衡数据，并通过 X 射线粉末衍射技术确定了各个组分的 CHF_3+N_2 水合物均为 sⅠ型水合物，利用水合物法一步分离可将 CHF_3 浓度从 40%富集至 88%，通过拉曼光谱分析其分离机理：在水合物形成时 CHF_3 更容易进入 sⅠ型水合物的 $5^{12}6^2$ 笼。Kim 等还对水合物法分离 $C_2F_6+N_2$ 进行了研究，该论文对 $C_2F_6+N_2$ 水合物相平衡等热力学问题进行了研究，X 射线粉末衍射技术确定了各个组分的 $C_2F_6+N_2$ 水合物均为 sⅡ型水合物，研究表明在 273.15K 时通过水合物法可以很好地分离混合气并富集 C_2F_6，而将温度升高到 279.15K 时体系会形成一个 C_2F_6-N_2-水的混合水合区而阻碍水合分离。

水合物法海水淡化技术即利用水合物生成过程将溶液中盐离子与水进行分离，再通过水合物分解过程将淡水释放出来的脱盐技术。水合物相平衡温度通常高于 0℃，因此水合物法海水淡化与冷冻法海水淡化相比，理论上具备一定的节能优势，同时水合物法海水淡化还可以用于反渗透（RO）的前处理或者正渗透（FO）工艺中提取液（draw solutions）与水的分离。水合物法脱盐的理论研究和工艺流程设计自 2017 年来取得了新的研究进展，理论研究不再局限于对气体水合物在不同盐度溶液中水合物相平衡的研究，同时采用数值模拟的方法将理论研究和工艺流程设计相结合，获得了水合物法脱盐工业化应用的理论依据。Sahu 等用 HydraFLASH 软件模拟了甲烷、乙烷、丙烷、丁烷和二氧化碳五种气体作为客体分子的水合物法淡化 2.8%（质量分数）盐水过程，模拟结果表明在这五种气体中乙烷和丙烷作为客体分子形成水合物进行溶液脱盐时能耗更合适，综合脱盐性能更好。He 等提出一种利用 LNG（液化天然气）冷能进行水合物脱盐的设计理念（图 7-3），该设计将 LNG 冷能用于气体水合物生成时制冷，采用该设计后经计算生产淡水的能量消耗为 $65.29kWh/m^3$ 饮用水，同时研究发现当水回收率从每小时 40%提升至 70%时可以使相对能耗降低 27.42%，进料盐水的浓度对相对能耗影响较少，当进料盐水浓度从 3.5%提升至 7%（质量分数）时相对能耗只有 2.81%的涨幅，计算结果表明 LNG 冷能脱盐用于高浓度盐水体系水合物法脱盐可显著降低水合脱盐能耗。Ho-Van 等研究了环戊烷在含有 NaCl、KCl、$CaCl_2$ 或者 NaCl-KCl 溶液中生成水合物的热力学性质，测试了在这些盐溶液中环戊烷水合物相平衡数据并修正环戊烷在盐溶液中生成水合物的热力学模型，该部分理论研究可以对环戊烷水合物脱盐起到指导作用。Hu 等测试了最高压力为 200MPa 时 sⅠ型和 sⅡ型水合物在高浓度 NaCl、$CaCl_2$、KCl 和 $MgCl_2$ 盐溶液中气-溶液-水合物三相相平衡和气-溶液-盐-水合物四相相平衡，溶液中是否有盐析出取决于盐溶液的初始浓度，实验结果表明当盐溶液未饱和时相平衡线随着盐溶液浓度增加向低温、高压区域移动，当盐溶液饱和后相平衡线变成四相点。上述理论和数值模拟研究均可为水合物脱盐提供指导。

Fakharian 等对于 TDS（总溶解性固体）为 86460mg/L 和 171000mg/L 的高浓度盐水体系用天然气水合物脱盐研究，通过气固分离将水合物从溶液中分离出来，将水合物分解后获得淡水，在工况操作条件为 274.3K、9.5MPa 时经过三级淡化，截留率可以达到 79.5%～84.3%，且经过工艺优化后该研究所述的天然气水合物脱盐法可以用于 TDS≤160000mg/L 溶液的脱盐。除了应用天然气水合物，Fakharian 等还用 CO_2 水合物对

TDS≤160000mg/L 的高浓度盐水脱盐进行了研究，在工况操作条件为 274.2、3.5MPa 时经过三级淡化，截留率可以达到 82%～89.2%。

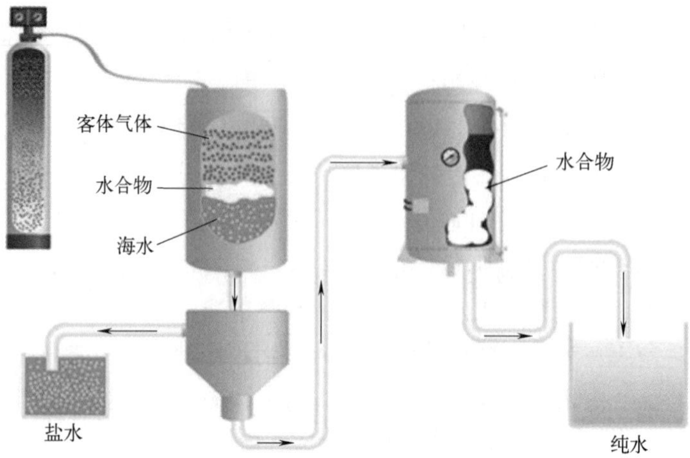

图 7-3 水合物法脱盐流程示意图

水合物储能即利用水合物生成和分解时的相变热进行储热、储冷的技术。Oignet 等对环路内二氧化碳水合物浆液蓄冷时的浆液流动性能进行研究，发现当添加十二烷基硫酸钠（SDS）浓度在 $(1500\sim2000)\times10^{-6}$ 范围内，即可促进二氧化碳水合物生成，同时预防二氧化碳水合物在浆液中聚集堵塞，当浆液中水合物量大于 10%时 SDS 可起到类似于减阻剂的作用。华南理工大学樊栓狮教授团队利用 Aspen Plus 数值模拟构建并分析了水合物蓄冷制冷系统，系统选用一氟甲烷、环戊烷或氟代环戊胺作为水合物生成工质，当系统选用一氟甲烷、环戊烷和水时制冷的 COP（制冷系数）值可达 8.01～8.97，当系统选用一氟甲烷、氟代环戊胺和水时制冷系统的 COP 值可达 7.58～8.49。

水合物用于储能材料主要是两方面，一是作为一种气体储存材料，可以用于储存含能气体，包括天然气、氢气；二是利用水合物相变过程中的生成分解焓，可以将水合物作为潜热储能材料应用。本章主要对水合物储氢及蓄冷两方面开展介绍。

7.2 水合物储氢

7.2.1 氢气水合物的起源和结构

氢气水合物最早可追溯到 1993 年，Vos 首次在 295K 和 3.1 GPa 下合成了氢气水合物。随后 Dyadin 等在实验中发现 273K、200MPa 下氢分子可以存储在 sⅡ 型水合物的孔穴中。从此水合物才作为储氢材料进入人们的视野。之后研究人员在 240～249K 和 200～300MPa 下合成氢气水合物，储氢质量密度可达 5.3%，在 2300MPa 和 300K 的条件下合成储氢量达到 11.2%（质量分数）的氢气水合物，远高于其他储氢材料，自此水合物储氢引来很多学者的关注。

7.2.2 氢气水合物的发展

7.2.2.1 第一代水合物储氢

第一代水合物储氢技术即用氢气水合物储氢。自 Davy 在 1811 年发现水合物距今已有 200 多年。1993 年 Vos 等在压力为 0.75GPa 和 3.1GPa、温度为 295K 条件下首次人工合成了氢气水合物。随后 Dyadin 等报道的实验结果表明氢气水合物的结构类似于 Ice Ⅱ型冰（冰的多晶型结构之一）的结构。毛河光院士团队对氢气水合物的结构进行了系统研究，通过拉曼光谱、X 射线衍射、中子衍射等当时前沿的技术手段表征出氢气是 sⅡ型水合物，其中 2 个氢分子占用 sⅡ型水合物的 5^{12} 笼（小笼），4 个氢分子占用 sⅡ型水合物的 $5^{12}6^{4}$ 笼（大笼）。在此基础上毛先生等首次提出用水合物储氢，在温压条件为 240～249K、200～300MPa 时水合物储氢量为 5.3%（质量分数），经测算此时储能密度为 1.8kWh/kg 和 1.5kWh/L，该水合物样品在 77K、常压可稳定保存；当压力提升至 2300MPa、温度 300K 时通过冰生成的氢气水合物储氢量可达 11.2%，该水合物在液氮中（77K）泄压至 500MPa 时仍能保存。如此高的储能密度已经满足今天 DOE 对于车载氢燃料储氢密度的目标。

上述研究表明氢气水合物是高储能密度的储氢材料，但是氢气水合物生成的温度、压力条件太过苛刻，几乎不具备工业应用潜力。2012 年加拿大 Ripmeester 教授团队利用气相沉积法制作的立方体无定型冰作模板在 140K、12～18MPa 下合成氢气水合物，经计算氢气进入冰笼中形成水合物后储氢量为 10%，该储氢量已经超过 sⅡ型水合物的理论储氢量。同时在动力学上用该方法储氢也有较大优势，在 30min 左右、140K、15～18MPa 下储氢量即可达到 2.7%，Kumar 等通过核磁共振氢谱、拉曼光谱和 X 射线衍射等多种表征手段验证了其所测得数据的准确性。图 7-4 汇总了中第一代水合物储氢技术的储氢量。

时至今日关于氢气形成水合物的基础研究与争论仍未停歇。2016 年 Belosudov 等通过晶格动力学模拟和分子动力学模拟的方法研究了氢气水合物状态方程和自保护效应。晶

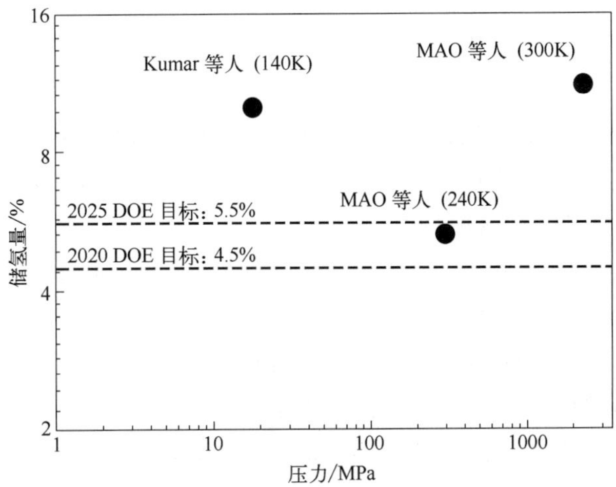

图 7-4 第一代水合储氢技术氢气水合物储氢量汇总图

格动力学计算结果表明水合物可以在相平衡区域内产生自保护效应进而稳定保存的原因是当给水合物相施加一个外压时，水合物相向外界的热膨胀（thermal expansion，相当于水合物分解）受限于冰向水合物的热膨胀（thermal expansion），因此在水合物相外围的冰层可以阻止水合物进一步分解。分子动力学计算结果表明冰壳内的氢气水合物可在远离相平衡线的常压下保存的原因是在水和氢气水合物之间形成了新的氢键作用，该研究为氢气水合物法储运中“高压生成，中温低压保存”提供理论支撑。同年 Papadimitriou 等用蒙特卡洛模拟（Monte Carlo simulations）研究了氢气水合物晶格参数对氢气储量的影响，重点研究了多个氢分子共用一个水合物笼的问题，结果表明晶格参数发生 3%的变化可引起水合物内 13%含氢量的变化，在水合物生成压力为 100～300MPa 时晶格参数对水合物含氢量影响较明显，且晶格参数只影响 $5^{12}6^4$ 笼（大笼）里的氢分子数量。对于 5^{12} 笼而言，笼内氢分子的个数以及氢气水合物中 5^{12} 笼空笼几乎不受晶格参数变化的影响（受影响程度＜3%）。加拿大 Ripmeester 教授团队 Alavi 等在 2017 年发表的综述中认为氢气水合物中氢气分子在 sⅡ型水合物笼中的分布为：1 个大笼可容纳 4 个 H_2 分子，1 个小笼容纳 1 个 H_2 分子，同时分子模拟结果表明 H_2 分子在水合物笼中存在迁移现象，这种现象更容易发生在水合物 $5^{12}6^4$ 笼的 4 个六边形面侧。看似 Ripmeester 教授已经对氢气水合物结构及生成、分解机理盖棺定论，但直至 2018 年 Li 等仍然对每个氢气水合物中能储存几个氢分子留有疑问，Li 等通过计算氢分子团与水合物笼之间的结合能、氢键键能和水合物笼内氢分子团之间相互作用的结合能等能量参数后认为当水合物笼边长为 2.82Å 时，一个 5^{12} 笼可以容纳 4 个氢分子。

虽然到今天关于“一个水合物笼可以储存几个氢分子”这个问题业内仍有争论，但是业内一致认为氢气水合物是一种高能量密度的储氢材料。第一代水合物储氢技术的优势即为储能密度大，劣势即为生成动力学缓慢、生成热力学条件苛刻。为解决这一问题，寻找让水合物储氢更面向于工业化的技术方案，几乎与第一代水合储氢技术同时期出现了第二代水合储氢技术。

7.2.2.2　第二代水合物储氢

第二代水合储氢技术即在水合储氢时加入可以大幅降低氢气水合物生成条件的热力学促进剂，其技术特征主要解决第一代水合储氢技术中氢气水合物生成热力学条件苛刻的问题。1994 年首次发现可以通过促进剂占据水合物笼的方式稳定水合物结构，从而使生成条件大大减低；不足之处在于促进剂会与氢气共同占据水合物笼，降低水合储氢量。因此如何实现纯氢气的储存是未来的一个重要方向。

在热力学促进剂中，sⅡ型促进剂因水合物构型与纯氢气水合物类似而备受关注，常见的 sⅡ型水合物促进剂有四氢呋喃（THF），其中美国某大学 Sloan 教授团队的 Florusse 等人在 2004 年发现添加 THF 将水合物储氢条件从 279.6K、300MPa 降低至 279.6K、5MPa，此时 THF 和 H_2 一同作为客体分子储存在水合物笼中，该研究成果标志着在温和条件下也可得到氢气水合物，从此水合储氢促进剂的研究逐渐成为水合储氢研究中的热门方向。除了 THF 外，sⅡ型促进剂还有环戊烷、环己酮、呋喃、四氢噻吩等，通过对比可知同浓度 sⅡ型促进剂对于氢气水合物相平衡影响效果差别不大。

sⅠ型促进剂和 sH 型促进剂也可以作为有效的水合物热力学促进剂，图 7-5 中对比了不同结构氢气水合物的相平衡条件和储氢量，与 sⅡ促进剂相比，sH 型氢气水合物的理论储氢量可能增加 40%以上，具有更大的储气能力，然而 sH 型氢气水合物需要较高的生成压力，其储气能力目前受到极大的限制。除了以上常规的三类水合物促进剂，氢气还可以与一些季铵盐类试剂（TBAB、TBAF 等）共同生成半笼型水合物，其特点在于生成条件最为温和，而理论储氢能力最弱。此外 Prasad 等人报道发现叔丁基胺与氢气分子形成 sⅥ结构水合物，包含 $4^4 5^4$ 和 $4^3 5^9 6^2 7^3$ 两种笼型。理论计算表明，与其他水合物相比，sⅥ结构水合物具有最大的氢气储存能力，但实验同样发现在高压作用下，水合物结构会由 sⅥ型结构向 sⅡ型结构快速转变，这将显著降低对氢气的储存能力。

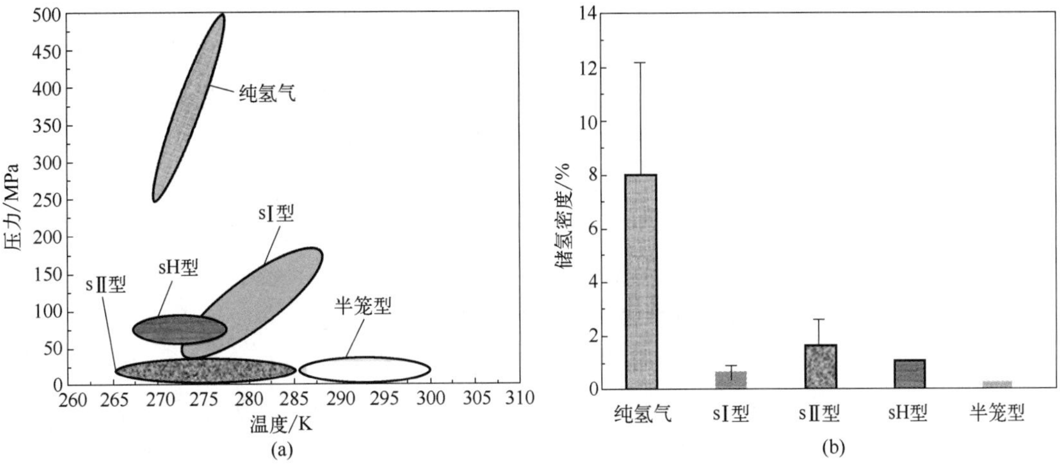

图 7-5 不同结构氢气水合物的相平衡条件和储氢量分布示意图

7.2.2.3 第三代水合物储氢

第二代水合储氢技术可以通过促进剂显著降低水合储氢所需要的温度、压力条件，但是跟第一代水合储氢技术相比水合储氢量也显著降低。第三代水合储氢技术应运而生，旨在解决水合储氢量降低的问题。第三代水合储氢技术的核心为采用含（热）能、可燃烧的甲烷、乙烷、丙烷等作为水合储氢促进剂，在降低氢气水合物生成条件的同时提升所储气体的总热值，达到提升储能密度的效果。2000 年首次展开第三代水合储氢技术研究，至今已有 20 余年历史。

2000 年中国石油大学（北京）郭天民教授团队对氢气和烷烃（甲烷、乙烷、丙烷）混合气的水合物相平衡条件和促进效果进行了研究，拉开了第三代水合储氢技术发展的篇章并奠定了第三代水合储氢技术的基础。随后研究人员运用第三代水合储氢技术进行了水合储氢实验研究，在 270K、12MPa 下用丙烷作促进剂时水合储氢量达到了 0.33%（质量分数）；也研究了氢气含量为 40%～80%（摩尔分数）的氢气/丙烷混合气的水合储氢性能，但却发现在 273K 时水合储氢所需的压力条件仍然在 250MPa 左右，该研究并没有对该研究储氢量进行计算；随后也对丙烷促进水合储氢进行了研究，该研究提出一种全新的储氢方法：首先在 50g、250μm 的冰粉中合成丙烷水合物，丙烷水合物合成压力为 0.38MPa、温度 272.2K、合成时间为 3 天，随后通入氢气至体系压力为 0.67MPa 和

1.5MPa后再进行2～4天的实验，实验结果表明氢气进入水合物相主要发生在注入氢气后的前30min，2h后体系压力开始非常缓慢地下降，在两个压力下水合物相中氢气笼占比分别为2.1%和4.5%，经计算储氢量仅有0.02%和0.04%（质量分数）。同样有研究人员测量了0.95%丙烷/氢气和35%（摩尔分数）丙烷/氢气两种混合气的水合物相平衡，测试结果表明添加0.95%丙烷即可将氢气水合物相平衡降低至温度274.2～281.2K、压力1.5～9.0MPa区间，当混合气中丙烷浓度为35%时相平衡范围在274.2～278.2K、压力0.4～1.2MPa区间。本质上丙烷和氢气的混合气也生成sⅡ型水合物，因此丙烷对水合储氢热力学促进特征与sⅡ型第二代水合储氢促进剂特征类似，均为极少浓度的促进剂即可起到很大的热力学促进作用，而当促进剂浓度进一步提高时促进效果提升量有所降低。

除了丙烷外，甲烷也是第三代水合储氢技术中重要的促进剂。研究人员借助原位拉曼光谱对甲烷/氢气水合物热力学特征和晶体结构变化进行研究，研究结果发现对于甲烷/氢气混合气而言，在低压下生成水合物时仅有甲烷进入水合物相中，当压力进一步升高时氢气才会进入水合物相，且随着压力升高晶体结构会从sⅠ型转变成sⅡ型。例如对于95%（摩尔分数）H_2/CH_4混合气而言，在263K、40MPa条件下仅生成甲烷水合物，在263K、50MPa和60MPa时生成sⅠ型氢气/甲烷水合物。在263K、70MPa和80MPa时生成sⅡ型氢气/甲烷水合物。同时研究还表明生成的sⅠ型氢气/甲烷水合物会逐渐转变成sⅡ型氢气/甲烷水合物，经过拉曼光谱分析水合储氢实验在263K、70MPa条件下水合储97%氢气/甲烷混合气储氢量最大为0.31%（质量分数）。随后还研究了甲烷和氢气在混合气中的比例对于甲基环己烷（MCH）＋水＋甲烷＋氢气体系水合物相平衡的影响，研究表明此时生成sH型水合物且随着H_2浓度的增加相平衡条件逐渐苛刻，该研究用热力学模型计算了sH型水合物中各个客体分子在小笼、中笼、大笼的占比的变化，发现随着压力的增加甲烷在小笼和中笼的占比增加。研究人员还对氢气/甲烷混合气水合进行理论研究，通过热力学模型计算晶格振动弛豫以及主体分子与客体分子、甲烷客体分子和氢气客体分子之间的相互作用，理论计算表明当甲烷浓度低于6%时，混合气生成水合物的热力学稳定晶型为sⅡ型，当甲烷浓度高于6%时为sⅠ型。理论计算了在250K时生成sⅡ型水合物储氢量最高可达2.6%。分子动力学模拟研究了氢气/甲烷水合物的生长过程，发现在氢气/甲烷水合物生长过程中甲烷充当热力学促进剂、氢气充当动力学促进剂，在50MPa、250K下氢气/甲烷水合物的生长速率最大，同时随着压力的增大水合物生长速率变快。同时当反应温度升高时，氢气在5^{12}笼和$5^{12}6^4$笼中的占有率下降；当压力升高时，氢气在5^{12}笼中的占有率增加，但是在$5^{12}6^4$笼中占有率几乎保持不变，$5^{12}6^4$笼可以被三个氢分子或者一个氢分子和一个甲烷分子占有。

7.2.2.4　水合物储氢材料新进展

近些年随着氢能的发展，水合物储氢技术再一次掀起研究热潮。Wang等人采用分子动力学模拟的方法，研究了不同温度和压力条件下（240～260K，70～110MPa）甲基环己烷-氢气水合物的储氢性能、氢气分子笼间分布、氢分子的扩散行为等，结果如下。①在相同条件下，诱导生成的sH型二元氢气水合物比同时生成的方式更容易且能储存更多的氢气分子。②由密度分布图和氢气分子数统计可知，温度在 250～260K 之间时，压力对储氢容量影响不大，在 70～110MPa 下，储氢量为 0.5～1.0%；在 240K，相同压力下，储氢量提高到 1.6～2.0%。③水合物中的储氢过程受两种扩散过程的影响。一是从气相到水合物的扩散。边界层上的 5^{12} 笼将防止氢气扩散到水合物相。另一种是氢气从水合物逸出到气相。当氢分子的动能较大时，氢分子很容易从笼中逸出。当氢分子的动能较低时，更容易在水合物笼中稳定，提高了水合物的储氢能力。综上所述，模拟结果表明，在 240K 条件下诱导生成是微观尺度上生成含氢水合物的有效方法。当温度为 240K 时，氢分子从环境中获得的能量较少，因此大部分氢分子可以稳定地存在于同一个水合物笼中，不易移动，增加了水合物储氢能力。

随后他们以丙烷水合物制成的“沸石冰”作为储氢材料，在 264.3K 和 10.34MPa 条件下，丙烷水合物的储氢量为 1.18%，拉曼光谱证明了氢气分子进入水合物笼中。在 250～270K 和 30～70MPa 条件下，模拟了氢气-丙烷二元水合物在分子尺度的形成过程，考察了压力和温度对氢气储存及其稳定性的影响，研究结果表明当温度低于 270K 时，压力和温度对水合物的储氢能力影响不大，但在 270K 时，降低温度和增加压力相对有效。氢气分子的扩散系数控制着氢气的储存。在 270K 时，氢分子倾向于 5^{12} 笼，而在温度低于 270K 时，在一定压力下，氢分子倾向于在 $5^{12}6^4$ 笼中稳定。随着温度的升高，笼中双氢分子的运动逐渐变得无序，这可能与温度对水合物晶格结构的影响有关。

在水合物储氢的宏观实验上，热力学添加剂的使用对氢气水合物的储存性能和稳定性有着重大作用。Wang 等人先后探究了单一热力学添加剂环氧环戊烷（ECP）、环氧丙烷（PO）、四氢吡喃（THP）、二氯甲烷（DCM）和混合热力学添加剂叔丁醇（tBA）+CH_4、THF+TBAB 和六氟化硫（SF_6）+TBAB 与氢气的热力学稳定性能。结果表明醚官能团（C—O—C）和卤素官能团对氢键均有显著影响，在范德华力增强的情况下，二元氢气水合物在热力学上更加稳定，并且对称的几何结构和合适的分子大小也有利于热力学添加剂的选择。混合添加剂体系中，低浓度 TBAB 溶液的添加对水合物形成有促进作用，在相同压力下，平衡温度有显著提高，并且 sⅡ 添加剂（THF 或 SF_6）与半笼型水合物添加剂（TBAB）组合可形成具有独特氢键网络的共晶水合物结构，其对水合物解离条件的热力学促进作用优于单独的 sⅡ 或半包合物水合物。

除了液相添加剂可以与氢气形成水合物外，气相组分也可以与氢气形成水合物。Li 等人以 CH_4、C_2H_6、C_3H_8 和 H_2 为气相组分，建立了 Patel-Teja +Chen-Guo（PT-CG）模型预测不同组成、不同氢气含量下水合物的相平衡条件，在文献数据温压区间 273.85～291.45K、1.23～20.73MPa 和含氢量 4.55～88.93%范围内，建立的 PT-CG 模型预测水合物形成压力的平均绝对偏差（AADP）为 8.11%，而相平衡软件 Multiflash 和 PVTsim 测试 AADP 分别为 16.32%和 30.94%，表明建立的 PT-CG 模型整体精度较高，随后测量了纯水中 M1（20%CH_4+80%H_2）、M2（80%CH_4+20%H_2）、M3（73%CH_4+7%C_2H_6+20%H_2）和 M4（43%CH_4+5%C_2H_6+ 2%C_3H_8+50%H_2）体系的水合物形成条件，并与模型预测结果相对比分析，AADP 分别为 7.12%、1.63%、3.52%和 4.96%。

实验层面上，Chen 等人以 ECP 为热力学添加剂，研究了 ECP 水合物颗粒的储氢能力和储氢速率，结果表明 ECP 水合物颗粒不仅缩短了诱导时间，而且提高了储氢容量。

通过粒径的进一步筛分以及不锈钢网的使用可以进一步提高储氢容量和储氢率，3 层不锈钢网的 ECP 水合物颗粒储气量最大为 0.64%，其中水合物粒径越小，初始阶段的储氢容量和储氢速率越大。水合物粒径减小，气固界面面积增大，气体吸附速率和吸附量增大。此外，不锈钢网隔板具有良好的导热性，减少了水合物形成热的影响，分散了水合物颗粒，缩短了氢气在孔隙中的扩散距离，提高了储氢能力。随后他们进一步提出了一种通过调节界面气体分布来快速储氢的新方法，在气液界面处高浓度的丙烷诱导形成大量亚临界尺寸的水合物晶体（无定形水合物核），氢气几乎可以与丙烷同时进入水合物晶体，实现了成核模式由渐进成核向瞬时成核的转变，突破了水合物生长过程中水合物晶核数的限制，实现了水合物超快速储氢。另一方面，水合物晶体不是致密的水合物层，这降低了传质阻力和空笼的比例，增加了水合物笼中存在多个氢分子的可能性。在初始压力为 18.2MPa，温度为 274.15K，SDS 浓度为 0.1%（质量分数）时，水合物的平均生长速率为 289.28×10^{-2} $cm^3\cdot cm^{-3}$ 水合物 $\cdot min^{-1}$，诱导时间为 30 分钟，从水合物成核到 90%最大储氢量所需时间仅为 21 分钟，储氢量最大为 0.628%。拉曼光谱也证明了这两种方法都可以实现多氢占据，可以显著提高基于水合物的储氢容量，他们的研究首先在 ECP-H_2 二元水合物样品中检测到两个特征拉曼峰，$4125.5cm^{-1}$ 和 $4157cm^{-1}$，其中高频侧 $4157cm^{-1}$ 处的峰表示 5^{12} 笼中有双氢分子占用，低频侧 $4125.5cm^{-1}$ 处的峰被指定为 5^{12} 笼中的单个氢分子。随后在丙烷-氢气二元水合物中，观察到 $4129cm^{-1}$ 和 $4123cm^{-1}$ 的拉曼特征峰，其中，$4129cm^{-1}$ 的峰值归因于大笼（$5^{12}6^4$）中的双氢分子，而 $4123cm^{-1}$ 的峰值代表 5^{12} 笼中的单氢分子。

有研究表明，水合物在其热力学稳定区外具有异常稳定性，其分解相当缓慢，称为自我保存。而水合物的异常保存特性提高了水合物作为储气介质的便利性，在工程应用中具有多种潜在优势。Lang 等人对二元 THF-H_2 水合物的分解动力学进行了一系列实验研究，系统研究了不同因素对 THF-H_2 水合物分解动力学的影响，结果表明压力对 THF-H_2 水合物的解离有很大的影响，压力越高，THF-H_2 水合物在最终稳定阶段的解离率越低，氢气的储存量越大。基于本工作的结果和已有的模拟，将 THF-H_2 水合物的分解分为快速解离、缓慢解离和稳定解离三个阶段。在 271K、5MPa 下，THF-H_2 水合物在 80h 内的解离率不大于 50%。THF-H_2 水合物的解离速率不随温度呈简单的线性关系。THF-H_2 水合物在解离过程中存在异常温区（$253K\leqslant T\leqslant268K$），表现为延迟分解现象，称为“类自保存”。THF 的“水合物相位屏蔽”和稳定效应有助于氢气在低压下保持在水合物中。研究结果为氢气水合物的储运提供了思路。

7.2.3 氢气水合物的应用

氢气水合物的研究目前仍处于实验室阶段，还未能有实际应用。未来氢气水合物想要实际应用，首先应该解决工业放大的问题，这里存在的主要挑战是：

① 极端的实验条件（低温与高压耦合）；

② 形成速率慢；

③ 储存容量低；

④ 由界面性质而导致的传质限制；

⑤ 传热阻力。

在工程领域，由于所需的特定工艺条件，与高压低温相关的高昂压缩制冷运营成本和压力容器高额的建设支出是项目经济可行性的关键因素。因此，有必要开发一种高效的反应技术，以应对上述挑战。

（1）传质限制

通常，动力学限制和传质限制很难明确区分，且常被混为一谈。在这种复杂的多相反应过程中，确实难以将动力学效应与传质限制分开。为了形成水合物，客体分子必须被传输至正在凝固的水合物形成界面的反应前沿，而固体水合物界面的存在会导致传质阻力的持续增加。具体来说，水合物的形成速率与生长中的水合物壳的厚度和增加的水合物颗粒表面积成反比。为了尽可能减少传质阻力，水合物的形成应在允许通过化学或机械手段连续补充新形成的水合物表面的装置中进行，比如搅拌、喷射、鼓泡等装置。

自 20 世纪 90 年代初以来，大多数已发表的研究都集中在通过使用动力学促进剂（例如表面活性剂）来克服缓慢的动力学/传质限制。然而，新型的气液接触模式和材料的发展也引起了一些兴趣，以最大限度地提高气液界面（增加传质驱动力），以及快速消除水合物的形成热（增加传热）。下面介绍一些相关概念。

缓慢的形成速率以及水向水合物的低转化率是所有类型水合物的共同挑战，研究发现用填充有硅砂颗粒的填充柱会导致水合物的生产速率加快，并且这些颗粒还可以使水转化率最大化（水转化率高达 98%），其中水合物的形成速率甚至比搅拌罐中更快，但随着反应程度的增加，黏度增加，水合物生产速率迅速降低。通过使用硅胶，即多孔颗粒，可以有效降低传质阻力，加快水合物生长。

水合物的形成需要高度分散的气泡或水中高度溶解的气体，这可能对反应器的设计带来严格的限制。虽然添加剂（热力学促进剂、表面活性剂等）的加入不会显著影响反应器设计，但机械扰动几乎决定了反应器的类型。通过混合、喷洒液体（气体作为连续相）、气体鼓泡（选择液体作为连续相）等方式来获得机械增强。鼓泡反应器是处理气液反应的常规配置，但在气液界面处形成的水合物会阻碍传质驱动力，仅靠鼓泡产生的剪切应力很难断裂，此外，水合物覆盖的气泡还倾向于团聚。搅拌反应器通常用于批量反应，但必须克服由所需高压而导致的密封挑战，同时也存在能耗问题。随着反应的进行，水合物浆液的黏度随反应程度而增加，又会增加搅拌功耗。因此有建议将水合物的比例控制在 5%以下。除了功耗外，水合物浆液黏度的增加导致操作过程中湍流的减少，从而减少了打破气泡周围水合物壳所需的剪切应力，进而难以保持传质的活性表面积。

更优的方法可能是选择水作为分散相，以最大限度地扩大界面面积，并确保“剥离”水合物外壳以避免减缓反应速率。对于这种应用，可以设想一种具有高传热和传质效率的化学反应器，以及通过粒子-粒子和粒子-壁碰撞来增强剥离。20 世纪 80 年代开发的烧蚀反应器就是根据生物质热解中旋风反应器的典型应用发展而来的。旋风分离器在热解过程中必须不断地脱除外壳以提高热解速率。在高压（高达 10MPa）下工作的烧蚀旋风式反应器在低温下工作。由于水合物的形成时间较长，装置中的颗粒停留时间必须与所需的反应时间相匹配。

（2）存储容量低

水合物的低储存容量很难通过反应器的设计来改善，除非它是由大量未反应的间隙水所导致的问题。这在工业放大过程中是最常见的问题。为了解决这个问题，可以使用干水。

干水是一种由气相二氧化硅（SiO_2）颗粒包裹水滴形成的自由流动的材料。这种结构可以防止水滴聚结，并且可以通过调节混合速度来控制颗粒的粒径。尽管干水具有低自重的优点，因为二氧化硅的重量仅占约5%，但在增加加热/冷却循环次数时，颗粒可能会团聚，导致储存容量的损失和动力学性能的下降。尽管如此，干水依赖于小颗粒的特性，可以设想一种基于离心流化的反应器概念，通过赋予小颗粒离心加速度来实现流态化。

（3）传热限制

在水合物形成过程中，研究人员致力于增加气液界面处的传质驱动力。然而，打破传热和传质限制的设计是相互矛盾的。实际上，在分散相为液体的情况下，增加气液接触面积是有益的，但这种做法限制了水合物生成时热量的移除（因为气体的导热性和热容较低）。为了有效地移除水合物形成过程中产生的热，应选择水作为连续相。然而，这样做可能会导致由气泡聚结和传质限制而产生的潜在问题，如前所述，除非采用一些机械手段，如使用网板或振动等，也可以改变反应器的设计，如基于空气喷射水力旋流器概念的旋转流体反应器（SFR），利用剪切应力和内部多孔网格减小气泡尺寸，破坏聚结气泡，从而产生非常高的界面面积。

在考虑工业相关规模的传热限制时，我们还必须意识到，高压意味着需要使用厚壁不锈钢反应器。容器或管壁的传热限制是水合物反应器设计和放大中一个常被低估的问题。对于工业规模的搅拌罐（即当直径超过0.2～0.4m时），主要的热阻是从反应器内部转移到反应器壁，建议通过在反应器内插入冷却盘管来解决这个问题。然而，管式反应器的放大很少会导致管径的大幅增加，因此通过反应器壁的传热限制是有限的。但是，从逻辑上讲，使用管式反应器会限制混合的可能性，因此可能引起水合物的团聚。

（4）反应堆概念开发

在公开文献和专利数据库还介绍了一些反应堆概念。目前关于中试工厂规模的水合物反应器并不多，其中与氢气水合物相关的装置几乎不存在，但存在相关的设计概念。有研究人员提出了一种用于生产氢气水合物的微流体装置。在这个装置中，水合物颗粒沿着微反应器的长度生长，在微反应器通道中的气-液或液-液（包括惰性油相）多相分段流中，即以微小规模间歇反应器的形式生长，反应器间由惰性相隔开，并可以通过放大和缩小（使用微反应器阵列）扩大到相关的工业生产，这种微反应器可以消除限制水合物生长的传质阻力并且通过将水合物的尺寸保持在亚微米范围内，可以避免水合物堵塞通道。水合物与过量H_2通过聚合物膜来分离，其中H_2可以渗透；而水合物颗粒从溶液中分离则是通过流动声学（颗粒在压力节点处定位）或通过毛细管分离来实现的。

（5）规模化、工程和经济方面

水合物储氢的大规模存储还有待实践，主要工业挑战是需要相当大的压力，即sⅡ型水合物在273K时约为200MPa。尽管促进剂可以显著降低该压力，例如，在273K时添加 THF 将压力降低到 7MPa，但也可以降低存储容量（促进剂填充水合物大笼子），除非 H_2 还可以进入 sⅡ水合物的大笼子，同时保持优良的动力学。

某公司公布了 35MPa/140K 和 30MPa/223 K 的水合物储氢工厂（基于间歇式搅拌罐式反应器）的概念设计，分别用于 H_2 和 THF-H_2 水合物储存，储存温度选择在水合物生成温度以下 50K，以尽量减少水合物颗粒的潜在粘连。由于有巨大的冷量需求，水合物储氢工厂必须毗邻液化天然气汽化装置。研究表明，使用传统冷却会导致过高的电力需求。某团队考虑了基于采矿业的反应堆概念，描述了一种大型地下储罐式和腔体式储罐系统，用于简单的 H_2 水合物生成。所描述的概念设计基于一个 35000m^2 的筒仓，计划通过邻近的液化天然气设施集成来散热。洞穴式存储系统的总成本平均为 15100 万欧元，其中三分之二归因于地下存储所需的制冷。

某团队比较了不同储存技术（液化、压缩、金属氢化物以及地面水合物厂）用于大规模储存［90 天储存 3000m^3（标准状况），90 天 H_2 释放，其余 90 天左右不操作］的年度成本，研究结论显示，如果冷能可以由液化天然气工厂提供（无须额外成本），则以水合物储存代表了最低的年成本。水合物储氢的年度总成本（建筑、电力、燃料和水损失）为 1100 万欧元，为高压压缩氢气年度成本的 64%。在高压下，氢气的储存密度仍然很低，导致存储体积大，因此投资成本高。即使水合物冷却不是来自邻近的液化天然气工厂的冷量，而是来自额外冷却系统，水合物储氢仍然优于液化储氢。在这一设计中水合物合成-储存中的水会被回收利用，从而降低了冷却设施的要求。他们的概念反应器使用旋转式储料器储存，从储罐顶部洒下的冰粒，加压以合成水合物。然后从储罐底部通过气力输送将水合物运输到释放单元。

随着对氢能作为清洁能源的不断探索和研究，储氢材料领域取得了显著的进展。从金属氢化物、有机液体、碳材料到水合物储氢技术，每一种材料都有其独特的优势和应用场景。尽管目前还存在一些挑战，比如储氢密度、成本、安全性以及循环稳定性等问题，但科学家们正不断努力，通过材料创新和工艺改进来克服这些难题。

随着全球对可持续能源解决方案的需求日益增长，储氢材料的研究和开发将是能源领域的一个重要方向。我们有理由相信，随着技术的不断进步和创新，储氢材料将在未来能源系统中扮演越来越重要的角色，为实现碳中和目标和构建清洁、高效的能源体系作出贡献。让我们期待储氢技术在未来能够实现更大规模的商业化应用，为全球能源转型和环境保护带来革命性的变化。

7.3 水合物蓄冷材料

近年来，人们对于冷能快速增长的需求，使得低温储能材料变得非常具有吸引力，在众多的储热技术中，基于相变材料的储热技术已经在各种制冷应用中广泛得到应用。相变储能材料凭借其较高的储能密度受到了重视，这种潜热技术为解决供需不平衡的问题提供了可行的方案。然而尽管低温、零度以下的相变材料已经得到商业化应用，但是基于相变材料的冷能储能技术的应用仍然是有限的，原因在于相变材料有导热性差、过冷问题严重以及存储介质相变时发生的泄漏等问题。

对于蓄冷蓄热技术（CTES），适用于建筑空调系统，一种典型的CTES的电力交流系统配置如图7-6所示。通过这种方式，可以在适当的情况下产生冷能。CTES与换热系统的使用提供了成本和效率优势：①接入非高峰电价降低电力成本；②降低用电高峰收费，提高用电需求管理能力；③通过夜间操作提高冷水机效率，减少冷水机启动周期；④通过与CTES分担负荷，提高冷水机的效率；⑤减少了冷水机的尺寸和初始成本；⑥蓄热比电池便宜很多；⑦适当的太阳能冷却后备设施，以缓解能源间歇现象。

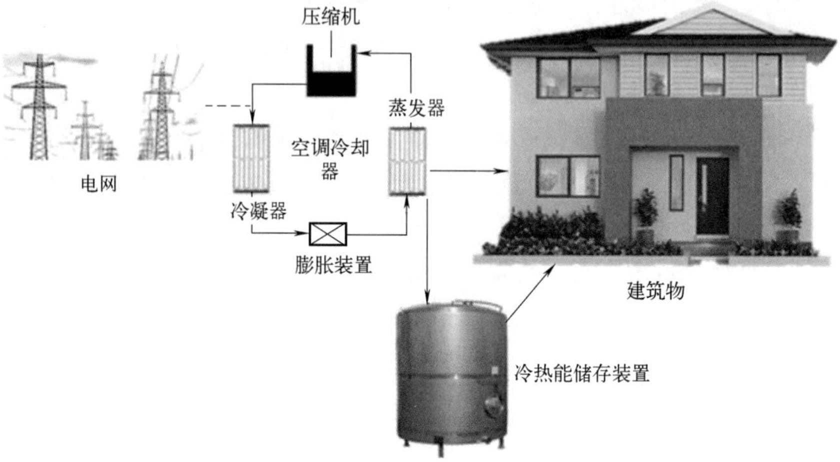

图7-6 空调系统中CTES的典型组成

然而，冷却介质的缺点使得其无法得到广泛的应用。在该系统中，冷却介质来自冷冻水，冷冻水的储能密度较低，每降低1℃，其储能密度为4.18kJ/kg，因此需要大量的介质。

气体水合物是一种冰状化合物结构，其中水分子形成笼状包合物来承载气体分子，客体分子可以是氢气、氮气、二氧化碳和氢气等，其一般反应式为：

$$\text{R(气体或液体)} + n\text{H}_2\text{O} \rightleftharpoons \text{R} \cdot n\text{H}_2\text{O} + \Delta H \tag{7-1}$$

气体水合物属于新一代蓄冷技术，又称“暖冰”，实际上，以CO_2水合物技术来说，已经广泛应用于碳捕获与碳封存、气体分离等方面。基于CO_2水合物的CTES已经被公认为是一种具有成本效应的蓄冷解决方案。水合物蓄冷技术在冷库应用方面表现出了优越的性能，例如具有大范围的相平衡温度（0～15℃），可以通过调整配方组成和压力来进行调节。除此之外，水合物蓄冷技术具有高潜热、材料成本低、化学安全稳定性高以及蓄冷密度与冰相当等优点。CTES过程依赖于充放电热化学过程，能量的交替来自水合物的形成（放热）和水合物的分解（吸热）。由于其原料来源广泛且相对环保，以CO_2水合物作为冷却过程中的冷却载体可以逐步淘汰氢氟碳化物。

7.3.1 客体的选择

理想的蓄冷工质应具有以下特点：蓄冷密度大（相变潜热大），适当的相变温度（4～12℃）和工作压力（0.1～0.3MPa），适当的热物性（热导率高、相变体积变化小、过冷度小和溶解度高），化学性能稳定，无污染，无ODP（臭氧消耗潜势）和GWP（全球变暖潜势）效应，价格合理。

CFCs（氯氟烃）和HCFCs（氢氯氟烃）破坏大气臭氧层并具有温室效应，国际上已经逐步禁止或限制使用这类制冷剂，主要以制冷剂作为客体物质的气体水合物蓄冷工质也面临着相应的替代问题。作为替代工质的HFC（氢氟烃）类制冷剂（如R134a和R152a等）气体水合物具有良好的应用前景。但是单组分气体水合物用于蓄冷时，在温度、压力、反应速率以及过冷度等方面不能完全满足要求，因此，采用混合气体水合物（如R141b/R152a、R141b/R134a等）可以通过改变高低压工质的配比来使蓄冷过程的压力保持在一个大气压附近，该领域的研究已经引起广泛关注。从环保意义出发，选用天然工质作为客体物质生成水合物也具有重要研究意义，这类物质主要包括NH_3、CO_2和烷烃类物质。

此外，由于上述的有机制冷剂难溶于水，国内外又对一些可溶于水的物质（如四氢呋喃、丙酮、季铵盐等）的笼型水合物蓄冷过程进行了研究，这类物质生成水合物不需要搅拌，且方便用来制成水合物浆，直接输送到风机盘管进行制冷，但它们往往具有一定毒性或可燃性，其蓄冷特性和安全性还需要进一步研究。

7.3.1.1 CO_2水合物浆

CO_2水合物技术已应用于碳捕集与固存、气体分离、食品工业中的分离和保存过程、基于水合物的海水淡化等方面。基于CO_2水合物的CTES已被认为是一种具有成本效益的储热解决方案。在有限的水合物体积下，CO_2的解离焓高，吸收效率高，并且可以通过CO_2的回收来缓解温室效应问题。

CO_2分子可以与水形成sⅠ型水合物。该水合物的临界温度为283.05K，临界压力为4.44MPa。通过差热分析（DTA）和差示扫描量热法（DSC）测试，CO_2水合物的解离焓为501～507kJ/kg。因此，CO_2水合物比冰（334kJ/kg）和TBAB（200kJ/kg）等其他类型的浆体在蓄冷方面具有明显的优势。据报道，当总CO_2摩尔分数为2.88%，温度为275.24K时，浆体中的水合物分数为2.8%（体积分数），有效焓高达$1.15\times10^4kJ/m^3$（水）。因此，CO_2水合物浆料被认为是一种很有前途的多相二次制冷剂替代品，但较高的生产压力阻碍了工业应用。

有研究表明在274～285K的温度范围内，加入THF（四氢呋喃）可以使CO_2水合物的平衡压力降低79%，且THF+CO_2混合水合物的分解热依然大于冰的分解热。

添加TBAB（4.43%～9.01%，质量分数）可以使CO_2水合物的生成压力降低70%～90%（浓度与压力降成正比），且进一步研究了CO_2水合物占比低于10%的水合物浆的流动阻力特性。

总的看来，CO_2水合物浆的熔化热比较高（大于冰浆），相变温度高于零度，与常规空调的制冷温度接近，因而非常适合作为载冷剂应用于常规空调系统中。

7.3.1.2 碳氢化合物水合物

烷烃类物质根据形成的水合物结构类型，分为sⅠ型、sⅡ型和sH型。sⅠ型结构的晶格空穴中只能填充 CH_4、C_2H_6 等小分子烃类；sⅡ型结构中还可以容纳 C_3H_8、C_4H_8 等较大的烃类气体分子；而 sH 型结构除了能容纳上述各种分子外，还能容纳更大的原油分子 i-C_5H_{12}。

不同气体水合物不仅晶体结构不同，解离焓以及相平衡温度也有很大不同。例如：CH_4、C_2H_6、C_3H_8 和 i-C_4H_{10} 的解离焓分别为 56.9kJ/mol、71.1kJ/mol、126.0kJ/mol、130.4kJ/mol。

7.3.1.3 水溶类水合物浆

水溶类水合物是指可溶于水的水合物，如四丁基溴化铵（TBAB)、四丁基溴化磷（TB-PB)、四丁基氟化铵（TBAF)、四丁基氯化铵（TBAC)、四氢呋喃（THF）等。这些工质均与水互溶，且在常压下即可反应，对环境友好，可以克服传统水合物工质的缺陷。

（1）半笼型水合物

季铵盐在形成水合物的时候与传统的 sⅠ型、sⅡ型、sH 型水合物结构不同。季铵盐的阴离子与水分子共同组成水合物笼，季铵盐的阳离子占据融合的大笼，形成半笼型水合物。在半笼型水合物的客体和主体分子之间，除了有范德华力外，还显示出了特定的氢键相互作用力。

日本某公司最早将 TBAB 水合物浆作为蓄冷材料，发现 TBAB 水合物浆的蓄冷能力是冷冻水的 2～4 倍。在 Wang 的一项研究中，测得 TBAF 在质量分数为 30%时相变温度最高，约 26.0℃，通过与 TBAB 的相变过程进行对比，TBAF 相变诱导时间要短得多。在 TBAB 溶液中添加 6%～8%（质量分数）的 NaCl 能降低水合物的相平衡温度；25%～45%（质量分数）TBAB 溶液的相变温度在 5.8 ～9.3℃，其中 40%浓度的 TBAB 溶液相变过程最稳定，并发现添加硼砂能减小 TBAB 水合物过冷度。TBAB 各浓度水合物的相变温度和相变潜热并不相同，在 42.5%浓度时相变潜热最大可达 172.9 kJ/kg，相变温度为 10.0℃，随着冷源温度升高，TBAB 水合物的相变温度升高，过冷度降低。

（2）四氢呋喃水合物

四氢呋喃（THF）是一种杂环有机化合物，分子式为 C_4H_8O，属于醚类，是一种无色、可与水互溶的有机液体。在常压条件下可生成 sⅡ型水合物，化学计量比 THF∶H_2O=1∶17，换算为质量分数为 19%。和半笼型水合物一样，THF 既是良好的水合物添加剂，其自身也可以作为蓄冷介质。

作为蓄冷介质，中国科学院广州能源研究所测得 THF 水合物相变温度 4.4℃，分解热 270kJ/kg。谢应明通过实验测得在冷媒温度−5℃条件下，19%（质量分数）的 THF 水合物相变温度为 3.8℃，冷媒温度越低，成核时间越短，水合物生长速率越快，过冷度也越大。相比于冰浆，THF 水合物浆具有更大的热导率，制冷效果更好，相变温度更高。

7.3.1.4 多组分水合物

在实际工程和实验室研究中，纯物质水合物一般在某些指标上无法满足要求，如温度、压力、过冷度等，有时需要将两种物质混合作为蓄冷工质，如用低压工质混合高压工质使反应压力维持在一个大气压左右，增加实验安全性，或用低温工质混合高温工质，使混合工质水合物的温度与冷冻水温匹配。

多组分笼型水合物可以通过调节不同组分的比例来维持平衡压力，例如：根据Akiya等研究，当HFC-32质量分数为0、52.49%和100%时，HFC-32～HFC-125混合物的临界温度和临界解离压力分别为284.39K、0.944MPa，291.55K、1.429MPa和294.09K、1.484MPa，解离焓分别为135.0kJ/mol、78.5kJ/mol和71.6kJ/mol。Kobayashi等测量了含HFC-32、HFC-125和HFC-134a的纯体系、二元体系和三元体系的气-液平衡数据。经过计算，当HFC-32和HFC-125的摩尔分数比分别为0.485和0.250时，该系统的COP（制冷系数）高于HCFC-22，能够节能22%。Lim等利用碳氢化合物气体与制冷剂气体形成水合物，当温度为273.15K时，丙烷-HFC-227ea体系的平衡压力由0.195MPa增加到0.476MPa；在283.15K时，平衡压力由0.280MPa增加到0.632MPa，其中丙烷的摩尔分数为0～100%。除此之外，HFC-134a/HCFC-141b、HFC-32/HFC-143a/HFC-134a以及HFC-134a/丙烷也被认为能够用于冷藏应用，表7-1列出了一些被综合使用的多组分制冷气体的特性。

表7-1 多组分制冷剂气体的特性

HFC	组成	比例	临界温度/℃	临界压力/MPa	ODP	GWP
R410a	R22/152a/124	53/13/34	107.3	4.61	0	1018
R410b	R22/152a/124	61/11/28	72.5	4.95	0	1221
R404a	R125/143a/134a	44/52/4	72.1	3.74	0	3922
R407a	R32/125/134a	20/40/40	75.7	4.24	0	2107
R407b	R32/125/134a	10/70/20	74.4	4.08	0	2804
R407c	R32/125/134a	23/25/52	86.7	4.62	0	1774
R408a	R125/143a/22	7/46/47	83.8	4.42	0	3036
R507a	R125/143a	50/50	70.9	3.79	0	3985

Thakore等的研究表明，C_3H_8和i-C_4H_{10}的存在可以使CH_4水合物的平衡压力分别由3.370MPa降低至0.278MPa和由3.099MPa降低至0.128MPa。轻烷烃气体与CO_2/N_2形成多组分水合物，Uchida等人利用气相色谱法和拉曼光谱法测量气相组成，观察了CH_4-CO_2水合物的形成。结果表明，混合组分水合物的动力学受两种分子在水合物中的相互竞争的控制。形成水合物时，CH_4分子初始浓度远小于CO_2的浓度，因此CH_4纯水合物首先形成，这一现象说明CH_4分子在水合物的形成中起了重要的作用。C_3H_8、i-C_4H_{10}和n-C_4H_{10}与CO_2在给定温度下的平衡压力变化如图7-7所示。结果表明，在低CO_2摩尔分数下，随着CO_2摩尔分数

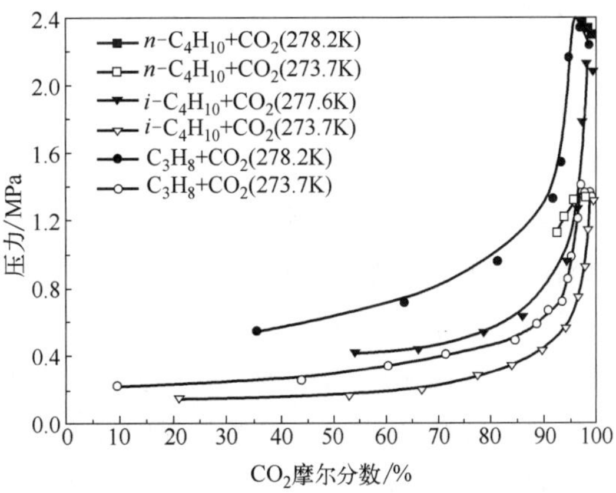

图7-7 CO_2与烃类气体二元水合物平衡压力随CO_2摩尔分数的变化

的增加，总平衡压力上升缓慢，而在高 CO_2 摩尔分数（≥93%）下，总平衡压力急剧上升。然而，在非常高的 CO_2 摩尔分数（≥98%）下，每条线都有轻微的压力下降。

7.3.2 笼型水合物的改性

7.3.2.1 降低相平衡压力

一般来说，水合物很难在平衡温度对应的压力范围下生成水合物，因此，需要向其中添加热力学添加剂以促进水合物的生成。

四正丁基溴化铵（TBAB）可以改变水合物的相平衡。TBAB 在水中可以形成半笼型水合物，其中 TBAB 分子同时充当主体和客体。这种半笼型水合物中仍存在小的十二面体空笼，因此在一定的热力学条件下，它能够吸收、储存和分离小气体分子。Nguyen 等进行了 CO_2-TBAB 水合物形成实验。在 279.3K 条件下，平衡压力由 3.5MPa 降至 0.27MPa，TBAB 浓度为 0.29%（摩尔分数），TBAB 降低了形成压力。Arjmandi 等测量了 TBAB 与不同笼型水合物的相图。结果表明，在低压条件下，TBAB 的半笼型水合物和客体气体比气体水合物更稳定，且这种稳定性随着 TBAB 浓度的增加而增强。然而，这种现象在高压条件下会发生变化，特别是在低 TBAB 浓度形成的时候。例如，在 TBAB 浓度为 0.05%、0.10%和 0.20%（摩尔分数）时，CO_2、H_2 和 CO 的气体混合物在 TBAB 溶液中形成半笼型水合物。少量的四氢呋喃（THF）可使 CO_2 水合物的 sⅠ变为 sⅡ，从而降低其平衡压力。Martínez1 等研究了含 10%（质量分数）THF 的 CO_2-THF 水合物在 280K 下的平衡压力，发现平衡压力降至 0.2MPa，而单一 CO_2 水合物的平衡压力为 2.9MPa。Delahaye 等利用差热分析测试了 CO_2-THF-水体系的形成条件。结果显示，在低初始 THF 浓度（3.8%，质量分数）下，平均相对压力降低了 79%。当 THF 浓度为 15%时，形成压力可降至 0.038MPa。有研究表明，环戊烷（CP）也可以在有或没有辅助气体的情况下形成 sⅡ水合物，气体分子可以填充小空腔并稳定结构。由于 CP 只占据大空腔，小气体分子（如 H_2 和 CO_2）可以更容易地参与到小空腔中。Zhang 等采用高压微 DSC 法测定了 H_2-CP 水合物在 2.7～11.1MPa 和 CO_2-CP 水合物在 0.89～3.51MPa 下的解离温度。结果表明，H_2-CP 水合物的解离温度高于 H_2-THF 水合物，但低于 H_2-TBAB 水合物；而 CO_2-CP 水合物的解离温度略高于 CO_2-THF 水合物和 CO_2-TBAB 水合物。新戊烷也被认为是一种潜在的 sⅡ水合物促进剂。Tohidi 等人报道了 CP 和新戊烷在其二元和三元体系中与 CH_4 和 N_2 的解离数据。预测的水合物解离条件表明，CP 和新戊烷比苯和环己烷在与 CH_4 的二元化合物中更能降低水合物解离压力。与其他水合物形成化合物的比较结果表明，CP 是最强的水合物促进剂，新戊烷次之。此外，四正丁基氯化铵（TBACl）、四正丁基硝酸铵（$TBANO_3$）和四正丁基溴化磷（TBPB）、环己烷、四氢吡喃、2-丙醇、1,4-二噁烷和丙酮、3-甲基-1-丁醇、甲基环己烷（MCH）和顺-1,2-二甲基环己烷（顺- 1,2DMCH）也能有效调节笼型水合物的平衡压力和温度。

7.3.2.2 增加解离焓

笼型物水合物的解离焓直接关系到其释放的冷量，因此具有重要意义。THF 的加入使水合物 sⅠ转变为 sⅡ，增加了捕获客体的数量，从而提高了水合物的稳定性和解离焓。Delahaye 等发现 CO_2- THF 体系的解离焓比单一 CO_2 水合物的解离焓高 2 倍。在 278.7K 和 10.16%（质量分数）THF 条件下，二元体系的焓为 147.4kJ/mol，而纯 CO_2 水合物在 278.7K 时的焓为 70.8kJ/mol。根据 CO_2 和 THF 浓度的不同，混合水合物的解离焓在 112.37～152.27kJ/mol 之间。对于 $G \cdot nH_2O$ 水合物，n 表示单位晶胞内的水分子数，G 表示纯客体气体；对于 $xCO_2 \cdot yN_2 \cdot 46H_2O$ 水合物，x 和 y 分别为 sⅠ中 CO_2 和 N_2 的分子数；对于 $xCO_2 \cdot yN_2 \cdot z\text{THF} \cdot 136H_2O$ 水合物，x、y、z 分别为 sⅡ中 CO_2、N_2、THF 的分子数。在 Mayoufi 等的工作中，用 DSC 测量了 CO_2 水合物与 TBACl、$TBANO_3$ 和 TBPB 的解离焓。其中，CO_2-TBPB 水合物的解离焓最高。结果表明，随着 CO_2 压力的增加，混合水合物的熔化热明显增加，这可以解释为 TBACl、$TBANO_3$ 和 TBPB 也可以容纳 CO_2 形成半笼型水合物结构并使结构稳定，从而使解离焓升高。在 1～2MPa 的压力下，CO_2-TBPB 水合物的解离焓甚至高于 CO_2-TBAB 水合物的解离焓。sH 型水合物能够储存最大量的小型客体气体，主要是因为 sH 型中小笼与大笼的比例为 5∶1，而 sⅡ为 2∶1，sⅠ为 1∶3。Nakamura 等人发现 MCH 和顺式-1,2-DMCH 的加入可以改变 CH_4 水合物的 sH 结构，不仅增加了解离焓，而且降低了水合物的形成压力。CH_4-MCH 水合物在 274.09K 时的焓为 374.1kJ/mol，CH_4-顺式 1,2-DMCH 水合物在 274.18 K 时的焓为 382.7kJ/mol。

7.3.2.3 加速形成过程

考虑到冷能充放，水合物快速形成对高效节能起着至关重要的作用。然而，笼型水合物的形成是一个复杂的反应动力学问题，发生在多元多相流体系中，具有不规则的相变行为和异常的瞬态。笼型水合物一般形成于两相界面，其进一步生长需要水或气体通过水合物区域扩散，因此结晶过程耗时较长。Fournaison 等人报道 CO_2 水合物的形成过程为 100min，CH_4 水合物的形成时间约为 CO_2 水合物形成时间的 3 倍。为了加速笼型水合物的形成，人们广泛提出了机械搅拌、磁干扰、添加剂和反应器结构优化等促进手段。

Xie 等比较了三种机械增强方法。结果表明，持续机械搅拌法的各项性能均为优异（总冷藏量为 27.2MJ，水合物平均生长速率为 0.5876kg/min），但持续机械搅拌法消耗的能量也最多。长时间运行后，系统各连接部件均有松动的趋势。Linga 等人通过气体诱导机械搅拌系统的搅拌，在实验室中显著提升了水合效率。根据 Linga 等人的研究，如果水合物要用于商业用途，就必须在没有机械搅拌的情况下进行水合物结晶。也就是说，出于安全和经济的考虑，最好在静态条件下形成水合物。

除机械搅拌外超声也可以极大地改善气液传质，尤其是在低于气体诱导速度的情况下。在超声（20kHz/62.6W）的作用下，以初始合成条件（323K，1100r/min，10bar）合成，液相气液传质系数相比原来提升了 11 倍。Liu 等验证了超声波对水合物形成的影响，有利于促进水合物形成的超声波功率范围为 58～1000W。

表面活性剂如十二烷基硫酸钠（SDS）、十四烷基硫酸钠（STS）和十六烷基硫酸钠（SHS）、十六烷基三甲基溴化铵（CTAB）、十二烷基三甲基溴化铵（DTAB）、十二烷基三甲基氯化铵（DTAC）、线性烷基苯磺酸盐（LABS）、十二烷基苯磺酸（DBSA）、十二烷基苯磺酸钠（SDBS）、乙氧基壬基酚（ENP）等均能促进水合物成核，有助于突破水合物的亚稳态，缩短诱导时间。实验结果表明，在水中加入 100×10^{-6} 的 CTAB 后，水合物压力衰减半衰期缩短至 45min。这类促进剂可以增强 CO_2 水合物结构的构建。此外，研究人员还研究了 SDS、LABS、CTAB 和 ENP 对 CH_4 水合物形成和解离的影响，分别在 300×10^{-6}、500×10^{-6} 和 1000×10^{-6} 3 种浓度下进行了测试。ZareNezhad 等研究了阴离子表面活性剂 DBSA 和 SDBS、阳离子表面活性剂 CTAB 和 DTAB、非离子表面活性剂烷基多糖苷（APG）、TritonX-100（TX100）和十二烷基多糖糖苷（DPG）对 CH_4、C_2H_6 和 C_3H_8 水合物形成的影响。Li 等估算了 DTAC 在 0.29%（摩尔分数）TBAB 水溶液中对 CO_2 水合物形成诱导时间的影响。在 Li 等人的另一项工作中，研究了 0.29% 的 TBAB 溶液与 CP 结合对水合物基 CO_2 捕获的影响。在 274.65～277.65K 和 2.5～4.5MPa 条件下，在 400s 内获得了超过 80%的气体消耗量。多孔介质如玻璃粉、硅胶、分子筛、聚乙烯、干水、干凝胶等也可以通过增强传质促进水合物的形成。此外，纳米颗粒可以促进气水之间的热传递，从而加速水合物的生长。

改变反应器的结构也可以加速形成过程。Okutani 等人研究了水冷式冷板（一种钢制平板型散热器）在气液界面垂直浸入水相后促进 CH_4 水合物形成的情况。相对于没有冷板时 CH_4 吸收量的增加因子是 1.73。该因子大于总表面积增加因子 1.51，大于总水平周长增加因子 1.62。Linga 等在固定床中进行了水合物生成实验，水合物的生成速率明显更高，从而在更短的反应时间内实现了更高的水合物转化率。例如，在约 3h 时，搅拌床的气体吸收量约为 0.019mol（气）/mol（水），而固定床反应器的吸收量为 0.083mol（气）/mol 1（水）。Li 等研究了在静态水中添加铁棒对 HCFC-141b 笼型水合物成核和生长的有利影响。铁棒在适当的表面活性剂的配合下，可以有效地诱导水与制冷剂之间的相渗透，从而大大缩短成核的诱导时间，促进水合物的生长。当温度为 274.15～279.15K 时，水合物成核时间为 3～30min，水合物形成时间为 1.5～8h。此外，压力容器的大小对水合物的形成也有影响。McCallum 等人发现，与使用 450mL 容器相比，使用 72mL 的容器可以快速达到 CH_4 和 CO_2 水合物稳定所需的压力和温度，从而大大缩短了水合物成核的诱导时间。

7.3.2.4 减小过冷度

临界解离温度与水合物反应温度之间的差异被定义为过冷度，如果在笼型水合物形成过程中发生过冷，将降低冷水机的效率。因此，最小化笼型水合物的过冷度对空调系统的性能具有重要意义。

通过添加合理比例的添加剂来减小过冷度是可行的。根据 Isobe 等人的研究，在添加 HFC-134a 后在水相中加入氧化铝或锌粉，可以适度降低 HFC-134a 水合物形成所需的过冷度。通过添加非离子表面活性剂可以实现更大的过冷度的降低。此外，次氯酸钙可以促进晶核的快速形成，是一种多功能的化学物质，可以清除杂质，也是一种强氧化剂，可以分解和破坏吸附在晶核表面或生长晶体上的有机碎屑，从而提高晶核生长速率。苯磺酸钠盐可以降低水的表面张力，减小气泡的直径，增加气泡上升的频率，从而降低气与水分子之间的传质阻力。同时使液体乳化成细小的液滴，从而增大了两相之间的有效界面面积，产生了大量的水合物核。Bi 等人证明，通过添加苯磺酸钠盐，过冷度从 2.33℃降至 1.55℃。添加表面活性剂的缺点是增加了生成的笼型水合物的有效比容。

提高气体在水中的溶解度也可以提高成核速率。温度和压力是影响气体溶解度的两个重要因素。Hashemi 等人利用亨利定律对 CO_2 的溶解度进行了预测。在 2MPa 压力下，CO_2 的溶解度从 274.0K 时的 0.0150%（摩尔分数）上升到 277.5K 时的峰值 0.0174%，然后在 285.0K 时线性下降到 0.0150%。同时，在温度 273～284K、压力 2～6MPa 的条件下，测定了在含 CO_2 水合物中 CO_2 在纯水中的溶解度。在水合物形成区，溶解度随温度升高而增大；在不存在笼型水合物的情况下，气体溶解度随温度的降低而增大。在压力为 6MPa，温度分别为 274.25K 和 282.95K 条件下，气体与笼型水合物平衡溶解在液体中的量分别为 0.0163%和 0.0281%。因此，在确定水合物形成温度和压力时，应考虑客体气体的溶解度。此外，还可以使用共溶剂，如溶解丙二醇（PPG）和聚乙二醇（PEG）来增加气体溶解度。然而，共溶剂如何影响笼型水合物的结晶过程，特别是在高浓度下，仍然是未知的。

7.3.3 笼型水合物在蓄冷式空调中的应用

7.3.3.1 笼型水合物基蓄冷式空调系统

一般来说，笼型水合物基蓄冷系统可分为直接接触型和间接接触型。直接接触式蓄冷系统没有中间换热器，因此具有较高的传热效率和较低的初始成本。然而，它存在压缩机回油困难的问题。相比之下，带中间换热器的间接接触系统虽然设施成本相对较高，但可以在更实际的条件下运行，在大型系统中应用的潜力更大。基于制冷剂水合物的制冷系统原理如图 7-8 所示。

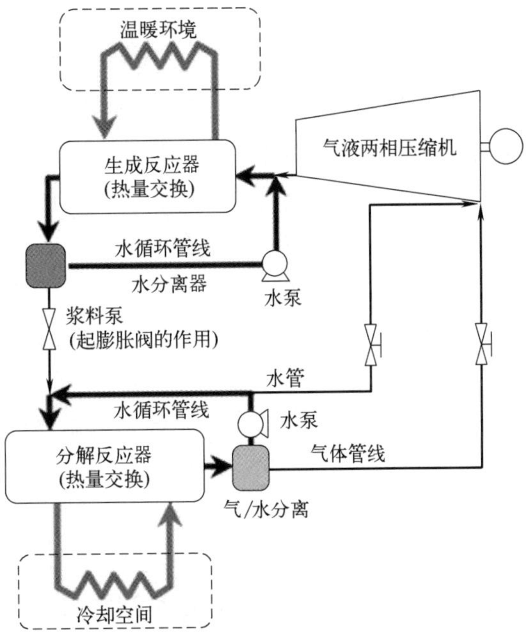

图 7-8 水合物制冷系统概念图

Mori 等人对加入蒸汽压缩制冷机回路的蓄冷箱中笼型水合物的形成进行了观察研究。工作流体 R12 流入蓄冷槽蒸发，并冷却流体，形成 R12 水合物。水合物以两种形式出现，在罐体中形成独立的层：一种以浆状颗粒的形式沉积在底部，另一种以凝固泡沫的形式漂浮在水相的自由表面。建立在下部水/R12 液界面上的水合物层呈致密浆状，结晶器中仍有足够的液态水使水合物颗粒悬浮。这一特点有利于在有限体积内进行密集蓄冷。图 7-8 显示了由 Ogawa 等人设计的水合物制冷系统。该系统主要由：①压缩机——将气体和水混合并压缩；②水合物形成反应器——在超过系统环境温度的条件下形成水合物，从而向环境释放热量；③浆料泵——输送水合物浆料并控制两个反应器之间的压差；④水合物解离反应器——解离水合物组成，进而从要冷却的空间吸收热量。选择

HFC-32 和 CP 对作为该制冷系统的工质进行模拟。模拟结果表明，将水合物形成温度和解离温度分别调整为 25.5℃和 7.5℃，体系的 COP 可高达 8.0。这一事实表明，水合物制冷系统在热力学效率上可以超越传统的制冷系统。同时，在实验室规模的水合物制冷系统中，以 HCFC-22 为客体物质，温度为 5℃，压力为 0.4MPa。热流测试表明，该系统可连续运行 2 h 以上。

Jerbi 等提出了一种制冷系统的概念设计，该制冷系统采用 CO_2 水合物浆液作为两相二次流体，使 CO_2 水合物浆液能够连续形成和解离。该系统由两部分组成，一部分用于形成和储存 CO_2 水合物浆体（罐式反应器），另一部分用于其循环和解离（循环回路）。罐式反应器容量为 25 L，可承受约 4.5MPa 的压力，当水合物含量在 10%～30%之间时，可提供 1～5kW 的热流通量。当 CO_2 水合物在循环中流动时，选择热交换器以允许浆料分解并交换与反应器中提供的相同的热流密度。

7.3.3.2 充放性能的改进

Bi 等开发了一种 HCFC-141b 水合物蓄冷系统，包括蓄冷罐和冷热储层。测试结果表明，当结晶器内体积流量为 150～450L/h，相应的冷却速率为 0.055～0.105℃/min 时，体系的冷藏效果较好，此时 HCFC-141b 水合物的形成速率为 0.30～0.4g/s，冷却能量为 2.9～4.0MJ。本系统采用内热交换器/外结晶技术及冷凝器/蒸发器一体化结构。结果表明：气体水合物的瞬时解离速率接近相应的瞬时生成速率的两倍，冷却能量释放速率明显高于储存速率，这是由传热介质与笼型水合物之间的温差造成的。

储放冷能过程受到传热传质的影响。在放热过程中，传热是主要的影响因素。因此，充放冷能性能的改进主要集中在增强传热传质上。Xie 等人设计了一种新型的小型笼型水合物蓄冷装置，由储罐、制冷系统和冷却释放系统组成。运行结果表明，在蓄冷过程中加装垂直金属翅片换热器可大大提高蓄冷性能；添加 0.04%（质量分数）的 SDS 有利于提高蓄冷性能，总蓄冷量达到 27.2MJ，水合物平均生长速率达到 0.5876kg/min，水合物堆积系数达到 49.7%。此外，降低冷却液温度或增大冷却液流量也可使冷却液储存量增加。HFC-134a 水合物虽然具有优异的相变性能，但水合物的漂浮会使储罐上部空间被填满，造成储放冷困难，因此无法单独用于工业。Wu 等研制了含酒精添加剂的 HFC-134a 水合物冷藏系统。结果表明，添加量为 1.34%的正丁醇效果最好，显著加快了冷藏速度。与纯 HFC-134a 水合物相比，集总水合物密度明显增加，在一定浓度添加剂下消除了水合过程中水合物的浮起。添加醇是保证冷库运行平稳、稳定的必要条件，间接接触式冷库在工业上是可行的。

7.3.3.3 水合物浆料

水合物浆料必须满足一些流动条件才能被认为是一种合适的制冷剂。第一，压力和温度条件应与空调应用的运行环境相适应。第二，流体中应含有较大比例的固相，以提供足够的冷却能量和稳定的温度水平。第三，流动条件应有利于保持有效的换热。笼型水合物浆料的表观黏度是表征其流变性能的指标，其表观黏度在很大程度上取决于固体颗粒在液相中的质量分数和组织，与成核、生长、形状、尺寸分布、团聚等有关。

7.4 水合物储能材料的特异性

7.4.1 自保护效应

某些气体水合物可以在稳定区外（通常低于冰点温度）稳定存在，这种异常行为被称为自保护现象。研究自保护现象具有重要意义，自保护效应的合理应用可以大幅降低水合物储能的成本。例如，CH_4 水合物可以在低于冰点的大气压下储存。Melnikov 等人观察到，在以 I-H-V（冰相-水合物相-气相）平衡线、过冷 L_w-H-V（水相-水合物相-气相）亚稳平衡线和等温线（CH_4 水合物 $T=253K$ 或 C_3H_8 水合物 $T=263K$）为界的压力-温度区域内，水合物可以长时间以亚稳态存在，没有明显的解离。有研究者提出了冰壳模型来解释这种自保存现象。此外，还讨论了过冷水在水合物自保存中的作用。水合物的自保存作用虽然已有许多研究，但其机制仍不清楚。例如，仍然存在的一个难题是，sⅡ型的混合笼型水合物 $CH_4+C_2H_6$ 没有表现出与 CH_4 水合物相当的自保存行为，而在相同温度下，其解离压力却低于 CH_4 水合物。王盛龙等人基于冰壳模型，利用环戊烷作为保护壳，在 8℃条件下实现了甲烷水合物的常压保存。

郎雪梅等人在二元氢气水合物中也发现了相似的自保护效应，在低压下某个温度范围内，THF-H_2 水合物的解离速率明显低于更低温度下的解离速率。她们将该现象定义为氢气水合物的拟自保护效应。

7.4.2 记忆效应

研究人员发现，利用先前水合物解离后的水诱导水合物形成的时间比利用新鲜水诱导水合物形成的时间要短得多，而在相同的解离温度下，重组后的水合物仍会熔化，这种现象被称为记忆效应。研究表明，对于气液体系中不同种类的笼型水合物，如 CO_2/水和碳氢化合物气/水，记忆效应可使水合物更容易重新形成。

7.4.3 水合物结构转变

笼型水合物的四种结构相互之间可以转换。sⅡ型和 sH 型水合物通常比 sⅠ型水合物更稳定，这意味着 sⅡ型和 sH 型水合物的解离焓更大。据报道，sⅡ型水合物的解离焓通常比 sⅠ型水合物高约两倍。因此，通过从 sⅠ型到 sⅡ型或 sH 型的结构转变来改善水合物的性能成为可能。

sⅠ型和 sⅡ型之间的结构转变是由客体混合物的组成变化引起的。在 Fleyfel 等的研究中，CO_2 与环氧乙烷混合生成 sⅡ型水合物时，CO_2 同时占据小笼和大笼。当 CO_2 水合物与 THF 生成 sⅡ型水合物时，CO_2 仅占据小笼。在纯 CH_4 水合物中，在 100MPa 下，sⅠ型 CH_4 水合物会转化为 sⅡ型结构，在 600MPa 下则转化为 sH 型水合物。因此，在不断增加的压力下，水合物找到了更有效的方法将客体分子装入笼中。CH_4 和其他小分子气体的混合气形成笼型水合物时，虽然 CH_4 和其他气体各自都形成 sⅠ型水合物，

但根据混合物中 CH_4 的浓度，形成的水合物会从 sⅠ型变为 sⅡ型。CH_4 和 N_2 是煤层气的主要成分。纯 CH_4 和 N_2 分别形成 sⅠ型和 sⅡ型水合物，而混合气水合物的结构很大程度上取决于它们的相对气体组成。Lee 等根据 CH_4-N_2 混合气的组成研究了水合物的相变和结构。结果表明，在 25.24～28.51%（摩尔分数）CH_4 浓度范围内，水合物由 sⅠ型变为 sⅡ型。

气体水合物作为近些年新兴的材料与技术，以其独特的物理化学特性，在储氢与蓄冷两大领域展现出了非凡的潜力与广阔的应用前景，但其商业化进程仍受到多方面的制约。气体水合物，特别是氢气水合物，其苛刻的生成与分解条件，大大限制了其商业化应用的步伐。此外，氢气水合物的动力学性能，如生成速率和分解速率，以及长期循环稳定性，仍是当前研究的热点与难点。在蓄冷方面，相较于传统的蓄冷材料，气体水合物蓄冷密度高、蓄冷效率高，且能与现有的空调系统兼容，展现出良好的应用潜力。然而，如何有效加快水合物的生成速率，提高蓄冷效率，以及如何在保证系统稳定性的同时降低成本，是当前气体水合物蓄冷技术面临的主要挑战。

面对挑战与不足，气体水合物储能材料的未来发展充满了无限可能。随着材料科学、化学工程、纳米技术等领域的不断进步，未来的水合物储能材料通过开发新型热力学促进剂、优化水合物生成与分解条件、引入先进的纳米技术和外场调控手段，有望显著改善水合物的各项性能。结合先进的储能系统设计理念，实现气体水合物储能系统的智能化、高效化和模块化，提高系统的整体性能和运行效率。

综上所述，水合物作为储能材料，虽在现阶段面临诸多挑战与不足，但其独特的储能机制和广阔的应用前景，使其成为未来能源存储领域的一股不可忽视的力量。随着科研的不断深入和技术的持续创新，水合物储能材料会在不久的将来，为人类的能源利用和环境保护事业作出重要贡献。

参考文献

[1] 樊栓狮. 天然气水合物储存与运输技术［M］. 北京：化学工业出版社，2005.

[2] 陈光进，孙长宇，马庆兰. 气体水合物科学与技术［M］. 北京：化学工业出版社，2019.

[3] Sloan E D，Carolyn K. Clathrate hydrates of natural gases［M］. Boca Raton：CRC Press，2007：1-730.

[4] Song Y M，Wang F，Guo G，et al. Energy-efficient storage of methane in the formed hydrates with metal nanoparticles-grafted carbon nanotubes as promoter［J］. Applied Energy，2018，224：175-183.

[5] Abdi-Khanghah M，Adelizadeh M，Naserzadeh Z，et al. Methane hydrate formation in the presence of ZnO nanoparticle and SDS：Application to transportation and storage［J］. J Nat Gas Sci Eng，2018，54：120-130.

[6] Veluswamy H P，Kumar A，Seo Y，et al. A review of solidified natural gas（SNG）technology for gas storage via clathrate hydrates［J］. Applied Energy，2018，216：262-285.

[7] Papadimitriou N I，Tsimpanogiannis I N，Economou I G，et al. Identification of conditions for increased methane storage capacity in sⅡ and sH clathrate hydrates from Monte Carlo simulations［J］. J Chem Thermodyn，2018，117：128-137.

[8] Mimachi H，Takahashi M，Takeya S，et al. Effect of long-term storage and thermal history on

the gas content of natural gas hydrate pellets under ambient pressure [J]. Energy & Fuels, 2015, 29 (8): 4827-4834.

[9] Prah B, Yun R. CO_2 hydrate slurry transportation in carbon capture and storage [J]. Applied Thermal Engineering, 2018, 128: 653-661.

[10] Yang M J, Zhou H, Wang P F, et al. Effects of additives on continuous hydrate-based flue gas separation [J]. Applied Energy, 2018, 221: 374-385.

[11] Horii S, Ohmura R. Continuous seperation of CO_2 from a H_2+CO_2 gas mixture using clathrate hydrate [J]. Applied Energy, 2018, 225: 78-84.

[12] Qi J, Wang Y H, Fan S S, et al. Hydrate equilibrium measurements for CH_4 and CO_2/CH_4 mixture in the presence of single 2-methyl-2-propanol and 1, 1-dichloro-1-fluoroethane [J]. Journal of Chemical and Engineering Data, 2018, 63 (8): 3145-3149.

[13] Fan S S, Long X J, Lang X M, et al. CO_2 capture from CH_4/CO_2 mixture gas with tetra-*n*-butylammonium bromide semi-clathrate hydrate through a pressure recovery method [J]. Energy & Fuels, 2016, 30 (10): 8529-8534.

[14] Fan S S, Li Q, Wang Y H, et al. Removal of CO_2 from biogas by using tert-butyl peroxy-2-ethylhexanoate and water [J]. Ind Eng Chem Res, 2016, 55 (29): 7958-7963.

[15] Kim E, Ko G, Seo Y. Greenhouse gas (CHF_3) separation by gas hydrate formation [J]. ACS Sustain Chem Eng, 2017, 5 (6): 5485-5492.

[16] Kim E, Ko G, Seo Y. Phase equilibria and azeotropic behavior of $C_2F_6+N_2$ gas hydrates [J]. J Chem Thermodyn, 2018, 117: 43-47.

[17] Sahu P, Krishnaswamy S, Ponnani K, et al. A thermodynamic approach to selection of suitable hydrate formers for seawater desalination [J]. Desalination, 2018, 436: 144-151.

[18] He T B, Nair S K, Babu P, et al. A novel conceptual design of hydrate based desalination (HyDesal) process by utilizing LNG cold energy [J]. Applied Energy, 2018, 222: 13-24.

[19] Ho-Van S, Bouillot B, Douzet J, et al. Experimental measurement and thermodynamic modeling of cyclopentane hydrates with NaCl, KCl, $CaCl_2$, or NaCl-KCl present [J]. Aiche J, 2018, 64 (6): 2207-2218.

[20] Hu Y, Makogon T Y, Karanjkar P, et al. Gas hydrates phase equilibria for structure Ⅰ and Ⅱ hydrates with chloride salts at high salt concentrations and up to 200MPa [J]. J Chem Thermodyn, 2018, 117: 27-32.

[21] Fakharian H, Ganji H, Naderifar A. Desalination of high salinity produced water using natural gas hydrate [J]. J Taiwan Inst Chem Eng, 2017, 72: 157-162.

[22] Fakharian H, Ganji H, Naderifar A. Saline produced water treatment using gas hydrates [J]. J Environ Chem Eng (Netherlands), 2017, 5 (5): 4269-4273.

[23] Oignet J, Delahaye A, Torré J P, et al. Rheological study of CO_2 hydrate slurry in the presence of Sodium Dodecyl Sulfate in a secondary refrigeration loop [J]. Chemical Engineering Science, 2017, 158: 294-303.

[24] Zhang W X, Wang Y H, Lang X M, et al. Performance analysis of hydrate-based refrigeration system [J]. Energy Conversion and Management, 2017, 146: 43-51.

[25] Vos W L, Finger L W, Hemley R J, et al. Novel H_2-H_2O clathrates at high pressures [J]. Physical Review Letters, 1993, 71 (19): 3150-3153.

[26] Dyadin Y A, Larionov E G, Manakov A Y, et al. Clathrate hydrates of hydrogen and neon [J]. Mendeleev Communications, 1999, (95): 209-210.

[27] Mao W L, Mao H K, Goncharov A F, et al. Hydrogen clusters in clathrate hydrate [J]. Science, 2002, 297 (5590): 2247-2249.

[28] Mao W L, Mao H K. Hydrogen storage inmolecular compounds [J]. Proceedings of the na-

tional academy of sciences of the United States of America, 2004, 101 (3): 708-710.

[29] Kumar R, Klug D D, Ratcliffe C I, et al. Low-pressure synthesis and characterization of hydrogen-filled ice ic [J]. Angew Chem-Int Edit, 2013, 52 (5): 1531-1534.

[30] Belosudov R V, Bozhko Y Y, Zhdanov R K, et al. Hydrogen hydrates: Equation of state and self-preservation effect [J]. Fluid Phase Equilibria, 2016, 413: 220-228.

[31] Papadimitriou N I, Tsimpanogiannis I N, Economou I G, et al. The effect of lattice constant on the storage capacity of hydrogen hydrates: A Monte Carlo study [J]. Molecular Physics, 2016, 114 (18): 2664-2671.

[32] Alavi S, Ripmeester J A. Simulations of hydrogen gas in clathrate hydrates [J]. Molecular Simulation, 2017, 43 (10-11): 808-820.

[33] Florusse L J, Peters C J, Schoonman J, et al. Stable low-pressure hydrogen clusters stored in a binary clathrate hydrate [J]. Science. 2004, 306 (5695): 469-471.

[34] Prasad P S R, Sugahara T, Sum A K, et al. Hydrogen storage in double clathrates with *tert*-butylamine [J]. The Journal of Physical Chemistry A, 2009, 113 (24): 6540-6543.

[35] Zhang X M, Li Y, Yao Z, et al. Quantitative influence of surfactant on the formation process for gas hydrate (in Chinese) [J]. The Chinese Journal of Process Engineering, 18 (2): 356-360.

[36] Laybourn D R. Thermal energy storage with encapsulated ice [J]. Ashrae Transactions, 1988, 94: 1971-1988.

[37] Wang X, Zhang F, Lipiński W. Carbon dioxide hydrates for cold thermal energy storage: A review [J]. Solar Energy, 2020, 211: 11-30.

[38] Takao S, Sugiyam M. Clathrate hydrate slurry thermal energy storage air-conditioning system [J]. Refrigeration, 2007, 82 (955): 389-394.

[39] Wang X L, Dennis M, Hou L Z. Clathrate hydrate technology for cold storage in air conditioning systems [J]. Renewable And Sustainable Energy Reviews, 2014, 36: 34-51.

[40] 中国科学院广州能源研究所. 新能源及环保专业数据库 [DB/OL]. http://www.newenergy.csdb.cn/w uxing.asp, 2008.

[41] 谢应明，梁德青，郭开华，等. 四氢呋喃水合物换热管外结晶分解动力学研究 [J]. 西安交通大学学报，2005 (3): 313-316.

[42] Akiya T, ShimazakiI T, Oowa M, et al. Phase equilibria of some alternative refrigerants hydrates and their mixtures using for cool storage materials [C]. Energy Conversion Engineering Conference. IEEE, 1997 .

[43] Kobayashi M, Nishiumi H. Vapor-liquid equilibria for the pure, binary and ternary systems containing HFC32, HFC125 and HFC134a [J]. Fluid Phase Equilibria, 1998, 144 (1): 191-202.

[44] Guo K, Shu B, Zhang Y, et al. Phase-equilibrium property of HFC134a/HCFC141b mixed gas hydrate [J]. Journal of Engineering Thermophysics, 1998, 19: 406-409.

[45] Wang H, Sun J, FU L, et al. Performance of HFC32/HFC143a/HFC134a as a substitute for HCFC22 in air-conditioning & direct cool storage cycle [J]. Journal of Engineering Thermophysics, 2000, 21 (2): 155-159.

[46] Liang D. The thermodynamic study on the phase equilibrium of new-type cool storage media-refrigerant gas hydrates [D]. Shanghai: Shanghai Jiaotong University, 2001.

[47] Thakore J L, Holder G D. Solid vapor azeotropes in hydrate-forming systems [J]. Industrial & Engineering Chemistry Research, 1987, 26 (3): 462-469.

[48] Uchida T, Ikeda I Y, Takeya S, et al. Kinetics and stability of CH_4-CO_2 mixed gas hydrates during formation and long-term storage [J]. ChemPhysChem, 2005, 6 (4): 646-654.

[49] Adisasmito S, Sloan JR E D. Hydrates of hydrocarbon gases containing carbon dioxide [J]. Journal of Chemical and Engineering Data, 1992, 37 (3): 343-349.

[50] Duc N H, Chauvy F, Herri J M. CO_2 capture by hydrate crystallization-a potential solution for gas emission of steelmaking industry [J]. Energy Conversion and Management, 2007, 48 (4): 1313-1322.

[51] Arjmandi M, Chapoy A, Tohidi B. Equilibrium data of hydrogen, methane, nitrogen, carbon dioxide, and natural gas in semi-clathrate hydrates of tetrabutyl ammonium bromide [J]. Journal of Chemical & Engineering Data, 2007, 52 (6): 2153-2158.

[52] Su C F, Qi X Q, Yang Z B. Design of UWB bandpass filter using highpass and dual-plane Ebg lowpass filters [C]. IEEE International Conference on Applied Superconductivity and Electromagnetic Devices, 2013 .

[53] Meysel P, Oellrich L, Raj Bishnoi P, et al. Experimental investigation of incipient equilibrium conditions for the formation of semi-clathrate hydrates from quaternary mixtures of (CO_2+N_2+ TBAB$+H_2O$) [J]. The Journal of Chemical Thermodynamics, 2011, 43 (10): 1475-1479.

[54] Martínez M C, Dalmazzone D, Fürst W, et al. Thermodynamic properties of Thf$+CO_2$ hydrates in relation with refrigeration applications [J]. AIChE Journal, 2008, 54 (4): 1088-1095.

[55] Delahaye A, Fournaison L, Marinhas S, et al. Effect of THF on equilibrium pressure and dissociation enthalpy of CO_2 hydrates applied to secondary refrigeration [J]. Industrial & engineering chemistry research, 2006, 45 (1): 391-397.

[56] Zhang J S, Lee J W. Equilibrium of hydrogen+cyclopentane and carbon dioxide+cyclopentane binary hydrates [J]. Journal of Chemical & Engineering Data, 2009, 54 (2): 659-661.

[57] Tohidi B, Danesh A, Todd A C, et al. Equilibrium data and thermodynamic modelling of cyclopentane and neopentane hydrates [J]. Fluid Phase Equilibria, 1997, 138 (1-2): 241-250.

[58] Mayoufi N, Delahaye A, Fournaison L, et al. Characterization of CO_2 clathrate hydrate slurries for secondary refrigeration applications [C]. 9th International Conference on Phase-Change Paterials and Slurries for Refrigeration and Air Conditioning. International Institute of Refrigeration, 2010.

[59] Nakamura T, Makino T, Sugahara T, et al. Stability boundaries of gas hydrates helped by methane—structure-h hydrates of methylcyclohexane and cis-1, 2-dimethylcyclohexane [J]. Chemical Engineering Science, 2003, 58 (2): 269-273.

[60] Fournaison L, Delahaye A, Chatti I, et al. CO_2 hydrates in refrigeration processes [J]. Industrial & Engineering Chemistry Research, 2004, 43 (20): 6521-6526.

[61] Xie Y M, Li G, Liu D P, et al. Experimental study on a small scale of gas hydrate cold storage apparatus [J]. Applied Energy, 2010, 87 (11): 3340-3346.

[62] Linga P, Kumar R, Lee J D, et al. A new apparatus to enhance the rate of gas hydrate formation: application to capture of carbon dioxide [J]. International Journal of Greenhouse Gas Control, 2010, 4 (4): 630-637.

[63] Ogawa T, Ito T, Watanabe K, et al. Development of a novel hydrate-based refrigeration system: a preliminary overview [J]. Applied Thermal Engineering, 2006, 26 (17-18): 2157-2167.

[64] Mori T, Mori Y H. Characterization of gas hydrate formation in direct-contact cool storage process [J]. International Journal of Refrigeration, 1989, 12 (5): 259-265.

[65] Jerbi S, Delahaye A, Fournaison L. Design of a new circulation loop and heat transfer of CO_2 hydrate slurry [C]. IIR Conference on Phase-Change Materials and Slurries for Refrigeration and Air Conditioning 2010.

[66] Bi Y H, Guo T W, Zhu T Y, et al. Influence of volumetric-flow rate in the crystallizer on the gas-hydrate cool-storage process in a new gas-hydrate cool-storage system [J]. Applied Energy, 2004, 78 (1): 111-121.

[67] Xie Y M, Guo K H, Liang D Q, et al. Steady gas hydrate growth along vertical heat transfer tube without stirring [J]. Chemical Engineering Science, 2005, 60 (3): 777-786.

[68] Wu J H, Wang S P. Research on cool storage and release characteristics of R134a gas hydrate with additive [J]. Energy And Buildings, 2012, 45: 99-105.

[69] Chen S Y, Wang Y H, Fan S S, et al. An innovative nucleation method for high and rapid hydrogen storage based on clathrate hydrates [J]. Journal of Materials Chemistry A , 2024, 12: 11424-11438.

[70] Chen S, Wang Y, Lang X, et al. Phase equilibrium of hydrogen clathrate hydrates with propylene oxide and 1,2-epoxycyclopentane [J]. Journal of Chemical and Engineering Data, 2023, 68: 1184-1190.

[71] Chen S Y, Wang Y H, Lang X M, et al. Rapid and high hydrogen storage in epoxycyclopentane hydrate at moderate pressure [J]. Energy, 2023, 268: 126638.

[72] Lang X M, Zheng C J, Fan S S, et al. "Similar self-preservation" and decomposition kinetics of tetrahydrofuran-hydrogen hydrate particles [J]. International Journal of Hydrogen Energy, 2022. 47 (13): 8457-8466.

[73] Wang S, Xu J, Fan S, et al. Atmospheric preservation of CH_4 hydrate above ice point: A potential application for high-density natural gas storage under moderate conditions [J]. Fuel, 2021, 293: 120482.

[74] Chen S Y, Wang Y H, Fan S S, et al. Intriguing phenomenon of hydrogen molecules occupancy in clathrate hydrate cages_Implications for hydrogen storage [J]. Chemical Engineering Journal, 2024, 499: 156089.

[75] Wang Y H, Yin K D, Lang X M, et al. Hydrogen storage in sH binary hydrate: Insights from molecular dynamics simulation. International Journal of Hydrogen Energy [J], 2021, 46 (29): 15748-15760.

[76] Wang Y H, Yin K D, Fan S S, et al. The molecular insight into the "Zeolite-ice" as hydrogen storage material. Energy [J], 2021, 217: 119406.

[77] Wang Y H, Chen S Y, Li X Y, et al. Hydrate phase equilibrium of hydrogen with THP, DCM, TBAB+THF and sulfur hexafluoride + TBAB aqueous solution systems [J]. Fluid Phase Equilibria, 2025, 590: 114282.

[78] Yu C, Fan S, Lang X, et al. Hydrogen and chemical energy storage in gas hydrate at mild conditions [J]. International Journal of Hydrogen Energy, 2020, 45 (29): 14915-14921.

[79] Li X, Fan S S, Wang Y H, et al. Hydrate phase equilibrium of hydrogen-natural gas blends: Experimental study and thermodynamic modeling [J]. Fluid Phase Equilibria, 2022, 556.